UNITEXT – La Matematica per il 3+2

Volume 94

http://www.springer.com/series/5418

Paolo Biscari

Introduzione alla Meccanica Razionale

Elementi di teoria con esercizi

Springer

Paolo Biscari
Dipartimento di Fisica
Politecnico di Milano
Milano, Italia

ISSN versione cartacea: 2038-5722 ISSN versione elettronica: 2038-5757
UNITEXT – La Matematica per il 3+2
ISBN 978-88-470-5778-4 ISBN 978-88-470-5779-1 (eBook)
DOI 10.1007/978-88-470-5779-1

Springer Milan Heidelberg New York Dordrecht London

9 8 7 6 5 4 3 2 1

Layout copertina: Simona Colombo, Giochi di Grafica, Milano, Italia
Impaginazione: PTP-Berlin, Protago TEX-Production GmbH, Germany (www.ptp-berlin.eu)
Stampa: GECA Industrie Grafiche, San Giuliano Milanese (MI), Italia

Springer-Verlag fa parte di Springer Science+Business Media (www.springer.com)

Ma il fantasma sparisce coll'aurora
per rinascere nel cuore.
Ed ogni notte nasce ed ogni giorno muore!

Prefazione

La Meccanica è la branca della Fisica Classica che studia l'equilibrio e il moto dei sistemi materiali. Riuscire in questo affascinante obbiettivo si dimostra alquanto impegnativo, in quanto le equazioni da risolvere diventano via via più complesse quanto più articolato diventa il sistema in considerazione, o equivalentemente quanto più dettagliata sia la descrizione che si realizza di esso.

Al fine di affrontare il problema del moto per gradi, la Meccanica Razionale concentra la sua attenzione sul movimento di sistemi ideali, più semplici di quelli reali: punti materiali, corpi rigidi, e combinazioni di entrambi. Lo studio di questi sistemi consente di capire al meglio i Principi della Meccanica, e le conseguenze che derivano da essi.

Altra idealizzazione presente nello studio della Meccanica Razionale è il modello di vincolo: molti sistemi sono limitati nelle loro possibilità di movimento, nel senso che diverse loro parti possono non muoversi affatto o muoversi solo ubbidendo a precise prescrizioni, quali che siano le forze che le sollecitano.

In sintesi, il nostro obbiettivo principale sarà quindi quello di familiarizzare il lettore con l'equilibrio e il moto di punti materiali e corpi rigidi, liberi o vincolati. Questo fine viene perseguito con il rigore e gli strumenti caratteristici delle Scienze Matematiche perché la precisazione chiara delle ipotesi che sottendono a un risultato è essenziale per poter esplorare in un secondo momento i risultati più generali che si ricavano rilassando una o più delle ipotesi iniziali, e questi approfondimenti sono a loro volta fondamentali perché l'abbandono progressivo dei modelli idealizzati permette di focalizzare la nostra attenzione su corpi e vincoli reali.

L'astrazione necessaria per visualizzare e comprendere modelli ideali, come sono quello di punto materiale, corpo rigido e vincolo, fanno della Meccanica Razionale una materia dall'elevato contenuto teorico. È per questa ragione che in questo testo si è arricchita la presentazione con un consistente numero di esempi ed esercizi, di tutti i quali viene fornita la soluzione.

Il presente testo è prevalentemente mirato all'insegnamento della Meccanica Razionale nelle Scuole di Ingegneria, ma può essere utilizzato anche in corsi delle

Scuole di Scienze Matematiche o Fisiche. In esso si è cercato di semplificare quanto possibile il contenuto teorico, anche per venire incontro alle necessità di alcuni corsi che sono collocati nei primissimi semestri di frequenza dei corsi universitari. Per fare un esempio esplicito, nonostante la trattazione teorica copra anche lo studio della meccanica dei sistemi tridimensionali, la maggior parte degli esempi viene svolta per sistemi bidimensionali (e risulta addirittura possibile *ritagliare* un percorso semplificato per chi volesse limitare il proprio studio teorico ai casi piani).

Desidero infine ringraziare coloro che, nei miei primi anni di insegnamento di questa avvincente materia, mi hanno aiutato a capirne la profondità. Ricordo in particolare con infinita gratitudine Elisa Brinis e Carlo Cercignani, e sono altrettanto grato a Epifanio Virga. Vorrei inoltre ringraziare Tommaso Ruggeri, Giuseppe Saccomandi e Maurizio Vianello, miei coautori del testo *Meccanica Razionale*, adatto peraltro ad approfondire diversi argomenti qui presentati nella loro versione più semplificata, per le numerosissime quanto stimolanti discussioni su ogni aspetto della nostra materia, e Stefano Turzi per il supporto grafico in alcune figure del testo. Infine, ringrazio anticipatamente tutti i lettori, studenti o colleghi che gradiscano informarmi della (certa quanto purtroppo inevitabile) presenza di sviste in queste pagine. Sarò lieto di ricevere le segnalazioni sulla mia casella di posta elettronica <paolo.biscari@polimi.it>, e tenerne conto in una futura edizione rivista del testo.

Milano, settembre 2015 — Paolo Biscari

Indice

Capitolo 1
Cinematica del corpo rigido libero

La Meccanica descrive, analizza e prevede l'equilibrio e il movimento dei corpi discreti e continui. Al suo interno, la Cinematica si occupa della descrizione quantitativa del movimento. In questa prima parte del testo esploreremo quali siano le possibilità di moto di un dato sistema, senza chiederci (ancora) quale tra queste possibilità sarà poi effettivamente realizzata se e quando il sistema verrà sottoposto a una data sollecitazione e partirà da certe condizioni iniziali. Un corretto studio cinematico consente tra l'altro di scomporre e descrivere il movimento di sistemi anche molto complessi attraverso i valori di un numero finito di parametri, dai quali si possono ricavare le informazioni riguardanti posizione e velocità di tutti i punti del sistema.

1.1 I modelli della Meccanica Razionale

Lo studio della Meccanica viene affrontato utilizzando modelli matematici che, introducendo crescenti livelli di complessità, approssimano sempre più realisticamente il comportamento dei corpi continui.

Il modello matematico da cui ha avuto origine la Meccanica è quello di *punto materiale*. Tale modello rappresenta un corpo di dimensioni così minuscole da poter essere assimilato a un punto geometrico, dotato di massa. Chiaramente, nessun corpo è intrinsecamente tanto piccolo o tanto grande da poter certamente avvicinarsi o meno al concetto ideale di punto materiale. Come ogni grandezza dimensionale, infatti, diametro, area o volume di un corpo possono essere considerati grandi o piccoli solo se paragonati ad altre grandezze omogenee. Di conseguenza, il comportamento di uno stesso sistema si avvicinerà o meno a quello previsto dal modello di punto materiale a seconda di quanto le sue dimensioni siano piccole o grandi se paragonate alle altre lunghezze in gioco in quella specifica applicazione.

Si pensi, come esempio specifico, al comportamento dei pianeti. Trattare tali corpi come punti materiali consente di calcolare con soddisfacente approssima-

P. Biscari, *Introduzione alla Meccanica Razionale. Elementi di teoria con esercizi*, UNITEXT – La Matematica per il 3+2 94, DOI 10.1007/978-88-470-5779-1_1

zione le loro orbite all'interno del Sistema Solare, in quanto i loro diametri sono ben minori delle distanze interplanetarie: per avere un'ordine di grandezza, il rapporto tra il diametro della Terra e la sua distanza dal Sole è inferiore a 10^{-4}. Di quest'ultimo numero, essendo adimensionale, sì che possiamo chiederci se sia *grande* o *piccolo*. Al contrario, la Terra dovrà essere certamente trattata come un corpo esteso quando vorremo studiare i moti che avvengono sulla sua superficie.

Il modello matematico più semplice che consente di trattare dei corpi estesi è quello di corpo rigido, che formalizziamo nella seguente definizione.

Definizione 1.1 (Corpo rigido). *Un sistema si dice* rigido *se la distanza tra ogni sua coppia di punti rimane inalterata durante ogni moto del sistema.*

L'ipotesi di rigidità limita notevolmente le possibilità di movimento di un sistema. La conservazione delle distanze implica infatti, come vedremo, quella degli angoli, e in generale porta i corpi rigidi a essere sistemi *indeformabili*.

Abbiamo appena sottolineato che non ha senso chiedersi se un dato corpo *sia* o meno un punto materiale, ma bensì bisogna porsi la domanda di quanto il suo comportamento *in un dato problema* si avvicini o meno alle previsioni del modello di punto materiale. Allo stesso modo, non ci si deve chiedere se un dato sistema reale sia o meno assimilabile a un corpo rigido. Una pietra o un tavolo, ad esempio, si comportano in modo ben approssimabile da modelli di corpo rigido fino a quando non vengono sottoposti a sollecitazioni tali da indurre in essi deformazioni apprezzabili. Laddove si vogliano invece studiare le deformazioni di un corpo esteso il modello di corpo rigido deve essere sostituito dal modello di *continuo deformabile*, argomento che non verrà affrontato nel presente libro di testo.

La Meccanica Razionale mira alla formalizzazione e allo studio del movimento dei sistemi composti da punti materiali e corpi rigidi. Al fine di arricchire la nostra analisi, introdurremo però un terzo modello matematico essenziale per avvicinare le previsioni della nostra teoria al comportamento del corpi estesi reali. Tale ingrediente è il modello di *vincolo*. Un vincolo è una limitazione sulle posizioni o sulle possibilità di movimento di uno o più punti del sistema. Nel prossimo capitolo daremo una più precisa definizione del concetto di vincolo, e introdurremo un certo numero di esempi che saranno ampiamente approfonditi nel testo. Anticipiamo ora, comunque, che così come nessun sistema reale può veramente catalogarsi come corpo rigido, allo stesso modo non è possibile realizzare vincoli capaci di mantenere i loro obbiettivi sotto sollecitazioni arbitrarie.

1.2 Gli elementi della Cinematica

Introdurremo in questa sezione una serie di concetti essenziali per poter sviluppare nel proseguo la descrizione cinematica dei moti. Il primo di essi deve necessariamente essere lo spazio euclideo, ovvero dell'insieme delle posizioni che possono occupare gli elementi del sistema. Prima di inoltrarci nel formalismo matematico necessario per definire con il necessario rigore le quantità con cui lavoreremo in tutto il testo, suggeriamo però al lettore di rivedere i minimi richiami di calcolo vettoriale presenti in Appendice (vedi § A.1 a pagina 249).

Definizione 1.2 (Spazio euclideo, punti). *Un insieme* $\mathscr{E}$ *è uno* spazio euclideo *di dimensione* $n \in \mathbb{N}$ *se esiste uno spazio vettoriale* V *di dimensione* n *che soddisfa le seguenti proprietà.*

(i) Ogni vettore $\mathbf{v} \in V$ *identifica un possibile* spostamento *nello spazio euclideo. In termini matematici, ogni* $\mathbf{v}$ *è un'applicazione da* $\mathscr{E}$ *in* $\mathscr{E}$ *tale che, per ogni* $P \in \mathscr{E}$*, l'immagine* $\mathbf{v}(P) \in \mathscr{E}$ *rappresenta la posizione occupata da* P *dopo lo spostamento* $\mathbf{v}$.

(ii) La composizione di due spostamenti rispetta la regola di somma in V*, vale a dire*

$$(\mathbf{u}+\mathbf{v})(P) = \mathbf{u}(\mathbf{v}(P))$$

quali che siano $\mathbf{u}, \mathbf{v} \in V$*, e* $P \in \mathscr{E}$.

(iii) Per ogni $P, Q \in \mathscr{E}$*, esiste uno e un solo vettore* $\mathbf{v}$ *tale che* $\mathbf{v}(P) = Q$*. La lunghezza di tale vettore fornisce la* distanza *tra* P *e* Q.

Chiameremo punti *gli elementi dello spazio euclideo.*

Notazione. Identificheremo l'unico vettore che porta il punto P nel punto Q attraverso la notazione PQ. Notiamo che lo stesso vettore è talvolta identificato come $(Q-P)$: entrambe le notazioni sono equivalenti e interscambiabili. Analogamente, qualora $Q = \mathbf{v}(P)$ utilizzeremo la notazione $Q = P + \mathbf{v}$.

La Figura 1.1 mostra qualche esempio di utilizzo di questa nomenclatura, ed al tempo stesso illustra la proprietà di addizione (ii). Si osservi in particolare che dati tre punti qualunque P, Q, R vale

$$PR = PQ + QR \qquad \text{ovvero} \qquad (R-P) = (R-Q) + (Q-P). \tag{1.1}$$

Definizione 1.3 (Sistemi di riferimento). *Un* sistema di riferimento *o* osservatore $\mathscr{O}$ *nello spazio euclideo* $\mathscr{E}$ *è l'insieme composto da un punto* $O \in \mathscr{E}$*, detto* origine

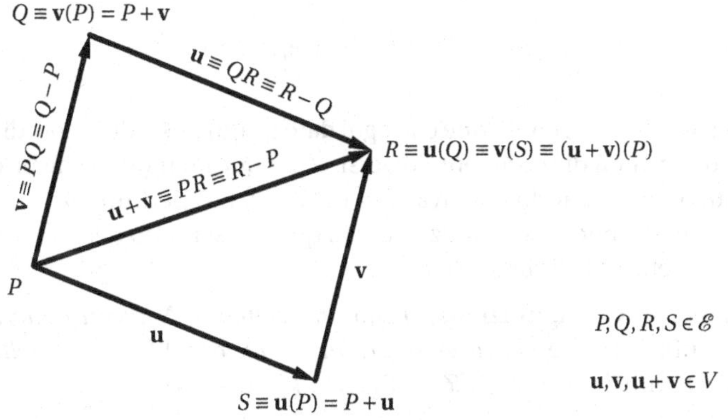

Figura 1.1 Vettori e punti dello spazio euclideo

del sistema di riferimento, e da una base $\mathbf{e} = \{\mathbf{e}_i,\ i = 1, \ldots, n\}$ *dello spazio vettoriale associato* V*:*

$$\mathcal{O} = \{O; \mathbf{e}\} = \{O; \mathbf{e}_i,\ i = 1, \ldots, n\}.$$

In quanto segue supporremo che la base $\mathbf{e}$ sia ortonormale, vale a dire sia formata da *versori* (vettori di lunghezza unitaria) tra loro ortogonali: $\mathbf{e}_i \cdot \mathbf{e}_j = \delta_{ij}$, dove il simbolo δ_{ij} indica la *delta di Kronecker* [20], definita in (A.3) (vedi pagina 251).

In numerose applicazioni utilizzeremo un *sistema di riferimento cartesiano* [12] $\mathcal{O}_\mathrm{C} = \{O; \mathbf{i}, \mathbf{j}, \mathbf{k}\}$ e coordinate (x, y, z). Nell'analisi di sistemi contenuti in un piano verticale sceglieremo in particolare un versore $\mathbf{i}$ orizzontale, un versore $\mathbf{j}$ verticale (orientato verso l'alto), e un versore $\mathbf{k} = \mathbf{i} \wedge \mathbf{j}$.

Osservazione (Esistenza di un tempo assoluto). Una più completa e precisa definizione di sistema di riferimento dovrebbe comprendere un asse temporale (dotato di origine), al quale riferire ogni misurazione di posizione, assegnando a ogni posizione un numero reale che indichi l'istante del *tempo* in cui la posizione è stata rilevata. Ciononostante, in Meccanica Classica, si postula l'esistenza di un *tempo assoluto*, cui vengono riferire tutte le misurazioni di posizione. In altre parole, si suppone che l'asse temporale cui vengono riferite tutte le misurazioni sia unico, e che quindi le diverse misure temporali possano differire solo per la scelta dell'origine di tale asse. In particolare, gli intervalli temporali, intesi come tempo trascorso tra due eventi, assumono un significato assoluto, in quanto non risentono della scelta dell'origine. Questa osservazione permette di non tenere conto della relatività delle misurazioni temporali laddove si voglia effettuare una derivata temporale, in quanto l'intervallo temporale che figura a denominatore del rapporto incrementale avrà certamente lo stesso valore per tutti gli osservatori.

Una volta scelto un sistema di riferimento, è possibile identificare la posizione di ogni punto attraverso le sue *coordinate*, vale a dire le componenti del vettore che collega il punto considerato all'origine, nella base associata al sistema di riferimento. Dire quindi che le coordinate di un punto $P \in \mathcal{E}$ rispetto a un sistema di riferimento $\mathcal{O}$ sono $(x_1, \ldots, x_n)$ equivale a scrivere

$$OP = \sum_{i=1}^{n} x_i \mathbf{e}_i. \tag{1.2}$$

Risulta ovvio dalla definizione che ogni dato punto possederà coordinate diverse rispetto a sistemi di riferimento diversi. È per questo motivo che bisogna avere molta cautela se e quando si scriva "$P = (x_1, \ldots, x_n)$" o perfino "$OP = (x_1, \ldots, x_n)$". Tali notazioni devono essere utilizzate solo qualora sia stato ben precisato il sistema di riferimento cui si riferiscono.

Definizione 1.4 (Configurazione). *Dato un sistema di* N *punti materiali* $\mathcal{S}$, *definiamo* configurazione *del sistema (ad un dato istante) l'insieme delle posizioni occupate dai punti del sistema:* $\mathcal{C} = \{P_k \in \mathcal{E} : k = 1, \ldots, N\}$.

Approfondimento. La generalizzazione del concetto di configurazione ai sistemi continui richiede qualche precisazione, poiché insorgono dei problemi che quando si passa a studiare continui deformabili vanno affrontati con estrema cura. Il punto è che quando si assegna la configurazione non si vuol solo conoscere l'insieme delle posizioni occupate dai punti di $\mathscr{S}$, ma si vuole anche conoscere *quale* punto occupi ogni posizione.

Al fine di risolvere tale problema si rende necessaria un'identificazione a priori dei punti del sistema $\mathscr{S}$, fondamentale al fine di poter poi indicare la posizione occupata da ciascuno di tali punti. Si assegna quindi una regione $S_0 \subset \mathscr{E}$ che viene utilizzata come *configurazione di riferimento* del sistema $\mathscr{S}$: i punti del sistema sono quelli che compongono la regione S_0.

Dopo aver definito il sistema di interesse attraverso l'assegnazione di una configurazione di riferimento, una configurazione è un'applicazione $\mathscr{C} : S_0 \to \mathscr{E}$, che ad ogni punto di S_0 assegna un punto dello spazio euclideo $\mathscr{E}$. Senza voler in questa sede entrare in ulteriori dettagli, sottolineiamo che l'applicazione appena definita dovrà ovviamente soddisfare opportuni requisiti di regolarità (per esempio, le discontinuità nell'applicazione $\mathscr{C}$ sono associate alla presenza di fratture nel materiale) e invertibilità (al fine di vietare che due punti del sistema vadano ad occupare la stessa posizione nello spazio euclideo).

In molte applicazioni è possibile esprimere le coordinate di tutti i punti del sistema, e quindi identificare univocamente la sua configurazione, in termini di un numero finito di parametri $\mathsf{q} = (q_1, \ldots, q_m)$.

Si consideri, ad esempio, il più semplice sistema rigido, composto da due punti $\{P, Q\}$, vincolati muoversi nel piano $\{O; x, y\}$ mantenendo fissa (pari a ℓ) la loro distanza (vedi Fig. 1.2). Una volta assegnata la posizione del primo punto P attraverso le sue coordinate in un opportuno riferimento cartesiano, la richiesta $|PQ| = \ell$ obbliga il punto Q a stare sulla circonferenza di centro P e raggio ℓ. A questo punto per identificare la posizione di Q, nota quella di P, non servono ulteriori due coordinate ma basta un unico parametro, per esempio un angolo θ, che in Fig. 1.2 è stato definito in verso antiorario a partire dalla direzione del versore $\mathbf{i}$. Si avrà quindi

$$\begin{aligned} x_P &= x_P \qquad & x_Q &= x_P + \ell\cos\theta \\ y_P &= y_P \qquad & y_Q &= y_P + \ell\sin\theta. \end{aligned} \tag{1.3}$$

Le equazioni (1.3) mostrano come sia possibile esprimere le quattro coordinate dei punti piani P e Q in termini di tre soli parametri indipendenti: (x_P, y_P, θ). Si noti che due di questi tre parametri sono coordinate cartesiane, mentre il terzo ha carattere angolare. La seguente definizione formalizza quanto osservato in questo esempio.

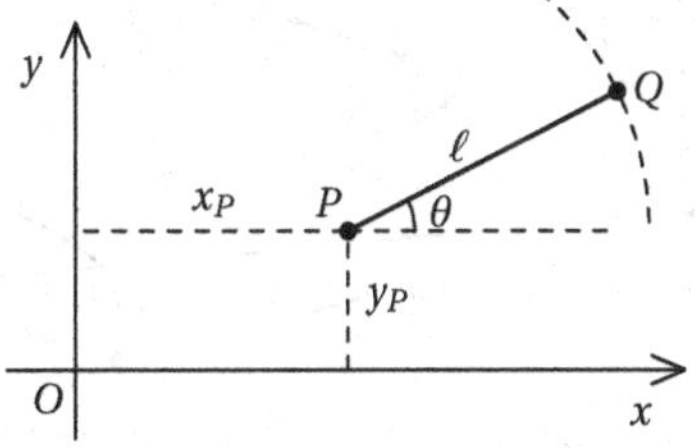

Figura 1.2 Sistema rigido piano composto da due punti e dotato di tre gradi di libertà

Definizione 1.5 (Coordinate libere). *Diremo che un sistema ammette m* coordinate libere $q = (q_1, \ldots, q_m)$ *ogni volta che sia possibile esprimere le coordinate di tutti i punti del sistema in termini delle coordinate libere stesse (ed eventualmente del tempo) per ogni punto P del sistema:* $OP = OP(q; t)$.

Definizione 1.6 (Moto). *Dato un sistema di N punti materiali* $\mathscr{S}$, *definiamo* moto *del sistema (in un dato intervallo temporale) l'applicazione che fornisce la configurazione del sistema ad ogni valore del tempo:* $\mathscr{M} = \{P_k(t) \in \mathscr{E} \,:\, k = 1, \ldots, N,\, t \in [t_{in}, t_{fin}]\}$.

Valgono, per quanto riguarda il moto, le stesse considerazioni appena fatte per le configurazioni di sistemi estesi. Definire in modo preciso un moto per tali sistemi richiede infatti la specificazione di una configurazione di riferimento fissa $S_0 \subset \mathscr{E}$. A questo punto, il moto è un'applicazione $\mathscr{M} : S_0 \times [t_{\text{in}}, t_{\text{fin}}] \to \mathscr{E}$ che, ad ogni coppia (P_0, t) assegna la posizione che il punto P_0 occupa al tempo t. Supporremo nel proseguo che il moto sia regolare rispetto al tempo, e più precisamente che le posizioni siano funzioni C^2 del tempo.

Il moto di un sistema si dice *traslatorio* se il vettore che congiunge ogni coppia di punti del sistema rimane costante. Durante un moto traslatorio la posizione di tutti i punti del sistema è nota a ogni istante se si conosce: *(i)* la posizione di tutti i punti a un tempo t_0 e *(ii)* la posizione di un punto Q a tutti i tempi. Infatti, si avrà $QP(t) = QP(t_0)$ per ogni t (vedi Fig. 1.3).

Il moto di un sistema si dice *piano* se esiste una direzione fissa, individuata da un versore $\mathbf{k}$, tale che

- la coordinata z (associata al versore $\mathbf{k}$) di ogni punto rimane costante a tutti gli istanti
$$OP(t) \cdot \mathbf{k} = z_P(t) = \text{costante} \quad \text{per ogni } t;$$
- se la congiungente due punti QP è parallela a $\mathbf{k}$ a un certo istante, allora rimane parallela a $\mathbf{k}$ a tutti i tempi
$$QP(t_0) \wedge \mathbf{k} = \mathbf{0} \quad \Longrightarrow \quad QP(t) \wedge \mathbf{k} = \mathbf{0} \quad \text{per ogni } t.$$

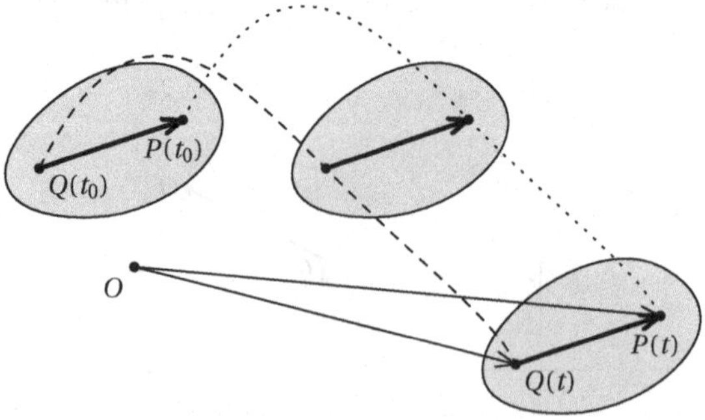

Figura 1.3 Determinazione della posizione di un punto P durante un moto traslatorio

Le due proprietà precedenti implicano che per caratterizzare completamente un moto piano basta determinarlo in uno dei piani ortogonali a $\mathbf{k}$, in quanto il moto a qualunque altra quota semplicemente ricalca il moto analizzato. In questo testo faremo spesso riferimento a moti piani, che riferiremo sempre al piano coordinato $\Pi_0 = \{P \in \mathscr{E} : OP \cdot \mathbf{k} = z_P = 0\}$.

Definizione 1.7 (Velocità, accelerazione). *Consideriamo un sistema di riferimento* $\mathcal{O} = \{O; \mathbf{e}\}$, *e un punto in movimento* $P(t)$, *le cui coordinate rispetto ad* $\mathcal{O}$ *(nel senso di* (1.2)*) siano* $(x_1, \ldots, x_n)$. *Definiamo* velocità *e* accelerazione *del punto (nel sistema di riferimento assegnato) i vettori*

$$\mathbf{v} = \frac{d(OP)}{dt} = \sum_{i=1}^{n} \dot{x}_i(t)\mathbf{e}_i, \qquad \mathbf{a} = \frac{d^2(OP)}{dt^2} = \sum_{i=1}^{n} \ddot{x}_i(t)\mathbf{e}_i. \tag{1.4}$$

In (1.4), come nel resto del testo, un punto sopra una quantità variabile indica la sua derivata rispetto al tempo. In un sistema con m coordinate libere, la velocità di ogni punto del sistema si determina considerando che la posizione varia nel tempo anche attraverso le coordinate libere stesse: $OP(t) = OP\big(q_1(t), \ldots, q_m(t); t\big)$. Di conseguenza risulta

$$\mathbf{v}_P = \sum_{k=1}^{m} \frac{\partial(OP)}{\partial q_k}\dot{q}_k + \frac{\partial(OP)}{\partial t}. \tag{1.5}$$

Sottolineiamo che nella (1.5) il vettore velocità risulta espresso come combinazione lineare dei vettori ottenuti derivando OP rispetto alle coordinate libere, e rispetto al tempo.

Le definizioni di velocità e accelerazione mettono immediatamente in evidenza che due osservatori diversi possono assegnare allo stesso punto velocità e accelerazioni diverse. L'osservatore $\mathcal{O}$, infatti, nell'effettuare la derivata temporale considera fissi sia la propria origine che la propria base ortonormale. Qualora un secondo osservatore $\mathcal{O}'$ scelga origine e base diversi dai primi, e in moto rispetto a questi, si può sin da ora prevedere che le sue misure di velocità e accelerazione potranno differire anche notevolmente da quelle effettuate da $\mathcal{O}$. Riprenderemo e analizzeremo in dettaglio questi effetti nel Capitolo 3.

Definizione 1.8 (Atto di moto). *Sia* $\mathscr{S}$ *un sistema materiale, e sia* $\mathscr{C}$ *una sua configurazione. Definiamo* atto di moto *del sistema (ad un dato istante) l'insieme delle coppie posizione-velocità dei punti del sistema:* $\mathscr{A} = \{(P, \mathbf{v}_P) : P \in \mathscr{C}\}$.

L'atto di moto di un sistema si dice *traslatorio* se tutti i punti hanno la stessa velocità: $\mathbf{v}_P = \mathbf{v}_Q$ per ogni $P, Q \in \mathscr{C}$.

L'atto di moto di un sistema si dice *piano* se esiste una direzione, individuata da un versore $\mathbf{k}$, tale che

- la velocità di tutti i punti è ortogonale a $\mathbf{k}$: $\mathbf{v}_P \cdot \mathbf{k} = 0$ per ogni P;
- se la congiungente due punti PQ è parallela a $\mathbf{k}$, allora i punti hanno la stessa velocità: $\mathbf{v}_P = \mathbf{v}_Q$ se $PQ \parallel \mathbf{k}$.

Esempio. Un atto di moto è piano, con direzione caratteristica $\mathbf{k}$, se

$$\mathbf{v}(x,y,z) = v_x(x,y)\,\mathbf{i} + v_y(x,y)\,\mathbf{j}, \quad \forall (x,y,z),$$

ovvero se le velocità di tutti i punti sono ortogonali a $\mathbf{k}$, e il loro valore non dipende dalla coordinata z del punto.

Esercizi

1.1. Siano A, B due punti in movimento. Si dimostri che

$$\frac{d(AB)}{dt} = \mathbf{v}_B - \mathbf{v}_A. \tag{1.6}$$

Soluzione. La proprietà di addizione (1.1) implica $(OB) = (OA) + (AB)$. Effettuando la derivata rispetto al tempo, e utilizzando la definizione di velocità si ottiene

$$\mathbf{v}_B = \mathbf{v}_A + \frac{d(AB)}{dt},$$

da cui segue la tesi.

1.2. Un moto si dice *uniforme* se la velocità di tutti i punti ha modulo costante. Si dimostri che il moto di un punto è uniforme se e solo se la velocità è sempre ortogonale all'accelerazione.

1.3. Un punto P si muove lungo una *trocoide* (vedi Fig. 1.4). Il suo moto rispetto a un riferimento cartesiano è dato da

$$OP(t) = \ell(\omega_0 t + \alpha \cos\omega_0 t)\,\mathbf{i} + \ell(1 - \alpha \sin\omega_0 t)\,\mathbf{j},$$

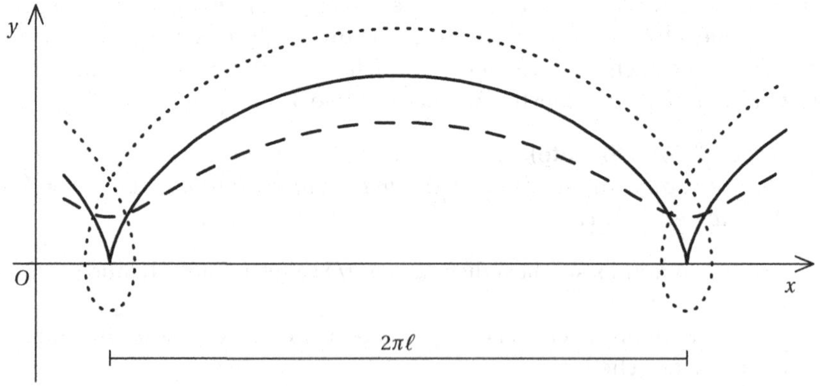

Figura 1.4 Diagramma di una trocoide per i valori $\alpha = \frac{1}{2}$ (*linea tratteggiata*), $\alpha = 1$ (*linea continua*, nota come *cicloide*), e $\alpha = \frac{3}{2}$ (*linea punteggiata*). Le cuspidi della cicloide corrispondono agli unici casi (al variare di α e t) in cui il punto si ferma

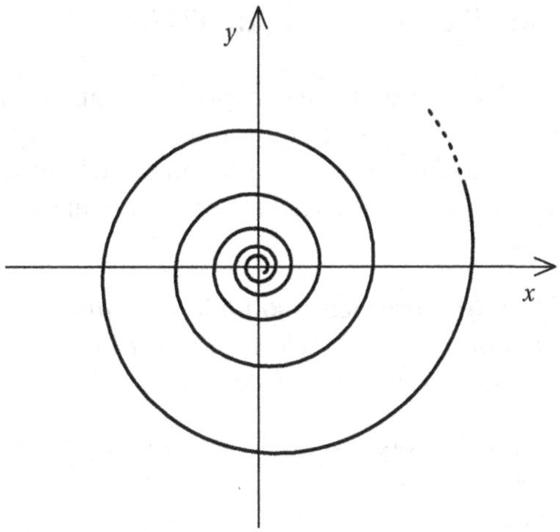

Figura 1.5 Esempio di spirale logaritmica o spirale di crescita, curva che si ritrova in svariati fenomeni naturali, dalla forma delle conchiglie, alla disposizione delle stelle nelle galassie, al volo di insetti e uccelli

dove ℓ, ω_0, α sono parametri assegnati, con valori positivi. Si determinino i valori massimo e minimo del modulo della velocità lungo il moto.

1.4. Un punto P si muove lungo una spirale. Il suo moto rispetto a un riferimento cartesiano è dato da

$$OP(t) = f(t)\cos\omega_0 t\,\mathbf{i} + f(t)\sin\omega_0 t\,\mathbf{j}, \tag{1.7}$$

con $f(t) > 0$ per ogni t.

(i) Determinare la funzione $f(t)$ sapendo che in ogni istante l'angolo che la velocità determina rispetto al vettore posizione OP è costante e pari a $\phi_0 \in (0, \pi)$, e che all'istante $t = 0$ il punto si trova a distanza ℓ dall'origine (vedi Fig. 1.5).

(ii) Mostrare che nel caso precedentemente determinato (la cui orbita corrispondente viene chiamata *spirale logaritmica* o *spirale di crescita*), sia il modulo della velocità che il modulo dell'accelerazione risultano proporzionali alla distanza dall'origine (e determinarne le costanti di proporzionalità).

1.5. Dimostrare che il moto di un sistema è traslatorio se e solo se il suo atto di moto è traslatorio ad ogni istante temporale.

1.6. Individuare un moto non piano tale che gli atti di moto ad esso collegati siano invece piani ad ogni istante.

1.3 Configurazioni di un corpo rigido libero

Il congelamento delle distanze tra tutte le coppie di punti del sistema limita fortemente le configurazioni e le possibilità di moto di un corpo rigido. Al fine di analizzare le conseguenze di tale richiesta sul numero e la scelta delle coordinate libere, risulta estremamente utile osservare che per ogni corpo rigido esiste un osservatore privilegiato.

Definizione 1.9 (Sistema di riferimento solidale). *Diciamo che un osservatore $\mathcal{O}_{sol}$ è* solidale *a un sistema di punti se le velocità di tutti i punti del sistema, riferite all'osservatore solidale, sono nulle ad ogni istante.*

In altre parole, un osservatore è solidale ad un dato sistema se quest'ultimo appare in quiete rispetto ad esso.

Proposizione 1.10. *Il moto di un sistema è rigido se e solo se esiste un osservatore solidale ad esso.*

Dimostrazione. Se esiste un osservatore solidale ad un dato sistema, i punti di quest'ultimo mantengono ovviamente fisse le distanze relative, in quanto appaiono in quiete rispetto all'osservatore solidale, e quindi ogni loro moto è automaticamente rigido.

La dimostrazione dell'implicazione inversa (e quindi dell'esistenza di un osservatore solidale ad ogni sistema rigido) è leggermente più intricata, e viene quindi qui suddivisa in più punti.

- *La conservazione delle distanze in un corpo rigido implica la conservazione degli angoli interni al sistema.*
  Si considerino infatti tre punti Q, R, S appartenenti allo stesso corpo rigido, e sia $\alpha = \widehat{RQS}$ l'angolo determinato dai vettori QR e QS (vedi Fig. 1.6). L'identità vettoriale $QS = QR + RS$ implica (teorema del coseno)

$$
\begin{aligned}
|RS|^2 = (QS - QR) \cdot (QS - QR) &= |QS|^2 - 2QS \cdot QR + |QR|^2 \\
&= |QS|^2 - 2|QS|\,|QR|\cos\alpha + |QR|^2 .
\end{aligned}
$$

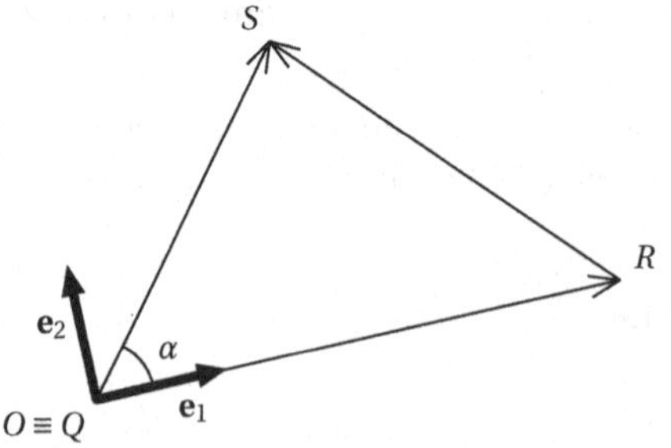

Figura 1.6 Angolo determinato da tre punti di uno stesso corpo rigido, e sistema di riferimento solidale ad esso

Il fatto che le distanze $|QR|$, $|QS|$ e $|RS|$ rimangano costanti comporta quindi la costanza dell'angolo α, compreso tra i vettori QR e QS. Osserviamo che la costanza delle distanze e degli angoli implica la costanza dei prodotti scalari del tipo $QS \cdot QR$, quali che siano i punti Q, R, S del corpo rigido.

- Siano ora Q, R, S tre punti non allineati di uno stesso corpo rigido. Associamo ad essi il seguente sistema di riferimento $\mathcal{O}_{sol} = \{Q; \mathbf{e}_1, \mathbf{e}_2, \mathbf{e}_3\}$ (illustrato in Fig. 1.6): origine coincidente con il punto Q; versore $\mathbf{e}_1$ orientato come QR, versore $\mathbf{e}_2$ ortogonale ad $\mathbf{e}_1$ e diretto verso S, versore $\mathbf{e}_3 = \mathbf{e}_1 \wedge \mathbf{e}_2$. Le coordinate di Q, R, S nel sistema di riferimento scelto sono costanti, come conseguenza della costanza delle distanze $|QR|$, $|QS|$, e dell'angolo α.
- L'osservazione $\mathcal{O}_{sol}$ così definito è solidale al sistema rigido. In altre parole, preso un qualunque altro punto P del sistema rigido, e determinate le sue coordinate (p_1, p_2, p_3) rispetto a $\mathcal{O}_{sol}$, tali coordinate sono esprimibili in termini di quantità che non variano lungo il moto, e quindi sono anch'esse costanti (vedi Esercizio 1.7). □

Alla luce di quanto dimostrato, il problema di individuare le coordinate libere per un corpo rigido si può ricondurre all'identificazione di un particolare sistema di riferimento, quello solidale, rispetto al quale tutti i punti del corpo rigido hanno coordinate costanti. Più precisamente, nel proseguo del presente paragrafo risolveremo il seguente problema: *dato un qualunque sistema di riferimento $\mathcal{O} = \{O; \mathbf{i}, \mathbf{j}, \mathbf{k}\}$, determinare quante e quali coordinate libere bisogna assegnare per identificare in modo univoco un secondo sistema di riferimento $\mathcal{O}_{sol} = \{Q; \mathbf{e}_1, \mathbf{e}_2, \mathbf{e}_3\}$* (quello solidale).

Notiamo inizialmente che specificare un osservatore corrisponde ad assegnarne l'origine e una base ortonormale. Di conseguenza, una prima parte delle coordinate libere di un corpo rigido saranno destinate alla individuazione della posizione di uno speciale punto del corpo rigido, quello utilizzato come origine del sistema di riferimento solidale. Le altre coordinate libere saranno invece destinate alla caratterizzazione di una particolare base ortonormale.

Coordinate libere per un corpo rigido piano

Consideriamo inizialmente il caso semplificato in cui tutti i punti del corpo rigido siano vincolati a muoversi in un piano assegnato, che con opportuna scelta dell'origine e del terzo asse del sistema $\mathcal{O}$ indicheremo come piano $\Pi_0 = \{P \in \mathcal{E} : z = OP \cdot \mathbf{k} = 0\}$.

Il fatto che tutti i punti del corpo rigido abbiano $z = 0$ rende il versore $\mathbf{k}$ automaticamente uno dei tre versori della terna solidale: $\mathbf{e}_3 = \mathbf{k}$. A questo punto i versori della base solidale possono essere espressi unicamente in termini di un angolo, per esempio (vedi Fig. 1.7) l'angolo antiorario ϕ tale che $\cos\phi = \mathbf{e}_1 \cdot \mathbf{i}$. Con tale definizione si ha

$$\begin{pmatrix} \mathbf{e}_1 \\ \mathbf{e}_2 \\ \mathbf{e}_3 \end{pmatrix} = \begin{pmatrix} \cos\phi & \sin\phi & 0 \\ -\sin\phi & \cos\phi & 0 \\ 0 & 0 & 1 \end{pmatrix} \begin{pmatrix} \mathbf{i} \\ \mathbf{j} \\ \mathbf{k} \end{pmatrix}. \tag{1.8}$$

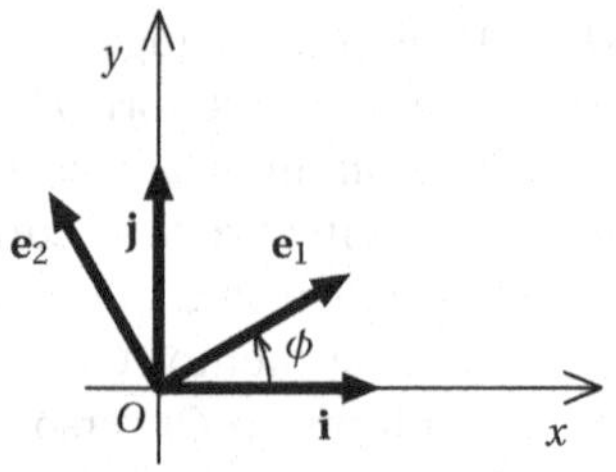

Figura 1.7 Identificazione dell'angolo antiorario che consente di esprimere la base solidale in termini della base di riferimento

Si osservi che la matrice $\mathbf{R}$ che trasforma la base del riferimento $\mathcal{O}$ nella base solidale è una rotazione, in quanto trasforma una base ortonormale in un'altra base ortonormale, e $\det \mathbf{R} = 1$. Applicando lo studio presentato in Appendice A (vedi pagina 258) si ricava che l'asse di rotazione ad essa associata coincide con $\mathbf{k}$, mentre ϕ è il relativo angolo di rotazione.

In sintesi, grazie al fatto che un versore della base solidale è fissato dalla planarità del sistema, la base solidale risulta completamente identificata da un unico angolo ϕ. Insieme alle (due) coordinate piane del punto origine scelto Q, tale angolo forma la terna di coordinate libere per un corpo rigido piano. Ricordando infine come è stato definito il versore $\mathbf{e}_1$ possiamo riassumere i risultati ottenuti come segue.

Proposizione 1.11. *La configurazione di un corpo rigido piano è identificata attraverso tre coordinate libere* $(x_Q, y_Q; \phi)$. *Le prime due rappresentano le coordinate cartesiane di un punto specifico Q del corpo rigido, mentre la terza identifica l'angolo che la semiretta che congiunge Q con un secondo punto R (asse* $\mathbf{e}_1$*) determina con una direzione fissa del piano (asse* $\mathbf{i}$*).*

In particolare, come si evidenzia anche dal paragone di quanto detto con l'esempio illustrato in Figura 1.2, abbiamo appena dimostrato che *la configurazione di un corpo rigido piano è completamente identificata quando sia nota la posizione di due dei suoi punti.*

Coordinate libere per un corpo rigido nello spazio

Nel caso tridimensionale l'identificazione delle coordinate libere è chiaramente complicata dal fatto che non abbiamo a priori alcuna informazione riguardante la base solidale. Rimane però vero che le prime coordinate libere servono ad identificare la posizione di uno dei punti del corpo rigido, per quanto ora evidentemente avremo bisogno di tre coordinate: (x_Q, y_Q, z_Q).

A questo punto, dette $\mathbf{i} = \{\mathbf{i}_1, \mathbf{i}_2, \mathbf{i}_3\}$ ed $\mathbf{e} = \{\mathbf{e}_1, \mathbf{e}_2, \mathbf{e}_3\}$ rispettivamente la base di riferimento e quella solidale, e indicata nuovamente con $\mathbf{R}$ la matrice ortogonale tale che $\mathbf{e} = \mathbf{R}\mathbf{i}$, il sistema di coordinate libere di un corpo rigido nello spazio verrà completato dalle coordinate angolari necessarie per caratterizzate la rotazione **R**. Arriviamo così a dimostrare il seguente risultato.

Proposizione 1.12. *La configurazione di un corpo rigido nello spazio è identificata attraverso sei coordinate libere. Le prime tre rappresentano le coordinate cartesiane di un punto specifico Q del corpo rigido, mentre tre angoli consentono di identificare la rotazione* **R** *che fissa l'orientazione della base solidale* **e**.

Esistono diverse scelte riguardanti la definizione dei tre angoli che caratterizzano la rotazione **R**. Di seguito ne presentiamo due di esse.

- Una rotazione possiede sempre uno e uno solo asse di autovettori associati all'autovalore $\lambda = 1$ (a meno che non sia $\mathbf{R} = \mathbf{I}$, caso che considereremo separatamente). Le prime due coordinate angolari vengono introdotte al fine di identificare un versore **u** appartenente a tale *asse di rotazione*. Più precisamente, una volta identificato $\mathbf{u} = u_1\,\mathbf{i}_1 + u_2\,\mathbf{i}_2 + u_3\,\mathbf{i}_3$ tale che $\mathbf{Ru} = \mathbf{u}$, con $\mathbf{u}\cdot\mathbf{u} = 1$, si cercano (θ,ψ) tali che $\mathbf{u} = \sin\theta\cos\psi\,\mathbf{i}_1 + \sin\theta\sin\psi\,\mathbf{i}_2 + \cos\theta\,\mathbf{i}_3$, ottenendo

$$\cos\theta = u_3 \qquad \text{e} \qquad \tan\psi = \frac{u_2}{u_1}.$$

  L'analisi viene completata dalla determinazione dell'*angolo di rotazione* ϕ, che soddisfa $\operatorname{tr}\mathbf{R} = 1 + 2\cos\phi$, ed è definito positivo rispetto ad **u** (vedi § A.2, pagina 258, per la scelta di un angolo definito positivo rispetto al versore di un asse). La determinazione delle coordinate libere $(x_Q, y_Q, z_Q; \theta, \psi, \phi)$ consente di identificare la configurazione di un corpo rigido nello spazio attraverso una *rototraslazione*, con traslazione pari a OQ, asse di rotazione **u**, e angolo di rotazione ϕ. Nel caso particolare $\mathbf{R} = \mathbf{I}$, l'asse di rotazione non è univocamente definito, e quindi non ha senso assegnare un particolare valore agli angoli (θ,ψ). L'unico angolo che rimane ben definito in questo caso particolare è l'angolo di rotazione, che chiaramente si annulla: $\phi = 0$.
- Una scelta equivalente degli angoli che parametrizzano la rotazione **R** è fornita dagli *angoli di Eulero* [14], particolarmente utili qualora nel corpo rigido vi sia una direzione particolare, di cui si vuole tenere traccia nelle coordinate libere. In questo caso, infatti, si sceglie l'asse $\mathbf{e}_3$ parallelo alla direzione privilegiata, e le prime due coordinate angolari vengono utilizzate non per identificare l'asse di rotazione, bensì la direzione nello spazio di $\mathbf{e}_3$. Una volta fissata la direzione di $\mathbf{e}_3$, i versori $\mathbf{e}_1$, $\mathbf{e}_2$, essendo forzati a giacere sul piano perpendicolare ad $\mathbf{e}_3$, possono essere individuati da un terzo angolo.
  Più precisamente, dette **i** ed **e** rispettivamente la base di riferimento e quella solidale, gli angoli di Eulero si definiscono come segue.
  - L'*angolo di nutazione* $\theta \in [0,\pi]$ è l'angolo determinato da $\mathbf{i}_3$ ed $\mathbf{e}_3$:

$$\cos\theta = \mathbf{i}_3\cdot\mathbf{e}_3, \qquad \text{e} \qquad \theta \in [0,\pi].$$

    Supponiamo inizialmente che l'angolo di nutazione sia diverso da 0 e π, ovvero che gli assi $\mathbf{i}_3$ ed $\mathbf{e}_3$ non siano paralleli.

- Si definisce poi l'*asse dei nodi* attraverso il versore $\mathbf{u}_n$, parallelo al vettore $\mathbf{i}_3 \wedge \mathbf{e}_3$:
$$\mathbf{u}_n = \frac{\mathbf{i}_3 \wedge \mathbf{e}_3}{|\mathbf{i}_3 \wedge \mathbf{e}_3|} \qquad \big(\text{se } \mathbf{i}_3 \not\parallel \mathbf{e}_3\big).$$
Essendo ortogonale sia a $\mathbf{i}_3$ che a $\mathbf{e}_3$, l'asse dei nodi individua l'intersezione dei piani $\{\mathbf{i}_1, \mathbf{i}_2\}$ e $\{\mathbf{e}_1, \mathbf{e}_2\}$. Notiamo che, per costruzione di $\mathbf{u}_n$, una rotazione di angolo θ attorno a tale asse porta la direzione $\mathbf{i}_3$ a coincidere con $\mathbf{e}_3$.
- Si definisce l'*angolo di precessione* $\phi \in (-\pi, \pi]$ come l'angolo da $\mathbf{i}_1$ a $\mathbf{u}_n$, orientato positivamente rispetto a $\mathbf{i}_3$. Più precisamente
$$\cos\phi = \mathbf{i}_1 \cdot \mathbf{u}_n, \qquad \text{e} \qquad \phi \geq 0 \quad \text{se} \quad \mathbf{i}_1 \wedge \mathbf{u}_n \cdot \mathbf{i}_3 = \mathbf{u}_n \cdot \mathbf{i}_2 \geq 0.$$
- Si definisce infine l'*angolo di rotazione propria* $\psi \in (-\pi, \pi]$ come l'angolo da $\mathbf{u}_n$ a $\mathbf{e}_1$, orientato positivamente rispetto a $\mathbf{e}_3$. Più precisamente,
$$\cos\psi = \mathbf{u}_n \cdot \mathbf{e}_1, \qquad \text{e} \qquad \psi \geq 0 \quad \text{se} \quad \mathbf{u}_n \cdot \mathbf{e}_1 \wedge \mathbf{e}_3 = -\mathbf{u}_n \cdot \mathbf{e}_2 \geq 0.$$

Gli angoli di nutazione e precessione consentono di identificare la direzione di $\mathbf{e}_3$ e $\mathbf{u}_n$, in quanto
$$\mathbf{e}_3 = \sin\theta \sin\phi\, \mathbf{i}_1 - \sin\theta \cos\phi\, \mathbf{i}_2 + \cos\theta\, \mathbf{i}_3 \quad \text{e} \tag{1.9}$$
$$\mathbf{u}_n = \cos\phi\, \mathbf{i}_1 + \sin\phi\, \mathbf{i}_2. \tag{1.10}$$

L'angolo di rotazione propria consente infine di collocare precisamente $\mathbf{e}_1$ e $\mathbf{e}_2$. Detto $\mathbf{u}_{n\perp} = \mathbf{e}_3 \wedge \mathbf{u}_n$ si ha
$$\begin{aligned}\mathbf{e}_1 &= \cos\psi\, \mathbf{u}_n + \sin\psi\, \mathbf{u}_{n\perp} \qquad (1.11)\\ &= (\cos\psi\cos\phi - \cos\theta\sin\psi\sin\phi)\,\mathbf{i}_1 + (\cos\psi\sin\phi + \cos\theta\sin\psi\cos\phi)\,\mathbf{i}_2\\ &\quad + \sin\theta\sin\psi\,\mathbf{i}_3\\ \mathbf{e}_2 &= -\sin\psi\, \mathbf{u}_n + \cos\psi\, \mathbf{u}_{n\perp} \qquad (1.12)\\ &= (-\sin\psi\cos\phi - \cos\theta\cos\psi\sin\phi)\,\mathbf{i}_1 + (\sin\psi\sin\phi + \cos\theta\cos\psi\cos\phi)\,\mathbf{i}_2\\ &\quad + \sin\theta\cos\psi\,\mathbf{i}_3.\end{aligned}$$

Nel caso particolare in cui $\mathbf{e}_3 \parallel \mathbf{i}_3$, l'asse dei nodi è indeterminato. In tal caso si può arbitrariamente porre $\phi = 0$ (equivalente a fissare $\mathbf{u}_n = \mathbf{i}_1$), e (1.11), (1.12) mostrano che gli assi $\mathbf{e}_1, \mathbf{e}_2$ si ottengono ruotando di un angolo ψ gli assi $\mathbf{i}_1, \mathbf{i}_2$.

Qualunque sia la scelta delle coordinate angolari, abbiamo così dimostrato che *la configurazione di un corpo rigido nell spazio è completamente identificata quando sia nota la posizione di tre dei suoi punti, e possiede sei coordinate libere.*

Osservazione. Il caso piano trattato a pagina 11 si può ovviamente ottenere come caso particolare del moto rigido nello spazio. In particolare, in un moto rigido piano basta scegliere l'asse $\mathbf{i}_3$ dello spazio ortogonale al piano del moto ($\mathbf{i}_3 = \mathbf{k}$) per ottenere che l'angolo di nutazione è sempre retto: $\theta_{2D} = \frac{\pi}{2}$, in quanto qualunque sia la direzione speciale identificata nel corpo rigido essa formerà necessariamente l'angolo $\frac{\pi}{2}$ con $\mathbf{k}$. Inoltre, l'angolo di rotazione propria è necessariamente fissato, in quanto qualunque rotazione del corpo rigido attorno al suo asse $\mathbf{e}_3$ lo farebbe uscire dal piano; possiamo pertanto assumere $\psi_{2D} = 0$. Risulta così che l'unico angolo di Eulero significativo nel caso piano è l'angolo di precessione ϕ.

Esercizi

1.7. Costruire esplicitamente un sistema di riferimento $\mathcal{O}_{sol}$ come suggerito a pagina 11 e illustrato in Figura 1.6, e dimostrare che le coordinate di un qualunque altro punto P del corpo rigido rispetto a tale osservatore sono costanti.

Soluzione. La costruzione del sistema di riferimento solidale può procedere come segue:

- l'origine coincide con il punto Q;
- il primo versore della base si costruisce semplicemente attraverso $\mathbf{e}_1 = QR/|QR|$;
- il *terzo* versore della base si sceglie ortogonale al piano identificato dai tre punti dati

$$\mathbf{e}_3 = \frac{QR \wedge QS}{|QR \wedge QS|};$$

- infine, il secondo versore sarà ortogonale agli altri due

$$\mathbf{e}_2 = \mathbf{e}_3 \wedge \mathbf{e}_1 = \frac{|QR|^2 QS - (QR \cdot QS)QR}{|QR \wedge QS|\,|QR|}.$$

Dimostriamo ora che è possibile esprimere le coordinate di un qualunque altro punto P in termini di quantità costanti. Ne conseguirà che il punto P viene visto in quiete dal sistema di riferimento introdotto, e quindi che quest'ultimo è solidale al corpo rigido. Le coordinate del punto P si ottengono proiettando il vettore posizione QP lungo i tre versori appena introdotti. Si trova:

$$\begin{aligned}
p_1 &= QP \cdot \mathbf{e}_1 = \frac{PS \cdot QR}{|QR|} = \text{costante} \\
p_2 &= QP \cdot \mathbf{e}_2 = \frac{|QR|^2 (QS \cdot PS) - (QR \cdot QS)(QR \cdot PS)}{|QR \wedge QS|\,|QR|} = \text{costante} \\
p_3^2 &= |QP|^2 - p_1^2 - p_2^2 = \text{costante},
\end{aligned}$$

dove abbiamo usato la costanza delle distanze tra punti, nonché dei prodotti scalari tra vettori posizione, interni allo stesso corpo rigido.

1.8. Assegnato un sistema di riferimento cartesiano $\mathcal{O}_C = \{O; \mathbf{i}, \mathbf{j}, \mathbf{k}\}$, si considerino i seguenti tre punti, appartenenti ad un medesimo corpo rigido:

$$OQ = a\mathbf{j}, \quad OR = 2a(\mathbf{i} - \mathbf{k}), \quad OS = a(-4\mathbf{i} + \mathbf{k}),$$

dove a è un parametro positivo.

Costruire un sistema di riferimento $\mathcal{O}_{sol}$ solidale con il corpo rigido. Determinare le coordinate rispetto al sistema di riferimento $\mathcal{O}_{sol}$ del punto $OP = a\mathbf{k}$.

1.9. Facendo riferimento all'Esercizio 1.8 si determinino l'asse e l'angolo della rotazione che trasforma la base del riferimento cartesiano nella base del riferimento solidale.

1.10. Facendo riferimento all'Esercizio 1.8 si determinino gli angoli di Eulero che identificano trasformazione della base del riferimento cartesiano nella base del riferimento solidale.

1.11. La terna $\mathbf{e} = \{\mathbf{e}_1, \mathbf{e}_2, \mathbf{e}_3\}$ si ottiene dalla terna $\mathbf{i} = \{\mathbf{i}_1, \mathbf{i}_2, \mathbf{i}_3\}$ attraverso la rotazione identificata dagli angoli di Eulero $\theta = \frac{1}{4}\pi, \quad \psi = \frac{5}{6}\pi, \quad \phi = \frac{1}{2}\pi.$ Determinare i versori della base $\mathbf{e}$ in termini dei versori della base $\mathbf{i}$.

1.4 Atto di moto rigido

L'obbiettivo di mantenere costanti le distanze tra tutte le coppie di punti di un sistema rigido comporta un numero estremamente elevato di limitazioni da imporre sul relativo atto di moto, vale a dire sull'insieme delle velocità assunte da tutti i punti del sistema. Studieremo in questo paragrafo alcune proprietà generali che caratterizzano l'atto di moto di un qualunque sistema rigido. Passeremo poi nei due successivi paragrafi all'analisi separata degli atti di moto rigidi rispettivamente piani e tridimensionali.

Proposizione 1.13. *Condizione necessaria e sufficiente affinché la distanza tra due punti rimanga costante è che le proiezioni delle loro velocità lungo la loro congiungente siano uguali:*

$$d(P,Q) \equiv cost \qquad \Longleftrightarrow \qquad \mathbf{v}_P \cdot \mathbf{e} = \mathbf{v}_Q \cdot \mathbf{e} \quad \forall t, \quad dove \quad \mathbf{e} = \frac{PQ}{|PQ|}$$

è il versore parallelo alla congiungente P con Q.

Dimostrazione. La tesi segue dalla seguente catena di doppie implicazioni:

$$\begin{aligned} d(P,Q) \equiv \text{cost} \quad &\Longleftrightarrow \quad \frac{d}{dt}(PQ \cdot PQ) = 0 \quad &&\Longleftrightarrow \quad PQ \cdot \frac{d(PQ)}{dt} = 0 \\ &\Longleftrightarrow \quad PQ \cdot (\mathbf{v}_Q - \mathbf{v}_P) = 0 \quad &&\Longleftrightarrow \quad \mathbf{v}_P \cdot \mathbf{e} = \mathbf{v}_Q \cdot \mathbf{e}, \end{aligned}$$

dove nella derivata del vettore (PQ) si è fatto uso della proprietà (1.6), e nell'ultimo passaggio si è diviso per $|PQ|$, supposto ovviamente diverso da zero. □

La Proposizione 1.13 consente di identificare, dato l'atto di moto del sistema ad un certo istante, i punti che possono appartenere allo stesso corpo rigido. La Figura 1.8 mostra un esempio in cui si riesce a dimostrare che il punto P non può appartenere al corpo rigido identificato dagli altri tre punti, in quanto le proiezioni della sua velocità e di quella del punto Q lungo la corrispondente congiungente mostrano che tali punti si stanno allontanando.

Una caratterizzazione più completa dell'atto di moto rigido segue dall'osservazione che è sempre possibile trovare un sistema di riferimento solidale a ogni corpo rigido. L'esistenza di un osservatore solidale implica che, in un opportuno sistema di riferimento, le coordinate di ogni punto del corrispondente corpo rigido sono costanti.

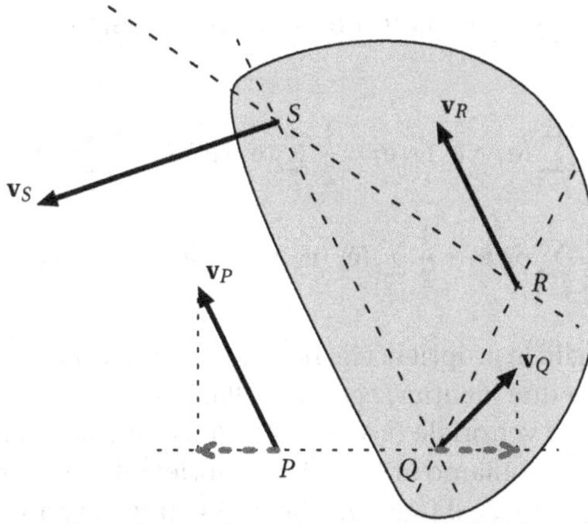

Figura 1.8 Atto di moto di un sistema di quattro punti. I punti Q, R, S possono appartenere allo stesso corpo rigido, mentre il punto P certamente no, in quanto le proiezioni di $\mathbf{v}_P$ e $\mathbf{v}_Q$ lungo la congiungente PQ hanno addirittura segni opposti

Consideriamo un sistema di riferimento cartesiano $\mathscr{O}_\text{c} = \{O; \mathbf{i}, \mathbf{j}, \mathbf{k}\}$, rispetto al quale vogliamo misurare le velocità dei punti del corpo rigido. Noi sappiamo che esiste un osservatore solidale $\mathscr{O}_\text{sol} = \{Q(t), \mathbf{e}_1(t), \mathbf{e}_2(t), \mathbf{e}_3(t)\}$, dotato di un'origine e di una terna che risulteranno mobili rispetto a $\mathscr{O}_\text{c}$, rispetto al quale le coordinate di tutti i punti sono costanti:

$$QP = \sum_{i=1}^{3} p_i \, \mathbf{e}_i, \quad \text{con } p_i \equiv \text{cost.} \tag{1.13}$$

Derivando la (1.13) rispetto al tempo, e facendo nuovamente uso della (1.6), otteniamo

$$\mathbf{v}_P - \mathbf{v}_Q = \sum_{i=1}^{3} p_i \, \dot{\mathbf{e}}_i. \tag{1.14}$$

Il seguente teorema fornisce l'espressione esplicita della derivata di un versore.

Teorema 1.14 (Poisson). *Consideriamo un sistema di riferimento cartesiano* $\mathscr{O}_c = \{O; \mathbf{i}, \mathbf{j}, \mathbf{k}\}$ *ed un secondo sistema di riferimento, in moto rispetto al primo:* $\mathscr{O}' = \{Q(t); \mathbf{e}_1(t), \mathbf{e}_2(t), \mathbf{e}_3(t)\}$. *Allora è possibile identificare un vettore* $\boldsymbol{\omega}$, *detto* velocità angolare di $\mathscr{O}'$ rispetto a $\mathscr{O}_\text{c}$, *tale che*

$$\dot{\mathbf{e}}_i = \boldsymbol{\omega} \wedge \mathbf{e}_i, \quad \textit{per ogni } i = 1, 2, 3. \tag{1.15}$$

Più precisamente, il vettore $\boldsymbol{\omega}$ *è dato da*

$$\boldsymbol{\omega} = \frac{1}{2} \sum_{j=1}^{3} (\mathbf{e}_j \wedge \dot{\mathbf{e}}_j) = \frac{1}{2}\big(\mathbf{e}_1 \wedge \dot{\mathbf{e}}_1 + \mathbf{e}_2 \wedge \dot{\mathbf{e}}_2 + \mathbf{e}_3 \wedge \dot{\mathbf{e}}_3\big). \tag{1.16}$$

Le (1.15) *sono note come* formule di Poisson *[32].*

Dimostrazione. Per dimostrare la tesi basta calcolare esplicitamente il membro destro della (1.15)

$$\begin{aligned}\boldsymbol{\omega} \wedge \mathbf{e}_i &= \frac{1}{2}\sum_{j=1}^{3}(\mathbf{e}_j \wedge \dot{\mathbf{e}}_j) \wedge \mathbf{e}_i = \frac{1}{2}\sum_{j=1}^{3}(\mathbf{e}_j \cdot \mathbf{e}_i)\dot{\mathbf{e}}_j - \frac{1}{2}\sum_{j=1}^{3}(\dot{\mathbf{e}}_j \cdot \mathbf{e}_i)\mathbf{e}_j \\ &= \frac{1}{2}\sum_{j=1}^{3}\delta_{ij}\,\dot{\mathbf{e}}_j + \frac{1}{2}\sum_{j=1}^{3}(\dot{\mathbf{e}}_i \cdot \mathbf{e}_j)\mathbf{e}_j = \frac{1}{2}\dot{\mathbf{e}}_i + \frac{1}{2}\dot{\mathbf{e}}_i = \dot{\mathbf{e}}_i.\end{aligned}$$

Analizziamo in dettaglio le proprietà che hanno permesso la precedente catena di uguaglianze. Le prime due identità seguono dalla definizione di $\boldsymbol{\omega}$, e dallo sviluppo del doppio prodotto vettoriale (vedi (A.12), a pagina 253). Nel passaggio dalla prima alla seconda riga abbiamo utilizzato la proprietà di ortonormalità della base considerata ($\mathbf{e}_j \cdot \mathbf{e}_i = \delta_{ij}$), e il fatto che l'identità appena scritta, essendo valida ad ogni istante, può anche essere derivata rispetto al tempo:

$$\mathbf{e}_j \cdot \mathbf{e}_i = \delta_{ij} \quad \forall t \quad \Longrightarrow \quad \dot{\mathbf{e}}_j \cdot \mathbf{e}_i + \mathbf{e}_j \cdot \dot{\mathbf{e}}_i = 0 \quad \Longrightarrow \quad \dot{\mathbf{e}}_j \cdot \mathbf{e}_i = -\dot{\mathbf{e}}_i \cdot \mathbf{e}_j.$$

Infine, nel penultimo passaggio, oltre alla ovvia sommatoria sulla delta di Kronecker, abbiamo utilizzato la proprietà (A.5) (vedi pagina 251). □

Le formule di Poisson forniscono lo strumento necessario per dare risposta a una interessante domanda: se due osservatori utilizzano basi diverse per proiettare un dato vettore, come sono legate le derivate temporali da essi misurate?

Proposizione 1.15 (Derivata assoluta e relativa di un vettore). *Sia* $\mathbf{u}(t)$ *un vettore variabile nel tempo. Consideriamo un sistema di riferimento cartesiano* $\mathcal{O}$*, con base* $\{\mathbf{e}_1, \mathbf{e}_2, \mathbf{e}_3\}$*, ed un secondo sistema di riferimento* $\mathcal{O}'$*, con base* $\{\mathbf{e}'_1(t), \mathbf{e}'_2(t), \mathbf{e}'_3(t)\}$*, con* $\boldsymbol{\omega}(t)$ *velocità angolare di* $\mathcal{O}'$ *rispetto a* $\mathcal{O}$*. Tali osservatori scompongono il vettore dato come*

$$\mathbf{u} = \sum_{i=1}^{3} u_i\,\mathbf{e}_i = \sum_{i=1}^{3} u'_i\,\mathbf{e}'_i,$$

e definiscono le rispettive velocità

$$\dot{\mathbf{u}} = \sum_{i=1}^{3} \dot{u}_i\,\mathbf{e}_i \qquad e \qquad \dot{\mathbf{u}}_r = \sum_{i=1}^{3} \dot{u}'_i\,\mathbf{e}'_i.$$

Allora vale

$$\dot{\mathbf{u}} = \dot{\mathbf{u}}_r + \boldsymbol{\omega} \wedge \mathbf{u}. \tag{1.17}$$

Dimostrazione. La (1.17) è una semplice conseguenza delle formule di Poisson. Infatti si ha

$$\dot{\mathbf{u}} = \sum_{i=1}^{3} \dot{u}_i\,\mathbf{e}_i = \sum_{i=1}^{3}(\dot{u}'_i\,\mathbf{e}'_i + u'_i\,\dot{\mathbf{e}}'_i) = \sum_{i=1}^{3} \dot{u}'_i\,\mathbf{e}'_i + \sum_{i=1}^{3} u'_i\,(\boldsymbol{\omega} \wedge \mathbf{e}'_i) = \dot{\mathbf{u}}_{\mathrm{r}} + \boldsymbol{\omega} \wedge \mathbf{u}.$$ □

L'analisi ora conclusa ci consente di ricavare la relazione che caratterizza ogni atto di moto rigido.

Teorema 1.16 (Formula fondamentale della cinematica rigida). *In ogni atto di moto rigido esiste un vettore* $\boldsymbol{\omega}$, *detto* velocità angolare del corpo rigido, *tale che*

$$\mathbf{v}_P = \mathbf{v}_Q + \boldsymbol{\omega} \wedge QP \quad \textit{per ogni } Q, P. \tag{1.18}$$

Dimostrazione. La tesi segue dal semplice utilizzo di (1.15) in (1.14)

$$\mathbf{v}_P = \mathbf{v}_Q + \sum_{i=1}^{3} p_i\, \boldsymbol{\omega} \wedge \mathbf{e}_i = \mathbf{v}_Q + \boldsymbol{\omega} \wedge \sum_{i=1}^{3} p_i\, \mathbf{e}_i = \mathbf{v}_Q + \boldsymbol{\omega} \wedge QP,$$

dove nell'ultimo passaggio abbiamo fatto uso della (1.13). □

Analisi dell'atto di moto rigido

Al fine di studiare le caratteristiche dell'atto di moto rigido, iniziamo chiedendoci se e quando esistono coppie di punti che, alla luce della (1.18), abbiano la stessa velocità. Evidentemente, $\mathbf{v}_P = \mathbf{v}_Q$ richiede che $\boldsymbol{\omega} \wedge PQ = \mathbf{0}$, e quindi possiamo evidenziare due casi.

(i) La velocità angolare è nulla. In questo caso tutti i punti hanno la stessa velocità e, alla luce della definizione di pagina 7, l'atto di moto rigido risulta essere *traslatorio*.
(ii) La velocità angolare non è nulla. In tal caso hanno la stessa velocità tutte e sole le coppie di punti la cui congiungente è parallela ad $\boldsymbol{\omega}$.

Un atto di moto rigido si dice *rotatorio* se esiste un asse $u^{(\mathrm{rot})}$ (detto *asse di istantanea rotazione*) tale che la velocità di tutti i suoi punti è nulla. Al fine di analizzare le principali caratteristiche dell'atto di moto rotatorio, consideriamo un punto Q appartenente all'asse di istantanea rotazione ($\mathbf{v}_Q = \mathbf{0}$), e riferiamo ad esso l'espressione (1.18). Avremo ovviamente

$$\mathbf{v}_P^{(\mathrm{rot})} = \boldsymbol{\omega} \wedge QP \qquad \left(Q \in u^{(\mathrm{rot})}\right). \tag{1.19}$$

L'atto di moto rotatorio è piano. Infatti, in virtù della (1.19), le velocità di tutti i punti sono ortogonali alla velocità angolare. Inoltre, la proprietà (ii) sopra implica che le velocità di punti la cui congiungente sia parallela ad $\boldsymbol{\omega}$ coincidono.

L'espressione (1.19) implica inoltre che la velocità di ogni punto P ha: direzione ortogonale alla direzione che congiunge P all'asse di istantanea rotazione, modulo direttamente proporzionale alla sua distanza dallo stesso asse, e verso antiorario rispetto alla direzione di $\boldsymbol{\omega}$ (vedi Fig. 1.9).

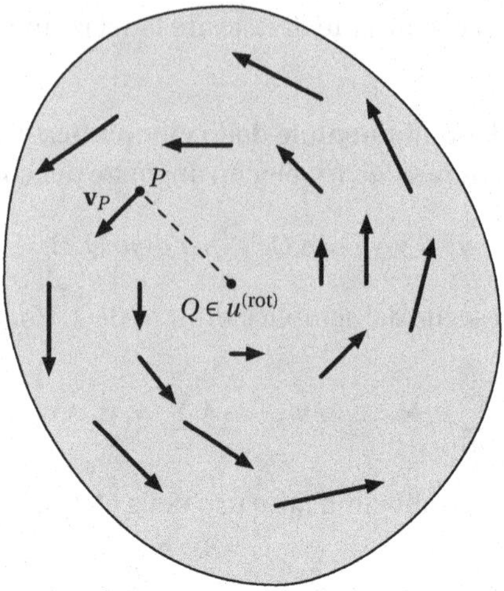

Figura 1.9 Campo di velocità in un atto di moto rotatorio. La velocità angolare ha direzione ortogonale al foglio, e verso uscente da esso

Esercizi

1.12. Siano Q, R due punti appartenenti allo stesso corpo rigido piano, tali che le loro posizioni in un sistema di riferimento cartesiano siano $OQ = -2a\mathbf{i}$, $OR = a\mathbf{j}$, e che le loro velocità siano $\mathbf{v}_Q = v_0\,\mathbf{i}$, $\mathbf{v}_R = \alpha v_0\,\mathbf{j}$. Applicando esclusivamente la Proposizione 1.13

(i) determinare il valore del parametro reale α che consente che i due punti dati appartengano allo stesso corpo rigido;
(ii) determinare la velocità del punto P, appartenente allo stesso corpo rigido, sapendo che $OP = \mathbf{0}$.

Questo esercizio illustra come sia possibile determinare la velocità di un qualunque punto di un corpo rigido piano, una volta note due velocità dello stesso sistema, e come comunque le due velocità suddette non possano comunque essere scelte arbitrariamente.

1.13. Siano Q, R, S tre punti appartenenti allo stesso corpo rigido, tali che le loro posizioni in un sistema di riferimento cartesiano siano $OQ = a\mathbf{i}$, $OR = 2a\mathbf{j}$, $OS = -a\mathbf{k}$, e che le loro velocità siano $\mathbf{v}_Q = v_0\,\mathbf{j}$, $\mathbf{v}_R = v_0(\alpha\,\mathbf{i} + \mathbf{k})$, $\mathbf{v}_S = v_0(\beta\,\mathbf{i} + \mathbf{k})$. Applicando la Proposizione 1.13

(i) determinare i valori dei parametri reali α, β che consentono che i tre punti dati appartengano allo stesso corpo rigido;
(ii) determinare la velocità del punto P, appartenente allo stesso corpo rigido, sapendo che $OP = \mathbf{0}$.

Questo esercizio illustra come sia possibile determinare la velocità di un qualunque punto di un corpo rigido tridimensionale, una volta note tre velocità dello stesso sistema, e come comunque le tre velocità suddette non possano comunque essere scelte arbitrariamente.

1.14. Si consideri nuovamente il sistema descritto nell'Esercizio 1.13. Utilizzando la formula fondamentale della cinematica rigida (1.18) per i punti Q, R, S si determinino il valore dei parametri $\alpha, \beta \in \mathbb{R}$ e la velocità angolare del corpo rigido. Si utilizzino tali dati per ricavare la velocità del punto P.

1.5 Atto di moto rigido piano. Centro di istantanea rotazione

In questo paragrafo ci occuperemo nuovamente del caso semplificato in cui si suppone che tutti i punti del corpo rigido giacciano su un piano, che con opportuna scelta del sistema di riferimento possiamo supporre essere il piano coordinato $\Pi_0 = \{P \in \mathscr{E} : OP \cdot \mathbf{k} = z_P = 0\}$.

Velocità angolare nell'atto di moto rigido piano

Le formule di Poisson (1.15) consentono di esprimere semplicemente la velocità angolare di un corpo rigido piano in termini dell'angolo ϕ che una sua direzione QR determina rispetto ad una direzione fissa.

$$\boldsymbol{\omega} = \dot{\phi}\mathbf{k}. \tag{1.20}$$

Infatti, la (1.8) implica

$$\begin{cases} \mathbf{e}_1 = \cos\phi\,\mathbf{i} + \sin\phi\,\mathbf{j} \\ \mathbf{e}_2 = -\sin\phi\,\mathbf{i} + \cos\phi\,\mathbf{j} \\ \mathbf{e}_3 = \mathbf{k} \end{cases} \implies \begin{cases} \dot{\mathbf{e}}_1 = (-\sin\phi\,\mathbf{i} + \cos\phi\,\mathbf{j})\dot{\phi} = \dot{\phi}\mathbf{e}_2 \\ \dot{\mathbf{e}}_2 = (-\cos\phi\,\mathbf{i} + \sin\phi\,\mathbf{j})\dot{\phi} = -\dot{\phi}\mathbf{e}_1 \\ \dot{\mathbf{e}}_3 = \mathbf{0} \end{cases}$$

e quindi

$$\boldsymbol{\omega} = \frac{1}{2}\left(\mathbf{e}_1 \wedge \dot{\mathbf{e}}_1 + \mathbf{e}_2 \wedge \dot{\mathbf{e}}_2 + \mathbf{e}_3 \wedge \dot{\mathbf{e}}_3\right) = \frac{\dot{\phi}}{2}\left(\mathbf{e}_1 \wedge \mathbf{e}_2 - \mathbf{e}_2 \wedge \mathbf{e}_1\right) = \dot{\phi}\mathbf{e}_3 = \dot{\phi}\mathbf{k}. \tag{1.21}$$

Osservazione. Nell'utilizzare la (1.20) è bene tenere presente che l'angolo ϕ è stato introdotto nella (1.8) in modo da essere *antiorario*, ovvero definito positivo rispetto al versore $\mathbf{k}$ (si veda anche la Fig. 1.7). È ovviamente possibile identificare il versore $\mathbf{e}_1$ (vale a dire la direzione QR) anche attraverso angoli *orari*, definiti negativi rispetto al versore $\mathbf{k}$. In tal caso, bisogna però tenere conto del cambio di segno nella (1.20). Se, per esempio, si volesse identificare la posizione del versore $\mathbf{e}_1$ attraverso l'angolo (orario) φ che esso determina con l'asse $\mathbf{j}$, si avrebbe $\varphi = \frac{\pi}{2} - \phi$, da cui $\dot{\varphi} = -\dot{\phi}$, e infine $\boldsymbol{\omega} = \dot{\phi}\mathbf{k} = -\dot{\varphi}\mathbf{k}$.

Il fatto che la velocità angolare sia ortogonale a Π_0 ha una importante conseguenza.

Proposizione 1.17. *In un atto di moto rigido piano o tutti i punti hanno la stessa velocità (atto di moto traslatorio), oppure non esistono due punti del piano Π_0 con la stessa velocità.*

Dimostrazione. La tesi segue dall'analisi di pagina 19, che implica che in un atto di moto rigido non traslatorio due punti P, Q possono avere la stessa velocità se e solo se $PQ \parallel \boldsymbol{\omega}$. Visto che $PQ \in \Pi_0$, mentre $\boldsymbol{\omega} \perp \Pi_0$, i due vettori non possono mai essere paralleli. □

Abbiamo analizzato nel paragrafo precedente due casi notevoli di atto di moto rigido: traslatorio e rotatorio. Il seguente teorema dimostra che ogni atto di moto rigido piano ricade in una delle due precedenti categorie.

Teorema 1.18 (Centro di istantanea rotazione). *Ogni atto di moto rigido piano è traslatorio oppure rotatorio. In quest'ultimo caso:*

- *l'asse di istantanea rotazione, essendo parallelo alla velocità angolare, risulta ortogonale al piano del moto;*
- *tale asse interseca il piano Π_0 in un unico punto, detto* centro di istantanea rotazione *C, tale che*
$$PC = \frac{\boldsymbol{\omega} \wedge \mathbf{v}_P}{\omega^2}, \tag{1.22}$$
dove $P \in \Pi_0$ è un punto qualunque del sistema rigido, e $\boldsymbol{\omega}$ la velocità angolare.

Dimostrazione. Supponiamo che l'atto di moto rigido sia non traslatorio ($\boldsymbol{\omega} \neq \mathbf{0}$) e piano ($\boldsymbol{\omega} = \omega\mathbf{k}$, con $\mathbf{k} \perp \Pi_0$) e, dato un qualunque punto $P \in \Pi_0$ del corpo rigido di velocità $\mathbf{v}_P$ cerchiamo quanti punti $C \in \Pi_0$ esistano tali che $\mathbf{v}_C = \mathbf{0}$. In altre parole, cerchiamo soluzioni dell'equazione (di incognita PC)

$$\mathbf{v}_C = \mathbf{v}_P + \boldsymbol{\omega} \wedge PC = \mathbf{0} \quad \Longleftrightarrow \quad \boldsymbol{\omega} \wedge PC = -\mathbf{v}_P. \tag{1.23}$$

Moltiplicando ambo i membri della (1.23) per $\boldsymbol{\omega} \neq \mathbf{0}$ si ottiene

$$\boldsymbol{\omega} \wedge (\boldsymbol{\omega} \wedge PC) = -\boldsymbol{\omega} \wedge \mathbf{v}_P.$$

Applicando la (A.11) al membro sinistro, e sapendo che $\boldsymbol{\omega} \cdot PC$ è certamente nulla in quanto $PC \in \Pi_0$ e $\boldsymbol{\omega} \perp \Pi_0$, otteniamo infine

$$\boldsymbol{\omega} \wedge (\boldsymbol{\omega} \wedge PC) = \underbrace{(\boldsymbol{\omega} \cdot P)}_{0}\boldsymbol{\omega} - \underbrace{(\boldsymbol{\omega} \cdot \boldsymbol{\omega})}_{\omega^2} PC = -\omega^2\, PC,$$

da cui segue

$$PC = \frac{\boldsymbol{\omega} \wedge \mathbf{v}_P}{\omega^2}.$$

Notiamo che, avendo moltiplicato vettorialmente per $\boldsymbol{\omega}$, l'equazione che abbiamo ora risolto è in realtà $\quad \boldsymbol{\omega} \wedge \mathbf{v}_C = \mathbf{0}, \quad$ vale a dire il punto C trovato potrebbe

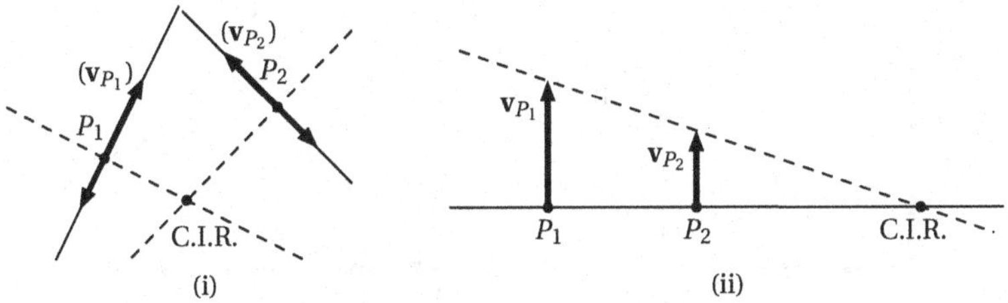

Figura 1.10 Costruzione geometrica che consente di determinare la posizione del centro di istantanea rotazione note (i) le direzioni (*non parallele*) delle velocità di due punti, oppure (ii) le velocità (*parallele*) di due punti

avere velocità parallela ad $\boldsymbol{\omega}$. Essendo però piano l'atto di moto, ed essendo di conseguenza $\boldsymbol{\omega}$ ortogonale ad piano di moto, la suddetta condizione è comunque equivalente a $\mathbf{v}_C = \mathbf{0}$.

Il centro di istantanea rotazione è unico in virtù della Proposizione 1.17, che vieta che due punti di Π_0 abbiano la stessa velocità (in questo caso nulla). □

Osservazione (Chasles [8]). È possibile determinare la posizione del centro di istantanea rotazione anche per via geometrica, nel caso si conoscano le direzioni delle velocità di due suoi punti. A tal fine basta infatti notare che, nel caso si conoscano la posizione di P e la direzione di $\mathbf{v}_P$, la (1.19) implica che il centro di istantanea rotazione si trova nell'asse passante per P e avente direzione ortogonale a $\mathbf{v}_P$. La Figura 1.10 illustra la costruzione che ne consegue.

(i) Se le direzioni delle velocità non sono parallele, gli assi ad esse ortogonali si incontreranno in un unico punto, che risulta necessariamente essere il centro di istantanea rotazione. Si noti che in questo caso non è necessario conoscere precisamente le velocità dei punti, ma solo le loro direzioni (vedi Fig. 1.10(i)).

(ii) Le velocità dei punti scelti potrebbero essere parallele. Questo avviene quando i punti sono stati scelti allineati con il centro di istantanea rotazione Q (possibilità che non si può escludere a priori, essendo incognita la posizione di quest'ultimo). Se in questo caso si conoscono le due velocità, si può determinare la posizione di Q utilizzando l'informazione che i moduli delle velocità sono proporzionali alla distanza da Q. L'utilizzo dei triangoli simili illustrati in Figura 1.10(ii) consente di identificare univocamente la posizione di Q. Si noti che quest'ultima costruzione fallirebbe nel caso le due velocità fossero uguali. Infatti, in tal caso l'atto di moto è traslatorio, e non esiste centro di istantanea rotazione.

Esercizi

1.15. In un atto di moto rigido piano con velocità angolare $\boldsymbol{\omega} = \omega_0\,\mathbf{k}$, si conosce la velocità $\mathbf{v}_P = a\omega_0(\mathbf{i}-\mathbf{j})$ del punto $OP = a\,\mathbf{i}$, dove ω_0 e a sono parametri positivi.

- Determinare la posizione del centro di istantanea rotazione.

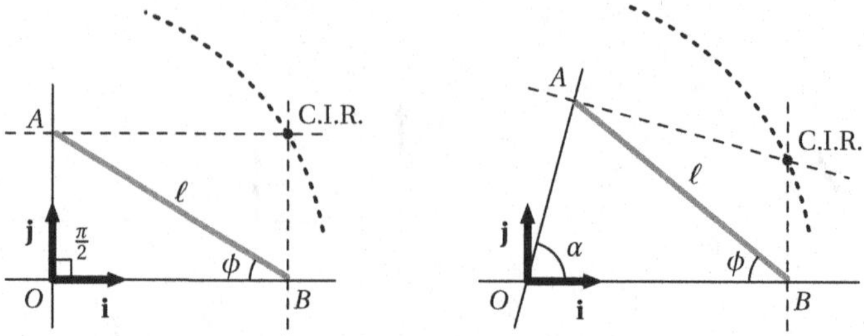

Figura 1.11 Asta descritta nell'Esercizio 1.17

- Considerare il cerchio di punti di raggio a e centrato nell'origine. Individuare i punti di tale cerchio che possiedono in modulo velocità rispettivamente massima e minima.

1.16. In un atto di moto piano, due punti A e B hanno le seguenti posizioni e velocità rispetto a un sistema di riferimento cartesiano:

$$OA = \ell\,\mathbf{i}, \qquad \mathbf{v}_A = v_0\,\mathbf{i}$$
$$OB = \ell\,(2\mathbf{i}-\mathbf{j}), \qquad \mathbf{v}_B = v_0(\alpha\mathbf{i}+\beta\mathbf{j}).$$

- Determinare il parametro β imponendo la condizione che garantisce che i due punti appartengono allo stesso sistema rigido.
- Caratterizzare, per ogni valore del parametro $\alpha \in \mathbb{R}$, l'atto di moto risultante.

1.17. Un'asta di lunghezza ℓ si muove in modo che i suoi estremi A e B scorrano lungo due assi, che si incontrano ad angolo retto nel punto O (vedi Fig. 1.11).

- Determinare la posizione del centro di istantanea rotazione, nota la posizione di uno degli estremi.
- Determinare il luogo dei punti che può occupare tale centro di istantanea rotazione al variare della posizione dell'asta.
- Risolvere l'esercizio nel caso gli assi si incontrino nel punto O, determinando un angolo generico α. Dimostrare che anche in questo caso il centro di istantanea rotazione percorre un cerchio, e determinarne centro e raggio.

1.6 Atto di moto rigido tridimensionale. Asse di Mozzi

Generalizziamo ora i risultati ottenuti nel paragrafo precedente al caso del più generale atto di moto rigido. Ricaveremo da una parte che, grazie alla (1.16), la velocità angolare si può sempre esprimere in termini delle derivate temporali delle coordinate angolari, sebbene l'espressione risulti certamente più complessa della (1.21). Anche il Teorema 1.18 dovrà essere completato, in quanto non tutti gli atti di moto rigidi sono traslatori o rotatori.

Velocità angolare

La determinazione esplicita dell'espressione della velocità angolare in termini degli angoli di Eulero richiede un calcolo lungo, in quanto dovremmo derivare rispetto al tempo le (1.11), (1.12), (1.9), e poi utilizzare la (1.16) per ricavare $\boldsymbol{\omega}$. Possiamo però arrivare più velocemente al risultato se identifichiamo gli assi di rotazione associati a ciascun angolo di Eulero.

- L'angolo di nutazione è determinato da $\mathbf{i}_3$ e $\mathbf{e}_3$. Una sua variazione temporale lascia invariato l'asse dei nodi (vedi (1.10)). Questa osservazione identifica l'asse dei nodi come asse della rotazione associata a tale angolo: $\boldsymbol{\omega}_\theta = \dot{\theta}\,\mathbf{u}_\text{n}$.
- L'angolo di precessione identifica la posizione di $\mathbf{u}_\text{n}$, nel piano $\{\mathbf{i}_1, \mathbf{i}_2\}$, ortogonale ad $\mathbf{i}_3$. Di conseguenza, una sua variazione lascia invariato $\mathbf{i}_3$, come dimostra il fatto che le (1.11), (1.12), (1.9) confermano che $\mathbf{e}_i \cdot \mathbf{i}_3$ non dipenda da ϕ. Si ottiene quindi che la velocità angolare associata a questo angolo vale $\boldsymbol{\omega}_\phi = \dot{\phi}\,\mathbf{i}_3$.
- L'angolo di rotazione propria, infine, identifica la posizione di $\mathbf{e}_1$, nel piano ortogonale ad $\mathbf{e}_3$. Di conseguenza, una sua variazione lascia invariato $\mathbf{e}_3$ (vedi (1.9)), che diventa l'asse di rotazione associato ad esso: $\boldsymbol{\omega}_\psi = \dot{\psi}\,\mathbf{e}_3$.

Considerando la variazione congiunta dei tre angoli di Eulero ricaviamo così

$$\boldsymbol{\omega} = \dot{\theta}\,\mathbf{u}_\text{n} + \dot{\phi}\,\mathbf{i}_3 + \dot{\psi}\,\mathbf{e}_3. \tag{1.24}$$

Proiettando opportunamente la (1.24) sulla terne **e** e **i** si ottiene l'espressione della velocità angolare nel sistema di riferimento solidale, e in quello fisso

$$\begin{aligned}\boldsymbol{\omega} &= \big(\dot{\theta}\cos\psi + \dot{\phi}\sin\theta\sin\psi\big)\,\mathbf{e}_1 - \big(\dot{\theta}\sin\psi - \dot{\phi}\sin\theta\cos\psi\big)\,\mathbf{e}_2 + \big(\dot{\psi} + \dot{\phi}\cos\theta\big)\,\mathbf{e}_3\\ &= \big(\dot{\theta}\cos\phi + \dot{\psi}\sin\theta\sin\phi\big)\,\mathbf{i}_1 + \big(\dot{\theta}\sin\phi - \dot{\psi}\sin\theta\cos\phi\big)\,\mathbf{i}_2 + \big(\dot{\phi} + \dot{\psi}\cos\theta\big)\,\mathbf{i}_3.\end{aligned} \tag{1.25}$$

La più efficace caratterizzazione dell'atto di moto rigido nel caso generale richiede l'introduzione di una quantità scalare che lo caratterizza.

Definizione 1.19 (Invariante scalare). *Si dice* invariante scalare *di un atto di moto rigido la quantità*

$$\mathscr{I} = \mathbf{v}_P \cdot \boldsymbol{\omega}.$$

L'invariante scalare deve il suo nome alla seguente proprietà.

Proposizione 1.20. *L'invariante scalare non cambia quale che sia il punto P (dello stesso corpo rigido) utilizzato per calcolarlo.*

Dimostrazione. La dimostrazione segue dall'utilizzo della formula (1.18). Infatti

$$\mathbf{v}_P \cdot \boldsymbol{\omega} = \mathbf{v}_Q \cdot \boldsymbol{\omega} + (\boldsymbol{\omega} \wedge QP) \cdot \boldsymbol{\omega} = \mathbf{v}_Q \cdot \boldsymbol{\omega},$$

dove nell'ultima uguaglianza si è fatto uso della proprietà che un prodotto misto si annulla se due vettori sono uguali. □

Osservazione. La precedente Proposizione ha un'interessante interpretazione cinematica. Se infatti ricordiamo che $\mathbf{v}_P \cdot \boldsymbol{\omega}$ è pari al prodotto della velocità angolare per la componente di $\mathbf{v}_P$ lungo la direzione di $\boldsymbol{\omega}$, se ne deduce che *in un atto di moto rigido tutti i punti hanno la stessa componente della velocità lungo la direzione della velocità angolare.*

Dimostriamo ora che esistono atti di moto rigidi che non sono né traslatori né rotatori.

Teorema 1.21 (Mozzi [28]). *Siano $\boldsymbol{\omega}$ e $\mathbf{v}_P$ rispettivamente la velocità angolare e la velocità di un punto in un atto di moto rigido. Sia inoltre $\mathscr{I} = \mathbf{v}_P \cdot \boldsymbol{\omega}$ il corrispondente invariante scalare. Allora vale la seguente caratterizzazione.*

(i) Se $\boldsymbol{\omega} = \mathbf{0}$, l'atto di moto è traslatorio.
(ii) Se $\boldsymbol{\omega} \neq \mathbf{0}$ e $\mathscr{I} = 0$ l'atto di moto è rotatorio , e l'asse di istantanea rotazione è l'asse parallelo ad $\boldsymbol{\omega}$ e passante per il punto (vedi (1.22)*)*

$$PC = \frac{\boldsymbol{\omega} \wedge \mathbf{v}_P}{\omega^2}. \tag{1.26}$$

(iii) Se $\boldsymbol{\omega} \neq \mathbf{0}$ e $\mathscr{I} \neq 0$ l'asse individuato in (ii), detto asse di Mozzi, *ha le seguenti proprietà.*

- *I punti di tale asse hanno velocità parallela ad $\boldsymbol{\omega}$.*
- *I punti di tale asse sono quelli che hanno velocità di modulo minimo.*
- *Punti la cui congiungente è parallela ad $\boldsymbol{\omega}$ hanno la stessa velocità.*

(Un atto di moto rigido con le suddette proprietà viene detto elicoidale.*)*

Dimostrazione. La dimostrazione segue da quella del Teorema 1.18. Più precisamente, i punti (i) e (ii) si dimostrano esattamente come in quel teorema, con l'unica precisazione da fare (per la parte (ii)) che, qualora $\mathscr{I} = 0$, trovare un asse di punti con velocità parallela ad $\boldsymbol{\omega}$ equivale a trovare l'asse di istantanea rotazione. Infatti, in virtù dell'Osservazione sopra, se $\mathscr{I} = 0$ e $\boldsymbol{\omega} \neq 0$ tutti i punti hanno velocità ortogonale ad $\boldsymbol{\omega}$ (cioè le loro velocità hanno componente nulla lungo la direzione di $\boldsymbol{\omega}$).

Dimostriamo ora il punto (iii). La velocità del punto C identificato da (1.26) (e quindi la velocità di tutti i punti dell'asse di Mozzi) è data da

$$\mathbf{v}_C = \mathbf{v}_P + \boldsymbol{\omega} \wedge PC = \mathbf{v}_P + \frac{\boldsymbol{\omega} \wedge (\boldsymbol{\omega} \wedge \mathbf{v}_P)}{\omega^2} = \frac{\mathbf{v}_P \cdot \boldsymbol{\omega}}{\omega^2}\boldsymbol{\omega} = \frac{\mathscr{I}}{\omega^2}\boldsymbol{\omega},$$

ed è quindi parallela ad $\boldsymbol{\omega}$. La velocità di qualunque altro punto soddisfa ovviamente $\mathbf{v}_R = \mathbf{v}_C + \boldsymbol{\omega} \wedge CR$. Essa è quindi somma di due vettori tra loro ortogonali (rispettivamente parallelo e perpendicolare ad $\boldsymbol{\omega}$). Di conseguenza il teorema di Pitagora implica che $|\mathbf{v}_R|$, ipotenusa, è maggiore di $|\mathbf{v}_C|$, cateto. L'ultima proprietà, riguardante le coppie di punti aventi la stessa velocità, ricalca quanto detto nel caso generale (vedi pagina 19). □

Esercizi

1.18. Una sfera rigida di raggio a possiede una velocità angolare $\boldsymbol{\omega}$, mentre il suo centro C ha velocità $\mathbf{v}_C$.

- Caratterizzare l'atto di moto della sfera al variare di a, $\boldsymbol{\omega}$ e $\mathbf{v}_C$.
- Determinare in ciascun caso i punti della sfera che possiedono rispettivamente velocità di modulo massima e minima.

1.19. Dimostrare che in un qualunque atto di moto rigido non traslatorio i punti che si muovono a velocità (di modulo) maggiore non sono mai interni al corpo rigido (e quindi giacciono sulla sua frontiera).

1.7 Moti rigidi

Nonostante nei paragrafi precedenti siamo riusciti a caratterizzare in modo relativamente semplice il più generale atto di moto rigido, lo stesso non si può dire dei moti rigidi. Un moto rigido può infatti essere caratterizzato da atti di moto completamente diversi tra di loro a istanti diversi, ora traslatorio, ora rotatorio, ora elicoidale. Se anche l'atto di moto appartiene sempre alla stessa categoria, per esempio rotatorio, il moto globale può essere reso complesso dal fatto che sia il centro (o l'asse) di istantanea rotazione può variare a ogni istante, sia la velocità angolare può cambiare di modulo o direzione.

Analizziamo di seguito alcuni moti rigidi particolarmente semplici, iniziando dalla caratterizzazione dei moti rigidi traslatori e piani (vedi definizioni a pagina 6).

Proposizione 1.22. *Un moto rigido è traslatorio se e solo se la velocità angolare è sempre nulla, vale a dire se e solo se ogni suo atto di moto è traslatorio.*

Un moto rigido è piano se e solo se esiste una direzione, identificata dal versore $\mathbf{k}$*, tale che*

- *la velocità angolare a ogni istante è parallela a* $\mathbf{k}$*:* $\boldsymbol{\omega} = \omega\,\mathbf{k}$ *per ogni* t*;*
- *esiste un punto* Q *del corpo rigido che, durante il suo moto, non esce mai da un piano ortogonale a* $\mathbf{k}$*:* $\big(Q(t) - Q(t_0)\big) \cdot \mathbf{k} = 0$ *per ogni* t*.*

Dimostrazione. La definizione di moto traslatorio richiede che il vettore che congiunge ogni coppia di punti rimanga costante. Essendo $\frac{d}{dt}\big(QP(t)\big) = \mathbf{v}_P - \mathbf{v}_Q$, la costanza del vettore congiungente equivale all'uguaglianza delle velocità che, in vista della (1.18), equivale a sua volta all'annullamento della velocità angolare.

Per quanto riguarda i moti rigidi piani, la condizione che le congiungenti coppie di punti lungo $\mathbf{k}$ rimangano costanti equivale alla richiesta che la velocità angolare sia parallela a $\mathbf{k}$. A quel punto, basta che un punto mantenga costante la sua coordinata z (definita lungo $\mathbf{k}$) affinché la mantengano costanti anche tutti gli altri punti del sistema. □

Chiudiamo il capitolo analizzando altri casi notevoli di moti rigidi.

Definizione 1.23 (Moto rigido polare, rotatorio e rototraslatorio). *Un moto rigido si dice*

- polare *se un punto (detto* polo*) rimane in quiete durante tutto il moto;*
- rotatorio *se esiste un asse (detto* asse di rotazione*) che rimane in quiete durante tutto il moto;*
- rototraslatorio *se è la composizione di un moto traslatorio e un moto rotatorio.*

Condizione necessaria e sufficiente affinché un moto rigido sia polare risulta essere che l'atto di moto sia rotatorio ad ogni istante, e che l'asse di istantanea rotazione appartenga sempre alla stella di assi passanti per il polo Q.

Condizione necessaria e sufficiente affinché un moto rigido sia rotatorio risulta essere che l'atto di moto sia rotatorio ad ogni istante, e che l'asse di istantanea rotazione coincida sempre con l'asse di rotazione. Chiaramente, ogni moto polare è anche rotatorio, mentre non è vero il viceversa.

Un moto rototraslatorio, infine, si caratterizza dalla proprietà che la sua velocità angolare si mantiene sempre parallela a sé stessa. Infatti, considerato un qualunque punto Q del corpo rigido, possiamo vedere ogni moto rigido come la composizione di una traslazione (dettata dal moto del punto Q) e un moto polare (con Q fisso). Il moto polare diventa poi rotatorio se e solo se la velocità angolare mantiene costante la sua direzione.

Si osservi che ogni atto di moto rigido è rototraslatorio, mentre in generale si può affermare che siano rototraslatori solo i moti rigidi piani, in quanto in quelli tridimensionali la velocità angolare può cambiare la sua direzione.

1.8 Soluzioni degli esercizi

1.2 Il quadrato del modulo di un vettore coincide con il prodotto scalare del vettore per se stesso. Di conseguenza si ha

$$|v|^2 = \mathbf{v}\cdot\mathbf{v} \equiv \text{cost.} \qquad \Longleftrightarrow \qquad \frac{d}{dt}|v|^2 = \frac{d}{dt}\mathbf{v}\cdot\mathbf{v} \equiv \mathbf{0}.$$

Essendo $\dfrac{d}{dt}(\mathbf{v}\cdot\mathbf{v}) = \mathbf{a}\cdot\mathbf{v}+\mathbf{v}\cdot\mathbf{a} = 2\mathbf{v}\cdot\mathbf{a}$, segue la tesi.

1.3 Detto v il modulo della velocità di P nel sistema cartesiano $\mathcal{O}_\text{c}$ si ha

$$v^2 = \ell^2\omega_0^2\left(1 - 2\alpha\sin\omega_0 t + \alpha^2\right).$$

Di conseguenza i valori massimi e minimi del modulo della velocità si ottengono in corrispondenza degli estremi della funzione $\sin\omega_0 t$. Più precisamente

$$v_{\max} = v_0(1+\alpha) \qquad \text{e} \qquad v_{\min} = v_0|1-\alpha|.$$

Tali valori vengono assunti quando il punto P raggiunge rispettivamente i punti di quota massima e minima nella propria orbita.

1.4 Indicata con **v** la velocità di P, dalla legge del moto (1.7) ricaviamo

$$\cos\phi_0 = \frac{\mathbf{v}\cdot OP}{|\mathbf{v}|\,|OP|} = \frac{\dot f}{\sqrt{\omega_0^2 f^2 + \dot f^2}} \quad\Longrightarrow\quad \dot f(t) = \beta f(t), \tag{1.27}$$

con $\beta = \omega_0 \cot\phi_0$. L'equazione differenziale (1.27) si può integrare a partire dalla condizione iniziale $f(0) = \ell$, per ottenere

$$f(t) = \ell e^{\beta t}.$$

Si ottiene inoltre

$$v = \sqrt{\omega_0^2 + \beta^2}\, f \qquad\Longrightarrow\qquad v = \frac{\omega_0}{\sin\phi_0}|OP| \qquad \text{e}$$

$$a = (\omega_0^2 + \beta^2)\, f \qquad\Longrightarrow\qquad a = \frac{\omega_0^2}{\sin^2\phi_0}|OP|.$$

1.5 Per definizione (vedi pagina 6), un moto risulta essere traslatorio se e solo se

$$\frac{d(PQ)}{dt} = \mathbf{0} \quad \forall P, Q\ \forall t,$$

ma la (1.6) implica

$$\frac{d(PQ)}{dt} = \mathbf{v}_Q - \mathbf{v}_P = \mathbf{0} \quad\Longleftrightarrow\quad \mathbf{v}_P = \mathbf{v}_Q \quad \forall P, Q\ \forall t,$$

che è la condizione che caratterizza un atto di moto traslatorio.

1.6 La condizione che il moto sia piano equivale alla condizione che tutti gli atti di moto siano piani *e che la direzione caratteristica di questi ultimi sia fissa.*

Un esempio di moto non piano con atto di moto piano ad ogni istante lo fornisce una qualunque figura piana che svolga il seguente moto

- nell'intervallo di tempo $t \le t_1$, la figura si muove senza mai uscire dal proprio piano, che individueremo attraverso un versore **k** ortogonale ad esso, fino a fermarsi all'istante t_1;
- dopo tale istante, i punti procedono con atto di moto traslatorio di velocità $\mathbf{v}(t) = v_z(t)\,\mathbf{k}$.

1.8 Il sistema di riferimento $\mathcal{O}_{\text{sol}}$ avrà origine coincidente con Q. Applicando quanto ricavato nell'Esercizio 1.7, i suoi versori sono

$$\mathbf{e}_1 = \tfrac{1}{3}(2\mathbf{i} - \mathbf{j} - 2\mathbf{k}), \qquad \mathbf{e}_2 = \tfrac{1}{3}(-2\mathbf{i} - 2\mathbf{j} - \mathbf{k}), \qquad \mathbf{e}_3 = \tfrac{1}{3}(-\mathbf{i} + 2\mathbf{j} - 2\mathbf{k}).$$

Le coordinate di P nel sistema di riferimento $\mathcal{O}_{\text{sol}}$ sono le componenti del vettore

QP nella base $\{\mathbf{e}_1, \mathbf{e}_2, \mathbf{e}_3\}$ appena determinata. Si ha

$$QP = OP - OQ = a(-\mathbf{j}+\mathbf{k}) = \sum_{i=1}^{3} p_i \mathbf{e}_i, \quad \text{con} \begin{cases} p_1 = QP \cdot \mathbf{e}_1 = -\dfrac{a}{3} \\ p_2 = QP \cdot \mathbf{e}_2 = \dfrac{a}{3} \\ p_3 = QP \cdot \mathbf{e}_3 = -\dfrac{4a}{3}. \end{cases}$$

1.9 La matrice che trasforma la base del riferimento cartesiano nella base del riferimento solidale è data da

$$\mathbf{R} = \frac{1}{3}\begin{pmatrix} 2 & -1 & -2 \\ -2 & -2 & -1 \\ -1 & 2 & -2 \end{pmatrix}.$$

Cerchiamo il suo asse di rotazione risolvendo $\mathbf{Ru} = \mathbf{u}$ ovvero $(\mathbf{R}-\mathbf{I})\mathbf{u} = \mathbf{0}$ che, unito alla condizione $\mathbf{u}\cdot\mathbf{u} = 1$, fornisce $\mathbf{u}_{\pm} = \pm\frac{1}{\sqrt{11}}(3\mathbf{i}-\mathbf{j}-\mathbf{k})$. L'angolo di rotazione vale $\cos\theta = -\frac{5}{6}$.

Più precisamente (vedi § A.2, pagina 258) la terna ruotata si ottiene effettuando una rotazione di $\theta = \arccos\left(-\frac{5}{6}\right) \doteq 146.4°$, attorno all'asse parallelo a $\mathbf{u}_+$, orientata positivamente rispetto a quest'ultimo.

1.10 L'angolo di nutazione vale $\cos\theta = -\frac{2}{3}$, da cui segue $\theta \doteq 131.8°$. Determiniamo poi l'asse dei nodi

$$\mathbf{u}_\mathrm{n} = \frac{\mathbf{k}\wedge\mathbf{e}_3}{|\mathbf{k}\wedge\mathbf{e}_3|} = -\frac{1}{\sqrt{5}}(2\mathbf{i}+\mathbf{j}).$$

A questo punto si ottengono l'angolo di precessione $\psi \doteq -154.4°$, in quanto

$$\cos\psi = \mathbf{i}\cdot\mathbf{u}_\mathrm{n} = -\frac{2}{\sqrt{5}} \qquad \text{e} \qquad \psi \le 0,$$

e l'angolo di rotazione propria $\phi \doteq -116.6°$, in quanto

$$\cos\phi = \mathbf{e}_1\cdot\mathbf{u}_\mathrm{n} = -\frac{1}{\sqrt{5}} \qquad \text{e} \qquad \phi \le 0.$$

1.11 Gli angoli di nutazione e precessione consentono di identificare il versore

$$\mathbf{e}_3 = \sin\theta\sin\psi\,\mathbf{i}_1 - \sin\theta\cos\psi\,\mathbf{i}_2 + \cos\theta\,\mathbf{i}_3 = \frac{\sqrt{2}}{4}\mathbf{i}_1 + \frac{\sqrt{6}}{4}\mathbf{i}_2 + \frac{\sqrt{2}}{2}\mathbf{i}_3,$$

mentre l'asse dei nodi risulta essere

$$\mathbf{u}_\mathrm{n} = -\frac{\sqrt{3}}{2}\mathbf{i}_1 + \frac{1}{2}\mathbf{i}_2.$$

Risulta inoltre utile determinare $\mathbf{u}_{n\perp} = \mathbf{e}_3 \wedge \mathbf{u}_n$, in quanto risulta

$$\begin{aligned}
\mathbf{e}_1 &= \cos\phi\,\mathbf{u}_n + \sin\phi\,\mathbf{u}_{n\perp} = \mathbf{u}_{n\perp} = -\frac{\sqrt{2}}{4}\mathbf{i}_1 - \frac{\sqrt{6}}{4}\mathbf{i}_2 + \frac{\sqrt{2}}{2}\mathbf{i}_3 \\
\mathbf{e}_2 &= -\sin\phi\,\mathbf{u}_n + \cos\phi\,\mathbf{u}_{n\perp} = -\mathbf{u}_n = \frac{\sqrt{3}}{2}\mathbf{i}_1 - \frac{1}{2}\mathbf{i}_2.
\end{aligned}$$

1.12 Determiniamo $\alpha \in \mathbb{R}$ utilizzando la relazione

$$\mathbf{v}_Q \cdot QR = \mathbf{v}_R \cdot QR \quad \Longrightarrow \quad \alpha = 2.$$

Sia ora $\mathbf{v}_P = v_{Px}\mathbf{i} + v_{Py}\mathbf{j}$ la velocità incognita del punto P. Si ottiene

$$\left.\begin{aligned}
\mathbf{v}_P \cdot PQ = \mathbf{v}_Q \cdot PQ \\
\mathbf{v}_P \cdot PR = \mathbf{v}_R \cdot PR
\end{aligned}\right\} \quad \Longrightarrow \quad \mathbf{v}_P = v_0(\mathbf{i} + 2\mathbf{j}).$$

1.13 Determiniamo $\alpha, \beta \in \mathbb{R}$ utilizzando le relazioni

$$\left.\begin{aligned}
\mathbf{v}_Q \cdot QR = \mathbf{v}_R \cdot QR \\
\mathbf{v}_Q \cdot QS = \mathbf{v}_S \cdot QS \\
\mathbf{v}_R \cdot RS = \mathbf{v}_S \cdot RS
\end{aligned}\right\} \quad \Longrightarrow \quad \alpha = -2, \quad \beta = -1.$$

Sia ora $\mathbf{v}_P = v_{Px}\mathbf{i} + v_{Py}\mathbf{j} + v_{Pz}\mathbf{k}$ la velocità incognita del punto P. Si ottiene

$$\left.\begin{aligned}
\mathbf{v}_P \cdot PQ = \mathbf{v}_Q \cdot PQ \\
\mathbf{v}_P \cdot PR = \mathbf{v}_R \cdot PR \\
\mathbf{v}_P \cdot PS = \mathbf{v}_S \cdot PS
\end{aligned}\right\} \quad \Longrightarrow \quad \mathbf{v}_P = v_0\mathbf{k}.$$

1.14 Sia $\boldsymbol{\omega} = \omega_x\mathbf{i} + \omega_y\mathbf{j} + \omega_z\mathbf{k}$. La formula fondamentale della cinematica rigida (1.18) fornisce

$$\left.\begin{aligned}
\mathbf{v}_R = \mathbf{v}_Q + \boldsymbol{\omega} \wedge QR \\
\mathbf{v}_S = \mathbf{v}_Q + \boldsymbol{\omega} \wedge QS
\end{aligned}\right\} \quad \Longrightarrow \quad \left\{\begin{aligned}
&\alpha v_0\mathbf{i} + v_0\mathbf{k} = -2a\omega_z\mathbf{i} + (v_0 - a\omega_z)\mathbf{j} + a(\omega_y + 2\omega_x)\mathbf{k} \\
&\beta v_0\mathbf{i} + v_0\mathbf{k} = -a\omega_y\mathbf{i} + (v_0 - a\omega_z + a\omega_x)\mathbf{j} + a\omega_y\mathbf{k},
\end{aligned}\right.$$

da cui si ottiene $\alpha = -2$, $\beta = -1$, e $\boldsymbol{\omega} = v_0/a\,(\mathbf{j} + \mathbf{k})$. La velocità di P si ottiene attraverso la stessa formula: $\mathbf{v}_P = \mathbf{v}_Q + \boldsymbol{\omega} \wedge QP = v_0\mathbf{k}$.

1.15 Determiniamo la posizione del centro di istantanea rotazione Q utilizzando direttamente la (1.22).

$$PQ = \frac{\boldsymbol{\omega} \wedge \mathbf{v}_P}{\omega^2} = a(\mathbf{i} + \mathbf{j}) \quad \Longrightarrow \quad OQ = 2a\mathbf{i} + a\mathbf{j}.$$

Fra i punti del cerchio di raggio a centrato nell'origine quelli che possiedono velocità massima e minima sono rispettivamente quello più lontano e quello più

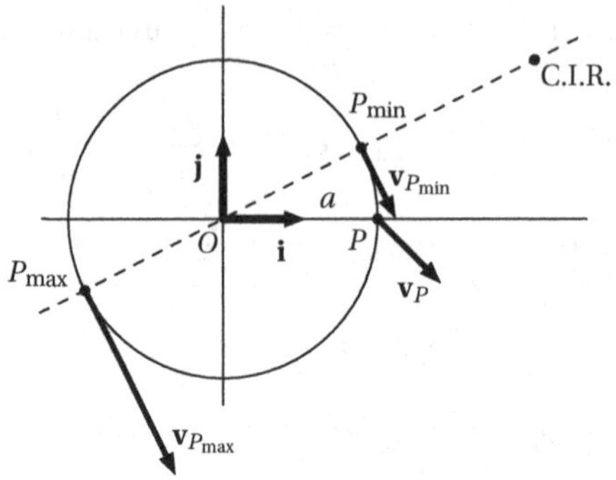

Figura 1.12 Atto di moto illustrato nell'Esercizio 1.15

vicino al centro di istantanea rotazione. Precisamente (vedi Fig. 1.12)

$$OP_{\min,\max} = \pm \frac{a}{\sqrt{5}} (2\,\mathbf{i}+\mathbf{j}).$$

1.16 Determiniamo β imponendo la condizione $\mathbf{v}_A \cdot AB = \mathbf{v}_B \cdot AB$. Si ottiene $\beta = \alpha - 1$.

L'atto di moto risultante è traslatorio se le velocità sono uguali ($\alpha = 1$).

Supposto $\alpha \neq 1$ possiamo identificare il centro di istantanea rotazione Q attraverso la costruzione di Chasles. La velocità di A è parallela ad $\mathbf{i}$, per cui il C.I.R. avrà $x_Q = x_A = \ell$. Poniamo allora $OQ = \ell\,\mathbf{i} + y_Q\,\mathbf{j}$, e determiniamo y_Q richiedendo che QB sia ortogonale a $\mathbf{v}_B$

$$QB \cdot \mathbf{v}_B = 0 \quad \Longrightarrow \quad y_Q = \frac{\ell}{\alpha - 1} \quad \Longrightarrow \quad OQ = \ell\,\mathbf{i} + \frac{\ell}{\alpha-1}\mathbf{j}.$$

Determiniamo infine la velocità angolare $\boldsymbol{\omega} = \omega\,\mathbf{k}$ imponendo per esempio che $\mathbf{v}_A = \boldsymbol{\omega} \wedge QA$

$$v_0\,\mathbf{i} = \omega\,\mathbf{k} \wedge \frac{\ell}{\alpha-1}\mathbf{j} = -\frac{\omega\ell}{\alpha-1}\mathbf{i} \quad \Longrightarrow \quad \omega = (1-\alpha)\frac{v_0}{\ell}.$$

1.17 Supponiamo inizialmente che gli assi su cui si muovono gli estremi si incontrino ad angolo retto, e introduciamo un sistema di riferimento con origine O nella loro intersezione, e versori $\{\mathbf{i},\mathbf{j}\}$ paralleli agli assi.

Introducendo l'angolo ϕ che l'asta determina con $\mathbf{i}$, si ha $OA = \ell \sin\phi\,\mathbf{j}$, e $OB = \ell\cos\phi\,\mathbf{i}$.

Essendo gli estremi vincolati a muoversi lungo gli assi fissi, le loro velocità sono necessariamente parallele agli assi stessi. Ne consegue che, detto Q il centro di istantanea rotazione e posto $OQ = x_Q\,\mathbf{i} + y_Q\,\mathbf{j}$, si avrà

$$x_Q = x_B = \ell\cos\phi, \qquad y_Q = y_A = \ell\sin\phi.$$

Di conseguenza, al variare della posizione degli estremi (vale a dire al variare di ϕ), il C.I.R. percorre una circonferenza di raggio ℓ, centrata in O.

Nel caso gli assi determinino l'angolo α introduciamo un sistema di riferimento centrato nella loro intersezione, e avente un versore $\mathbf{i}$ parallelo all'asse su cui si muove l'estremo B e un secondo versore $\mathbf{j}$ ortogonale a $\mathbf{i}$. Introdotte le incognite $u = |OB|$ e $v = |OA|$, possiamo scrivere le posizioni degli estremi come

$$OA = v\cos\alpha\,\mathbf{i} + v\sin\alpha\,\mathbf{j}, \qquad OB = u\,\mathbf{i}.$$

Chiamato ora nuovamente ϕ l'angolo che l'asta determina con $\mathbf{i}$, possiamo determinare u e v imponendo

$$\frac{\ell}{\sin\alpha} = \frac{v}{\sin\phi} = \frac{u}{\sin(\pi-\alpha-\phi)} \qquad \Longrightarrow \qquad \begin{cases} u = \dfrac{\ell\sin(\alpha+\phi)}{\sin\alpha} \\ v = \dfrac{\ell\sin\phi}{\sin\alpha} \end{cases}$$

da cui segue

$$OA = \ell\sin\phi\cot\alpha\,\mathbf{i} + \ell\sin\phi\,\mathbf{j}, \qquad OB = \ell(\sin\phi\cot\alpha + \cos\phi)\,\mathbf{i}.$$

La retta passante per A e ortogonale alla guida su cui si muove questo punto ha equazione $\quad y - y_A = -\cot\alpha(x - x_A), \quad$ vale a dire

$$x\sin\alpha\cos\alpha + y\sin^2\alpha = \ell\sin\phi.$$

Questa retta interseca la retta $x = x_B$ (ortogonale alla velocità di B e passante per B) nel centro di istantanea rotazione

$$\begin{aligned} OQ &= \ell(\cos\phi + \sin\phi\cot\alpha)\,\mathbf{i} + \ell(\sin\phi - \cos\phi\cot\alpha)\,\mathbf{j} \\ &= \frac{\ell}{\sin\alpha}\sin(\phi+\alpha)\,\mathbf{i} - \frac{\ell}{\sin\alpha}\cos(\phi+\alpha)\,\mathbf{j}. \end{aligned}$$

L'ultima espressione mostra che il luogo dei punti descritto dal centro di istantanea rotazione è un cerchio centrato nell'origine, di raggio $\ell/\sin\alpha$.

1.18 Per analizzare l'atto di moto possiamo, senza perdita di generalità, scegliere il sistema di riferimento $\{O;\mathbf{i},\mathbf{j},\mathbf{k}\}$ in modo che l'origine O coincida con la posizione del centro C all'istante considerato, e i versori siano tali che $\boldsymbol{\omega} = \omega\mathbf{k}$, $\mathbf{v}_C = v_C(\sin\theta\,\mathbf{i} + \cos\theta\,\mathbf{k})$, dove $\theta \in [0,\pi]$ è l'angolo che $\mathbf{v}_C$ determina con $\boldsymbol{\omega}$. Esistono le seguenti possibilità.

- Se $\omega = 0$, l'atto di moto è traslatorio: tutti i punti hanno la stessa velocità $\mathbf{v}_C$.
- Se $\omega \neq 0$, l'atto di moto è rotatorio o elicoidale a seconda se $\mathscr{I}$, e quindi $v_C\cos\theta$, sia nullo o meno. L'asse di istantanea rotazione o l'asse del Mozzi sono in ogni caso dati da

$$CH(\lambda) = \frac{\boldsymbol{\omega}\wedge\mathbf{v}_C}{\omega^2} + \lambda\mathbf{k} = \frac{v_C\sin\theta}{\omega}\mathbf{j} + \lambda\mathbf{k}, \qquad \text{con } \lambda\in\mathbb{R}. \tag{1.28}$$

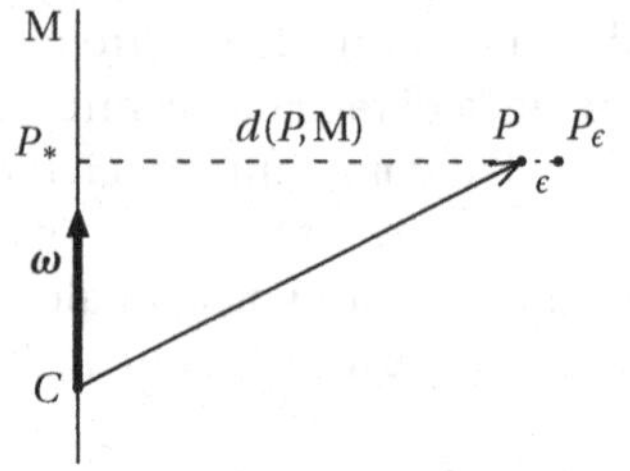

Figura 1.13 Costruzione utilizzata nell'Esercizio 1.19

Tale asse interseca o meno la sfera a seconda se il raggio a sia maggiore o minore di $v_C \sin\theta/\omega$.

- Se $a\omega \geq v_C \sin\theta$, l'asse (1.28) interseca la sfera, e i punti della sfera di velocità minima appartengono ad esso. Uno di essi è $P_{\min} = C + (v_C \sin\theta/\omega)\mathbf{j}$. Il punto di velocità di modulo massima è il punto della sfera più lontano dallo stesso asse, e cioè $P_{\max} = C - a\mathbf{j}$.
- Se $a\omega < v_C \sin\theta$, l'asse (1.28) non interseca la sfera. I punti della sfera di velocità minima e massima sono quelli rispettivamente più vicino e più lontano dallo stesso asse, vale a dire $P_{\min} = C + a\mathbf{j}$, e $P_{\max} = C - a\mathbf{j}$.

1.19 Notiamo inizialmente che se l'atto di moto fosse traslatorio ($\boldsymbol{\omega} = \mathbf{0}$) tutti i punti del corpo rigido avrebbero la stessa velocità.

Se invece l'atto di moto non è traslatorio l'asse di Mozzi (indicato con M in Fig. 1.13) contiene i punti di velocità minore. Detto C un punto di quest'asse, e ricordando che $\mathbf{v}_C \parallel \boldsymbol{\omega}$, mentre $(\boldsymbol{\omega} \wedge CP)$ è ortogonale alla velocità angolare stessa, per qualunque altro punto vale

$$v_P^2 = v_C^2 + |\boldsymbol{\omega} \wedge CP|^2 = v_C^2 + \omega^2 |CP|^2 \sin^2(\boldsymbol{\omega}, CP) = v_C^2 + \omega^2 d(P, \mathrm{M})^2,$$

dove $d(P, \mathrm{M})$ indica la distanza di P dall'asse M. Di conseguenza, un punto P interno al corpo rigido non può avere la massima velocità, poiché arbitrariamente vicino ad esso si trovano punti (come P_ϵ in Fig. 1.13) la cui distanza dall'asse di Mozzi, e di conseguenza la cui velocità, è maggiore rispetto a quella di P. In termini matematici, e posto $\boldsymbol{\omega} = \omega\mathbf{u}$, il punto P_*, proiezione di P su M, è dato da (vedi (A.18) a pagina 255) $P_* = C + (CP \cdot \mathbf{u})\mathbf{u}$; a questo punto il punto cercato P_ϵ è $P_\epsilon = P_* + (1+\epsilon)P_*P$.

Capitolo 2
Sistemi vincolati

Nel primo capitolo abbiamo analizzato le possibilità di movimento dei corpi rigidi, vale a dire sistemi di punti che durante il proprio moto mantengono invariate le loro distanze relative. I corpi rigidi considerati erano però, a loro volta, liberi, nel senso che nessun'altra limitazione era imposta nel loro moto nel piano o nello spazio. Il presente capitolo prosegue la precedente analisi introducendo la possibilità che i corpi rigidi considerati siano sottoposti ad ulteriori limitazioni sulle proprie possibilità di movimento. Daremo così una definizione precisa di importanti concetti come vincolo, spostamenti e velocità virtuali, e numero di gradi di libertà di un sistema. Passeremo poi in rassegna i principali vincoli che verranno utilizzati nel proseguo del testo, analizzando per ciascuno di essi le limitazioni che impongono sui moti concessi.

2.1 Classificazione dei vincoli

Definizione 2.1 (Vincoli). *Diciamo che un sistema è sottoposto a un* vincolo *ogniqualvolta esista una restrizione sulle configurazioni che esso può occupare, e/o sugli atti di moto che gli sono consentiti.*

Ricordiamo che, in virtù della legge fondamentale della dinamica, l'accelerazione di ogni punto in movimento è proporzionale alla somma delle forze agenti su di esso. Alla luce di tale Postulato, e visto che le forze applicate su un punto potrebbero portarlo a contraddire qualche vincolo imposto su di esso, è evidente che un vincolo richiederà delle forze, dette *reazioni vincolari*, per poter essere mantenuto. Rimandiamo al Capitolo 5 lo studio delle reazioni vincolari associate ad ogni vincolo, e per ora ci limitiamo a supporre che il vincolo riesca sempre a garantire la sua efficacia.

Definizione 2.2 (Vincoli olonomi e anolonomi). *Un vincolo si dice* olonomo *se limita le possibili* configurazioni *accessibili al sistema. Un vincolo è invece non olo-*

P. Biscari, *Introduzione alla Meccanica Razionale. Elementi di teoria con esercizi*,
UNITEXT – La Matematica per il 3+2 94, DOI 10.1007/978-88-470-5779-1_2

nomo (o anolonomo*) se al sistema vengono imposte restrizioni non tanto (o non solo) sulle configurazioni accessibili, ma sugli* atti di moto *che esso può effettuare.*

Esempio (Vincoli olonomi su un punto materiale). Come prima applicazione del concetto di vincolo olonomo, consideriamo un semplice sistema formato da un solo punto P. Un vincolo olonomo agente su P viene caratterizzato da un sottoinsieme $\mathcal{V} \subset \mathcal{E}$ dello spazio euclideo, ed è definito dalla richiesta $P \in \mathcal{V}$. Analizziamo alcuni casi particolari.

- $P \in \mathcal{V}_0$, con $\mathcal{V}_0 = \{Q_0 \in \mathcal{E}\}$. Qualora $\mathcal{V}_0$ comprenda un solo punto, P è completamente vincolato, nessuna possibilità di moto gli è concessa, e nessuna coordinata libera è necessaria per conoscere la sua posizione, che sarà sempre coincidente con Q_0. Ritroveremo un caso analogo nell'analisi delle *cerniere* (vedi pagina 40).
- $P \in \mathcal{V}_1$, dove $\mathcal{V}_1 = \{Q(s) \in \mathcal{E}, \text{ con } s \in I \subseteq \mathbb{R}\}$. In questo caso P è vincolato a muoversi lungo una curva assegnata $Q(s)$, e il parametro s può essere utilizzato come sua coordinata libera. I *carrelli* (vedi pagina 42) agenti su corpi rigidi piani saranno esempi di vincolo di questo tipo.
- $P \in \mathcal{V}_1'$, dove $\mathcal{V}_1' = \{Q_t(s) \in \mathcal{E}, \text{ con } s \in I \subseteq \mathbb{R}\}$. P è ancora vincolato a muoversi lungo una curva esplicitamente assegnata, ma tale curva varia con il tempo t. Il parametro s rimane l'unica coordinata libera di P.
- $P \in \mathcal{V}_2$, dove $\mathcal{V}_2 = \{Q(r,s) \in \mathcal{E}, \text{ con } (r,s) \in A \subseteq \mathbb{R}^2\}$. Il punto è ora vincolato a mantenersi in una superficie assegnata. Le sue coordinate libere sono i parametri (r,s), a prescindere dal fatto se $\mathcal{V}_2$ sia una superficie fissa, o esplicitamente dipendente dal tempo. Caso particolare di questo esempio è il *vincolo di planarità*, in cui un punto (o addirittura ogni punto del sistema) è vincolato a muoversi su un dato piano.

Esempio (Vincolo di rigidità). Questo vincolo, implicitamente inserito nel modello di *corpo rigido*, è un chiaro esempio di vincolo olonomo. Punti appartenenti allo stesso corpo rigido, infatti, non sono liberi di occupare posizioni qualunque nello spazio euclideo, essendo obbligati a mantenere assegnate le loro distanze relative.

2.2 Velocità e spostamenti virtuali

Abbiamo accennato nel paragrafo precedente al fatto che un punto sottoposto a un vincolo, olonomo o anolonomo che sia, non può muoversi in modo arbitrario, e più precisamente con velocità e accelerazioni arbitrarie, se si vuole che il vincolo sia soddisfatto a tutti i tempi. Supponiamo per esempio che un punto sia vincolato a muoversi lungo l'asse x di un sistema di riferimento cartesiano: $P \in \mathcal{V}_x$, dove $\mathcal{V}_x = \{Q \in \mathcal{E}, \text{ con } Q = O + x\mathbf{i}, \text{ e } x \in \mathbb{R}\}$ (vedi Fig. 2.1). Quale che sia la sua posizione lungo $\mathcal{V}_x$, è evidente che il mantenimento del vincolo agli istanti successivi richiederà che la sua velocità sia anch'essa sempre parallela al versore $\mathbf{i}$.

Va notato peraltro che così come la presenza di un vincolo normalmente esclude un certo numero di possibili velocità, in generale non arriva al punto di sele-

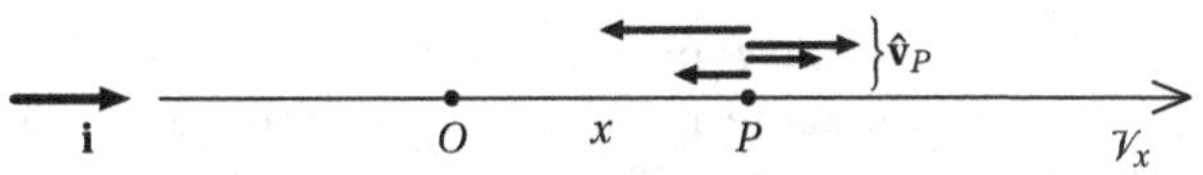

Figura 2.1 Punto vincolato a muoversi lungo l'asse x, e sue velocità virtuali

zionarne una sola consentita. Ad esempio, il punto vincolato a muoversi lungo l'asse x può possedere velocità di modulo e segno arbitrari, purché la direzione sia parallela al versore **i**. La seguente definizione formalizza e generalizza quanto ora commentato.

Definizione 2.3 (Velocità virtuali, spostamenti virtuali). *Diciamo che il vettore* $\hat{\mathbf{v}}_P$ *è una* velocità virtuale *del punto P ad un certo istante se la coppia* $(P, \hat{\mathbf{v}}_P)$ *è un atto di moto ammesso dai vincoli agenti su P in quell'istante.*

Introducendo un tempo infinitesimo fittizio δt*, si associa inoltre a ogni velocità virtuale uno* spostamento virtuale $\delta P = \hat{\mathbf{v}}_P \delta t$*. Essi sono quindi gli spostamenti infinitesimi concessi dai vincoli, supposti congelati ad un certo istante.*

Indicheremo con $\widehat{V}_P(\widehat{S}_P)$ *l'insieme delle velocità (degli spostamenti) virtuali del punto P nell'istante considerato.*

Nella definizione di velocità virtuale va sottolineata l'importanza del *congelamento* dei vincoli all'istante considerato. Per individuare le velocità virtuali di un punto P dobbiamo quindi valutare i vincoli agenti sul punto in quell'istante, eliminando qualunque loro eventuale esplicita dipendenza dal tempo, e chiederci se tali vincoli ammetterebbero o meno la velocità considerata.

Definizione 2.4 (Vincoli fissi e mobili). *Un vincolo si dice* fisso *se consente che i punti ad esso soggetti abbiano velocità nulla. Se invece uno o più punti sono comunque obbligati ad avere velocità diversa da zero il vincolo si dice* mobile.

Sottolineiamo che il fatto che un vincolo fisso consenta la quiete non vuol dire che la imponga, in quanto i punti soggetti a un tale vincolo possono comunque muoversi sotto l'effetto di altre forze. Nei vincoli fissi l'insieme delle velocità virtuali coincide con l'insieme delle velocità possibili del punto, cosa che invece vedremo non essere vera in presenza di vincoli mobili.

Definizione 2.5 (Vincoli unilateri e bilateri). *Diciamo che una velocità virtuale* $\hat{\mathbf{v}}_P$ *è* reversibile *ad un certo istante se anche il suo opposto* $-\hat{\mathbf{v}}_P$ *è virtuale, mentre la definiamo* irreversibile *se il suo opposto* $-\hat{\mathbf{v}}_P$ *non è ammesso dai vincoli. Analoga definizione vale per gli spostamenti virtuali reversibili/irreversibili.*

Classifichiamo un vincolo come bilatero *ad un certo istante se tutte le velocità virtuali che ammette sono reversibili, mentre lo diremo* unilatero *se ammette anche una sola velocità virtuale non reversibile.*

Esempio (Velocità e spostamenti virtuali di un punto vincolato). Consideriamo nuovamente il punto vincolato analizzato nell'esempio di pagina 36, con $P \in \mathcal{V}$, e determiniamo le sue velocità virtuali.

- Sia $\mathcal{V} = \mathcal{V}_0 = \{Q_0 \in \mathcal{E}\}$. Il punto P non si può muovere, per cui l'unica velocità virtuale è $\hat{\mathbf{v}}_P = \mathbf{0}$, corrispondente allo spostamento virtuale $\delta P = \mathbf{0}$.
- Sia $\mathcal{V} = \mathcal{V}_1 = \{Q(s) \in \mathcal{E}$, con $s \in I \subseteq \mathbb{R}\}$, e supponiamo che s sia l'ascissa curvilinea lungo $\mathcal{V}_1$ (vedi § A.3, a pagina 262). Scelta s come coordinata libera, con $OP(t) = OQ\big(s(t)\big)$, la velocità di P sarà

$$\mathbf{v}_P = \frac{d(OP)}{dt} = \frac{d(OQ)}{ds}\frac{ds}{dt} = \dot{s}\,\mathbf{t}, \tag{2.1}$$

dove abbiamo utilizzato la (A.28) per collegare la derivata di Q al versore tangente $\mathbf{t}$. Lo scalare $\dot{s}$ in (2.1) può assumere qualunque valore senza contraddire il vincolo, per cui ricaviamo che sono velocità virtuali (e analogamente spostamenti virtuali) tutti e soli i vettori tangenti alla curva nel punto considerato

$$\begin{aligned} \widehat{V}_P(s) &= \big\{\hat{\mathbf{v}}_P : \hat{\mathbf{v}}_P = \lambda\,\mathbf{t}(s), \text{ con } \lambda \in \mathbb{R}\big\} \\ \widehat{S}_P(s) &= \big\{\delta P : \delta P = \delta s\,\mathbf{t}(s), \text{ con } \delta s \text{ arbitrario}\big\}. \end{aligned} \tag{2.2}$$

Notiamo alcuni importanti particolari: primo, la velocità effettiva (2.1) risulta in questo caso essere una delle infinite velocità virtuali (quella che ha lo scalare arbitrario λ pari a $\dot{s}$); secondo, l'insieme $\widehat{V}_P$ delle velocità virtuali forma uno spazio lineare di dimensione 1 (sommando due velocità virtuali, o moltiplicandole per uno scalare si ottiene sempre una velocità virtuale); infine, $\widehat{V}_P$ è parallelo alla retta tangente a $\mathcal{V}_1$ nel punto P.
- Supponiamo ora che la curva $\mathcal{V}_1'$ lungo cui P è vincolato a muoversi cambi al passare del tempo. Parametrizzando la curva ammessa al tempo t come $\{Q(s;t) \in \mathcal{E}\}$, al variare dell'ascissa curvilinea s, abbiamo $OP(t) = OQ\big(s(t);t\big)$, da cui si ottiene (vedi anche (1.5) a pagina 7)

$$\mathbf{v}_P = \frac{d(OP)}{dt} = \frac{\partial(OQ)}{\partial t} + \frac{\partial(OQ)}{\partial s}\frac{ds}{dt} = \frac{\partial(OQ)}{\partial t} + \dot{s}\,\mathbf{t} = \mathbf{v}_v + \dot{s}\,\mathbf{t}. \tag{2.3}$$

La velocità di P ha quindi due componenti. La prima, $\mathbf{v}_v = \partial(OQ)/\partial t$, è legata al moto del vincolo, mentre la seconda è dovuta alla variazione della coordinata libera. Per determinare le velocità virtuali dobbiamo congelare il vincolo. Ciò significa che ai fini della determinazione delle velocità virtuali dobbiamo, a partire da (2.3): (i) eliminare la dipendenza esplicita dal tempo, e quindi non introdurre la componente $\mathbf{v}_v$; (ii) sostituire $\dot{s}$ con un arbitrario scalare λ. Il risultato è che gli insiemi delle velocità e degli spostamenti virtuali sono nuovamente dati proprio dalla (2.2). La Figura 2.2 illustra tale costruzione nel caso di un asse mobile.
Anche in questo caso quindi le velocità virtuali formino uno spazio lineare di dimensione 1 (sempre parallelo alla retta tangente al vincolo nell'istante considerato). La principale differenza tra vincolo fisso e vincolo mobile sta nel fatto che la velocità effettiva nell'ultimo caso non rientra tra le velocità virtuali. Le possibili velocità effettive si possono comunque determinare sommando a tutte le velocità virtuali la componente $\mathbf{v}_v$, dovuta al moto del vincolo.

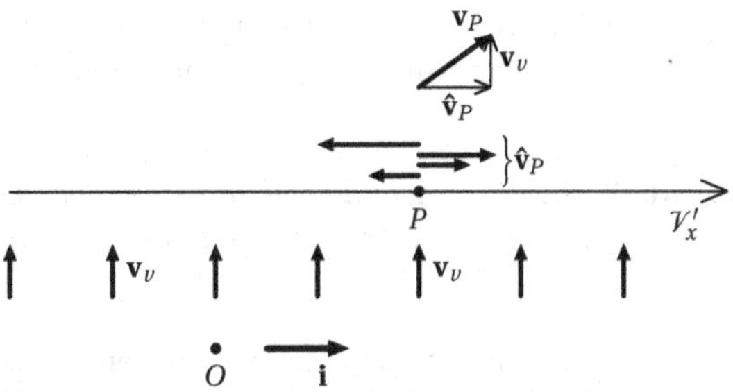

Figura 2.2 Punto vincolato a muoversi lungo un asse mobile. La velocità effettiva è la composizione di una velocità virtuale con la componente dovuta al moto del vincolo

- Consideriamo infine il caso $\mathcal{V} = \mathcal{V}_2 = \{Q(r,s) \in \mathcal{E}$, con $(r,s) \in A \subseteq \mathbb{R}^2\}$. In questo caso avremo $OP(t) = OQ\big(r(t), s(t)\big)$, da cui risulta

$$\mathbf{v}_P = \frac{\partial(OQ)}{\partial r}\,\dot{r} + \frac{\partial(OQ)}{\partial s}\,\dot{s} = \dot{r}\,\mathbf{t}_r + \dot{s}\,\mathbf{t}_s,$$

dove abbiamo introdotto i vettori tangenti $\mathbf{t}_r$, $\mathbf{t}_s$ (vedi Appendice, pagina 265). Le velocità e gli spostamenti virtuali si ottengono sostituendo a $\dot{r}$ e $\dot{s}$ degli scalari arbitrari, e risulta quindi

$$\widehat{V}_P(r,s) = \big\{\hat{\mathbf{v}}_P : \hat{\mathbf{v}}_P = \lambda\,\mathbf{t}_r + \mu\,\mathbf{t}_s, \text{ con } \lambda, \mu \in \mathbb{R}\big\}$$
$$\widehat{S}_P(r,s) = \big\{\delta P : \delta P = \delta r\,\mathbf{t}_r + \delta s\,\mathbf{t}_s, \text{ con } \delta r, \delta s \text{ arbitrari}\big\}.$$

L'insieme delle velocità virtuali forma ancora uno spazio lineare, ma questa volta di dimensione 2. Il piano delle velocità virtuali è parallelo al piano tangente a $\mathcal{V}_2$ nella posizione occupata da P.

Esempio (Velocità virtuali in un moto rigido). In ogni atto di moto rigido le velocità di tutti i punti devono soddisfare la formula fondamentale della cinematica rigida $\mathbf{v}_P = \mathbf{v}_Q + \boldsymbol{\omega} \wedge QP$ (vedi (1.18)). Se il sistema non è sottoposto ad altri vincoli oltre a quello di rigidità, la velocità di Q e la velocità angolare possono assumere valori arbitrari. L'insieme delle velocità virtuali è quindi dato da

$$\widehat{V} = \big\{\hat{\mathbf{v}}_P : \hat{\mathbf{v}}_P = \hat{\mathbf{v}}_Q + \hat{\boldsymbol{\omega}} \wedge QP, \quad \text{con } \hat{\mathbf{v}}_Q, \hat{\boldsymbol{\omega}} \text{ arbitrari}\big\}. \tag{2.4}$$

Corrispondentemente, gli spostamenti virtuali si otterranno componendo uno spostamento arbitrario δQ con una rotazione infinitesima arbitraria $\hat{\boldsymbol{\epsilon}}$

$$\widehat{S} = \big\{\delta P : \delta P = \delta Q + \hat{\boldsymbol{\epsilon}} \wedge QP, \quad \text{con } \delta Q, \hat{\boldsymbol{\epsilon}} \text{ arbitrari}\big\}. \tag{2.5}$$

Le velocità virtuali formano nuovamente uno spazio lineare la cui dimensione è 6 (tre dimensioni essendo associate alla scelta di $\hat{\mathbf{v}}_Q$ e altre tre a quella di $\hat{\boldsymbol{\omega}}$) nel caso tridimensionale, mentre si riduce a 3 nel caso piano, quando $\hat{\mathbf{v}}_Q$ deve appartenere al piano del moto ed $\hat{\boldsymbol{\omega}}$ essere ortogonale allo stesso.

Caratteristica comune di tutti i casi analizzati negli esempi precedenti è che le velocità virtuali formano uno spazio lineare. Questa proprietà motiva la seguente definizione.

Definizione 2.6 (Gradi di libertà). *Diciamo che un sistema possiede* ℓ gradi di libertà *se l'insieme delle sue velocità virtuali determina uno spazio lineare di dimensione* ℓ.

In tutti gli esempi precedentemente considerati il numero di gradi di libertà del sistema coincide con il numero delle sue coordinate libere. Vedremo più avanti (vedi pagina 44) che esistono alcuni casi particolari di sistemi vincolati in cui tale uguaglianza non sussiste.

2.3 Vincoli su corpi rigidi

In questo paragrafo passeremo in rassegna i più comuni vincoli applicabili su corpi rigidi, analizzando per ciascuno di essi le limitazioni imposte al moto del sistema, e le possibilità di movimento da essi concesse.

Cerniera

Una *cerniera* è l'idealizzazione di un vincolo in grado di fissare la posizione di uno o più punti, quali che siano le forze applicate su di essi. La *cerniera a terra* stabilisce la posizione di uno specifico punto di un corpo rigido, mentre le *cerniere tra corpi rigidi* vincolano punti di due o più corpi rigidi ad occupare la stessa posizione, senza fissare tale posizione.

Ricordiamo che i parametri necessari per assegnare la configurazione di un corpo rigido libero sono tre/sei, a seconda se il sistema sia piano/tridimensionale. Di queste, due/tre servono per determinare la posizione di un punto del sistema, mentre ulteriori una/tre fissano l'orientazione del corpo rigido.

La presenza di una cerniera a terra azzera il numero di coordinate libere necessarie per determinare la posizione del punto vincolato, come analizzato nel primo caso dell'Esempio di pagina 36, $P \in \mathcal{V}_0$, con $\mathcal{V}_0 = \{Q_0 \in \mathcal{E}\}$. Di conseguenza, nel caso piano una cerniera a terra elimina due coordinate libere, e l'unica rimanente sarà l'angolo che una direzione del corpo rigido determina con un asse fisso. Invece, nel caso tridimensionale le coordinate libere eliminate saranno tre, così come tre saranno le coordinate rimanenti (tre angoli). In ogni caso la cerniera a terra diminuisce il numero di coordinate libere di un numero pari alle coordinate necessarie per stabilire la posizione del punto incernierato.

Un punto vincolato con una cerniera a terra possiede velocità nulla ad ogni istante. Di conseguenza possiamo certamente affermare che l'atto di moto (sia esso virtuale o effettivo) sarà rotatorio con (caso piano) centro di istantanea rotazione coincidente con la cerniera, oppure (caso tridimensionale) asse di istantanea rotazione passante per la cerniera. Detto Q il punto vincolato alla cerniera fissa si avrà $\hat{\mathbf{v}}_Q = \mathbf{0}$ ($\delta Q = \mathbf{0}$), e quindi

$$\hat{\mathbf{v}}_P = \hat{\boldsymbol{\omega}} \wedge QP \qquad (\delta P = \hat{\boldsymbol{\varepsilon}} \wedge QP) \tag{2.6}$$

con $\hat{\boldsymbol{\omega}}$ ($\hat{\boldsymbol{\varepsilon}}$) vettore arbitrario nel caso tridimensionale, e $\hat{\boldsymbol{\omega}} = \hat{\omega}\mathbf{k}$ ($\hat{\boldsymbol{\varepsilon}} = \delta\phi\mathbf{k}$), con $\hat{\omega}$ ($\delta\phi$) scalare arbitrario, nel caso piano.

Per quanto infine riguarda il moto, nel caso tridimensionale possiamo affermare che in presenza di una cerniera fissa esso sarà polare, non essendoci certezza che la velocità angolare rimanga sempre parallela a sé stessa. Diverso è il caso piano, in cui sappiamo a priori che la velocità angolare è ortogonale al piano del moto. Se ne ricava che un corpo rigido piano incernierato effettua un moto rotatorio.

Nel caso tridimensionale la cerniera che abbiamo appena analizzato viene spesso denominata *cerniera sferica*, per differenziarla dalla *cerniera cilindrica* la quale, oltre a fissare la posizione del punto vincolato, limita anche la velocità angolare, obbligata ad essere parallela ad una direzione fissa (asse della cerniera cilindrica). Si può osservare (vedi Fig. 2.3) che l'applicazione di una cerniera cilindrica si può realizzare attraverso l'applicazione di due cerniere sferiche su due punti dell'asse cilindrico desiderato. Una cerniera cilindrica nello spazio ha, dal punto di vista di velocità e spostamenti virtuali, effetti analoghi a quelli di una cerniera applicata su un sistema piano. Infatti, in entrambi i casi, risultano fissate la posizione di un punto e la direzione della velocità angolare.

Passiamo ora a esaminare il caso della cerniera tra due corpi rigidi. In questo caso esistono due punti, diciamo $Q^{(1)}$ e $Q^{(2)}$, appartenenti uno a ciascun corpo rigido, che in ogni istante sono obbligati ad occupare la stessa posizione. Valutiamo questo vincolo dal punto di vista di un osservatore solidale con uno dei corpi rigidi. Tale osservatore vede fissi tutti i punti del corpo cui esso è solidale, e fisso vedrà di conseguenza anche il punto vincolato dell'altro corpo rigido. Avremo quindi che le velocità di $Q^{(1)}$ e $Q^{(2)}$ saranno nulle secondo un osservatore solidale a uno dei corpi rigidi, mentre rimarranno uguali - benché in generale non nulle - per un qualunque altro osservatore.

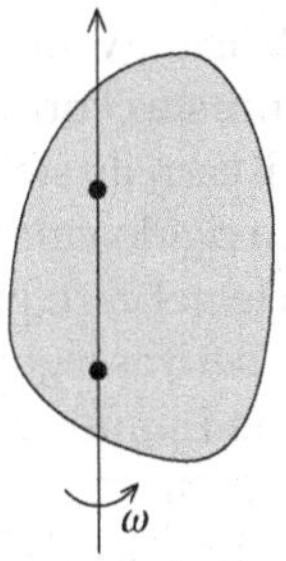

Figura 2.3 La presenza di due cerniere fisse vincola la direzione della velocità angolare in un corpo rigido tridimensionale

Siccome i punti $Q^{(1)}$ e $Q^{(2)}$ possono comunque muoversi insieme, risultano necessarie due/tre coordinate libere (facendo sempre riferimento al caso piano/tridimensionale) per stabilire la loro posizione comune. Utilizzando però l'informazione che le stesse coordinate valgono per entrambi concludiamo che, nel conteggio delle coordinate libere del sistema completo formato dai due corpi rigidi incernierati, c'è nuovamente una diminuzione esattamente pari al numero di coordinate necessarie per stabilire la posizione dei punti incernierati.

Poco si può, in generale, affermare riguardo l'atto di moto o il moto di due corpi rigidi, qualora si conosca la sola informazione che essi sono incernierati tra di loro (vedi Esercizio 2.1). È importante sottolineare comunque che la presenza di una cerniera non vincola i corpi rigidi ad avere né lo stesso atto di moto né lo stesso moto (vedi per esempio l'Esercizio 2.2).

Carrello

Un *carrello* rappresenta un vincolo olonomo che forza il punto su cui esso agisce a muoversi lungo una guida. Il punto vincolato da un carrello si comporta quindi in modo analogo ad uno dei punti materiali analizzato nell'Esempio di pagina 36.

Il carrello necessita di una sola coordinata libera per determinare la posizione del punto vincolato. Di conseguenza, nel caso piano esso elimina una coordinata libera, lasciandone due (l'ascissa curvilinea del punto vincolato, e un angolo che ne fissi l'orientazione). Nel caso tridimensionale, invece, il carrello elimina due coordinate libere, e la configurazione del corpo rigido rimane descritta dall'ascissa del punto vincolato, più i tre angoli necessari a stabilire l'orientazione.

Non risulta possibile caratterizzare a priori l'atto di moto di un corpo rigido vincolato da un carrello. Detto Q il punto vincolato dal carrello, possiamo comunque stabilire che la sua velocità virtuale sarà in ogni istante tangente alla guida (vedi equazione (2.1))

$$\hat{\mathbf{v}}_Q = \lambda \mathbf{t}, \qquad \text{con } \lambda \in \mathbb{R}. \tag{2.7}$$

Detta s l'ascissa lungo la guida, gli spostamenti virtuali del punto vincolato saranno così $\delta Q = (\delta s)\,\mathbf{t}$.

In presenza di una guida fissa, la velocità effettiva del punto vincolato sarà una delle velocità virtuali, e quindi avrà direzione tangente alla guida. Di conseguenza, e in virtù della costruzione di Chasles (vedi Osservazione a pagina 23), nel caso piano si può affermare che l'eventuale centro di istantanea rotazione si troverà sulla normale alla guida tracciata sul carrello stesso. Niente, invece, si può stabilire a priori riguardo il moto di un corpo rigido vincolato da un carrello.

Vincolo analogo al carrello, specie nel caso piano, è quello che forza due corpi rigidi a rimanere in contatto, senza però assegnare i punti che devono combaciare. Tale vincolo consente quindi che i punti $Q^{(1)}$ e $Q^{(2)}$ che vengono a contatto varino da istante a istante (vedi Fig. 2.4).

Consideriamo, per analizzare il vincolo, un sistema di riferimento solidale con uno dei corpi rigidi, per esempio il primo. Tale osservatore vede in quiete il corpo rigido prescelto. La condizione di sussistenza del contatto si traduce allora nella

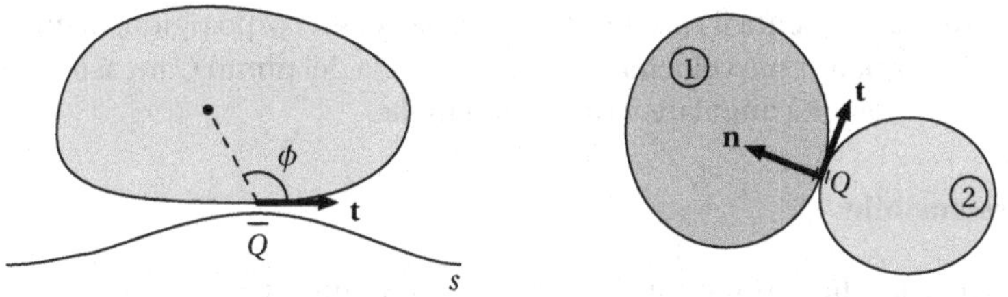

Figura 2.4 Carrello che vincola un corpo rigido su una guida fissa, e carrello che mantiene il contatto tra corpi rigidi

richiesta che la velocità di $Q^{(2)}$, misurata dal sistema di riferimento solidale al primo corpo rigido, sia tangente alla guida, che in questo caso risulta essere il bordo del primo corpo rigido. Di conseguenza, qualunque altro osservatore assegnerà a $Q^{(1)}$ una velocità arbitraria, mentre $\mathbf{v}_{Q^{(2)}}$ differirà da $\mathbf{v}_{Q^{(1)}}$ per un vettore tangente al bordo dei corpi rigidi

$$\left(\mathbf{v}_{Q^{(2)}} - \mathbf{v}_{Q^{(1)}}\right) \parallel \mathbf{t} \qquad \Longleftrightarrow \qquad \mathbf{v}_{Q^{(2)}} \cdot \mathbf{n} = \mathbf{v}_{Q^{(1)}} \cdot \mathbf{n}, \tag{2.8}$$

dove **n** indica la comune normale al bordo. È importante sottolineare che, a differenza dell'equazione (2.7), i punti che compaiono in (2.8) possono cambiare da istante a istante.

Manicotto, pattino, incastro

Un *manicotto* vincola, come fosse un carrello, un punto Q di un corpo rigido a scorrere lungo un asse. Diversamente da questo, però, non consente tutte le velocità angolari virtuali, bensì solo quelle parallele all'asse di scorrimento stesso. Introducendo quindi un'ascissa s lungo la guida (di versore tangente **t**) e un angolo di rotazione ϕ attorno alla stessa, si avrà allora

$$\hat{\mathbf{v}}_Q = \lambda\,\mathbf{t}, \quad \hat{\boldsymbol{\omega}} = \hat{\omega}\,\mathbf{t} \qquad \text{e} \qquad \delta Q = (\delta s)\,\mathbf{t}, \quad \hat{\boldsymbol{\epsilon}} = (\delta\phi)\,\mathbf{t}. \tag{2.9}$$

Un *pattino* vincola ulteriormente il corpo rigido. Esso infatti, pur consentendo a un punto Q lo scorrimento lungo una curva assegnata (come un carrello), vieta ogni possibile rotazione, avendosi quindi $\hat{\mathbf{v}}_Q = \lambda\,\mathbf{t}$ (dove **t** indica nuovamente il versore tangente alla curva) e $\hat{\boldsymbol{\omega}} = \mathbf{0}$. L'atto di moto virtuale del pattino è quindi traslatorio. Se inoltre la guida su cui scorre Q è fissa, lo stesso si potrà dire dell'atto di moto effettivo, e anche il moto dovrà necessariamente essere traslatorio.

Osserviamo che nei sistemi piani non vi è distinzione tra pattino e manicotto. Infatti, nei sistemi piani la velocità angolare è necessariamente ortogonale agli spostamenti dei punti del sistema, e l'unica velocità virtuale ortogonale a $\hat{\mathbf{v}}_Q$ che soddisfi anche la (2.9) è quella nulla.

L'*incastro* rappresenta il caso limite di vincolo su un corpo rigido, in quanto esso vieta tanto qualunque velocità virtuale non nulla del punto Q incastrato, quanto qualunque velocità angolare virtuale non nulla.

Filo inestensibile

In numerose applicazioni punti materiali, o punti appartenenti a corpi rigidi diversi, vengono collegati attraverso fili inestensibili, che ai fini delle presenti applicazioni considereremo di massa trascurabile. Essendo corpi deformabili, la cinematica dei fili è ben più complessa della cinematica dei corpi rigidi, e rappresenta un argomento che va al di là degli obbiettivi del presente testo.

Risulta però utile studiare il caso in cui tutto il filo che si sta considerando - o una sua parte finita - sia obbligato a scorrere lungo una traiettoria prestabilita, rettilinea o meno che sia. Supposto allora che la posizione di due punti P, Q lungo il filo sia individuata dalle loro ascisse curvilinee $s_P(t) < s_Q(t)$ risulterà che, per definizione di ascissa curvilinea (vedi pagina 262), la lunghezza della porzione di filo che li collega sarà $L_{PQ}(t) = s_Q(t) - s_P(t)$. L'inestensibilità del filo implica quindi

$$\frac{dL_{PQ}(t)}{dt} = 0 \qquad \Longleftrightarrow \qquad \dot{s}_Q(t) = \dot{s}_P(t).$$

Essendo inoltre

$$\mathbf{v}_P(t) = \frac{d(OP)}{dt} = \frac{d(OP)}{ds}\dot{s}_P = \dot{s}_P \mathbf{t}_P,$$

dove $\mathbf{t}_P$ indica il versore tangente alla traiettoria prestabilita in P (vedi (A.28), pagina 263), e avendosi analogamente $\mathbf{v}_Q = \dot{s}_Q \mathbf{t}_Q$, si ricava che l'inestensibilità del filo implica anche

$$\mathbf{v}_P \cdot \mathbf{t}_P = \mathbf{v}_Q \cdot \mathbf{t}_Q \qquad \text{(filo inestensibile)}.$$

Se poi i versori tangenti in P e Q coincidono (come per esempio nel caso in cui il filo sia rettilineo) si ottiene l'identità

$$\mathbf{v}_P = \mathbf{v}_Q \qquad \text{(filo inestensibile e rettilineo)}. \tag{2.10}$$

Sistemi labili

Abbiamo accennato in precedenza (vedi pagina 40) che vi sono combinazioni particolari di vincoli agenti su corpi rigidi che portano alla presenza di un numero di gradi di libertà maggiore del numero di coordinate libere.

La Figura 2.5 illustra un tale esempio. Le due aste OA, AB, entrambe di lunghezza ℓ e incernierate nell'estremo comune A, sono vincolate in O e B ad altrettante cerniere a terra, poste a distanza 2ℓ una dall'altra. Ne risulta che nessuna coordinata libera è necessaria per conoscere la configurazione del sistema, in quanto l'unica configurazione ammessa dai vincoli è quella illustrata in figu-

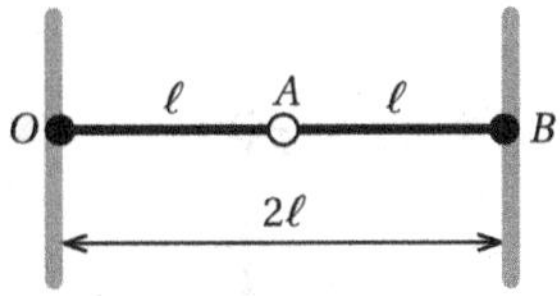

Figura 2.5 Esempio di sistema labile: *arco a tre cerniere* orizzontale

ra, con le due aste allineate lungo la congiungente le due cerniere. Ciononostante è semplice convincersi che il sistema ammette delle velocità virtuali non nulle, e anzi le velocità virtuali formano uno spazio lineare di dimensione 1, per cui il sistema possiede un grado di libertà. Infatti, la condizione (2.6) impone che, in presenza di due cerniere a terra in O e B, ai punti delle due aste siano concesse le velocità virtuali

$$\hat{\mathbf{v}}_P^{(OA)} = \hat{\omega}^{(OA)}\mathbf{k} \wedge OP^{(OA)}, \qquad \hat{\mathbf{v}}_P^{(AB)} = \hat{\omega}^{(AB)}\mathbf{k} \wedge BP^{(AB)}.$$

La cerniera intermedia A collega gli altri due estremi delle aste, imponendo $\hat{\mathbf{v}}_A^{(OA)} = \hat{\mathbf{v}}_A^{(AB)}$, per cui (avendosi $BA = -OA$) si ricava

$$(\hat{\omega}^{(OA)} + \hat{\omega}^{(AB)})\mathbf{k} \wedge OA = \mathbf{0} \quad \Rightarrow \quad \hat{\omega}^{(AB)} = -\hat{\omega}^{(OA)}.$$

Ne risulta quindi che il sistema ammette le infinite velocità virtuali (parametrizzate da uno scalare arbitrario λ)

$$\hat{\mathbf{v}}_P^{(OA)} = \lambda\mathbf{k} \wedge OP^{(OA)}, \qquad \hat{\mathbf{v}}_P^{(AB)} = -\lambda\mathbf{k} \wedge BP^{(AB)}.$$

Prevedere la labilità di un sistema articolato risulta argomento di estrema importanza nella progettazione di strutture composte da corpi rigidi, in quanto una loro analisi superficiale può portare – attraverso il semplice conteggio delle coordinate libere – a pensare che abbiano un minor numero di gradi di libertà (e quindi di possibilità di movimento) di quante effettivamente possiedano. Esempi come quello illustrato in Figura 2.6, che analizzeremo a breve, mostrano che è addirittura possibile che il numero di gradi di libertà sopravanzi di più unità il numero delle coordinate libere. Una loro trattazione matematicamente completa esula comunque dagli obbiettivi del presente testo.

Esempio (Sistema doppiamente labile). Il sistema mostrato in Figura 2.6 è composto da sei aste identiche, di lunghezza ℓ, i cui estremi O, B, F, D sono incernierati a terra nei vertici di un quadrato di lato 2ℓ, mentre ulteriori cerniere collegano gli estremi comuni A, C, E. Una semplice analisi della geometria del sistema consente di concludere che esso non ammette alcuna coordinata libera, in quanto le aste OA, AB, DE, EF sono necessariamente orizzontali, mentre le altre due devono forzatamente rimanere verticali. L'analisi completa della cinematica del sistema (la quale, come detto, non verrà effettuata in questo testo) consente di concludere che il sistema articolato appena descritto ammette esattamente due

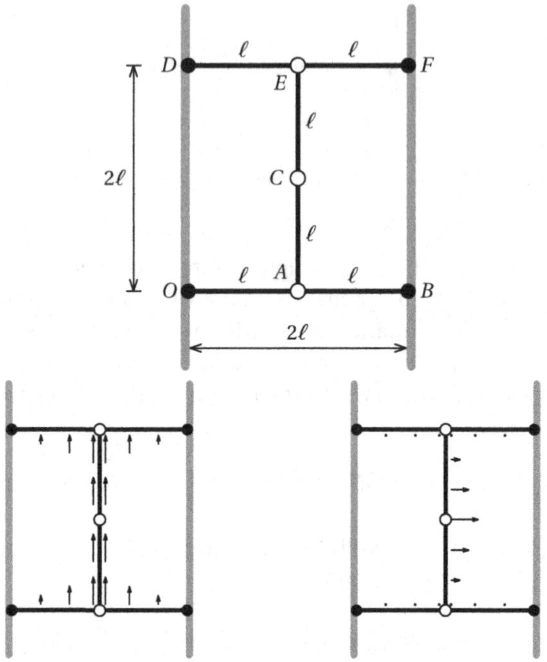

Figura 2.6 Esempio di sistema doppiamente labile, ed illustrazione dei sistemi di velocità virtuali compatibili coi vincoli

sistemi indipendenti di velocità virtuali, e risulta di conseguenza doppiamente labile.

I due diagrammi inferiori in Figura 2.6 mostrano il carattere dei due sistemi indipendenti di velocità virtuali ammesse dalle aste vincolate. Nel diagramma a sinistra si mostra come le due aste intermedie possiedano un atto di moto virtuale traslatorio, mentre le quattro aste orizzontali effettuano delle rotazioni virtuali intorno alle loro cerniere a terra, con velocità angolari virtuali identiche tra le aste poste una sopra l'altra, e opposte tra le due aste poste alla stessa quota. Nel diagramma a destra, invece, le quattro aste orizzontali sono in quiete, mentre le due aste verticali possiedono un atto di moto virtuale rotatorio, con velocità angolari virtuali opposte.

Esercizi

2.1. Considerare due corpi rigidi piani incernierati tra di loro nel punto Q. Dimostrare che, se esistono, i loro centri di istantanea rotazione sono allineati con la cerniera Q.

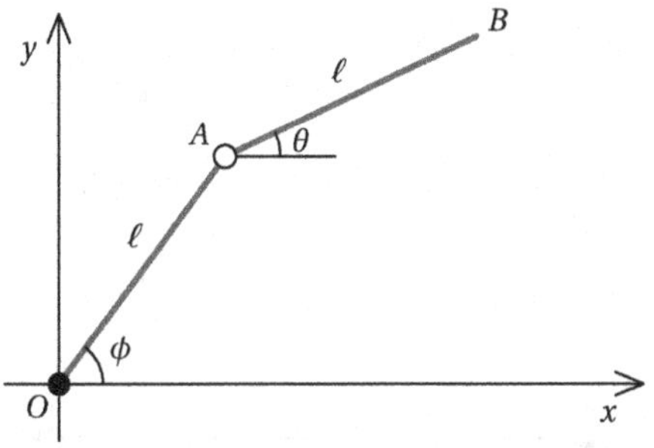

Figura 2.7 Due aste incernierate, sistema degli Esercizi 2.2, 2.3 e 2.4

2.2. Un'asta OA di lunghezza ℓ è incernierata a terra nel suo estremo fisso O, mentre ha l'estremo A incernierato ad una seconda asta AB, anch'essa di lunghezza ℓ (vedi Fig. 2.7).

- Identificare le coordinate libere del sistema.
- Proporre un moto in cui un'asta realizza un moto traslatorio mentre l'altra effettua un moto rotatorio.
- Determinare per il moto proposto velocità e accelerazione del punto medio dell'asta OA e del punto B.

2.3. Considerare nuovamente le due aste descritte nell'Esercizio 2.2 (vedi Fig. 2.7). Supposto che ruotino con velocità angolari costanti rispettivamente pari a ω_0 e ω_1, determinare le posizioni dei due centri di istantanea rotazione.

2.4 (Robot S.C.A.R.A.). Il cinematismo descritto nell'Esercizio 2.2 rappresenta il meccanismo basilare per il funzionamento del robot S.C.A.R.A. (acronimo di *Selective Compliance Assembly Robot Arm*, ovvero *robot di montaggio a cedevolezza selettiva*). In tali macchine il *braccio* OA è fissato alla *spalla* fissa O, mentre il *gomito* A consente le rotazioni relative del *braccio* AB. I due bracci si mantengono in un piano orizzontale come quello in figura.

Le principali differenze tra il robot e il sistema illustrato in Figura 2.7 sono rappresentate dal fatto che le due aste possono ovviamente avere lunghezze diverse, ma soprattutto coinvolgono la presenza di una terza asta CD (*pinza*), che può scorrere verticalmente lungo la retta passante per B e perpendicolare al piano in figura. (Nei robot reali la pinza può anche ruotare attorno al proprio asse, e risulta quindi vincolata da un manicotto in B.)

- Identificare le coordinate libere in un robot S.C.A.R.A.
- Determinare in funzione delle coordinate libere la posizione della *presa* D, e identificare il moto del robot affinché la presa descriva la circonferenza

$$OD(t) = a \sin \omega t\, \mathbf{i} + a(1 - \cos \omega t)\, \mathbf{k}.$$

2.5. Un'asta OA di lunghezza ℓ è incernierata a terra nel suo estremo fisso O, mentre ha l'estremo A incernierato ad una seconda asta AB, anch'essa di lunghezza ℓ,

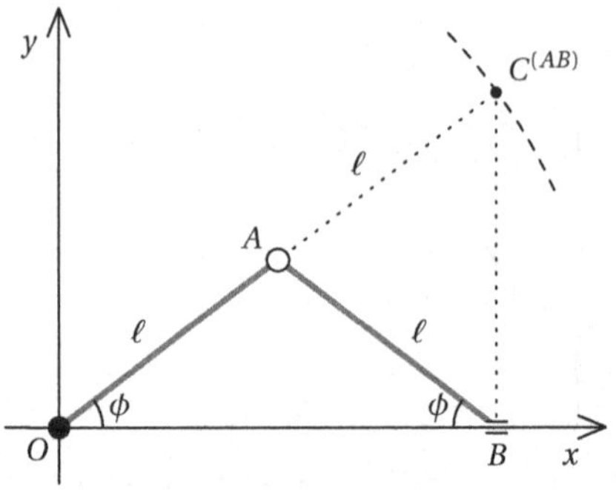

Figura 2.8 Sistema di due aste descritto nell'Esercizio 2.5

la quale a sua volta ha l'estremo B vincolato da un carrello a scorrere lungo una guida rettilinea passante per O (vedi Fig. 2.8).

- Identificare le coordinate libere del sistema.
- Determinare il legame tra le velocità angolari delle due aste.
- Esprimere, in termini delle coordinate libere e delle loro derivate temporali, velocità e accelerazione dei punti A, B, e dei punti medi delle due aste.
- Individuare le velocità virtuali dei punti suddetti.
- Identificare la posizione dei centri di istantanea rotazione delle due aste, e il luogo dei punti che essi determinano.

2.6. Si consideri il sistema descritto nell'Esercizio 2.5, e si supponga ora che l'asta AB sia di lunghezza $\ell' > \ell$.

- Determinare il legame tra le velocità angolari delle due aste.
- Identificare la posizione del centro di istantanea rotazione dell'asta AB.

2.7 (Meccanismo biella-manovella). Il cinematismo studiato nei precedenti Esercizi 2.5 e 2.6 (vedi Fig. 2.8) trova molteplici applicazioni, in quanto risulta utile per trasformare il moto rotatorio dell'asta OA (detta *manovella*) nel moto rettilineo alternato descritto dall'estremo B (detto *piede*) della seconda asta (detta *biella*), o viceversa. Questo meccanismo viene detto *manovellismo ordinario centrato* se, come negli esercizi precedenti, l'asse su cui scorre il piede della biella passa per l'estremo fisso O della manovella. Se invece tale asse passa a distanza $d \neq 0$ dall'estremo O, il manovellismo ordinario si dice *deviato*.

Si consideri il meccanismo biella-manovella illustrato in Fig. 2.9, con aste di lunghezza $\ell' > \ell$ come nell'Esercizio 2.6, e si supponga che il manovellismo sia deviato, e che il piede B scorra su un carrello a quota d sopra O. Determinare (in funzione della posizione della manovella) la velocità del piede della biella, se la manovella ruota con velocità angolare costante ω_0.

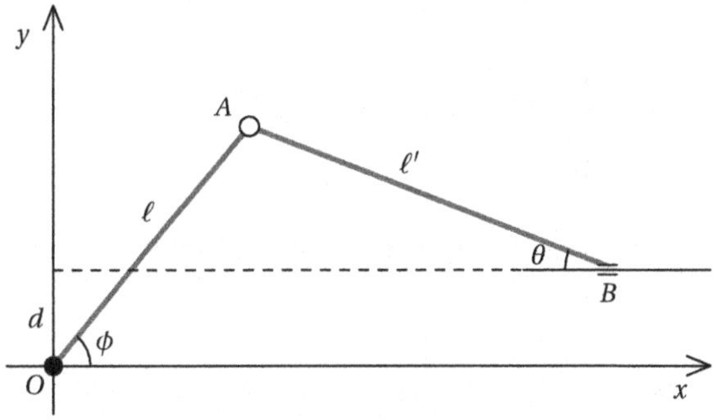

Figura 2.9 Manovellismo ordinario deviato

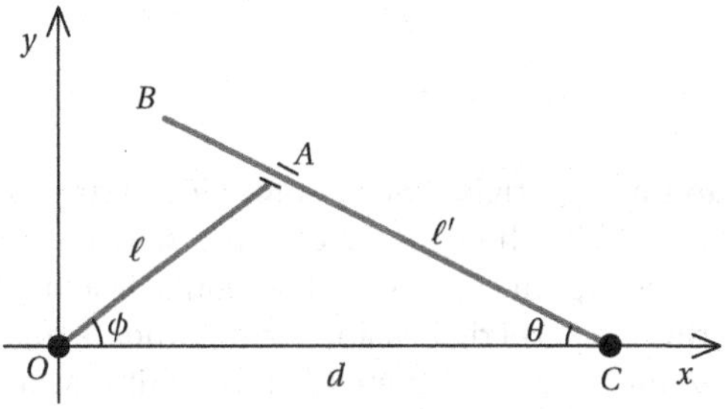

Figura 2.10 Sistema di due aste descritto nell'Esercizio 2.8

2.8. Un'asta OA di lunghezza ℓ è incernierata a terra nel suo estremo fisso O, mentre l'estremo A scorre con un carrello lungo una seconda asta BC di lunghezza ℓ', che a sua volta è incernierata nell'estremo C a un punto a distanza d da O (vedi Fig. 2.10).

- Identificare le coordinate libere del sistema.
- Determinare il legame tra le velocità angolari delle due aste.
- Individuare gli spostamenti virtuali degli estremi A e B.

2.9 (Glifo oscillante). Il meccanismo analizzato nell'Esercizio 2.8 trova diverse applicazioni, tra cui il *glifo oscillante*, illustrato in Figura 2.11. In tale cinematismo, il moto rotatorio della manovella OA (spesso collegata a un *volano* per mantenere costante la sua velocità angolare) è accoppiato a quello del *glifo* BC attraverso il *corsoio* A. Il glifo in Figura 2.11 è completato da un anellino P (*slittone*), vincolato sia a scorrere su BC che su una guida rettilinea (nell'esempio collocata lungo la corda dell'arco descritto da B). Caratteristica principale del glifo è quella di imprimere allo slittone un moto rettilineo alternato, con marcate differenze di periodo e velocità tra moto di andata e moto di ritorno.

Determinare posizione e velocità dello slittone P di un glifo oscillante la cui manovella ruoti con velocità angolare ω_0.

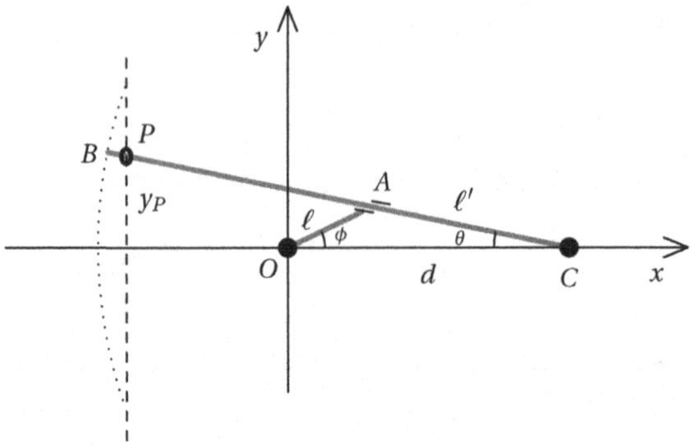

Figura 2.11 Glifo oscillante

2.4 Vincolo di puro rotolamento

Il vincolo di contatto tra corpi rigidi che abbiamo idealizzato nell'esempio di Figura 2.4 prevede la possibilità che i punti a contatto *striscino* l'uno sull'altro, vale a dire possiedano velocità le cui componenti tangenziali siano diverse. Nel limite ideale in cui le superfici dei corpi rigidi siano estremamente rugose tale differenza di velocità risulta azzerata, e la condizione (2.8) va sostituita con la più stringente

$$\mathbf{v}_{Q^{(1)}} = \mathbf{v}_{Q^{(2)}}. \tag{2.11}$$

Quando la condizione (2.11) sussiste ad ogni istante diremo che i corpi rigidi sono vincolati a *rotolare senza strisciare* uno sull'altro. Qualora uno dei due corpi rigidi sia fermo (o, equivalentemente, il moto venga studiato dall'osservatore solidale a uno dei corpi rigidi), il vincolo viene spesso chiamato vincolo di *puro rotolamento* di un corpo rigido su un supporto in quiete. Tale condizione identifica a priori un vincolo anolonomo, (vedi Definizione 2.2 a pagina 35). Vedremo in questa sezione come il vincolo di puro rotolamento possa o meno, a seconda della geometria dei corpi a contatto, essere integrato rispetto al tempo per fornire un vincolo olonomo equivalente.

Puro rotolamento di un disco su una guida piana

Consideriamo inizialmente il moto piano di puro rotolamento di un disco su una guida fissa. Al fine di esplicitare le conseguenze del vincolo (2.11), introduciamo i seguenti parametri, illustrati in Figura 2.12:

- il punto K, che identifica la posizione dove il disco tocca la guida ad ogni istante;
- l'ascissa curvilinea s del punto K lungo la guida; detta P_g l'equazione della guida avremo quindi $K = P_g(s)$;
- i versori $\{\mathbf{t}_g(s), \mathbf{n}_g(s)\}$, rispettivamente tangente e normale a P_g in K;

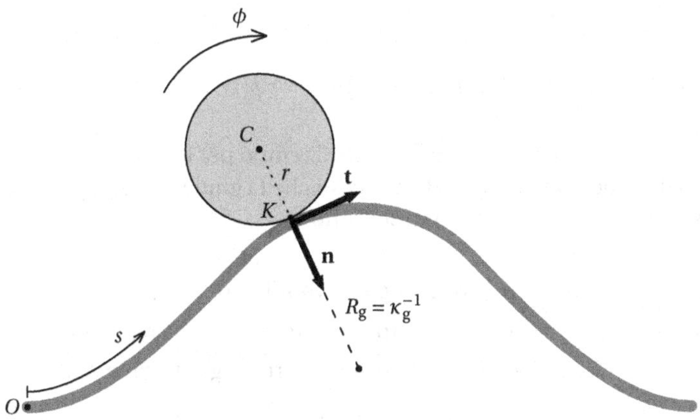

Figura 2.12 Illustrazione del moto di puro rotolamento di un disco piano

- la curvatura κ_g ed il corrispondente raggio di curvatura R_g, della curva P_g in K (vedi pagina 263 per la loro definizione);
- l'angolo di rotazione ϕ del disco (orario, nel caso della figura), e la posizione C del suo centro.

Iniziamo osservando che il disco può trovarsi da un lato o dall'altro della guida, rispetto alla direzione indicata dal versore normale. Introduciamo quindi un ultimo parametro $\eta = \pm 1$, che abbia il segno del prodotto scalare $KC \cdot \mathbf{n}$. Nella Figura 2.12, ad esempio, il centro C si trova dal lato opposto della guida rispetto alla direzione di $\mathbf{n}$, che corrisponde alla scelta $\eta = -1$. La definizione di η consente di identificare la posizione di C come

$$C(t) = P_g\big(s(t)\big) + \eta r\, \mathbf{n}_g\big(s(t)\big).$$

Utilizzando la (A.28) per il calcolo del versore tangente e le formule di Frenet-Serret [15, 33] (A.31) (vedi pagina 263), si può esprimere la velocità del centro del disco come

$$\mathbf{v}_C(t) = \frac{dP_g}{ds}\dot{s} + \eta r \frac{d\mathbf{n}_g}{ds}\dot{s} = (1 - \eta\kappa_g r)\dot{s}\,\mathbf{t}. \tag{2.12}$$

D'altra parte, il fatto che la guida rimanga in quiete implica, insieme al vincolo di puro rotolamento (2.11), che il punto di contatto K tra disco e guida sia in quiete: $\mathbf{v}_K = \mathbf{0}$. La velocità di $\mathbf{v}_K$ si può porre in relazione con $\mathbf{v}_C$ attraverso la formula fondamentale dell'atto di moto rigido (1.18), risultando

$$\mathbf{v}_K = \mathbf{v}_C + \boldsymbol{\omega} \wedge CK = \mathbf{v}_C - r\dot{\phi}\,\mathbf{t}, \tag{2.13}$$

dove è stato posto $\boldsymbol{\omega} = -\dot{\phi}\mathbf{k}$ essendo ϕ definito orario. Il paragone delle equazioni (2.12) e (2.13) consente di mettere in relazione l'ascissa curvilinea del punto K con l'angolo di rotazione ϕ:

$$\big(1-\eta\kappa_g(s(t))r\big)\dot{s}(t)=r\dot{\phi}(t). \tag{2.14}$$

L'equazione (2.14) si può integrare rispetto al tempo per legare le coordinate s e ϕ invece delle loro derivate temporali. Nel caso che la guida sia rettilinea o circolare (di raggio $R_g=\kappa_g^{-1}$) le relazioni ottenute sono

$$\begin{aligned} s &= r\phi+\text{cost.} && \text{(guida rettilinea)}\\ (1+r/R_g)s &= r\phi+\text{cost.} && \text{(disco esterno a guida circolare)}\\ (1-r/R_g)s &= r\phi+\text{cost.} && \text{(disco interno a guida circolare).}\end{aligned} \tag{2.15}$$

Notiamo che le costanti di integrazioni in (2.15) si possono porre uguali a zero, a patto di definire opportunamente l'origine dell'angolo di rotazione ϕ.

Il membro destro delle (2.15) dipende dalla scelta del verso dell'angolo di rotazione del disco. Più precisamente, i legami cinematici proposti sono validi ogni volta che l'angolo ϕ e l'ascissa s siano concordi, mentre il loro segno andrà invertito nel caso contrario. (In termini matematici, la relazione cinematica (2.15) sarà valida se ϕ risulta definito positivamente rispetto alla direzione $KC\wedge\mathbf{t}$, mentre varrà la sua opposta altrimenti.)

Ricapitolando, possiamo quindi affermare che il puro rotolamento piano di un disco su una guida fissa rappresenta un vincolo anolonomo che però può essere integrato per fornire un vincolo olonomo. Un disco piano soggetto a tale vincolo necessita di una sola coordinata libera, in quanto il contatto con la guida garantisce che la posizione del centro C si può esprimere in termini della sola ascissa curvilinea s, mentre il puro rotolamento collega tale coordinata all'angolo di rotazione, come la (2.15) dimostra esplicitamente nel caso semplice di guida rettilinea o circolare.

Mutuo rotolamento di corpi rigidi piani

Il caso di due corpi rigidi I e II che rotolano senza strisciare l'uno sull'altro si può riportare semplicemente al caso appena analizzato. In effetti è sufficiente analizzare il moto dal punto di vista di un osservatore solidale a I per dimostrare che il vincolo sarà equivalente al puro rotolamento di II su I, visto che quest'ultimo apparirà fisso all'osservatore scelto. Se, in particolare, I si muove di moto traslatorio, la relazione cinematica (2.14) rimane valida per II, a patto di definire s come ascissa curvilinea del punto di contatto di II lungo il bordo di I, e ϕ come angolo di rotazione di II.

Puro rotolamento di un disco su un piano

Analizziamo ora il moto tridimensionale di un disco vincolato a rotolare senza strisciare su un piano. Ricaveremo che in generale la sostituzione della guida piana precedentemente considerata con l'intero piano impedisce l'integrazione del vincolo (2.11), che rimane quindi genuinamente anolonomo.

Consideriamo un sistema di riferimento in cui il piano su cui rotola senza strisciare il disco coincida con il piano coordinato $\Pi_0 = \{z = 0\}$, e sia r il raggio del disco (vedi Fig. 2.13). Individuiamo la posizione del centro C attraverso le sue coordinate cartesiane: $OC = x_C\,\mathbf{i} + y_C\,\mathbf{j} + z_C\,\mathbf{k}$, e introduciamo anche i tre angoli di Eulero del disco come segue. L'angolo di nutazione è l'angolo che l'asse $\mathbf{e}_3$, ortogonale al piano del disco, determina con l'asse fisso $\mathbf{k}$. L'angolo di precessione ϕ identifica l'asse dei nodi $\mathbf{u}_n$, parallelo a $\mathbf{k} \wedge \mathbf{e}_3$: $\mathbf{u}_\mathrm{n} = \frac{\mathbf{k}\wedge\mathbf{e}_3}{|\mathbf{k}\wedge\mathbf{e}_3|} = \cos\phi\,\mathbf{i} + \sin\phi\,\mathbf{j}$. L'asse ortogonale al piano del disco risulta quindi

$$\mathbf{e}_3 = \sin\theta\sin\phi\,\mathbf{i} - \sin\theta\cos\phi\,\mathbf{j} + \cos\theta\,\mathbf{k},$$

e il piano del disco Π_d ha equazione cartesiana

$$\sin\theta\sin\phi\,(x - x_C) - \sin\theta\cos\phi\,(y - y_C) + \cos\theta\,(z - z_C) = 0.$$

La richiesta che il punto K, che giace sulla intersezione tra Π_d e Π_0, sia a distanza r dal centro C impone

$$z_C = r\sin\theta,$$

che abbassa a cinque il numero di coordinate libere, e consente di identificare la posizione del punto K: $CK = r\cos\theta(\sin\phi\,\mathbf{i} - \cos\phi\,\mathbf{j}) - r\sin\theta\,\mathbf{k}$.

Esprimendo poi la velocità angolare $\boldsymbol{\omega} = \dot\theta\,\mathbf{u}_\mathrm{n} + \dot\phi\,\mathbf{k} + \dot\psi\,\mathbf{e}_3$ nella terna cartesiana attraverso la (1.25)

$$\boldsymbol{\omega} = \big(\dot\theta\cos\phi + \dot\psi\sin\theta\sin\phi\big)\,\mathbf{i} + \big(\dot\theta\sin\phi - \dot\psi\sin\theta\cos\phi\big)\,\mathbf{j} + \big(\dot\phi + \dot\psi\cos\theta\big)\,\mathbf{k},$$

possiamo infine imporre la richiesta $\mathbf{v}_K = \mathbf{v}_C + \boldsymbol{\omega} \wedge CK = \mathbf{0}$, che fornisce

$$\begin{cases} \dot x_C - r\dot\theta\sin\theta\sin\phi + r\dot\psi\cos\phi + r\dot\phi\cos\phi\cos\theta = 0 \\ \dot y_C + r\dot\theta\sin\theta\cos\phi + r\dot\psi\sin\phi + r\dot\phi\sin\phi\cos\theta = 0. \end{cases} \tag{2.16}$$

Le equazioni (2.16) non si possono integrare in generale, e limitano quindi l'insieme degli atti di moto accessibili al disco che rotola, senza vietare però nessun valore del quintetto di coordinate libere $\{x_C, z_C, \theta, \phi, \psi\}$.

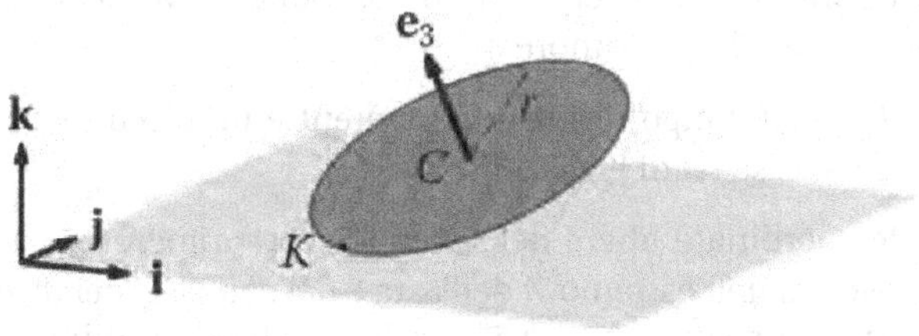

Figura 2.13 Disco che rotola senza strisciare su un piano

È interessante notare che un ruolo fondamentale sulla possibilità di integrazione delle (2.16) lo gioca la libertà del disco di variare l'angolo di precessione ϕ, ovvero di effettuare rotazioni attorno all'asse verticale **k** passante per C. Qualora infatti $\phi = \text{cost} = \phi_0$, le (2.16) diventano

$$\left.\begin{array}{l}\dot{x}_C - r\dot{\theta}\sin\theta\sin\phi_0 + r\dot{\psi}\cos\phi_0 = 0\\ \dot{y}_C + r\dot{\theta}\sin\theta\cos\phi_0 + r\dot{\psi}\sin\phi_0 = 0.\end{array}\right\} \Rightarrow \left\{\begin{array}{l}x_C + r\cos\theta\sin\phi_0 + r\psi\cos\phi_0 = \text{cost}\\ y_C - r\cos\theta\cos\phi_0 + r\psi\sin\phi_0 = \text{cost},\end{array}\right.$$

e il vincolo di puro rotolamento diventa un vincolo olonomo che elimina, per esempio, le coordinate libere x_C e y_C. Osserviamo che il moto di puro rotolamento di un disco su una guida piana analizzato in precedenza si ottiene come caso particolare del moto appena descritto qualora siano fissati sia l'angolo di precessione ϕ che l'angolo di nutazione θ (pari a $\frac{\pi}{2}$ nel caso di Fig. 2.12). L'analisi ora realizzata conclude che il vincolo rimane integrabile se al disco viene consentito di piegare il suo asse attraverso la nutazione, mentre (ri)diventa anolonomo se si tiene conto anche della precessione.

Dal punto di vista delle coordinate libere e del numero di gradi di libertà è interessante sottolineare come i vincoli anolonomi rappresentino il duale rispetto ai sistemi labili analizzati a pagina 44. Infatti, per fare un esempio, il disco appena analizzato richiede effettivamente cinque coordinate libere (per esempio, le coordinate cartesiane (x_C, y_C) del centro, ed i tre angoli di Eulero). Ciononostante, sia le derivate temporali che le variazioni virtuali di tali coordinate non sono indipendenti, in quanto devono soddisfare le (2.16). Per questo motivo, il disco stesso possiede comunque tre gradi di libertà, due in meno rispetto al numero di coordinate libere. Solo nel caso che un ulteriore vincolo fissasse l'angolo di precessione ϕ (abbassando il numero di coordinate libere e il numero di gradi di libertà a quattro e due, rispettivamente), le (2.16) possono essere integrate rispetto al tempo e consentono di eliminare due coordinate libere, portando il sistema ad avere sia due coordinate libere che due gradi di libertà.

Esercizi

2.10. In un piano verticale, un disco di raggio r rotola senza strisciare su una guida orizzontale, parallela al versore **i**.

- Sapendo che la velocità del centro del disco C è $\mathbf{v}_C = v_C\,\mathbf{i}$ (con $v_C > 0$), individuare il punto del disco la cui velocità è maggiore.
- Identificare i punti del disco che hanno componente verticale della velocità rispettivamente maggiore e minore.

2.11. Un'asta AB scorre lungo un asse fisso, mentre un disco di raggio r rotola senza strisciare su di essa (vedi Fig. 2.14).

- Individuare le coordinate libere del sistema, ed esprimere in termini di esse posizione e velocità dell'estremo A dell'asta e del centro C del disco.
- Supposto che $\mathbf{v}_C = \alpha\mathbf{v}_A$ (con $\mathbf{v}_A = v_0\,\mathbf{i}$, $v_0 > 0$, e $\alpha \in \mathbb{R}$), determinare la posizione del centro di istantanea rotazione del disco.

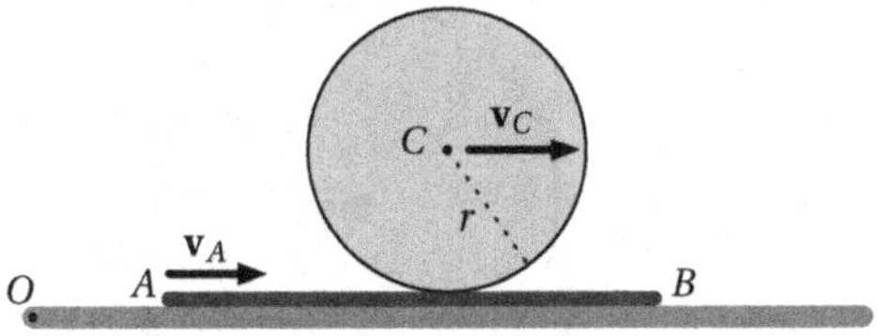

Figura 2.14 Disco che rotola senza strisciare su un'asta traslante

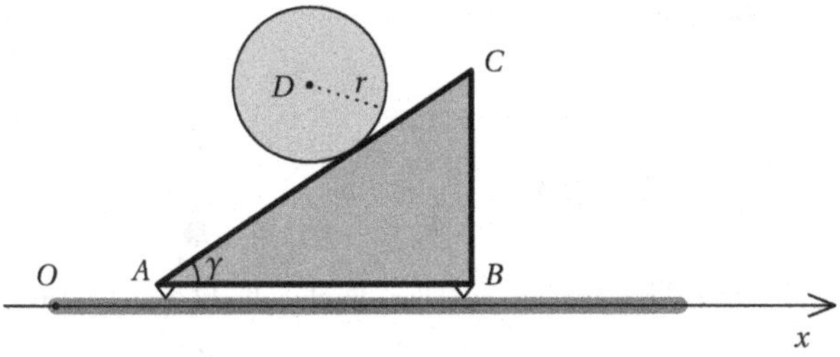

Figura 2.15 Disco che rotola senza strisciare su una lamina triangolare traslante

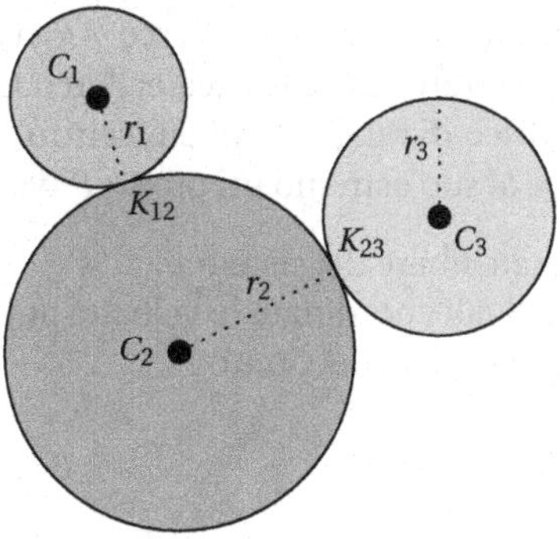

Figura 2.16 Mutuo rotolamento tra tre dischi incernierati (vedi Esercizio 2.13)

- Individuare, al variare di α, il punto del disco la cui velocità ha modulo maggiore.

2.12. Rispondere alle stesse domande dell'Esercizio 2.11 sostituendo l'asta AB con una lamina piana ABC a forma di triangolo rettangolo il cui cateto AB (di angolo alla base γ) scorra lungo un asse orizzontale, come in Figura 2.15. Per il secondo e il terzo punto si supponga che la velocità del centro del disco soddisfi $v_{Dx} = \frac{1}{2} v_{Ax}$, detto x l'asse su cui scorre il cateto AB.

2.13. In un piano verticale, tre dischi di raggi r_1, r_2, r_3 sono incernierati nei rispettivi centri (vedi Fig. 2.16). Sapendo che il disco di raggio r_2 ruota con velocità angolare $\boldsymbol{\omega}_2 = \omega_2 \mathbf{k}$, ed è a contatto con gli altri due attraverso vincoli di mutuo rotolamento, determinare le velocità angolari degli altri due dischi.

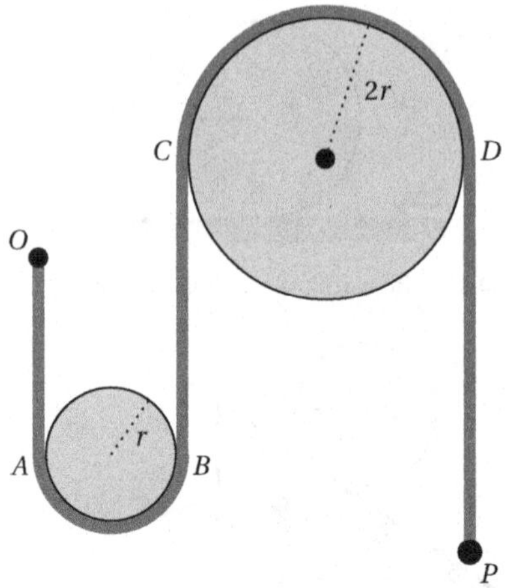

Figura 2.17 Filo scorrevole senza strisciare tra due dischi (vedi Esercizio 2.14)

2.14. In un piano verticale, un filo inestensibile $OABCDP$ è vincolato come segue: l'estremo O è fissato; il tratto OA è verticale; l'arco AB si avvolge senza strisciare lungo un disco di raggio r; il tratto BC è verticale; l'arco CD si avvolge senza strisciare lungo un secondo disco di raggio $2r$ (il cui centro è incernierato); infine, il tratto DP è verticale e reca al suo estremo un punto P (vedi Fig. 2.17).

- Determinare le coordinate libere del sistema.
- Esprimere in funzione di tali coordinate le velocità angolari dei dischi, e le velocità sia dei rispettivi centri che del punto P.

2.5 Soluzioni degli esercizi

2.1 La costruzione di Chasles (vedi pagina 23) dimostra che, se esistono, entrambi centri di istantanea rotazione devono appartenere alla retta passante per Q e ortogonale a $\mathbf{v}_Q$.

2.2 L'asta OA è incernierata a terra e quindi possiede un solo grado di libertà. Possiamo scegliere come coordinata libera l'angolo ϕ che l'asta determina con l'asse x di un sistema di riferimento cartesiano centrato in O. Il punto A della seconda asta non necessita di ulteriori coordinate libere, essendo coincidente con l'estremo della prima asta, e quindi il sistema possiede due gradi di libertà. Scegliamo come seconda coordinata libera l'angolo θ che l'asta AB determina con lo stesso asse x.

L'asta che effettua il moto traslatorio deve essere AB in quanto l'unico moto traslatorio concesso all'asta OA è la quiete, essendo l'estremo O necessariamente fermo. Un possibile moto avente le caratteristiche richieste è:

$$\phi = \phi(t) \quad \text{(qualunque)}, \qquad \theta = \theta_0 \quad \text{(costante)}.$$

Sia C il punto medio dell'asta OA risultano

$$OC = \frac{\ell}{2}(\cos\phi\,\mathbf{i} + \sin\phi\,\mathbf{j}), \qquad \mathbf{v}_C = \frac{\ell\dot\phi}{2}(-\sin\phi\,\mathbf{i} + \cos\phi\,\mathbf{j}),$$
$$\mathbf{a}_C = \frac{\ell\ddot\phi}{2}(-\sin\phi\,\mathbf{i} + \cos\phi\,\mathbf{j}) + \frac{\ell\dot\phi^2}{2}(-\cos\phi\,\mathbf{i} - \sin\phi\,\mathbf{j})$$

e

$$OB = \ell(\cos\phi + \cos\theta_0)\,\mathbf{i} + \ell(\sin\phi + \sin\theta_0)\,\mathbf{j}, \qquad \mathbf{v}_B = \ell\dot\phi(-\sin\phi\,\mathbf{i} + \cos\phi\,\mathbf{j}),$$
$$\mathbf{a}_B = \ell\ddot\phi(-\sin\phi\,\mathbf{i} + \cos\phi\,\mathbf{j}) + \ell\dot\phi^2(-\cos\phi\,\mathbf{i} - \sin\phi\,\mathbf{j}).$$

2.3 Il centro di istantanea rotazione dell'asta OA ovviamente coincide con l'estremo incernierato O.

Sapendo poi che i due centri di istantanea rotazione devono essere allineati con la cerniera A (vedi Esercizio 2.1), si ricava che il secondo centro di istantanea rotazione $C^{(AB)}$ appartiene alla retta passante per O e A. Lo stesso risultato si ricava notando che, visto che $C^{(OA)} = O$, $\mathbf{v}_A$ deve essere ortogonale sia a OA che alla sua congiungente con $C^{(AB)}$. Dalla (1.22) otteniamo

$$AC^{(AB)} = -\frac{\omega_0}{\omega_1}OA \qquad \Longrightarrow \qquad OC^{(AB)} = \frac{\omega_1 - \omega_0}{\omega_1}OA.$$

In particolare, il centro di istantanea rotazione dell'asta AB coincide con O se le velocità angolari sono uguali, e coincide con A se $\omega_0 = 0$.

2.4 Il sistema possiede tre gradi di libertà: gli angoli ϕ e θ introdotti nell'Esercizio 2.2, più la quota z del punto D. Si avrà così

$$OD(t) = OB + z\mathbf{k} = \ell(\cos\phi + \cos\theta)\,\mathbf{i} + \ell(\sin\phi + \sin\theta)\,\mathbf{j} + z\mathbf{k}.$$

La presa effettuerà il moto desiderato se

$$\phi(t) = -\theta(t) = \arccos\left(\frac{a}{2\ell}\sin\omega t\right), \qquad z(t) = a(1 - \cos\omega t).$$

2.5 Consideriamo un riferimento cartesiano con origine O coincidente con la cerniera fissa, versore $\mathbf{i}$ parallelo alla guida su cui scorre il carrello, versore $\mathbf{j}$ nel piano del moto, e $\mathbf{k} = \mathbf{i} \wedge \mathbf{j}$.

Il sistema possiede un solo grado di libertà, come si ricava anche dal fatto che due aste libere avrebbero sei coordinate libere ma le due cerniere in O e A eliminano due coordinate libere ciascuna, mentre il carrello in B ne cancella un'altra. La coordinata libera è l'angolo ϕ che entrambe le aste determinano con la guida dove scorre il carrello. È cruciale però sottolineare che per l'asta OA l'angolo è antiorario, mentre per l'asta AB l'angolo è orario. In altre parole, nel primo caso si tratta dell'angolo formato con il versore $\mathbf{i}$, mentre nel secondo caso risulta essere l'angolo che l'asta AB determina con il versore $-\mathbf{i}$.

Le considerazioni precedenti riguardanti i segni degli angoli che le aste individuano con la guida implicano che

$$\boldsymbol{\omega}^{(OA)} = \dot{\phi}\mathbf{k} \qquad \text{mentre} \qquad \boldsymbol{\omega}^{(AB)} = -\dot{\phi}\mathbf{k}.$$

Siano G, H i punti medi delle aste OA, AB. Per ricavare velocità e accelerazione dei punti richiesti definiamo il versore $\mathbf{t} = \cos\phi\,\mathbf{i} + \sin\phi\,\mathbf{j}$, parallelo all'asta OA, e il versore $\mathbf{n} = -\sin\phi\,\mathbf{i} + \cos\phi\,\mathbf{j}$, ortogonale ad essa. Si ottiene

$$\begin{aligned}
&OG = \frac{\ell}{2}\mathbf{t}, && \mathbf{v}_G = \frac{\ell\dot{\phi}}{2}\mathbf{n}, && \mathbf{a}_G = \frac{\ell\ddot{\phi}}{2}\mathbf{n} - \frac{\ell\dot{\phi}^2}{2}\mathbf{t};\\
&OA = \ell\,\mathbf{t}, && \mathbf{v}_A = \ell\dot{\phi}\mathbf{n}, && \mathbf{a}_A = \ell\ddot{\phi}\mathbf{n} - \ell\dot{\phi}^2\mathbf{t};\\
&OB = 2\ell\cos\phi\,\mathbf{i}, && \mathbf{v}_B = -2\ell\dot{\phi}\sin\phi\,\mathbf{i}, && \mathbf{a}_B = -2\ell\big(\ddot{\phi}\sin\phi + \dot{\phi}^2\cos\phi\big)\,\mathbf{i}.
\end{aligned}$$

Inoltre,

$$OH = \frac{\ell}{2}\big(3\cos\phi\,\mathbf{i} + \sin\phi\,\mathbf{j}\big), \qquad \mathbf{v}_H = \frac{\ell\dot{\phi}}{2}\big(-3\sin\phi\,\mathbf{i} + \cos\phi\,\mathbf{j}\big),$$

$$\mathbf{a}_H = \frac{\ell\ddot{\phi}}{2}\big(-3\sin\phi\,\mathbf{i} + \cos\phi\,\mathbf{j}\big) - \frac{\ell\dot{\phi}^2}{2}\big(3\cos\phi\,\mathbf{i} + \sin\phi\,\mathbf{j}\big).$$

Gli spostamenti virtuali dei punti richiesti si ottengono semplicemente sostituendo $\dot{\phi}$ con uno scalare arbitrario $\delta\phi$. Si ottiene quindi

$$\delta A = 2\delta G = \ell\,\delta\phi\,\mathbf{n}, \qquad \delta B = -2\ell\sin\phi\,\delta\phi\,\mathbf{i}, \qquad \delta H = \tfrac{1}{2}\ell\,\delta\phi(-3\sin\phi\,\mathbf{i} + \cos\phi\,\mathbf{j}),$$

con $\delta\phi$ arbitrario.

Il centro di istantanea rotazione dell'asta OA ovviamente coincide con la cerniera fissa O. Quello dell'asta AB si può determinare attraverso la costruzione di Chasles.

- Visto che il punto B ha velocità parallela ad $\mathbf{i}$, il C.I.R. $C^{(AB)}$ deve trovarsi sulla retta passante per B e parallela a $\mathbf{j}$: $x_{C^{(AB)}} = x_B = 2\ell\cos\phi$.
- Visto che il punto A ha velocità parallela al versore $\mathbf{n}$, il C.I.R. $C^{(AB)}$ deve trovarsi sulla retta passante per A e parallela a $\mathbf{t}$ (vale a dire sulla retta passante per O ed A): $OC^{(AB)} = s(\cos\phi\,\mathbf{i} + \sin\phi\,\mathbf{j})$.

Paragonando entrambe le espressioni si ricava $\quad s = 2\ell \quad$ e $\quad OC^{(AB)} = 2\ell\,\mathbf{t}$.
Il C.I.R. dell'asta AB descrive quindi una circonferenza di centro O e raggio 2ℓ.

2.6 Riprendiamo qui le stesse notazioni dell'esercizio precedente.

Detti ϕ,θ gli angoli che le aste OA, AB determinano con l'orizzontale, vale la relazione

$$\frac{|OA|}{\sin\theta} = \frac{|AB|}{\sin\phi} \quad\Rightarrow\quad \sin\theta = \frac{\ell}{\ell'}\sin\phi \quad\Rightarrow\quad \dot{\theta} = \frac{\ell\cos\phi}{\sqrt{\ell'^2 - \ell^2\sin^2\phi}}\,\dot{\phi},$$

da cui segue

$$\boldsymbol{\omega}^{(OA)} = \dot{\phi}\mathbf{k}, \qquad \boldsymbol{\omega}^{(AB)} = -\frac{\ell\cos\phi}{\sqrt{\ell'^2 - \ell^2\sin^2\phi}}\,\dot{\phi}\mathbf{k}. \tag{2.17}$$

Il centro di istantanea rotazione dell'asta OA si può nuovamente determinare attraverso la costruzione di Chasles, e risulta

$$OC^{(AB)} = \left(\ell + \frac{\sqrt{\ell'^2 - \ell^2\sin^2\phi}}{\cos\phi}\right)(\cos\phi\,\mathbf{i} + \sin\phi\,\mathbf{j}).$$

Si osservi come $C^{(AB)}$ si allontana indefinitamente dall'origine quando $\phi \to \frac{\pi}{2}$, in accordo con la seconda delle (2.17), che prevede $\boldsymbol{\omega}^{(AB)} = \mathbf{0}$ quando $\phi = \frac{\pi}{2}$.

2.7 La relazione tra gli angoli di rotazione ϕ, θ è ora

$$\ell\sin\phi = d + \ell'\sin\theta \quad \Longrightarrow \quad \dot{\theta} = \frac{\ell\dot{\phi}\cos\phi}{\sqrt{\ell'^2 - \left(\ell\sin\phi - d\right)^2}}.$$

Ponendo $\dot{\phi} = \omega_0$ si ottiene quindi

$$\mathbf{v}_B = -\left(\ell\dot{\phi}\sin\phi + \ell'\dot{\theta}\sin\theta\right)\mathbf{i} = -\left(\sin\phi + \frac{\cos\phi(\ell\sin\phi - d)}{\sqrt{\ell'^2 - \left(\ell\sin\phi - d\right)^2}}\right)\ell\omega_0\,\mathbf{i}.$$

2.8 Il sistema possiede un solo grado di libertà. Per determinare il legame tra gli angoli di rotazione ϕ e θ introduciamo la lunghezza $s = |AC|$, e ricaviamo s, θ dall'analisi trigonometrica del triangolo OAC

$$\tan\theta = \frac{\ell\sin\phi}{d - \ell\cos\phi}, \qquad x^2 = \ell^2 + d^2 - 2d\ell\cos\phi. \tag{2.18}$$

Le velocità angolari delle due aste sono

$$\boldsymbol{\omega}^{(OA)} = \dot{\phi}\mathbf{k}, \qquad \boldsymbol{\omega}^{(BC)} = -\dot{\theta}\mathbf{k} = -\frac{\ell\dot{\phi}(d\cos\phi - \ell)}{\ell^2 + d^2 - 2d\ell\cos\phi}\mathbf{k}.$$

Gli spostamenti virtuali di A e B sono rispettivamente ortogonali a OA e CB

$$\begin{aligned}\delta A &= \ (\delta\phi)\mathbf{k}\wedge OA = \ell\left(-\sin\phi\,\mathbf{i} + \cos\phi\,\mathbf{j}\right)\delta\phi \\ \delta B &= -(\delta\theta)\mathbf{k}\wedge CB = \frac{\ell\ell'(d\cos\phi - \ell)}{(\ell^2 + d^2 - 2d\ell\cos\phi)^{\frac{3}{2}}}\left(\ell\sin\phi\,\mathbf{i} + (d - \ell\cos\phi)\,\mathbf{j}\right)\delta\phi.\end{aligned}$$

2.9 Il glifo possiede un grado di libertà. Si può legare l'ordinata dello slittone P all'angolo ϕ dopo aver identificato l'ascissa della guida su cui esso scorre. Studiando la relazione tra θ e ϕ ricavata nell'Esercizio 2.8 (vedi la prima delle (2.18))

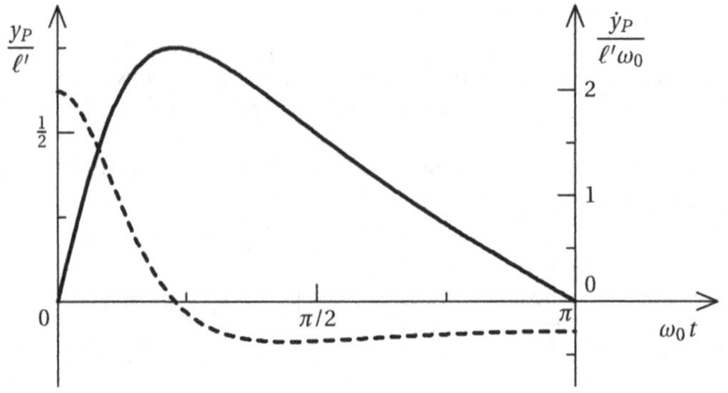

Figura 2.18 Posizione e velocità dello slittone del glifo oscillante per $d = \frac{4}{3}\ell$

si ricava che l'angolo massimo descritto da BC soddisfa $\tan\theta_{\max} = \ell/\sqrt{d^2 - \ell^2}$ (se $\ell < d$), e quindi l'ascissa della guida dello slittone vale

$$x_P = d - \ell' \cos\theta_{\max} = d - \frac{\ell'\sqrt{d^2 - \ell^2}}{d}. \tag{2.19}$$

L'ordinata y_P si ottiene intersecando la retta BC con la guida (2.19). Si ottiene

$$y_P = (d - x_P)\tan\theta = \frac{\ell'\sqrt{d^2 - \ell^2}}{d}\,\frac{\ell \sin\phi}{d - \ell\cos\phi}, \quad \dot{y}_P = \frac{\ell\ell'\sqrt{d^2 - \ell^2}(d\cos\phi - \ell)\dot{\phi}}{d(d - \ell\cos\phi)^2},$$

con $\phi(t) = \omega_0 t$. La Figura 2.18 mostra come posizione e velocità dello slittone $d/\ell = \frac{4}{3}$. L'asimmetria tra andata e ritorno diventa più marcata quando tale rapporto si avvicina al valore critico 1.

2.10 Sia K il punto di contatto tra disco e guida. Essendo, per ogni altro punto, $\mathbf{v}_P = \boldsymbol{\omega} \wedge KP$, il punto con velocità di modulo maggiore sarà quello più distante da K, vale a dire il punto A di quota più elevata, che avrà $KA = 2KC = 2r\,\mathbf{j}$, e di conseguenza $\mathbf{v}_A = 2\mathbf{v}_C = 2v_C\,\mathbf{i}$.

La componente verticale della velocità vale $v_{Py} = \mathbf{v}_P \cdot \mathbf{j}$. Essendo inoltre

$$\mathbf{v}_C = \omega\mathbf{k} \wedge KC = r\omega\mathbf{k} \wedge \mathbf{j} = -r\omega\mathbf{i} = v_C\mathbf{i} \quad \Rightarrow \quad \boldsymbol{\omega} = -\frac{v_C}{r}\mathbf{k},$$

si ha

$$v_{Py} = \boldsymbol{\omega} \wedge KP \cdot \mathbf{j} = -\frac{v_C}{r}\mathbf{k} \wedge KP \cdot \mathbf{j} = -\frac{v_C}{r}\mathbf{j} \wedge \mathbf{k} \cdot KP = -\frac{v_C}{r}\mathbf{i} \cdot KP.$$

Ne consegue che il punto con v_{Py} massima (minima) è il punto che si trova più indietro (avanti) possibile rispetto a K, vale a dire il punto B_+ (B_-) tale che $KB_\pm = \mp r\,\mathbf{i} + r\,\mathbf{j}$, con $v_{B_\pm y} = \pm v_C$ (vedi Fig. 2.19).

2.11 Il sistema possiede due gradi di libertà. Utilizziamo come coordinate libere l'ascissa x dell'estremo A dell'asta (misurata lungo la guida su cui questa scorre,

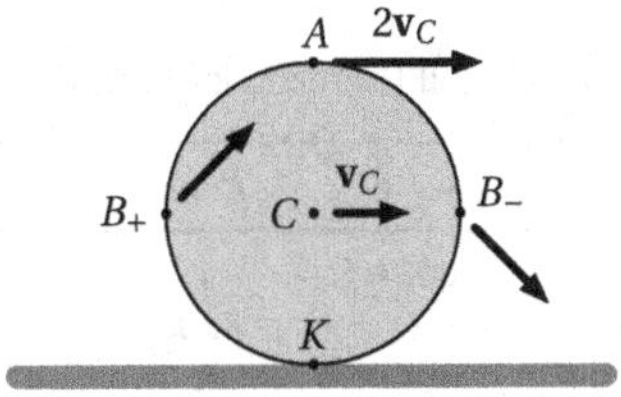

Figura 2.19 Puro rotolamento di un disco su una guida orizzontale

rispetto ad un suo punto fisso O), e l'ascissa s del punto di contatto K tra disco e asta (misurata lungo l'asta, rispetto all'estremo A). Si ha quindi

$$\left.\begin{array}{ll} OA = x\,\mathbf{i}, & \mathbf{v}_A = \dot{x}\,\mathbf{i} \\ OC = (x+s)\,\mathbf{i} + r\,\mathbf{j}, & \mathbf{v}_C = (\dot{x}+\dot{s})\,\mathbf{i} \end{array}\right\} \implies \dot{s} = (\alpha-1)\dot{x}.$$

Detto poi ϕ l'angolo orario di rotazione del disco si ha $\dot{s} = r\dot{\phi}$, e di conseguenza

$$\boldsymbol{\omega}^{(\mathrm{d})} = -\dot{\phi}\mathbf{k} = -\frac{\dot{s}}{r}\mathbf{k} = (1-\alpha)\frac{v_0}{r}\mathbf{k}. \tag{2.20}$$

Dalla (1.22) ricaviamo quindi che il centro di istantanea rotazione del disco si trova nella posizione

$$CH^{(\mathrm{d})} = \frac{\boldsymbol{\omega}^{(\mathrm{d})} \wedge \mathbf{v}_C}{\omega^2} = \frac{\alpha r}{1-\alpha}\mathbf{j} \qquad (\text{se } \alpha \neq 1).$$

Osserviamo che (ovviamente) il centro di istantanea rotazione coincide con C se quest'ultimo è in quiete ($\alpha = 0$), mentre non esiste (atto di moto traslatorio del disco) se $\alpha = 1$. In nessun caso, infine, il centro di istantanea rotazione coincide con il punto K, in quanto il vincolo di puro rotolamento implica $\mathbf{v}_K = \mathbf{v}_A \neq \mathbf{0}$ per ipotesi.

Per identificare il punto P con velocità maggiore nel disco, ricordiamo che esso si troverà sul bordo del disco (vedi Esercizio 1.19 a pagina 27), e parametrizziamo i punti P del bordo come $CP = r\cos\theta\,\mathbf{i} + r\sin\theta\,\mathbf{j}$. Avremo allora

$$\mathbf{v}_P = \mathbf{v}_C + \boldsymbol{\omega} \wedge CP = \big(\alpha - (1-\alpha)\sin\theta\big)\, v_0\,\mathbf{i} + (1-\alpha)\, v_0\cos\theta\,\mathbf{j}$$

da cui segue

$$v_P^2 = \big(\alpha^2 + 2\alpha(\alpha-1)\sin\theta + (\alpha-1)^2\big)v_0^2.$$

La velocità risulta massimizzata se il punto P si trova sulla verticale per C, e più precisamente se $\sin\theta = \operatorname{sgn}\big(\alpha(\alpha-1)\big)$ (per ogni $\alpha \neq 0$ e $\alpha \neq 1$). Considerando poi separatamente i casi $\alpha = 0$ e $\alpha = 1$, ed individuato con J il punto diametralmente opposto a K nel disco, possiamo quindi riassumere il risultato come indicato nella Tabella 2.1.

Tabella 2.1 Soluzione dell'Esercizio 2.11 per diversi valori di α

Valore di α	C.I.R.	$P_{\max}$	$v_{\max}$
$\alpha < 0$	tra K e C	J	$(1-2\alpha)\,v_0$
$\alpha = 0$	C	J e K	v_0
$0 < \alpha < 1$	sopra C	K	v_0
$\alpha = 1$	$\nexists$	Tutti	v_0
$\alpha > 1$	sotto K	J	$(2\alpha-1)\,v_0$

2.12 Il sistema possiede due gradi di libertà. Utilizziamo come coordinate libere l'ascissa x dell'estremo A dell'asta (misurata lungo la guida su cui questa scorre, rispetto ad un suo punto fisso O), e l'ascissa s del punto di contatto K tra disco e asta (misurata lungo l'asta, rispetto all'estremo A). Detto inoltre ϕ l'angolo orario di rotazione del disco, risulta

$$\dot{s} = r\dot{\phi} = -\frac{\dot{x}}{2\cos\gamma} \qquad \Longrightarrow \qquad \boldsymbol{\omega}^{(\mathrm{d})} = \frac{\dot{x}}{2r\cos\gamma}\,\mathbf{k}.$$

Il C.I.R. del disco si trova ora nella posizione $DH^{(\mathrm{d})} = r\sin\gamma\,\mathbf{i} + r\cos\gamma\,\mathbf{j}$, che coincide con il punto del bordo del disco che si trova esattamente sopra K.

Per identificare il punto P con velocità maggiore nel disco, parametrizziamo i punti del bordo come $DP = r\cos\theta\,\mathbf{i} + r\sin\theta\,\mathbf{j}$. Avremo allora

$$v_P^2 = \frac{\big(1-\sin(\theta+\gamma)\big)\dot{x}^2}{2\cos^2\gamma}.$$

Il punto con la velocità massima ha $\theta = \frac{3}{2}\pi - \gamma$, che coincide con il punto diametralmente opposto a $H^{(\mathrm{d})}$.

2.13 Siano $\boldsymbol{\omega}_1$ e $\boldsymbol{\omega}_3$ le velocità angolare incognite. Essendo i centri C_1, C_2, C_3 anche centri di istantanea rotazione dei rispettivi dischi si ha

$$\mathbf{v}_{K_{12}} = \boldsymbol{\omega}_1 \wedge C_1K_{12} = \boldsymbol{\omega}_2 \wedge C_2K_{12} \quad \Rightarrow \quad r_1\boldsymbol{\omega}_1 = -r_2\boldsymbol{\omega}_2.$$

Ripetendo il ragionamento per il terzo disco si trova $r_1\boldsymbol{\omega}_1 = -r_2\boldsymbol{\omega}_2 = r_3\boldsymbol{\omega}_3$.

2.14 Indichiamo con G, H rispettivamente i centri del disco minore e del disco maggiore; siano y_G, y_H (fissata dalla cerniera), y_P le ordinate di tali centri e del punto P. Siano infine ϕ_G, ϕ_H gli angoli di rotazione antioraria dei due dischi. Si avrà ovviamente

$$\mathbf{v}_G = \dot{y}_G\,\mathbf{j}, \quad \mathbf{v}_H = \mathbf{0}, \quad \mathbf{v}_P = \dot{y}_P\,\mathbf{j}; \qquad \boldsymbol{\omega}^{(G)} = \dot{\phi}_G\,\mathbf{k}, \quad \boldsymbol{\omega}^{(H)} = \dot{\phi}_H\,\mathbf{k}.$$

Ricaviamo ora le relazioni cinematiche dovute alla presenza del filo. Ricaveremo tali relazioni imponendo che la velocità delle coppie di punti del filo che si muovono lungo traiettorie prefissate coincidano (condizione (2.10)), e che i punti dove dischi e filo si intersecano abbiano velocità uguali (condizione di non strisciamento).

- Il tratto OA è rettilineo. Di conseguenza, la velocità di A coincide con la velocità di O, e quindi è nulla: $\mathbf{v}_A^{(\text{filo})} = \mathbf{0}$. Il vincolo di non scorrimento implica poi che la velocità del punto del disco a contatto con A sia anch'essa nulla, e si avrà quindi $\mathbf{v}_A^{(\text{disco})} = \mathbf{0}$. Ricaviamo così che il centro di istantanea rotazione del disco di centro G coincide con il punto A.
- La formula fondamentale della cinematica rigida, applicata al disco di centro G fornisce

$$\mathbf{v}_G = \boldsymbol{\omega}^{(G)} \wedge AG \qquad \Rightarrow \qquad \dot{\phi}_G = \frac{\dot{y}_G}{r}$$
$$\mathbf{v}_B = \boldsymbol{\omega}^{(G)} \wedge AB = 2\dot{y}_G\,\mathbf{j}.$$

- Il tratto BC è rettilineo per cui vale anche

$$\mathbf{v}_C^{(\text{disco } H)} = \mathbf{v}_C^{(\text{filo})} = \mathbf{v}_B^{(\text{filo})} = \mathbf{v}_B^{(\text{disco } G)} = 2\dot{y}_G\,\mathbf{j}.$$

  Inoltre il C.I.R. del secondo disco coincide ovviamente con il suo centro H, per cui si ha

$$\mathbf{v}_C = \boldsymbol{\omega}^{(H)} \wedge HC \qquad \Rightarrow \qquad \dot{\phi}_H = -\frac{2\dot{y}_G}{r}$$
$$\mathbf{v}_D = \boldsymbol{\omega}^{(H)} \wedge HD = -2\dot{y}_G\,\mathbf{j}.$$

- Infine, il tratto DP è rettilineo, per cui

$$\mathbf{v}_P = \mathbf{v}_D = -2\dot{y}_G\,\mathbf{j}.$$

  Riassumendo, il sistema possiede un'unica coordinata libera.

Capitolo 3
Cinematica relativa

Abbiamo già sottolineato nella definizione di sistema di riferimento (vedi pagina 3), come i concetti basilari della Cinematica (coordinata, velocità e accelerazione di un punto), siano dipendenti dall'osservatore che le misura. Assegnare delle coordinate (x_1, x_2, x_3) ad un punto P, ad esempio, richiede la scelta di un punto O (origine) da cui queste vengono misurate, e di una terna di vettori $\{\mathbf{e}_1, \mathbf{e}_2, \mathbf{e}_3\}$ lungo i quali proiettare il vettore posizione OP

$$x_i = OP \cdot \mathbf{e}_i, \qquad OP = \sum_i x_i \, \mathbf{e}_i.$$

Misurare poi la velocità di un punto in movimento richiede ulteriori specificazioni. Per definizione, infatti, la velocità assegnata dall'osservatore $\{O; \mathbf{e}\}$ risulta

$$\mathbf{v}_P = \sum_i \dot{x}_i \, \mathbf{e}_i.$$

Ogni volta che affermiamo che il vettore velocità $\mathbf{v}_P$ è la derivata rispetto al tempo del vettore posizione OP stiamo assumendo quindi che sia l'origine che i versori $\mathbf{e}$ siano fissi. Infatti, se volessimo considerare eventuali moti dell'origine troveremmo risultati simili alla (1.6) (vedi pagina 8), mentre se i versori fossero mobili dovremmo considerare nella derivata di OP anche i termini del tipo $x_i \dot{\mathbf{e}}_i$. L'impossibilità di assegnare un carattere universale al fatto che un oggetto meccanico sia in quiete o meno (qualunque corpo, punto o versore apparentemente in quiete rispetto a un osservatore può apparire in moto ad altri osservatori) rende né giusta né errata bensì *relativa all'osservatore* la misurazione che si basa sul presupposto che gli elementi del sistema di riferimento siano fissi. Ovviamente, di conseguenza, osservatori diversi assegneranno velocità diverse, e a maggior ragione quanto detto per le velocità sarà valido anche per le accelerazioni. È obbiettivo di questo capitolo capire le relazioni che intercorrono tra queste misure cinematiche poiché in generale esse saranno sì diverse, ma le loro differenze si potranno esprimere in termini di alcune quantità che caratterizzano il moto di un osservatore rispetto ad un altro.

P. Biscari, *Introduzione alla Meccanica Razionale. Elementi di teoria con esercizi*,
UNITEXT – La Matematica per il 3+2 94, DOI 10.1007/978-88-470-5779-1_3

Prima di incominciare però è opportuno ricordare quali siano i due postulati su cui si basa la cinematica relativa.

Postulati della Cinematica Classica

- *(Carattere assoluto delle distanze).* La distanza tra due punti ha valore assoluto, ovvero indipendente dall'osservatore che la misura. In altre parole, dati due punti P, Q, e introdotte le coordinate $\{x_{Pi}\}$, $\{x_{Qi}\}$, misurate dall'osservatore $\mathcal{O}$, e le coordinate $\{x'_{Pi}\}$, $\{x'_{Qi}\}$, misurate dall'osservatore $\mathcal{O}'$, vale

$$d^2(P,Q) = \sum_i (x_{Pi} - x_{Qi})^2 = \sum_i (x'_{Pi} - x'_{Qi})^2.$$

  È grazie a questo postulato che un osservatore che conosce gli assi utilizzati da un altro osservatore è in grado di prevedere le coordinate che il secondo assegnerà a un qualunque punto, in quanto la propria misurazione delle distanze origine-proiezioni sugli assi risulta equivalente a quella che effettuerebbe l'altro osservatore.
- *(Carattere assoluto degli intervalli temporali).* Di questo postulato abbiamo già parlato nel Capitolo 1 (vedi pagina 4). Esso afferma che la distanza temporale tra due eventi ha valore assoluto, ovvero indipendente dall'osservazione che la misura. Di conseguenza, quando si definisce un intervallo temporale, ivi compreso un intervallo infinitesimo da utilizzare nel rapporto incrementale di una derivata temporale, non c'è necessità di precisare l'osservatore che ha effettuato la misura, in quanto il risultato è indipendente da esso.

Sottolineiamo che i Postulati appena enunciati non hanno validità assoluta. Nella Teoria della Relatività, infatti, si postula la costanza della velocità della luce, il cui valore deve essere indipendente dall'osservatore che la misura. Si deducono da questo postulato notevoli conseguenze, tra le quali risulta il carattere non assoluto delle distanze spaziali e degli intervalli temporali.

3.1 Composizione delle velocità

Consideriamo due osservatori, $\mathcal{O} = \{O; \mathbf{e}\}$ e $\mathcal{O}' = \{O'; \mathbf{e}'\}$, ed un punto P in movimento. Le coordinate di P nei due sistemi di riferimento saranno

$$OP = \sum_i x_i \mathbf{e}_i, \qquad \text{con } x_i = OP \cdot \mathbf{e}_i$$
$$O'P = \sum_i x'_i \mathbf{e}'_i, \qquad \text{con } x'_i = O'P \cdot \mathbf{e}'_i$$

e le rispettive velocità risulteranno

$$\mathbf{v}_P = \sum_i \dot{x}_i \mathbf{e}_i, \qquad \mathbf{v}'_P = \sum_i \dot{x}'_i \mathbf{e}'_i. \tag{3.1}$$

Il seguente teorema lega queste due quantità.

Teorema 3.1 (Galileo [16]). *Dati due osservatori* $\mathcal{O}, \mathcal{O}'$, *sia* $\boldsymbol{\Omega}$ *la* velocità angolare di $\mathcal{O}'$ rispetto a $\mathcal{O}$

$$\boldsymbol{\Omega} = \frac{1}{2}\sum_{i=1}^{3} \mathbf{e}'_i \wedge \dot{\mathbf{e}}'_i. \tag{3.2}$$

Le velocità $\mathbf{v}_P, \mathbf{v}'_P$ *di tutti i punti del sistema (misurate dall'uno e dall'altro osservatore) sono legate dall'espressione*

$$\mathbf{v}_P = \mathbf{v}'_P + \mathbf{v}_t(P), \qquad \textit{dove} \quad \mathbf{v}_t(P) = \mathbf{v}_{O'} + \boldsymbol{\Omega} \wedge O'P \tag{3.3}$$

è detta velocità di trascinamento *di P*.

Dimostrazione. L'identità vettoriale (1.1) (vedi pagina 3) consente di collegare i vettori posizione come $OP = OO' + O'P$, e legare di conseguenza le coordinate esprimendo

$$OP = \sum_i x_i \mathbf{e}_i = OO' + \sum_i x'_i \mathbf{e}'_i. \tag{3.4}$$

La derivazione rispetto al tempo della (3.4) (necessaria al fine di ottenere il legame tra le velocità misurate dai due osservatori) richiede di specificare da quale punto di vista la derivata venga effettuata. Risulta infatti che ciascun osservatore vedrà in quiete i versori della base da esso scelta, mentre deve in generale considerare la dipendenza dal tempo dei versori utilizzati dall'altro osservatore. Specifichiamo quindi che da ora in avanti in questo capitolo sceglieremo di essere solidali all'osservatore $\mathcal{O}$, ed effettueremo le relative derivate temporali coerentemente con il suo punto di vista, illustrato in Figura 3.1. Il risultato che otterremo non sarà altro che la specializzazione al caso della velocità della Proposizione 1.15 (vedi pagina 18).

Derivando rispetto al tempo la (3.4) ricaviamo

$$\mathbf{v}_P = \mathbf{v}_{O'} + \sum_i \dot{x}'_i \mathbf{e}'_i + \sum_i x'_i \dot{\mathbf{e}}'_i, \tag{3.5}$$

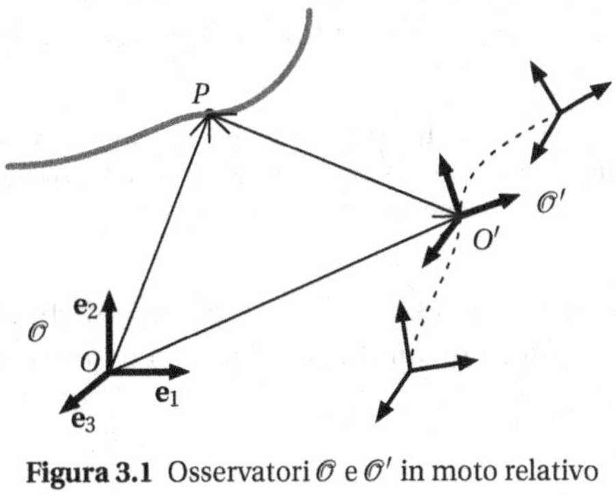

Figura 3.1 Osservatori $\mathcal{O}$ e $\mathcal{O}'$ in moto relativo

dove sottolineiamo che con $\mathbf{v}_{O'}$ si intende la velocità di O', misurata dall'osservatore $\mathcal{O}$, poiché la velocità dello stesso punto, misurata da $\mathcal{O}'$, sarebbe nulla ($\mathbf{v}'_{O'} = \mathbf{0}$). Il secondo termine a destra della (3.5) è, per definizione, $\mathbf{v}'_P$ (vedi (3.1)). L'ultimo termine, invece, richiede l'utilizzo delle formule di Poisson (vedi pagina 17). In virtù di queste, possiamo definire attraverso la (3.2) la velocità angolare $\mathbf{\Omega}$ di $\mathcal{O}'$ rispetto a $\mathcal{O}$, tale che $\dot{\mathbf{e}}'_i = \mathbf{\Omega} \wedge \mathbf{e}'_i$. Sostituendo nella (3.5) l'espressione ottenuta per $\dot{\mathbf{e}}'_i$ otteniamo

$$\mathbf{v}_P = \mathbf{v}'_P + \mathbf{v}_{O'} + \sum_i x'_i \mathbf{\Omega} \wedge \mathbf{e}'_i = \mathbf{v}'_P + \mathbf{v}_{O'} + \mathbf{\Omega} \wedge \sum_i x'_i \mathbf{e}'_i = \mathbf{v}'_P + \underbrace{\mathbf{v}_{O'} + \mathbf{\Omega} \wedge O'P}_{\mathbf{v}_t(P)}. \qquad \square$$

Osservazioni.

- La velocità di trascinamento deve il suo nome al fatto che $\mathbf{v}_t(P)$ è la velocità *che avrebbe* il punto P *se fosse trascinato* dall'osservatore $\mathcal{O}'$, ovvero se fosse $\mathbf{v}'_P = \mathbf{0}$. L'espressione di tale velocità è in realtà diretta conseguenza della Proposizione 1.10 (pagina 10) e della formula fondamentale della cinematica rigida (1.18) (pagina 19). Infatti, in virtù della proposizione citata le velocità di tutti i punti che, a un dato istante, siano in quiete rispetto a $\mathcal{O}'$ devono essere legate dalla formula fondamentale della cinematica rigida (1.18). Tale espressione coincide infatti con quella della velocità di trascinamento, poiché in tal caso la velocità angolare di $\mathcal{O}'$ rispetto a $\mathcal{O}$ è anche la velocità angolare dei punti cui $\mathcal{O}'$ è solidale.
- Usando la (3.3) risulta possibile caratterizzare la classe di equivalenza degli osservatori che assegnano le stesse velocità a ogni punto del sistema. Tali osservatori devono essere tali che la velocità di trascinamento si annulli per ogni punto P. Di conseguenza devono essere $\mathbf{v}_{O'} = \mathbf{0}$ e $\mathbf{\Omega} = \mathbf{0}$. In altre parole, *due osservatori possono misurare le stesse velocità anche se utilizzano sia origini che versori diversi, a patto però che tali origini e versori non siano in moto relativo.*

Esercizi

3.1. Un osservatore $\mathcal{O}$ stabilisce che un punto materiale P si muove di moto rettilineo uniforme (ovvero con velocità costante). Identificare tutti gli osservatori $\mathcal{O}'$ che concordano con la rilevazione di $\mathcal{O}$ (ovvero che vedono P muoversi di moto rettilineo uniforme).

Soluzione. Usando la (3.3) si ricava che qualunque osservatore con $\mathbf{v}_{O'}$ = cost. e $\mathbf{\Omega} = \mathbf{0}$ assegnerà a P un moto rettilineo uniforme. Si osservi che le velocità (costanti) di P misurate da tali osservatori saranno diverse a meno che non risulti $\mathbf{v}_{O'} = \mathbf{0}$.

3.2. Scelti due osservatori $\mathcal{O} = \{O; \mathbf{e}\}$, $\mathcal{O}' = \{O'; \mathbf{e}'\}$, si indichino con $\mathbf{v}_P$, $\mathbf{v}'_P$ le velocità di un qualunque punto misurate dai rispettivi osservatori. Dimostrare che $\mathbf{v}_{O'} = -\mathbf{v}'_O$.

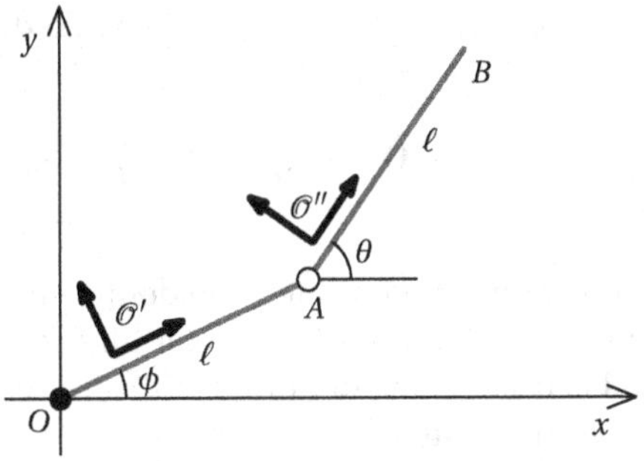

Figura 3.2 Due aste incernierate e osservatori utilizzati nell'Esercizio 3.4

3.3. Si considerino due osservatori $\mathcal{O} = \{O; \mathbf{e}\}$, $\mathcal{O}' = \{O'; \mathbf{e}'\}$, e sia $\boldsymbol{\Omega}$ la velocità angolare di $\mathcal{O}'$ rispetto a $\mathcal{O}$. Si consideri inoltre un corpo rigido avente, rispetto agli osservatori scelti, velocità angolari $\boldsymbol{\omega}$, $\boldsymbol{\omega}'$. Dimostrare che $\boldsymbol{\omega} = \boldsymbol{\omega}' + \boldsymbol{\Omega}$.

3.4. Si considerino le due aste OA, AB, di lunghezza ℓ, descritte nell'Esercizio 2.2 (vedi pagina 47). La prima è incernierata a terra nel suo estremo fisso O, ed entrambe sono collegate a cerniera in A.

Esprimere (in termini delle coordinate libere e le loro derivate) le velocità dei punti O, A, B rispetto a un osservatore $\mathcal{O}'$ solidale con l'asta OA, e un osservatore $\mathcal{O}''$ solidale con l'asta AB (vedi Fig. 3.2).

3.2 Composizione delle accelerazioni

Dopo aver ricavato la relazione che lega le velocità assegnate da due diversi osservatori possiamo collegare, attraverso una ulteriore derivazione rispetto al tempo, le accelerazioni da essi misurate.

Teorema 3.2 (Coriolis [9]). *Dati due osservatori* $\mathcal{O}, \mathcal{O}'$, *indichiamo con* $\boldsymbol{\Omega}$ *la* velocità angolare di $\mathcal{O}'$ rispetto a $\mathcal{O}$, *definita dalla* (3.2). *Le accelerazioni* $\mathbf{a}_P$, $\mathbf{a}'_P$ *di tutti i punti del sistema (misurate dall'uno e dall'altro osservatore) sono legate dall'espressione*

$$\mathbf{a}_P = \mathbf{a}'_P + \mathbf{a}_t(P) + \mathbf{a}_C(\mathbf{v}'_P), \quad \textit{dove} \quad \begin{cases} \mathbf{a}_t(P) = \mathbf{a}_{O'} + \dot{\boldsymbol{\Omega}} \wedge O'P + \boldsymbol{\Omega} \wedge (\boldsymbol{\Omega} \wedge O'P), \\ \mathbf{a}_C(\mathbf{v}'_P) = 2\boldsymbol{\Omega} \wedge \mathbf{v}'_P \end{cases} \tag{3.6}$$

sono rispettivamente dette accelerazione di trascinamento *e* accelerazione di Coriolis *(o* complementare*) di P.*

Dimostrazione. Riscriviamo la relazione (3.3) come

$$\mathbf{v}_P = \mathbf{v}_{O'} + \sum_i \dot{x}'_i \mathbf{e}'_i + \boldsymbol{\Omega} \wedge \sum_i x'_i \mathbf{e}'_i$$

ed effettuiamo una derivata rispetto al tempo, utilizzando due volte la relazione $\dot{\mathbf{e}}'_i = \boldsymbol{\Omega} \wedge \mathbf{e}'_i$. Si ottiene

$$\mathbf{a}_P = \mathbf{a}_{O'} + \sum_i \ddot{x}'_i \mathbf{e}'_i + \underline{\underline{\sum_i \dot{x}'_i (\boldsymbol{\Omega} \wedge \mathbf{e}'_i)}} + \dot{\boldsymbol{\Omega}} \wedge \sum_i x'_i \mathbf{e}'_i + \underline{\underline{\boldsymbol{\Omega} \wedge \sum_i \dot{x}'_i \mathbf{e}'_i}} + \boldsymbol{\Omega} \wedge \sum_i x'_i (\boldsymbol{\Omega} \wedge \mathbf{e}'_i).$$

Il secondo addendo a destra nella relazione precedente è per definizione l'accelerazione $\mathbf{a}'_P$ misurata dall'osservatore $\mathcal{O}'$. I due termini sottolineati sono uguali, e sommati formano l'accelerazione di Coriolis. Gli altri termini li raccogliamo nell'accelerazione di trascinamento per ottenere

$$\mathbf{a}_P = \mathbf{a}'_P + \big(\mathbf{a}_{O'} + \dot{\boldsymbol{\Omega}} \wedge O'P + \boldsymbol{\Omega} \wedge (\boldsymbol{\Omega} \wedge O'P)\big) + 2\boldsymbol{\Omega} \wedge \mathbf{v}'_P. \qquad \square$$

La accelerazione di trascinamento è, come già la velocità, l'accelerazione che avrebbe il punto P se fosse trascinato dall'osservatore $\mathcal{O}'$, ovvero se fosse sia $\mathbf{v}'_P = \mathbf{0}$ che $\mathbf{a}'_P = \mathbf{0}$. Abbiamo già osservato nella Proposizione 1.10 (vedi pagina 10) che tutti i punti che si muovono in modo solidale a un dato sistema di riferimento (ovvero che sono in quiete rispetto ad esso) percorrono un moto rigido. Di conseguenza, l'espressione dell'accelerazione di trascinamento fornisce per le accelerazioni quel che la formula fondamentale della cinematica rigida (1.18) (vedi pagina 19) comporta per le velocità. Questo corollario del teorema di Coriolis è spesso riportato sotto il nome di *teorema di Rivals.*

Teorema 3.3 (Rivals). *Detta $\boldsymbol{\omega}$, la velocità angolare di un corpo rigido, le accelerazioni di una qualunque coppia di punti del corpo sono legate dalla relazione*

$$\mathbf{a}_P = \mathbf{a}_Q + \dot{\boldsymbol{\omega}} \wedge QP + \boldsymbol{\omega} \wedge (\boldsymbol{\omega} \wedge QP). \tag{3.7}$$

Il teorema di Rivals permette di dimostrare che in molti moti rigidi esiste un punto, detto *centro delle accelerazioni* che nell'istante considerato possiede accelerazione nulla. Rimandiamo l'analisi del caso generale della ricerca di tale punto (che non è da confondersi con il centro di istantanea rotazione definito a pagina 22) agli Esercizi 3.6 e 3.7, e ricaviamo di seguito la sua posizione nel caso particolarmente significativo di moto piano.

Proposizione 3.4. *In ogni istante di ogni moto rigido piano esiste un punto C la cui accelerazione è nulla. Tale centro delle accelerazioni risulta unico ogni volta che $\boldsymbol{\omega} \neq \mathbf{0}$ e/o $\dot{\boldsymbol{\omega}} \neq \mathbf{0}$, e in tal caso la sua posizione rispetto a un qualunque punto Q è data da*

$$QC = \frac{\dot{\boldsymbol{\omega}} \wedge \mathbf{a}_Q - \boldsymbol{\omega} \wedge (\boldsymbol{\omega} \wedge \mathbf{a}_Q)}{\dot{\omega}^2 + \omega^4}. \tag{3.8}$$

Dimostrazione. Proviamo preliminarmente l'unicità del centro delle accelerazioni quando la velocità angolare e/o la sua derivata temporale sono non nulle. Infatti, se supponiamo $\mathbf{a}_Q = \mathbf{0}$, la (3.7) dimostra che qualunque altro punto P avrà accelerazione diversa da zero, in quanto gli addendi del membro destro si annullano solo quando lo fanno sia $\boldsymbol{\omega}$ che $\dot{\boldsymbol{\omega}}$, e non possono neanche cancellarsi l'un l'altro in quanto uno è parallelo e l'altro è ortogonale a QP. Osserviamo inoltre che nel caso piano vale

$$\boldsymbol{\omega} \wedge (\boldsymbol{\omega} \wedge QP) = (\boldsymbol{\omega} \cdot QP)\boldsymbol{\omega} - \omega^2 QP = -\omega^2 QP.$$

Con queste premesse, e posti $\boldsymbol{\omega} = \omega \mathbf{k}$, $\dot{\boldsymbol{\omega}} = \dot{\omega}\mathbf{k}$, supponiamo $\mathbf{a}_Q \neq \mathbf{0}$, scomponiamo la congiungente incognita $QC = \lambda\, \mathbf{a}_Q + \mu \mathbf{k} \wedge \mathbf{a}_Q$, e proiettiamo più comodamente la (3.7) (nella quale poniamo $\mathbf{a}_C = \mathbf{0}$ per caratterizzare il punto C che stiamo cercando) moltiplicandola scalarmente prima per $\mathbf{a}_Q$ e poi per $\mathbf{k} \wedge \mathbf{a}_Q$. Si ottiene

$$0 = \mathbf{a}_Q \cdot \left(\mathbf{a}_Q + \dot{\boldsymbol{\omega}} \wedge QC - \omega^2 QC\right) = a_Q^2 - \mu\dot{\omega} a_Q^2 - \lambda\,\omega^2 a_Q^2 \qquad \Rightarrow \qquad \lambda\omega^2 + \mu\dot{\omega} = 1$$
$$0 = \mathbf{k} \wedge \mathbf{a}_Q \cdot \left(\mathbf{a}_Q + \dot{\boldsymbol{\omega}} \wedge QC - \omega^2 QC\right) = 0 + \lambda\,\dot{\omega} a_Q^2 - \mu\,\omega^2 a_Q^2 \qquad \Rightarrow \qquad \lambda\dot{\omega} - \mu\omega^2 = 0.$$

Risolvendo il sistema conseguente in λ e μ si ricava la relazione desiderata. □

Naturalmente, qualora sia la velocità angolare che la sua derivata siano nulle, la (3.7) dimostra che tutti i punti hanno la stessa accelerazione, sia essa nulla o meno. Sottolineiamo inoltre che in generale ad istanti diversi saranno punti diversi a svolgere il ruolo di centro delle accelerazioni.

Se riferiamo la (3.7) al centro delle accelerazioni C, si ottiene un'espressione significativa per l'accelerazione di tutti i punti P di un corpo rigido piano

$$\mathbf{a}_P = \dot{\boldsymbol{\omega}} \wedge CP + \boldsymbol{\omega} \wedge (\boldsymbol{\omega} \wedge CP) = \dot{\boldsymbol{\omega}} \wedge CP - \omega^2 CP \qquad (\text{se } \mathbf{a}_C = \mathbf{0}).$$

Con questa si dimostra che l'accelerazione di ogni punto in un moto rigido piano ha due componenti: una, proporzionale a ω^2, è rivolta verso il centro delle accelerazioni mentre l'altra, proporzionale a $\dot{\omega}$, è tangenziale rispetto a tale direzione.

Trasformazioni di Galileo

Due osservatori che misurano le stesse accelerazioni per ogni punto in moto si dicono legati da una *trasformazione di Galileo*. Due tali osservatori devono essere tali da annullare sia l'accelerazione di trascinamento che quella di Coriolis per tutti i punti. Considerando l'espressione (3.6) si ricava che due osservatori sono legati da una trasformazione di Galileo se l'origine di uno di essi si muove di moto rettilineo uniforme rispetto all'altro ($\mathbf{a}_{O'} = \mathbf{0}$), e le due terne utilizzate sono una fissa rispetto all'altra ($\boldsymbol{\Omega} = \mathbf{0}$, $\dot{\boldsymbol{\Omega}} = \mathbf{0}$).

Identificare gli osservatori collegati da trasformazioni di Galileo risulta particolarmente importante poiché le leggi della Meccanica (che rivedremo nel Capitolo 5) legano le forze, intese come le cause del moto dei corpi, alle accelerazioni dei punti su cui esse sono applicate. Essendo però le accelerazioni un concetto relativo all'osservatore che le misura, risulta evidente che se i moti rilevati da un osservatore obbediscono alle leggi della Meccanica, la stessa affermazione potrà valere solo per osservatori legati al primo da una trasformazione di Galileo.

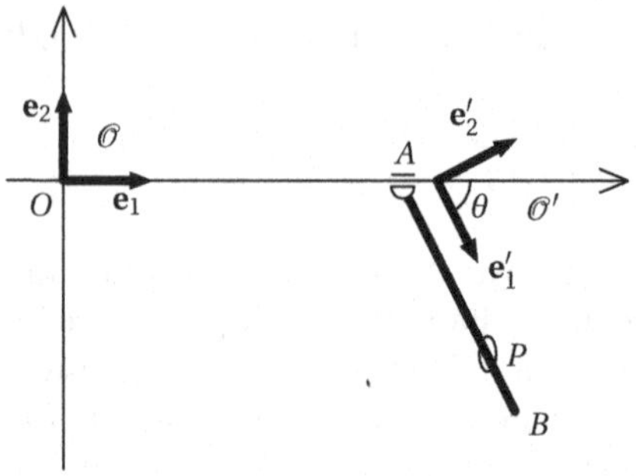

Figura 3.3 Punto materiale scorrevole su asta, Esercizio 3.5

Esercizi

3.5. Un punto materiale P scorre lungo un'asta AB, il cui estremo A è vincolato a scorrere lungo un asse, fisso rispetto a un osservatore $\mathcal{O}$ (vedi Fig. 3.3). Utilizzando un sistema di riferimento $\mathcal{O}'$ solidale all'asta, si leghino la velocità e accelerazione di P misurate dai due osservatori.

3.6. Si consideri un moto rigido nel quale $\boldsymbol{\omega} \wedge \dot{\boldsymbol{\omega}} \neq \mathbf{0}$. Si dimostri che il centro delle accelerazioni C esiste, è unico, e la sua posizione rispetto a un qualunque punto Q è data da

$$QC = \frac{\omega^2(\boldsymbol{\omega}\cdot\mathbf{a}_Q)\boldsymbol{\omega} + (\dot{\boldsymbol{\omega}}\cdot\mathbf{a}_Q)\dot{\boldsymbol{\omega}} + \mathbf{a}_Q \wedge \big(\boldsymbol{\omega}\wedge(\boldsymbol{\omega}\wedge\dot{\boldsymbol{\omega}})\big)}{|\boldsymbol{\omega}\wedge\dot{\boldsymbol{\omega}}|^2}. \tag{3.9}$$

Soluzione. Sapendo che $\boldsymbol{\omega}$ e $\dot{\boldsymbol{\omega}}$ sono non nulli e non paralleli possiamo definire tre versori ortogonali $\{\mathbf{e}_1, \mathbf{e}_2, \mathbf{e}_3\}$ (simili a quelli utilizzati nell'Esercizio 1.7 di pagina 15), rispettivamente paralleli a $\boldsymbol{\omega}$, $\boldsymbol{\omega}\wedge(\boldsymbol{\omega}\wedge\dot{\boldsymbol{\omega}})$, e $\boldsymbol{\omega}\wedge\dot{\boldsymbol{\omega}}$, in modo che risulti $\boldsymbol{\omega} = \omega\,\mathbf{e}_1$, e $\dot{\boldsymbol{\omega}} = \dot{\omega}(\cos\theta\,\mathbf{e}_1 + \sin\theta\,\mathbf{e}_2)$. Possiamo così scomporre in modo unico la posizione incognita di C come $QC = \alpha\,\mathbf{e}_1 + \beta\,\mathbf{e}_2 + \gamma\,\mathbf{e}_3$. Sostituendo nella (3.7) (ponendo nuovamente $\mathbf{a}_C = \mathbf{0}$) si ottiene

$$\begin{aligned}
\mathbf{0} &= \mathbf{a}_Q + \dot{\boldsymbol{\omega}}\wedge(\alpha\,\mathbf{e}_1 + \beta\,\mathbf{e}_2 + \gamma\,\mathbf{e}_3) + \boldsymbol{\omega}\wedge\big(\boldsymbol{\omega}\wedge(\alpha\,\mathbf{e}_1 + \beta\,\mathbf{e}_2 + \gamma\,\mathbf{e}_3)\big)\\
&= \mathbf{a}_Q + \gamma\dot{\omega}\sin\theta\,\mathbf{e}_1 - \big(\beta\omega^2 + \gamma\dot{\omega}\cos\theta\big)\mathbf{e}_2 + \big(-\alpha\dot{\omega}\sin\theta + \beta\dot{\omega}\cos\theta - \gamma\omega^2\big)\mathbf{e}_3,
\end{aligned}$$

che, scomposta nelle tre direzioni ortogonali introdotte, assume la forma matriciale

$$\begin{pmatrix} 0 & 0 & -\dot{\omega}\sin\theta \\ 0 & \omega^2 & \dot{\omega}\cos\theta \\ \dot{\omega}\sin\theta & -\dot{\omega}\cos\theta & \omega^2 \end{pmatrix}\begin{pmatrix}\alpha\\ \beta\\ \gamma\end{pmatrix} = \begin{pmatrix} a_{Q1} \\ a_{Q2} \\ a_{Q3}\end{pmatrix}.$$

Tale sistema possiede una e una sola soluzione, in quanto il determinante della matrice identificata vale proprio $\omega^2\dot{\omega}^2\sin^2\theta = |\boldsymbol{\omega}\wedge\dot{\boldsymbol{\omega}}|^2$, ed è quindi diverso da zero per ipotesi. Risolvendo il sistema e manipolando la soluzione si ricava la (3.9).

3.7. Si consideri un moto rigido nel quale $\boldsymbol{\omega}\wedge\dot{\boldsymbol{\omega}} = \mathbf{0}$.

- Ricavare la condizione che deve soddisfare $\mathbf{a}_Q$ affinché esista (almeno) un centro delle accelerazioni, e ricavare quanti centri esistono se la condizione è soddisfatta.

- Verificare che la (3.8) fornisce la posizione di uno dei centri, qualora questi esistano.

3.8. Si consideri un moto rigido piano con $\boldsymbol{\omega} \neq \mathbf{0}$. Dimostrare che il luogo dei punti che hanno velocità parallela all'accelerazione (più precisamente, il luogo dei punti tali che $\mathbf{v}_P \wedge \mathbf{a}_P = \mathbf{0}$) è una circonferenza, che viene detta *primo cerchio di Bresse* [5].

3.9. Si consideri un moto rigido piano con $\boldsymbol{\omega} \neq \mathbf{0}$. Dimostrare che il luogo dei punti che hanno velocità normale all'accelerazione (più precisamente, il luogo dei punti tali che $\mathbf{v}_P \cdot \mathbf{a}_P = \mathbf{0}$) è una circonferenza, che viene detta *secondo cerchio di Bresse.*

3.3 Soluzioni degli esercizi

3.2 Basta ricordare la definizione di velocità e utilizzare l'identità $OO' = -O'O$.

3.3 L'osservatore $\mathcal{O}'$ vede i punti P del corpo rigido con velocità

$$\mathbf{v}'_P = \mathbf{v}'_Q + \boldsymbol{\omega}' \wedge QP,$$

dove Q è un punto particolare del corpo rigido. Di conseguenza, usando la (3.3) si ottiene

$$\begin{aligned}\mathbf{v}_P &= \mathbf{v}'_P + \mathbf{v}_{O'} + \boldsymbol{\Omega} \wedge O'P = \left(\underline{\mathbf{v}'_Q} + \boldsymbol{\omega}' \wedge QP\right) + \underline{\mathbf{v}_{O'}} + \left(\underline{\boldsymbol{\Omega} \wedge O'Q} + \boldsymbol{\Omega} \wedge QP\right) \\ &= \mathbf{v}_Q + (\boldsymbol{\omega}' + \boldsymbol{\Omega}) \wedge QP \qquad \Longrightarrow \qquad \boldsymbol{\omega} = \boldsymbol{\omega}' + \boldsymbol{\Omega}.\end{aligned}$$

3.4 Siano $\mathcal{O}', \mathcal{O}''$ i due osservatori, rispettivamente solidali alle aste OA, AB.

Per costruzione, l'osservatore $\mathcal{O}'$ vede in quiete tutti i punti dell'asta OA, per cui $\mathbf{v}'_O = \mathbf{v}'_A = \mathbf{0}$. Inoltre, esso vede l'asta AB ruotare attorno al centro di istantanea rotazione A, con angolo di rotazione (relativo a OA) $\theta - \phi$, e quindi $\mathbf{v}'_B = \boldsymbol{\omega}'_{(AB)} \wedge AB = (\dot\theta - \dot\phi)\,\mathbf{k} \wedge AB$.

Per costruzione, l'osservatore $\mathcal{O}''$ vede in quiete tutti i punti dell'asta AB, per cui $\mathbf{v}''_A = \mathbf{v}''_B = \mathbf{0}$. Inoltre, esso vede l'asta OA ruotare attorno al centro di istantanea rotazione A, con angolo di rotazione (relativo a AB) $\phi - \theta$, e quindi $\mathbf{v}''_O = \boldsymbol{\omega}''_{(OA)} \wedge AO = (\dot\phi - \dot\theta)\,\mathbf{k} \wedge AO$.

Si osservi come la velocità angolare di un corpo rigido 1 nel sistema di riferimento solidale a un corpo rigido 2 è pari alla differenza $\boldsymbol{\omega}_1 - \boldsymbol{\omega}_2$ delle velocità angolari, misurate da un qualunque altro osservatore.

3.5 Siano: x l'ascissa del punto A rispetto a O; θ l'angolo (orario) che l'asta determina rispetto all'asse su cui scorre A (vedi Fig. 3.3); s, l'ascissa di P lungo AB. Abbiamo $OA = x\mathbf{e}_1$, $AP = s\mathbf{e}'_1$, da cui segue $\mathbf{v}_A = \dot x\mathbf{e}_1$, $\mathbf{v}'_P = \dot s\mathbf{e}'_1$.

Per determinare la velocità angolare $\boldsymbol{\Omega}$ di $\mathcal{O}'$ rispetto a $\mathcal{O}$ osserviamo che l'angolo θ è orario, e quindi $\boldsymbol{\Omega} = -\dot\theta\,\mathbf{e}_3'$. Si ha quindi

$$\begin{aligned}\mathbf{v}_P &= \mathbf{v}_P' + \mathbf{v}_A + \boldsymbol{\Omega}\wedge AP = \dot s\,\mathbf{e}_1' + \dot x\,\mathbf{e}_1 - s\dot\theta\,\mathbf{e}_3'\wedge\mathbf{e}_1' \qquad (\mathbf{e}_3'\wedge\mathbf{e}_1' = \mathbf{e}_2')\\ &= \big(\dot x + \dot s\cos\theta - s\dot\theta\sin\theta\big)\,\mathbf{e}_1 - \big(\dot s\sin\theta + s\dot\theta\cos\theta\big)\,\mathbf{e}_2.\end{aligned}$$

Analogamente si ha $\quad \mathbf{a}_A = \ddot x\,\mathbf{e}_1, \quad \mathbf{a}_P' = \ddot s\,\mathbf{e}_1', \quad$ da cui segue

$$\mathbf{a}_P = \mathbf{a}_P' + \big(\mathbf{a}_A + \dot{\boldsymbol{\Omega}}\wedge AP + \boldsymbol{\Omega}\wedge(\boldsymbol{\Omega}\wedge AP)\big) + 2\boldsymbol{\Omega}\wedge\mathbf{v}_P' = \ddot x\,\mathbf{e}_1 + \big(\ddot s - s\dot\theta^2\big)\mathbf{e}_1' - \big(s\ddot\theta + 2\dot s\dot\theta\big)\mathbf{e}_2'$$

3.7 Nel caso sia $\boldsymbol{\omega} = \mathbf{0}$ e $\dot{\boldsymbol{\omega}} = \mathbf{0}$, la (3.7) afferma che tutti i punti hanno la stessa accelerazione $\mathbf{a}_Q$. In tal caso esiste centro delle accelerazioni se e solo se anche $\mathbf{a}_Q = \mathbf{0}$, nel qual caso il sistema trasla con velocità costante (e tutti i punti si possono dire centri di accelerazione).

Se invece almeno uno dei due vettori precedenti è diverso da zero, ma vale comunque $\boldsymbol{\omega}\wedge\dot{\boldsymbol{\omega}} = \mathbf{0}$, possiamo definire un asse $\mathbf{e}_1$ tale che $\quad \boldsymbol{\omega} = \omega\,\mathbf{e}_1, \quad \dot{\boldsymbol{\omega}} = \dot\omega\,\mathbf{e}_1$. In tal caso, e ponendo nuovamente $\quad QC = \alpha\,\mathbf{e}_1 + \beta\,\mathbf{e}_2 + \gamma\,\mathbf{e}_3, \quad$ si ha

$$\begin{pmatrix}0 & 0 & 0\\ 0 & \omega^2 & \dot\omega\\ 0 & -\dot\omega & \omega^2\end{pmatrix}\begin{pmatrix}\alpha\\ \beta\\ \gamma\end{pmatrix} = \begin{pmatrix}a_{Q1}\\ a_{Q2}\\ a_{Q3}\end{pmatrix}. \tag{3.10}$$

Risulta quindi che:

- esistono soluzioni se e solo se $a_{Q1} = 0$, vale a dire $\quad \mathbf{a}_Q\cdot\boldsymbol{\omega} = 0 \quad$ e $\quad \mathbf{a}_Q\cdot\dot{\boldsymbol{\omega}} = 0$;
- qualora la precedente condizione sia soddisfata, la (3.10) consente di determinare β e γ, ma non α, vale a dire che esiste una retta di soluzioni; tale retta è parallela a $\mathbf{e}_1$;
- le soluzioni soddisfano

$$QC = \frac{\dot{\boldsymbol{\omega}}\wedge\mathbf{a}_Q - \boldsymbol{\omega}\wedge(\boldsymbol{\omega}\wedge\mathbf{a}_Q)}{\omega^4 + \dot\omega^2} + \lambda\,\mathbf{e}_1 \quad \forall\lambda\in\mathbb{R} \qquad (\text{purché } \mathbf{a}_Q \perp \{\boldsymbol{\omega},\dot{\boldsymbol{\omega}}\}).$$

Si noti che questa espressione coincide con quella ricavata nella (3.8) per il moto rigido piano poiché, essendo $\boldsymbol{\omega}\parallel\dot{\boldsymbol{\omega}}$, tale moto rientra tra quelli considerati in questo esercizio. Nel caso trattato nella Proposizione 3.4, l'unicità del centro delle accelerazioni segue dal fatto che la retta dei centri è parallela ad $\boldsymbol{\omega}$, e quindi uno e un solo suo punto interseca il piano del moto.

3.8 Iniziamo notando che sia il centro di istantanea rotazione $C_{\rm v}$ che il centro delle accelerazioni $C_{\rm a}$ appartengono al primo cerchio di Bresse, in quanto hanno rispettivamente $\mathbf{v}_{C_{\rm v}} = \mathbf{0}$ e $\mathbf{a}_{C_{\rm a}} = \mathbf{0}$. Per un qualunque altro punto, e detto $\theta(P)$

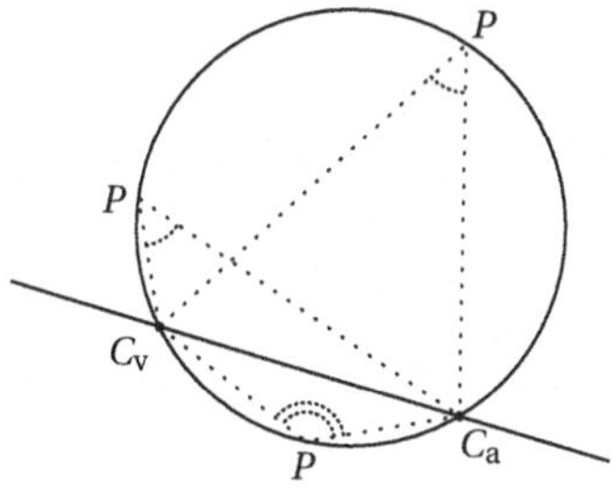

Figura 3.4 Cerchi di Bresse (Esercizi 3.8 e 3.9)

l'angolo tra i vettori PC_a e PC_v, vale

$$\begin{aligned}
\mathbf{v}_P \wedge \mathbf{a}_P &= \big(\boldsymbol{\omega} \wedge C_vP\big) \wedge \big(\dot{\boldsymbol{\omega}} \wedge C_aP - \omega^2\, C_aP\big)\\
&= -\big(C_vP \cdot \dot{\boldsymbol{\omega}} \wedge C_aP\big)\boldsymbol{\omega} + \omega^2\big(C_vP \cdot C_aP\big)\boldsymbol{\omega}\\
&= -\big(\dot{\boldsymbol{\omega}} \cdot C_aP \wedge C_vP\big)\boldsymbol{\omega} + \omega^2\big(C_vP \cdot C_aP\big)\boldsymbol{\omega}\\
&= -\big(\pm\dot{\omega}|C_aP|\,|C_vP|\sin\theta(P)\big)\boldsymbol{\omega} + \omega^2\big(|C_aP|\,|C_vP|\cos\theta(P)\big)\boldsymbol{\omega},
\end{aligned}$$

dove il segno $\pm$ dipende dal semipiano in cui si trova P rispetto alla retta passante per C_a e C_v.

La condizione $\mathbf{v}_P \wedge \mathbf{a}_P = \mathbf{0}$ richiede quindi che l'angolo $\theta(P)$ abbia un valore assegnato, più precisamente tale che $\tan\theta(P) = \pm\omega^2/\dot{\omega}$. La Figura 3.4 serve per ricordare che il luogo dei punti che insiste con angolo costante su un dato segmento C_aC_v è una circonferenza passante per C_a e C_v.

3.9 Risolviamo come nell'esercizio precedente, con centro di istantanea rotazione C_v e il centro delle accelerazioni C_a

$$\begin{aligned}
\mathbf{v}_P \cdot \mathbf{a}_P &= \big(\boldsymbol{\omega} \wedge C_vP\big) \cdot \big(\dot{\boldsymbol{\omega}} \wedge C_aP - \omega^2\, C_aP\big) = (C_vP \cdot C_aP)\,\dot{\boldsymbol{\omega}} \cdot \boldsymbol{\omega} - \omega^2\, C_vP \wedge C_aP \cdot \boldsymbol{\omega}\\
&= |C_vP|\,|C_aP|\cos\theta(P)\dot{\omega}\omega - (\pm)\omega^3\,|C_vP|\,|C_aP|\sin\theta(P).
\end{aligned}$$

Questo secondo cerchio di Bresse, che chiaramente interseca il primo in C_v e C_a, è caratterizzato dalla condizione $\tan\theta(P) = \pm\dot{\omega}/\omega^2$.

Capitolo 4
Geometria delle masse

In questo capitolo impareremo ad analizzare i sistemi di vettori applicati, introducendo una relazione di equivalenza tra di loro e sviluppando una metodologia per identificare di volta in volta, tra tutti i sistemi equivalenti, il più semplice, o almeno quello formato dal minor numero di vettori applicati. Passeremo poi a stabilire come si possa rappresentare la distribuzione di massa in sistemi semplici o composti. Definiremo e studieremo quindi alcuni elementi essenziali (posizione del centro di massa, assi e momenti principali di inerzia), che consentono di caratterizzare ogni sistema materiale.

Gli elementi sviluppati in questo capitolo trovano pronta e fondamentale applicazione nei seguenti. Scopriremo infatti che un sistema di forze, agente su un corpo rigido, non è altro che un sistema di vettori applicati. Dimostreremo inoltre che l'equivalenza di cui parleremo nelle prossime pagine ha un profondo significato meccanico, in quanto due sistemi equivalenti di forze producono, se applicati sullo stesso corpo rigido, esattamente gli stessi effetti, nel senso che danno luogo allo stesso moto. Lo studio che effettueremo delle distribuzioni di massa avrà analoghe applicazioni. Dimostreremo infatti che, dal punto di vista meccanico, due corpi rigidi aventi le stesse caratteristiche di inerzia sono perfettamente equivalenti, nel senso che svolgono lo stesso moto se vengono sottoposti allo stesso sistema di forze.

In breve, questo capitolo getterà le basi per due importanti relazioni di equivalenza, uno tra sistemi di forze e l'altro tra corpi rigidi. Risulterà così che corpi rigidi equivalenti sottoposti a sistemi di forze equivalenti eseguono moti identici. Questa osservazione porta a scoprire che non tutti i dettagli della distribuzione di massa o dei sistemi di forze sono parimenti essenziali, e apre la porta alla possibilità di prevedere moti complessi attraverso lo studio di sistemi con caratteristiche geometriche più controllabili.

P. Biscari, *Introduzione alla Meccanica Razionale. Elementi di teoria con esercizi*,
UNITEXT – La Matematica per il 3+2 94, DOI 10.1007/978-88-470-5779-1_4

4.1 Sistemi di vettori applicati

Lo studio dei sistemi di vettori applicati richiede l'introduzione della terminologia opportuna, motivo per cui il presente paragrafo inizia definendo i concetti che verranno utilizzati nel proseguo.

Definizione 4.1 (Vettori applicati). *Un* vettore applicato *è una coppia* $(P, \mathbf{v})$ *composta da un punto* $P \in \mathscr{E}$, *detto* punto di applicazione, *e un vettore* $\mathbf{v} \in V$, *che si dice essere* applicato in P. *Un* sistema di vettori applicati *è un insieme di vettori applicati* $\mathscr{S} = \{(P_i, \mathbf{v}_i), i \in I\}$, *dove* I *è un insieme di indici che può essere o non essere finito.*

Definizione 4.2 (Momento). *Indichiamo con* momento del vettore applicato $(P, \mathbf{v})$ rispetto al polo Q *il vettore* $QP \wedge \mathbf{v}$.

In virtù delle proprietà del prodotto vettoriale (vedi Appendice, a pagina 251), il momento di un vettore applicato gode delle seguenti proprietà (vedi Fig. 4.1):

- si annulla se e solo se il polo Q coincide con il punto di applicazione P, il vettore $\mathbf{v}$ è nullo, o la congiungente QP è parallela a $\mathbf{v}$;
- ha direzione ortogonale al piano contenente QP e $\mathbf{v}$;
- ha modulo pari al modulo del vettore moltiplicato la componente di QP ortogonale a $\mathbf{v}$, detta *braccio*. Detto α l'angolo che determinano QP e $\mathbf{v}$, il braccio è dato da
$$b^2 = |QP|_\perp^2 = |QP|^2 \sin^2\alpha = |QP|^2 - \frac{(QP\cdot\mathbf{v})^2}{v^2}.$$

Definizione 4.3 (Vettori caratteristici). *I* vettori caratteristici *di un sistema di vettori applicati* $\mathscr{S} = \{(P_i, \mathbf{v}_i), i \in I\}$ *sono il* risultante $\mathbf{R}$ *e il* momento risultante rispetto a un polo Q, $\mathbf{M}_Q$, *definiti come*

$$\mathbf{R} = \sum_{i\in I} \mathbf{v}_i, \qquad \mathbf{M}_Q = \sum_{i\in I} QP_i \wedge \mathbf{v}_i.$$

Il momento risultante dipende ovviamente dal polo rispetto al quale lo si calcola. Il prossimo risultato dimostra però come sia possibile collegare i momenti ottenuti rispetto a poli diversi.

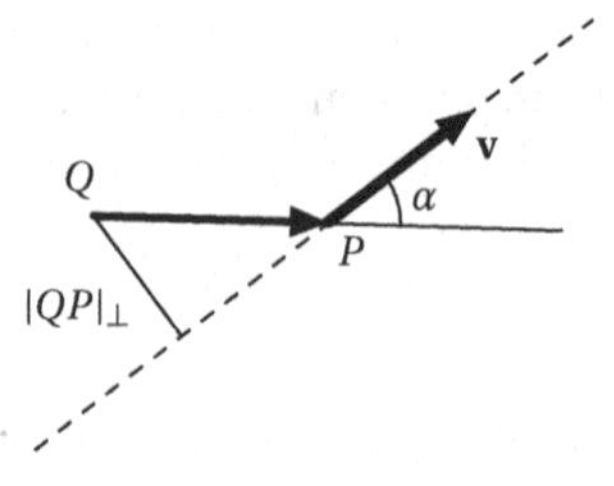

Figura 4.1 Vettore applicato $(P, \mathbf{v})$ e suo braccio $|QP|_\perp$, rispetto al polo Q

Proposizione 4.4 (Trasporto del momento). *I momenti risultanti di un sistema di vettori applicati rispetto a due poli Q, R sono legati dalla relazione*

$$\mathbf{M}_R = \mathbf{M}_Q + RQ \wedge \mathbf{R}, \tag{4.1}$$

dove **R** *è il risultante del sistema.*

Dimostrazione. Sia $\mathscr{S} = \{(P_i, \mathbf{v}_i), i \in I\}$ il sistema di vettori applicati considerato. Sapendo che $RP_i = RQ + QP_i$ (vedi (1.1) a pagina 3) si ha

$$\mathbf{M}_R = \sum_{i \in I} RP_i \wedge \mathbf{v}_i = \sum_{i \in I} RQ \wedge \mathbf{v}_i + \sum_{i \in I} QP_i \wedge \mathbf{v}_i = RQ \wedge \mathbf{R} + \mathbf{M}_Q. \qquad \square$$

Si osservi in particolare che il momento risultante di un sistema è indipendente dal polo rispetto a cui lo si calcola se e solo se il sistema ha risultante nullo.

Esempio (Coppia). Si dice *coppia* un sistema composto da due vettori applicati uguali e opposti $\mathscr{C} = \{(P, \mathbf{v}), (Q, -\mathbf{v})\}$. In virtù della proposizione precedente, il momento risultante di una coppia non dipende dal polo rispetto a cui la si calcola, in quanto

$$\mathbf{M}_O^{(\mathscr{C})} = OP \wedge \mathbf{v} + OQ \wedge (-\mathbf{v}) = (OP - OQ) \wedge \mathbf{v} = QP \wedge \mathbf{v} \quad \text{per ogni } O \in \mathscr{E}.$$

Il modulo del momento risultante della coppia è quindi pari al prodotto del modulo del vettore che la compone moltiplicato per il braccio di uno qualunque dei due vettori applicati rispetto all'altro punto di applicazione. Quest'ultima quantità viene chiamata *braccio della coppia*: $|\mathbf{M}_O^{(\mathscr{C})}| = |\mathbf{v}|\, b^{(\mathscr{C})}$.

Esempio (Sistemi piani). Un sistema di vettori applicati $\mathscr{S} = \{(P_i, \mathbf{v}_i), i \in I\}$ si dice *piano* se esiste un piano che contiene sia i vettori che i punti di applicazione. In altre parole, esistono un versore **k** e un punto $Q \in \mathscr{E}$ tali che, per ogni $i \in I$, $\mathbf{v}_i \cdot \mathbf{k} = 0$ e $QP_i \cdot \mathbf{k} = 0$.

In un tale sistema il risultante **R** appartiene certamente al piano dei vettori ($\mathbf{R} \cdot \mathbf{k} = 0$), mentre il momento risultante rispetto a un qualunque punto del piano del sistema risulta parallelo a **k** (ovvero $\mathbf{M}_Q \wedge \mathbf{k} = \mathbf{0}$). Si ha infatti (utilizzando la (A.12) di pagina 253 per il doppio prodotto vettoriale)

$$\mathbf{R} \cdot \mathbf{k} = \Big(\sum_i \mathbf{v}_i\Big) \cdot \mathbf{k} = \sum_i (\mathbf{v}_i \cdot \mathbf{k}) = 0$$

$$\mathbf{M}_Q \wedge \mathbf{k} = \Big(\sum_i QP_i \wedge \mathbf{v}_i\Big) \wedge \mathbf{k} = \sum_i (QP_i \cdot \mathbf{k})\mathbf{v}_i - \sum_i (\mathbf{v}_i \cdot \mathbf{k}) QP_i = \mathbf{0}.$$

Esercizi

4.1. Dato un vettore applicato $(P, \mathbf{v})$ si definisce essere sua *retta di applicazione* l'insieme di punti $\{R(\lambda) = P + \lambda \mathbf{v}, \lambda \in \mathbb{R}\}$, ovvero la retta per P parallela a **v**.

Dimostrare che il momento di un vettore applicato rispetto a un polo qualunque non cambia se si applica lo stesso vettore in un altro punto della sua retta di applicazione.

4.2. Due o più vettori applicati si dicono *concorrenti* in un punto Q se le loro rette di applicazione (vedi Esercizio 4.1) si intersecano in Q.

Dato un sistema di vettori applicati concorrenti in Q, determinare i poli rispetto a cui esso ha momento risultante nullo.

4.3. Si consideri un vettore applicato $(P, \mathbf{v})$, e un piano che contiene la sua retta di applicazione. Dimostrare che il momento del vettore applicato rispetto a due poli del piano ha lo stesso verso se e solo se i due poli si trovano dalla stessa parte del piano rispetto alla retta di applicazione.

4.2 Riduzione dei sistemi di vettori applicati

In questo paragrafo definiamo una relazione di equivalenza tra sistemi di vettori applicati, e affrontiamo il problema della loro *riduzione*, ovvero l'identificazione del più semplice sistema di vettori applicati equivalente a un sistema dato.

Definizione 4.5 (Equivalenza). *Due sistemi di vettori applicati* $\mathscr{S}$, $\mathscr{S}'$ *si dicono* equivalenti *se hanno uguale risultante e uguale momento risultante rispetto a un qualunque polo* Q*:* $\mathbf{R} = \mathbf{R}'$, $\mathbf{M}_Q = \mathbf{M}'_Q$.

Definizione 4.6 (Invariante scalare). *L'*invariante scalare *di un sistema di vettori applicati* $\mathscr{S}$ *è definito come* $\mathscr{I} = \mathbf{R} \cdot \mathbf{M}_Q$.

Osservazione. La formula per il trasporto del momento (Proposizione 4.4) ha due importanti conseguenze, che analizziamo di seguito.

- L'equivalenza o meno tra sistemi di vettori applicati non dipende dal polo utilizzato per il calcolo del momento risultante. Infatti, se risulta $\mathbf{R} = \mathbf{R}'$ e $\mathbf{M}_Q = \mathbf{M}'_Q$, la (4.1) garantisce che $\mathbf{M}_R = \mathbf{M}'_R$ per qualunque ulteriore polo R.
- L'invariante scalare non dipende dal polo utilizzato per il calcolo del momento. Infatti $\mathbf{R} \cdot \mathbf{M}_R = \mathbf{R} \cdot \mathbf{M}_Q + \mathbf{R} \cdot RQ \wedge \mathbf{R} = \mathbf{R} \cdot \mathbf{M}_Q$. (Ricordiamo che un prodotto misto in cui due vettori sono paralleli si annulla, vedi (A.14) a pagina 253.)

La seguente proposizione affronta il problema della riduzione di un sistema di vettori applicati, offrendo anche una dimostrazione costruttiva, ovvero riducendo esplicitamente un generico sistema $\mathscr{S}_0$ ai sistemi equivalenti più semplici possibile.

Proposizione 4.7 (Riduzione). *Sia* $\mathscr{S}_0$ *un sistema di vettori applicati di vettori caratteristici* $\mathbf{R}_0$, $\mathbf{M}_{Q0}$, *e sia* $\mathscr{I}_0 = \mathbf{R}_0 \cdot \mathbf{M}_{Q0}$ *l'invariante scalare di* $\mathscr{S}_0$. *Il sistema ricade allora in una delle seguenti tipologie.*

[0] Se $\mathbf{R}_0 = \mathbf{0}$, $\mathbf{M}_{Q0} = \mathbf{0}$ *il sistema si dice* equilibrato *ed è equivalente al sistema vuoto, ovvero composto da zero vettori.*

[1] Se $\mathbf{R}_0 \neq \mathbf{0}$, $\mathscr{I}_0 = 0$ *il sistema è equivalente al sistema composto dal solo vettore* $\mathbf{R}_0$, *applicato in un qualunque punto della* retta di applicazione del risultante, *ovvero la retta (parallela al risultante stesso)*

$$QP = \frac{\mathbf{R}_0 \wedge \mathbf{M}_{Q0}}{R_0^2} + \lambda \mathbf{R}_0 \qquad \text{per ogni } \lambda \in \mathbb{R}. \tag{4.2}$$

[2] Se $\mathbf{R}_0 = \mathbf{0}$, $\mathbf{M}_{Q0} \neq \mathbf{0}$, *il sistema è equivalente a una* coppia.

[3] Se $\mathbf{R}_0 \neq \mathbf{0}$, $\mathscr{I}_0 \neq 0$, *il sistema è equivalente a un sistema formato dal risultante più una* coppia. *Se il risultante viene applicato in uno dei punti della retta* (4.2), *la coppia necessaria per l'equivalenza ha momento risultante di modulo minimo.*

Dimostrazione.

[0] Il primo punto è evidente. Se i vettori caratteristici del sistema sono nulli non vi è bisogno di alcun vettore applicato per realizzare l'equivalenza.

[1] Analizziamo ora se e quando risulti possibile che un sistema $\mathscr{S}^* = \{(P^*, \mathbf{v}^*)\}$, composto da un solo vettore applicato, abbia i vettori caratteristici richiesti. Ovviamente i risultanti di $\mathscr{S}_0$ e $\mathscr{S}^*$ devono coincidere, il che fissa subito $\mathbf{v}^* = \mathbf{R}_0$. Si tratta allora di scoprire se e quando esistano punti P^* tali che

$$QP^* \wedge \mathbf{R}_0 = \mathbf{M}_{Q0}. \tag{4.3}$$

L'equazione (4.3) (di incognita P^*) implementa la richiesta che il vettore $\mathbf{v}^* = \mathbf{R}_0$, applicato in P^*, abbia momento rispetto a Q pari a $\mathbf{M}_{Q0}$.
Osserviamo preliminarmente che l'equazione (4.3) può fornire soluzioni solo se il risultante è $\mathbf{R}_0$ non è nullo. Infatti, qualora $\mathbf{R}_0 = \mathbf{0}$, la (4.3) richiede $\mathbf{M}_{Q0} = \mathbf{0}$, nel qual caso ricadiamo automaticamente nel caso [0] precedentemente analizzato.
Inoltre, dobbiamo anche sottolineare che l'equazione (4.3) è singolare, nel senso che se ammette una soluzione, ne ammette infinite. Supposto infatti di aver trovato una soluzione P^* di (4.3), è immediato verificare che tutti punti P tali che $QP = QP^* + \lambda \mathbf{R}_0$ (con $\lambda \in \mathbb{R}$ arbitrario) soddisfano la stessa equazione in quanto

$$QP \wedge \mathbf{R}_0 = \big(QP^* + \lambda \mathbf{R}_0\big) \wedge \mathbf{R}_0 = QP^* \wedge \mathbf{R}_0 + \lambda \underbrace{\mathbf{R}_0 \wedge \mathbf{R}_0}_{\mathbf{0}}.$$

I punti così identificati identificano la retta di applicazione del risultante, parallela a $\mathbf{R}_0$ e passante per P^*. (Oltre a tali punti non vi sono altre soluzioni di (4.3), come vedremo nell'Esercizio 4.4 sotto.)
Sapendo quindi che al vettore incognito QP^* possiamo sommare o sottrarre un vettore arbitrario parallelo a $\mathbf{R}_0$, proseguiremo ipotizzando che il vettore QP^* abbia componente nulla lungo la direzione di $\mathbf{R}_0$. Tale scelta equivale a scegliere, tra le infinite soluzioni di (4.3), quella tale che QP^* risulti ortogonale a $\mathbf{R}_0$, ovvero la proiezione di Q sulla retta di applicazione del risultante.

Supposto $\mathbf{R}_0 \neq \mathbf{0}$, scomponiamo ora (4.3) in due equazioni indipendenti: la sua componente parallela al risultante, che otteniamo moltiplicandola scalarmente per $\mathbf{R}_0$, e la sua componente ortogonale ad esso, che otteniamo moltiplicandola vettorialmente per $\mathbf{R}_0$. Si ha allora

$$0 = \mathbf{R}_0 \cdot (QP^* \wedge \mathbf{R}_0) = \mathbf{R}_0 \cdot \mathbf{M}_{Q0} = \mathscr{I}_0 \tag{4.4}$$

$$\mathbf{R}_0 \wedge (QP^* \wedge \mathbf{R}_0) = \mathbf{R}_0 \wedge \mathbf{M}_{Q0}. \tag{4.5}$$

Il membro sinistro della (4.4) si annulla in virtù delle proprietà del prodotto misto, e di conseguenza ricaviamo una nuova condizione necessaria affinché l'equivalenza tra $\mathscr{S}_0$ e $\mathscr{S}^*$ sia possibile: non solo deve essere $\mathbf{R}_0 \neq \mathbf{0}$, ma deve anche valere $\mathscr{I}_0 = 0$. D'altra parte, l'equazione (4.5) si semplifica se utilizziamo la proprietà (A.11) del doppio prodotto vettoriale (vedi pagina 253), con la quale abbiamo

$$R_0^2\, QP^* - \underbrace{(QP^* \cdot \mathbf{R}_0)}_{0}\mathbf{R}_0 = \mathbf{R}_0 \wedge \mathbf{M}_{Q0} \quad \Rightarrow \quad QP^* = \frac{\mathbf{R}_0 \wedge \mathbf{M}_{Q0}}{R_0^2}.$$

[2] Nel caso valga $\mathbf{R}_0 = \mathbf{0},\ \mathbf{M}_{Q0} \neq \mathbf{0},$ il sistema evidentemente non può risultare equivalente a nessun sistema composto da un solo vettore (che ne sarebbe il risultante). Il più semplice sistema equivalente a $\mathscr{S}_0$ sarà allora una coppia, che per costruzione ha già lo stesso risultante (nullo) di $\mathscr{S}_0$. Infinite sono, in questo caso, le coppie che hanno il momento risultante richiesto $\mathbf{M}_{Q0}$. Rimandiamo agli esercizi 4.5-4.6 alcuni esempi di queste determinazioni.

[3] Se sia il risultante che l'invariante scalare sono diversi da zero, la riduzione a un solo vettore è impossibile per via della condizione necessaria (4.4). D'altronde, per quanto evidenziato nella precedente parte [2], risulta sicuramente possibile ridurre il sistema a un vettore (il risultante $\mathbf{R}_0$ applicato ovunque), più una coppia che fornisca il momento richiesto per arrivare a $\mathbf{M}_{Q0}$.
Al fine di capire meglio questa specifica riduzione, scomponiamo il momento richiesto $\mathbf{M}_{Q0}$ nelle sue componenti parallela e ortogonale a $\mathbf{R}$ (si veda la scomposizione (A.13) a pagina 253)

$$\mathbf{M}_{Q0} = \mathbf{M}_{Q0\parallel} + \mathbf{M}_{Q0\perp} = \frac{\mathscr{I}_0}{R_0^2}\mathbf{R}_0 + \left(\mathbf{M}_{Q0} - \frac{\mathscr{I}_0}{R_0^2}\mathbf{R}_0\right).$$

Supponiamo di applicare il risultante $\mathbf{R}_0$ in un qualunque punto R. Il momento che tale risultante produrrà rispetto al polo Q sarà $QR \wedge \mathbf{R}_0$, e sarà chiaramente ortogonale a $\mathbf{R}_0$ stesso. Al fine di ottenere il momento risultante voluto $\mathbf{M}_{Q0}$ dovremo quindi affiancare al vettore $\mathbf{R}_0$ applicato in R una coppia di momento

$$\mathbf{M}^{(\text{coppia})} = \mathbf{M}_{Q0} - QR \wedge \mathbf{R}_0 = \left(\mathbf{M}_{Q0\parallel}\right) + \left(\mathbf{M}_{Q0\perp} - QR \wedge \mathbf{R}_0\right)$$

dove, in virtù del teorema di Pitagora (le componenti racchiuse tra parentesi sono mutuamente ortogonali) si ha

$$|\mathbf{M}^{(\text{coppia})}|^2 = |\mathbf{M}_{Q0\parallel}|^2 + |\mathbf{M}_{Q0\perp} - QR \wedge \mathbf{R}_0|^2.$$

Al variare del punto di applicazione R, sarà quindi necessario affiancare al risultante una coppia di maggior o minor momento. Dimostriamo di seguito che, qualora il punto di applicazione R coincida con uno dei punti definiti dalla (4.2), risulta $QR \wedge \mathbf{R}_0 = \mathbf{M}_{Q0\perp}$, e di conseguenza $\mathbf{M}^{(\text{coppia})}$ si riduce alla sola $\mathbf{M}_{Q0\parallel}$. Si ha infatti, usando la (A.12),

$$QP \wedge \mathbf{R}_0 = \left(\frac{\mathbf{R}_0 \wedge \mathbf{M}_{Q0}}{R_0^2} + \lambda \mathbf{R}_0\right) \wedge \mathbf{R}_0 = \left(\frac{\mathbf{R}_0 \wedge \mathbf{M}_{Q0}}{R_0^2}\right) \wedge \mathbf{R}_0 = \mathbf{M}_{Q0} - \frac{\mathscr{I}_0}{R_0^2}\mathbf{R}_0 = \mathbf{M}_{Q0\perp}.$$

Osserviamo che $\mathbf{M}_{Q0\parallel}$ si annulla solo quando lo fa l'invariante scalare, confermando la necessità di questo annullamento per avere la riducibilità di un sistema al solo risultante. □

Osservazione (Sistemi con invariante scalare nullo). In numerose situazioni di interesse applicativo l'invariante scalare si annulla ($\mathscr{I}_0 = 0$). In questi sistemi, la riduzione appena studiata si riduce ai primi tre casi (sistema equilibrato, esistenza della retta di applicazione del risultante, sistema equivalente a una coppia). Elenchiamo di seguito due esempi di tali sistemi.

- *Sistemi piani.* L'invariante scalare si annulla perché il risultante appartiene al piano del sistema, mentre il momento risultante è ortogonale a tale piano (vedi Esempio di pagina 79).
- *Vettori paralleli.* Consideriamo un sistema tale che tutti i vettori siano paralleli a un versore assegnato $\mathbf{k}$: $\mathscr{S} = \{(P_i, v_i\mathbf{k}), i \in I\}$. In tal caso si ha $\mathbf{R} = \left(\sum_i v_i\right)\mathbf{k}$ e

$$\mathbf{M}_Q = \sum_i QP_i \wedge v_i\mathbf{k} = \Big(\sum_i v_i\, QP_i\Big) \wedge \mathbf{k} \quad \Rightarrow \quad \mathbf{M}_Q \perp \mathbf{k}. \tag{4.6}$$

Esercizi

4.4. Nella dimostrazione del punto [1] della Proposizione 4.7 mostrare come, trovata una soluzione P^* di (4.3), qualunque altra soluzione $\tilde{P}$ deve appartenere alla retta di applicazione del risultante.

4.5. Determinare una coppia tale che i punti di applicazione siano a distanza a uno dall'altro, e il momento risultante valga $\mathbf{M}_{Q0} = 2v_0 a\mathbf{j}$.

4.6. Determinare una coppia tale che il momento risultante valga $\mathbf{M}_{Q0} = -v_0 a\mathbf{k}$, e i vettori della coppia siano paralleli alla direzione di $\mathbf{i}+\mathbf{j}$.

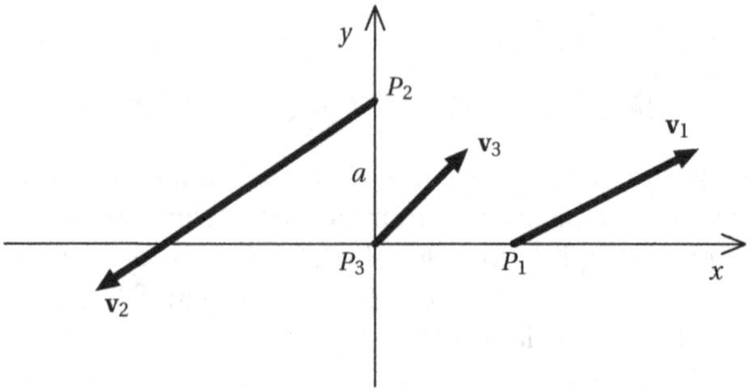

Figura 4.2 Sistema di vettori applicati dell'Esercizio 4.10 (nel caso $\alpha = 2$)

4.7. Si dicono *invariantive* le seguenti operazioni su sistemi di vettori applicati:

(i) sostituire due o più vettori applicati in uno stesso punto con la loro somma;
(ii) traslare un vettore lungo la sua retta di applicazione.

Dimostrare che le operazioni invariantive producono sistemi equivalenti.

4.8. Dimostrare che un sistema di vettori concorrenti in un punto (vedi Esercizio 4.2 a pagina 80) ha invariante scalare nullo.

4.9. Dimostrare che un sistema di vettori applicati è equivalente al suo risultante applicato in un punto P^* se e solo se $\mathbf{R} \neq \mathbf{0}$ mentre $\mathbf{M}_{P^*} = \mathbf{0}$.

4.10. Si determini, per ogni valore del parametro reale α, un sistema di vettori applicati formato da un solo vettore o da una sola coppia, che sia equivalente al seguente sistema, illustrato in Figura 4.2:

$$\mathbf{v}_1 = \alpha\,\mathbf{i} + \mathbf{j} \qquad \text{applicato in} \quad OP_1 = a\,\mathbf{i}$$
$$\mathbf{v}_2 = -3\,\mathbf{i} - 2\mathbf{j} \qquad \text{applicato in} \quad OP_2 = a\,\mathbf{j}$$
$$\mathbf{v}_3 = \mathbf{i} + \mathbf{j} \qquad \text{applicato in} \quad OP_3 = \mathbf{0}.$$

4.11. Si consideri il seguente sistema di vettori applicati:

$\mathbf{v}_1 = \mathbf{i}$ applicato in $OP_1 = a\,\mathbf{i}$
$\mathbf{v}_2 = 3\,\mathbf{j}$ applicato in $OP_2 = 2a\,\mathbf{j}$
$\mathbf{v}_3 = -\mathbf{i} - \mathbf{j}$ applicato in $OP_3 = a\,\mathbf{i} - a\,\mathbf{k}$
$\mathbf{v}_4 = \mathbf{k}$ applicato in $OP_4 = a\,\mathbf{j} + a\,\mathbf{k}$.

- Ridurre il sistema dato a un vettore applicato e una coppia, dimodoché la coppia abbia minor modulo possibile.
- Determinare un secondo sistema equivalente, composto da due soli vettori applicati.

4.12. Si consideri un sistema di vettori paralleli $\mathscr{S} = \{(P_i, v_i\,\mathbf{k}), i \in I\}$ con risultante non nullo: $\mathbf{R} = v_{\text{tot}}\,\mathbf{k}$, con $v_{\text{tot}} = \sum_i v_i \neq 0$.

Dimostrare che la retta di applicazione del risultante passa sempre per il *centro* dei vettori paralleli C, definito da

$$QC = \frac{\sum_i v_i\, QP_i}{v_{\text{tot}}}. \tag{4.7}$$

4.3 Centro di massa

Abbiamo avuto modo di vedere alla fine dello scorso paragrafo (Esercizio 4.12) come un sistema di vettori paralleli a risultante non nullo sia in generale caratterizzato dal suo *centro*, definito dalla (4.7) e nel quale può essere applicato il risultante, preservando l'equivalenza con il sistema originale.

In diverse quanto importanti applicazioni, come nel caso delle forze peso, saremo chiamati a trattare sistemi di vettori paralleli $\mathscr{S} = \{(P_i, v_i\,\mathbf{k}), i \in I\}$, le cui intensità v_i saranno proporzionali alle rispettive *masse* m_i, scalari positivi che riassumono le proprietà inerziali di ogni singolo punto. Queste considerazioni ci portano a introdurre i concetti che seguono.

Definizione 4.8 (Sistema materiale). *Un* sistema materiale *è un insieme di punti dotati di massa, $\mathscr{M} = \{(P_i, m_i), i \in I\}$. Qualora il sistema considerato sia rappresentabile da un continuo che occupa la regione $\mathscr{B} \subseteq \mathscr{E}$, il sistema materiale è rappresentato dalla* densità $\rho : \mathscr{B} \to \mathbb{R}^+$, *ovvero una funzione non negativa che consente di individuare la massa di ogni sottoparte di $\mathscr{B}' \subseteq \mathscr{B}$ attraverso l'espressione $m(\mathscr{B}') = \int_{\mathscr{B}'} \rho(P)\, d\tau$, dove $d\tau$ rappresenta l'elemento di lunghezza/area/volume a seconda se $\mathscr{B}'$ sia mono/bi/tri-dimensionale.*

Un sistema materiale continuo si dice omogeneo *quando la densità associata ad esso è uniforme: $\rho(P) \equiv \rho_0$. In tal caso, la massa di ogni sottoparte si ottiene semplicemente moltiplicando per ρ_0 la sua lunghezza/area/volume.*

Definizione 4.9 (Centro di massa). *Definiamo* centro di massa *di un sistema materiale il punto C identificato da*

$$QC = \frac{\sum_{i \in I} m_i\, QP_i}{m_{tot}}, \tag{4.8}$$

dove $Q \in \mathscr{E}$ è un punto arbitrario, e $m_{tot} = \sum_i m_i$ è la massa totale del sistema.

Qualora il sistema considerato sia rappresentabile da un continuo di densità $\rho : \mathscr{B} \to \mathbb{R}^+$, la Definizione (4.8) si adatta come segue

$$QC = \frac{\int_{\mathscr{B}} \rho(P)\, QP\, d\tau}{m_{tot}}, \qquad con \quad Q \in \mathscr{E} \quad e \quad m_{tot} = \int_{\mathscr{B}} \rho(P)\, d\tau. \tag{4.9}$$

Se il sistema materiale è *omogeneo*, le funzioni densità che compaiono a numeratore e denominatore della (4.9) si semplificano, dimostrando così che la posizione del centro di massa risulta indipendente dal particolare valore di ρ_0.

Le Definizioni (4.8) e (4.9) forniscono, in modo vettoriale, la posizione del centro di massa C a partire da un qualunque punto Q. È quindi opportuno sottolineare l'indipendenza della posizione di C dal punto di partenza utilizzato nella sua definizione. Se infatti sostituiamo Q con R nella (4.8) otteniamo

$$\begin{aligned} RC &= \frac{\sum_{i\in I} m_i\, RP_i}{m_{\text{tot}}} = \frac{\sum_{i\in I} m_i\, (RQ+QP_i)}{m_{\text{tot}}} = \frac{\sum_{i\in I} m_i\, RQ}{m_{\text{tot}}} + \frac{\sum_{i\in I} m_i\, QP_i}{m_{\text{tot}}} \\ &= RQ + QC. \end{aligned}$$

Analoghe definizioni seguono dalle (4.8)-(4.9) se si vogliono conoscere le singole coordinate del centro di massa. Avremo così, per esempio,

$$x_C = \frac{\sum_{i\in I} m_i\, x_i}{m_{\text{tot}}} \qquad \text{oppure} \qquad z_C = \frac{\int_{\mathscr{B}} \rho(P)\, z(P)\, d\tau}{m_{\text{tot}}}.$$

Nel proseguo, e al fine di alleggerire la presentazione, ci concentreremo nello studio delle proprietà dei sistemi materiali discreti, pur sottolineando che basta ripetere le medesime dimostrazioni nel caso continuo per verificare che tutte le proprietà che ricaveremo sono indipendenti dal carattere discreto o continuo del sistema considerato.

Osservazione (Centro di massa e baricentro). Paragonando la Definizione (4.8) con quanto dimostrato nell'Esercizio 4.12, si evince che il centro di massa coincide con il centro di ogni sistema di vettori paralleli la cui intensità sia proporzionale alla massa dei rispettivi punti di applicazione. In particolare, esso coincide con il *baricentro*, ovvero il centro delle forze peso, qualora queste ultime si considerino di direzione costante e intensità proporzionale alla massa: $\mathbf{F}_{\mathrm{p},i} = -m_i g\,\mathbf{k}$, con g pari all'*accelerazione di gravità*.

Un ruolo cruciale nell'identificazione della posizione del centro di massa lo gioca l'eventuale presenze di simmetrie materiali, che ci apprestiamo di seguito a definire.

Definizione 4.10 (Simmetria materiale). *Un piano π si dice di* simmetria materiale *per un sistema materiale quando per ogni punto $P_i \notin \pi$ il sistema contiene un punto P_j, simmetrico di P_i rispetto a π, tale che $m_i = m_j$.*

Qualora il sistema sia continuo, rappresentato da una densità ρ definita su una regione $\mathscr{B}$, il piano π si dice di simmetria materiale se, rispetto a π, $\mathscr{B}$ è simmetrico e ρ è pari.

Ricordiamo (vedi (A.20) a pagina 256) che un punto P_j si dice simmetrico di P_i rispetto al piano π se, scelto $C \in \pi$ e detto $\mathbf{e}$ un versore ortogonale allo stesso piano, si ha $CP_j = CP_i - 2(CP_i \cdot \mathbf{e})\mathbf{e}$, ovvero (vedi (A.21)).

$$P_j P_i = 2(CP \cdot \mathbf{e})\mathbf{e}. \tag{4.10}$$

In altre parole, P_j è simmetrico di P_i rispetto al piano π se $d(P_j,\pi) = d(P_i,\pi)$ e $P_iP_j \perp \pi$.

Proposizione 4.11 (Simmetria materiale e centro di massa). *Se un sistema materiale possiede un piano di simmetria, il suo centro di massa appartiene ad esso.*

Dimostrazione. Una semplice dimostrazione si ottiene scegliendo opportunamente il sistema di riferimento cui riferire la posizione del centro di massa.

Detto **e** un versore ortogonale al piano di simmetria π, scegliamo una base ortonormale il cui terzo elemento sia proprio **e**, e calcoliamo la coordinata z_C del centro di massa lungo tale direzione

$$m\, z_C = \sum_{i \in I} m_i\, x_i = \sum_{i \in I_+} m_i\, z_i + \sum_{i \in I_0} m_i \underbrace{z_i}_{0} + \sum_{i \in I_-} m_i\, z_i,$$

dove i sottoinsiemi I_+ e I_- contengono gli eventuali punti con coordinata z_i rispettivamente positiva o negativa, mentre I_0 contiene i punti con z_i nulla, ovvero appartenenti a π. Il secondo addendo (quello con I_0) è ovviamente nullo in quanto ogni z_i in esso vale 0. Le somme su I_+ e I_- contengono invece (per definizione di simmetria materiale) esattamente lo stesso di addendi, aventi le stesse masse ma coordinate z_i opposte per simmetria. Di conseguenza tali somme si elidono, fornendo $\quad z_C = 0, \quad$ ovvero la tesi. □

Esempio (Simmetrie in sistemi piani). Consideriamo un sistema materiale piano, contenuto nel piano Π_0, ortogonale al versore **k**.

- Ogni sistema piano possiede ovviamente un piano di simmetria, ovvero Π_0 stesso. Tale piano contiene necessariamente il centro di massa del sistema. Scelto un sistema di riferimento con terzo versore **k**, avremo quindi $z_C = 0$.
- Qualunque ulteriore piano di simmetria π (ortogonale al versore **e**) deve necessariamente essere ortogonale a Π_0. Detti infatti P_i e P_j due punti simmetrici rispetto a π, la loro congiungente P_iP_j deve essere parallela a **e** (vedi (4.10) e Fig. 4.3). Per definizione di sistema piano, ogni congiungente punti del sistema deve però essere ortogonale a **k**, e questo implica $\mathbf{e} \perp \mathbf{k}$, ovvero $\pi \perp \Pi_0$.
- Sapendo che $\pi \perp \Pi_0$, possiamo identificare gli eventuali piani di simmetria in sistemi piani attraverso le loro intersezioni $r = \pi \cap \Pi_0$. Tali assi vengono frequentemente indicati come *assi di simmetria materiale* del sistema piano, e ovviamente contengono il centro di massa.

La seguente proprietà risulterà di estrema utilità nella determinazione della posizione del centro di massa di sistemi composti.

Proposizione 4.12 (Composizione). *Consideriamo un sistema materiale che risulti l'unione disgiunta di due sistemi, di masse rispettivamente pari a m_1, m_2, e centri di massa posizionati in C_1, C_2. Il centro di massa del sistema composto si trova nel punto*

$$QC = \frac{m_1\, QC_1 + m_2\, QC_2}{m_1 + m_2}.$$

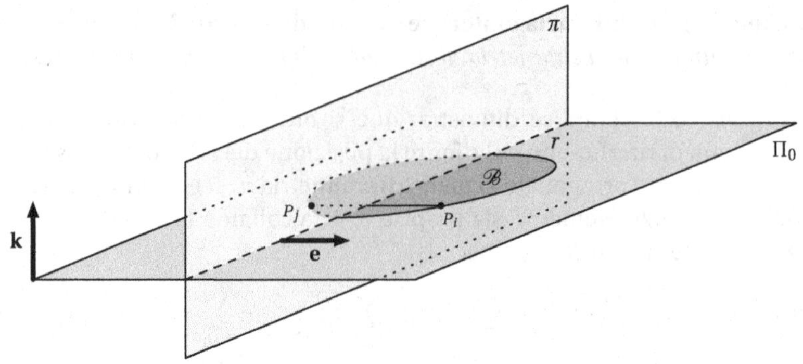

Figura 4.3 Piani di simmetria in un sistema piano

Dimostrazione. Il centro di massa del sistema composto è per definizione

$$QC = \frac{\sum_{i\in I_1} m_i\, QP_i + \sum_{i\in I_2} m_i\, QP_i}{\sum_{i\in I_1} m_i + \sum_{i\in I_2} m_i},$$

dove I_1, I_2 identificano i punti dei due sottosistemi. Per ciascuno di questi vale $\sum_{i\in I_k} m_i\, QP_i = m_k\, QC_k$, e quindi si ottiene

$$QC = \frac{m_1\, QC_1 + m_2\, QC_2}{m_1 + m_2}. \qquad \square$$

Osservazioni.

- La proprietà precedente si può semplicemente estendere al caso in cui il sistema considerato sia composto da più di due sottosistemi. Si arriva così in pratica a ricavare che nella ricerca della posizione del centro di massa di un sistema è lecito sostituire una o più sottoparti di esso con i loro rispettivi centri di massa, nei quali si devono concentrare le relative masse.
- Risulta altresì possibile utilizzare la proprietà di composizione per individuare il centro di massa di sistemi ottenuti attraverso la *sottrazione* di una parte del sistema, sovrapponendo in questo caso ad un sistema di densità ρ, un sistema di densità uguale e opposta $-\rho$.

Esercizi

4.13. Dimostrare che il centro di massa di un sistema si trova sempre entro l'inviluppo convesso del sistema stesso (vedi Definizione A.2 a pagina 256).

4.14. Determinare i piani di simmetria materiale di lamine omogenee aventi le seguenti forme: cerchio, quadrato, rettangolo, triangolo equilatero, triangolo isoscele. Utilizzare i risultati per identificare (quando possibile) la posizione dei rispettivi centri di massa.

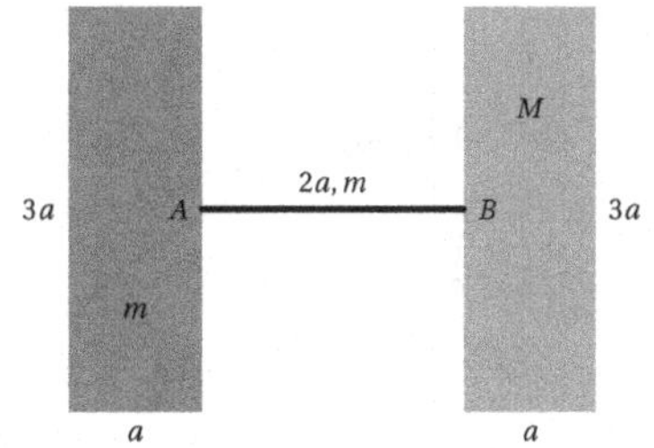

Figura 4.4 Sistema di asta e lamine descritto nell'Esercizio 4.17

4.15. Determinare la posizione del centro di massa di una lamina triangolare omogenea.

4.16. Determinare la posizione del centro di massa di un trapezio rettangolo omogeneo di basi $B > b$ e altezza h.

4.17. Un sistema materiale è composto da due lamine rettangolari omogenee parallele, di base a, altezza $3a$ e masse rispettivamente pari a m, M. Il sistema è completato da un'asta omogenea AB di lunghezza $2a$ e massa m che collega le due lamine nei punti medi delle loro altezze (vedi Fig. 4.4).

Determinare il valore della massa M sapendo che il centro di massa del sistema completo coincide con l'estremo B dell'asta.

4.18. Un sistema materiale è ottenuto ritagliando, da una lamina omogenea quadrata di lato ℓ, un foro circolare di raggio $r < \frac{1}{2}\ell$. Individuare il luogo dei punti che può occupare il centro di massa del sistema così ottenuto, al variare della posizione del foro all'interno della lamina.

4.19. Determinare la posizione del centro di massa di un'asta non omogenea, la cui densità lineare vari con la distanza $x \in [0, \ell]$ dall'estremo A, con $\rho(x) = kx^\alpha$, e k, α scalari positivi.

4.20. Determinare la posizione del centro di massa di una lamina che occupa la regione rettangolare $\{P \in \mathscr{E} : 0 \le x \le a, 0 \le y \le b\}$, con densità non omogenea tale che $\rho(x, y) = kxy^2$, con k scalare positivo.

4.21. Determinare la posizione del centro di massa di un settore di corona circolare omogeneo di raggio esterno $\overline{R}(1 + \Delta)$, raggio interno $\overline{R}(1 - \Delta)$ e ampiezza angolare θ.

Soluzione. Il centro di massa si trova certamente nella bisettrice del settore, che è un asse di simmetria materiale del sistema. Parametrizziamo allora i punti del settore (in coordinate polari rispetto al centro O del settore stesso) come

$$\mathscr{B} = \left\{P \in \mathscr{E} : OP = r\cos\phi\,\mathbf{i} + r\sin\phi\,\mathbf{j}, \quad \text{con } \overline{R}(1-\Delta) \le r \le \overline{R}(1+\Delta),\ -\tfrac{1}{2}\theta \le \phi \le \tfrac{1}{2}\theta\right\}.$$

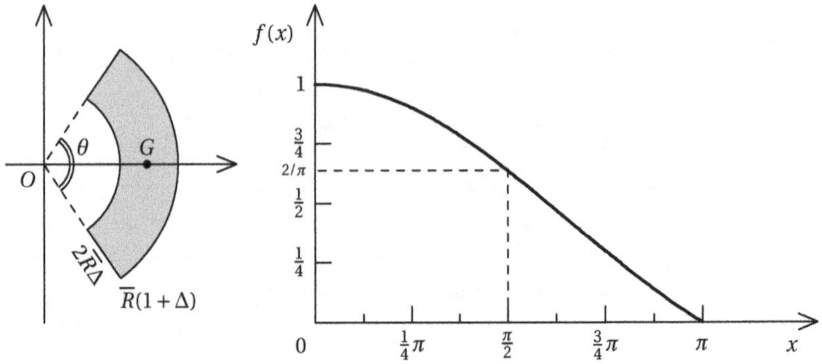

Figura 4.5 Settore di corona circolare di ampiezza θ (vedi Esercizio 4.21), e grafico della funzione $f(x) = (\sin x)/x$

In questo modo si ottiene $y_C = 0$ per simmetria. Per ricavare la posizione del centro di massa, ovvero la sua distanza da O, calcoliamo i seguenti integrali in coordinate polari

$$x_C = |OC| = \frac{\displaystyle\int_{\overline{R}(1-\Delta)}^{\overline{R}(1+\Delta)} \int_{-\frac{1}{2}\theta}^{\frac{1}{2}\theta} (r\cos\phi)\, r\, dr\, d\phi}{\displaystyle\int_{\overline{R}(1-\Delta)}^{\overline{R}(1+\Delta)} \int_{-\frac{1}{2}\theta}^{\frac{1}{2}\theta} r\, dr\, d\phi} = f\big(\tfrac{\theta}{2}\big)\big(1 + \tfrac{1}{3}\Delta^2\big)\overline{R}, \tag{4.11}$$

con $f(x) = (\sin x)/x$. Il risultato (4.11) comprende diversi interessanti casi particolari.

- La funzione $f\big(\frac{\theta}{2}\big)$ è decrescente da $\theta = 0$ (spicchio di settore di ampiezza trascurabile) a $\theta = 2\pi$ (settore completo, di ampiezza 2π), con $\lim_{\theta\to 0} f\big(\frac{\theta}{2}\big) = 1$ e $f\big(\frac{2\pi}{2}\big) = 0$. Particolarmente utili risultano il caso del quarto di corona e del semisettore (con $f(\frac{\pi}{4}) = 2\sqrt{2}/\pi$ e $f(\frac{\pi}{2}) = 2/\pi$). La Figura 4.5 riporta un grafico della funzione f.
- Ponendo $\Delta = 1$ si ricava la posizione del centro di massa di un settore circolare di raggio $R_{\text{sett}} = 2\overline{R}$ e ampiezza angolare θ: $x_C^{(\text{sett})} = \frac{2}{3} f(\frac{\theta}{2})\, R_{\text{sett}}$.
- Ponendo $\Delta = 0$ si ricava la posizione del centro di massa di un settore di anello di raggio $R_{\text{an}} = \overline{R}$ e ampiezza angolare θ: $x_C^{(\text{an})} = f(\frac{\theta}{2})\, R_{\text{an}}$.

4.22. Determinare la quota del centro di massa di un cono circolare retto omogeneo di raggio di base R e altezza H.

4.23. Determinare la posizione del centro di massa di un sistema tridimensionale omogeneo ottenuto collegando un sistema piano $\mathscr{B}_0$, contenuto nel piano $\Pi_0 = \{z = 0\}$, con un qualunque punto $A \notin \Pi_0$ (vedi Fig. 4.6).

4.4 Momenti di inerzia

I momenti d'inerzia di un sistema materiale sono degli scalari non negativi che assumono un ruolo cruciale nello studio della dinamica dei sistemi rigidi. Tali quantità possono, insieme alla massa totale del sistema, caratterizzare completamente

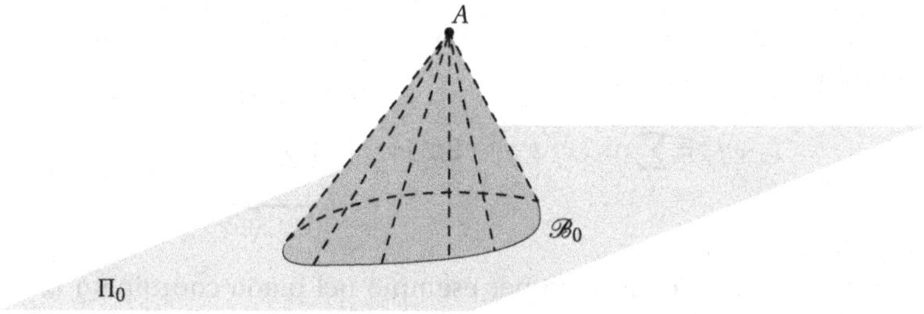

Figura 4.6 Cono ottenuto collegando i punti del sistema piano $\mathscr{B}_0$ al punto A

un sistema rigido nel senso che, come avremo modo di vedere più avanti (vedi pagina 174), due sistemi rigidi aventi pari massa e pari momenti di inerzia effettuano lo stesso movimento se sottoposti a sollecitazioni equivalenti. In questo paragrafo definiremo e forniremo i metodi di calcolo dei momenti di inerzia di un sistema materiale rispetto ai diversi assi dello spazio.

Definizione 4.13 (Momento d'inerzia). *Si definisce* momento d'inerzia *del sistema materiale $\mathcal{M}$ (discreto o continuo) rispetto all'asse u la quantità non negativa*

$$I_u = \sum_{i \in I} m_i \, d^2(P_i, u) \qquad \textit{ovvero} \qquad I_u = \int_{\mathscr{B}} \rho(P)\, d^2(P, u)\, d\tau, \tag{4.12}$$

dove $d(P, u)$ indica la distanza di P dall'asse u.

Anche in questa occasione, come nel paragrafo precedente, restringiamo di seguito la nostra analisi a sistemi discreti, pur sottolineando che la ricostruzione delle medesime dimostrazioni nel caso continuo evidenzia che tutte le proprietà ricavate valgono per entrambi i tipi di sistemi. Ricordiamo inoltre (vedi (A.19) a pagina 255) che la distanza di un punto P da un asse u si può calcolare scegliendo un qualunque punto $Q \in u$, e un versore $\mathbf{u}$ parallelo all'asse

$$d(P, u) = |QP \wedge \mathbf{u}|. \tag{4.13}$$

Esempio (Momenti di inerzia rispetto agli assi coordinati). Fissato un sistema di riferimento con origine in Q, utilizziamo la (4.13) per calcolare il momento di inerzia rispetto ai tre assi coordinati. Essendo

$$\left|QP \wedge \mathbf{i}\right|^2 = \left|(x\,\mathbf{i} + y\,\mathbf{j} + z\,\mathbf{k}) \wedge \mathbf{i}\right|^2 = \left|z\,\mathbf{j} - y\,\mathbf{k}\right|^2 = y^2 + z^2,$$

e valendo analoghe espressioni per le distanze di QP dagli altri assi coordinati, si trova

$$I_x = \sum_i m_i\,(y_i^2 + z_i^2), \qquad I_y = \sum_i m_i\,(x_i^2 + z_i^2), \qquad I_z = \sum_i m_i\,(x_i^2 + y_i^2). \tag{4.14}$$

La (4.14) dimostra che i momenti di inerzia rispetto a tre assi mutuamente ortogonali sono tenuti a soddisfare alcune restrizioni.

- Nessun momento di inerzia può superare la somma degli altri due in quanto, ad esempio,

$$I_x + I_y = \sum_i m_i\,(x_i^2 + y_i^2 + 2z_i^2) = I_z + 2\underbrace{\sum_i m_i\, z_i^2}_{\geq 0} \geq I_z.$$

- In un sistema piano (contenuto per esempio nel piano coordinato $\{z = 0\}$, il momento di inerzia I_z rispetto all'asse ortogonale al piano passante per Q è pari alla somma dei due momenti di inerzia rispetto agli assi contenuti nel piano del sistema:

$$I_z = I_x + I_y \quad \text{(sistema nel piano } z = 0\text{)}. \tag{4.15}$$

Le proprietà che seguono consentono di calcolare i momenti di inerzia di un qualunque sistema materiale rispetto a qualunque asse, a partire da un limitato numero di informazioni riguardanti il sistema materiale stesso.

Proposizione 4.14 (Formula di Huygens-Steiner). *Dato un sistema materiale $\mathcal{M}$, consideriamo un qualunque asse u, e l'asse $u_C \parallel u$ passante per il centro di massa C. Allora vale la* formula di Huygens-Steiner *[17, 34]*

$$I_u = I_{u_C} + m\Delta^2, \tag{4.16}$$

dove Δ indica la distanza tra gli assi u, u_C.

Dimostrazione. Consideriamo un versore $\mathbf{u}$, parallelo sia a u che a u_C, e un qualunque punto $Q \in u$. Avremo allora, in virtù della (4.13)

$$I_u = \sum_{i\in I} m_i\, d^2(P_i, u) = \sum_{i\in I} m_i\, |QP_i \wedge \mathbf{u}|^2.$$

Utilizzando (vedi (1.1) a pagina 3) l'identità $QP_i = QC + CP_i$ possiamo riscrivere il momento di inerzia rispetto ad u come segue

$$\begin{aligned} I_u &= \sum_{i\in I} m_i \left|(QC + CP_i) \wedge \mathbf{u}\right|^2 \\ &= \sum_{i\in I} m_i \left(QC \wedge \mathbf{u} + CP_i \wedge \mathbf{u}\right) \cdot \left(QC \wedge \mathbf{u} + CP_i \wedge \mathbf{u}\right) \\ &= \sum_{i\in I} m_i \left[\left|QC \wedge \mathbf{u}\right|^2 + 2(CP_i \wedge \mathbf{u}) \cdot (QC \wedge \mathbf{u}) + \left|CP_i \wedge \mathbf{u}\right|^2\right]. \end{aligned} \tag{4.17}$$

Il primo addendo nella (4.17) si semplifica considerando che $|QC \wedge \mathbf{u}|$ fornisce proprio la distanza di C dall'asse u, ovvero la distanza Δ tra gli assi u, u_C. Questo addendo fornisce quindi $m\Delta^2$.

Il secondo addendo nella (4.17) risulta nullo. Infatti, portando fuori dalla sommatoria tutti i fattori indipendenti dall'indice di somma i, rimane da calcolare $\sum_i m_i CP_i$. Usando la (4.8) si ricava che $\sum_i m_i CP_i = m\,CC = \mathbf{0}$.

Il terzo e ultimo addendo in (4.17) fornisce I_{u_C}, da cui la tesi. □

Proposizione 4.15 (Momenti di inerzia di assi concorrenti). *Scelto un qualunque sistema di riferimento con origine in* Q *e assi* $\{\mathbf{i}, \mathbf{j}, \mathbf{k}\}$, *definiamo la* matrice di inerzia $\mathbf{I}_Q$, *rispetto al polo* Q, *di elementi*

$$\begin{pmatrix} I_x & I_{xy} & I_{xz} \\ I_{xy} & I_y & I_{yz} \\ I_{xy} & I_{yz} & I_z \end{pmatrix}, \tag{4.18}$$

dove gli elementi diagonali I_x, I_y, I_z *rappresentano i momenti di inerzia rispetto agli assi coordinati (vedi* (4.14)*), mentre*

$$I_{xy} = -\sum_{i\in I} m_i\, x_i\, y_i, \qquad I_{xz} = -\sum_{i\in I} m_i\, x_i\, z_i, \qquad I_{yz} = -\sum_{i\in I} m_i\, y_i\, z_i \tag{4.19}$$

sono i prodotti di inerzia, *costruiti attraverso le coordinate di tutti i punti rispetto all'origine* Q.

Scelto un qualunque asse u, *parallelo al versore* $\mathbf{u} = u_x\,\mathbf{i} + u_y\,\mathbf{j} + u_z\,\mathbf{k}$ *e passante per* Q, *il momento d'inerzia del sistema materiale rispetto a* u *risulta*

$$I_{Qu} = \mathbf{u}\cdot(\mathbf{I}_Q\mathbf{u}) = I_x\,u_x^2 + I_y\,u_y^2 + I_z\,u_z^2 + 2I_{xy}\,u_x u_y + 2I_{xz}\,u_x u_z + 2I_{yz}\,u_y u_z. \tag{4.20}$$

Dimostrazione. Il risultato (4.20) si dimostra sostituendo l'espressione (4.13) nella Definizione (4.12), e svolgendo i relativi calcoli. Si ha infatti

$$I_u = \sum_i m_i\, d^2(P_i, u) = \sum_i m_i\, |QP_i \wedge \mathbf{u}|^2.$$

Ponendo poi $QP_i = x_i\,\mathbf{i} + y_i\,\mathbf{j} + z_i\,\mathbf{k}$ e $\mathbf{u} = u_x\,\mathbf{i} + u_y\,\mathbf{j} + u_z\,\mathbf{k}$, si ottiene

$$QP_i \wedge \mathbf{u} = (y_i u_z - z_i u_y)\,\mathbf{i} + (z_i u_x - x_i u_z)\,\mathbf{j} + (x_i u_y - y_i u_x)\,\mathbf{k}$$

e quindi, sviluppando i quadrati e raccogliendo i termini omogenei nelle componenti di $\mathbf{u}$,

$$\begin{aligned} I_u = {}& \underbrace{\Big(\sum_i m_i\,(y_i^2 + z_i^2)\Big)}_{I_x} u_x^2 + \underbrace{\Big(\sum_i m_i\,(x_i^2 + z_i^2)\Big)}_{I_y} u_y^2 + \underbrace{\Big(\sum_i m_i\,(x_i^2 + y_i^2)\Big)}_{I_z} u_z^2 \\ & + 2\underbrace{\Big(-\sum_i m_i\, x_i y_i\Big)}_{I_{xy}} u_x u_y + 2\underbrace{\Big(-\sum_i m_i\, x_i z_i\Big)}_{I_{xz}} u_x u_z + 2\underbrace{\Big(-\sum_i m_i\, y_i z_i\Big)}_{I_{yz}} u_y u_z. \qquad \square \end{aligned}$$

Ricordiamo infine che nel moltiplicare righe per colonne la matrice di inerzia (4.18) per il versore $\mathbf{u}$ si ottiene

$$\begin{aligned} \mathbf{I}_Q\mathbf{u} = {}& \big(I_x\,u_x + I_{xy}\,u_y + I_{xz}\,u_z\big)\mathbf{i} + \big(I_{xy}\,u_x + I_y\,u_y + I_{yz}\,u_z\big)\mathbf{j} \\ & + \big(I_{xz}\,u_x + I_{yz}\,u_y + I_z\,u_z\big)\mathbf{k}. \end{aligned} \tag{4.21}$$

L'espressione presente nella (4.20) si ottiene infine moltiplicando scalarmente la (4.21) per $\mathbf{u}$.

Osservazione (Sistemi piani). Consideriamo un sistema materiale contenuto nel piano coordinato $\Pi_0 = \{P \in \mathcal{E} : z_P = OP \cdot \mathbf{k} = 0\}$. Per questo tipo di sistemi abbiamo già osservato (vedi (4.15)) che $I_z = I_x + I_y$ per qualunque terna di assi centrati in punti $Q \in \Pi_0$. Inoltre, ogni sistema materiale contenuto in Π_0 avrà necessariamente nulli i prodotti di inerzia I_{xz} e I_{yz}. Usando inoltre la relazione $u_x^2 + u_y^2 + u_z^2 = 1$ per eliminare u_z^2 dalla (4.20) otteniamo infine

$$I_u = I_x (1 - u_y^2) + 2 I_{xy}\, u_x u_y + I_y (1 - u_x^2).$$

La relazione così ricavata si semplifica ulteriormente se siamo interessati a determinare i momenti di inerzia rispetto ad assi u contenuti nel piano del sistema. In tal caso possiamo porre $\mathbf{u} = u_x \mathbf{i} + u_y \mathbf{j} = \cos\theta\, \mathbf{i} + \sin\theta\, \mathbf{j}$, con θ angolo tra $\mathbf{u}$ e $\mathbf{i}$, e otteniamo

$$I_u(\theta) = I_x \cos^2\theta + 2 I_{xy} \sin\theta \cos\theta + I_y \sin^2\theta. \tag{4.22}$$

Esercizio

4.24 (Formula di Huygens-Steiner per prodotti di inerzia). Dimostrare che, considerati due assi ortogonali x, y passanti per un punto qualunque Q, vale la seguente formula di trasposizione per il relativo prodotto di inerzia

$$I_{Qxy} = I_{Cxy} - m \Delta_x \Delta_y, \tag{4.23}$$

dove I_{Cxy} è il prodotto di inerzia relativo agli assi paralleli a x, y passanti per il centro di massa C, mentre Δ_x, Δ_y sono le componenti del vettore CQ lungo le direzioni x, y.

Soluzione. Posti $\mathbf{i},\mathbf{j}$ due versori paralleli agli assi considerati si ha per definizione

$$I_{Qxy} = -\sum_i m_i (QP_i \cdot \mathbf{i})(QP_i \cdot \mathbf{j}),$$

poiché le coordinate x_i, y_i che formano parte della definizione di prodotto di inerzia vanno calcolate rispetto al punto Q dove gli assi si incrociano. Utilizzando la proprietà $QP_i = QC + CP_i$ si ha

$$I_{Qxy} = -\sum_i m_i \big((QC + CP_i) \cdot \mathbf{i}\big)\big((QC + CP_i) \cdot \mathbf{j}\big).$$

Sviluppando le somme, e portando fuori da ogni addendo i termini non dipendenti dall'indice di somma, abbiamo

$$\begin{aligned} I_{Qxy} = &- \underbrace{\Big(\sum_i m_i\Big)}_{m} \underbrace{(QC \cdot \mathbf{i})(QC \cdot \mathbf{j})}_{\Delta_x \Delta_y} - (QC \cdot \mathbf{i}) \underbrace{\Big(\sum_i m_i CP_i\Big)}_{0} \cdot \mathbf{j} - \underbrace{\Big(\sum_i m_i CP_i\Big)}_{0} \cdot \mathbf{i} (QC \cdot \mathbf{j}) \\ &- \sum_i m_i (CP_i \cdot \mathbf{i})(CP_i \cdot \mathbf{j}) = I_{Cxy} - m \Delta_x \Delta_y. \end{aligned}$$

□

4.25 (Matrice di inerzia). Dimostrare che la matrice di inerzia definita attraverso le (4.18) e (4.19) soddisfa

$$\mathbf{I}_Q\mathbf{u} = \Big(\sum_{i\in I} m_i (QP_i)^2\Big)\mathbf{u} - \sum_{i\in I} m_i (QP_i\cdot\mathbf{u})\, QP_i \qquad \text{per ogni } \mathbf{u}. \tag{4.24}$$

La matrice di inerzia consente di calcolare qualunque momento e qualunque prodotto di inerzia attraverso le formule

$$I_u = \mathbf{u}\cdot(\mathbf{I}_Q\mathbf{u}), \qquad I_{uv} = \mathbf{u}\cdot(\mathbf{I}_Q\mathbf{v}) \qquad (\mathbf{u}\perp\mathbf{v}\ \text{versori}). \tag{4.25}$$

Soluzione. Per dimostrare la (4.24) si sceglie una terna ortonormale $\{\mathbf{i},\mathbf{j},\mathbf{k}\}$ e si esprimono $QP_i = x_i\,\mathbf{i}+y_i\,\mathbf{j}+z_i\,\mathbf{k}$ e $\mathbf{u} = u_x\,\mathbf{i}+u_y\,\mathbf{j}+u_z\,\mathbf{k}$. Sostituendo nell'espressione proposta (4.24) si riconoscono tutti i termini presenti nella (4.21).

La prima delle (4.25) coincide con la (4.20), già dimostrata. La seconda si ottiene utilizzando la (4.24), nonché la condizione di ortogonalità tra **u** e **v**, che implica $\mathbf{u}\cdot\mathbf{v} = 0$. Risulta in particolare, come già notato nell'Esercizio 4.24, $I_{uv} = -\sum_i m_i (QP_i\cdot\mathbf{u})\,(QP_i\cdot\mathbf{v})$.

4.26. Dimostrare che le formule di Huygens-Steiner (4.16), (4.23) implicano

$$\mathbf{I}_Q\mathbf{u} = \mathbf{I}_C\mathbf{u} + m\,CQ\wedge(\mathbf{u}\wedge CQ) \qquad (C,\ \text{centro di massa}). \tag{4.26}$$

4.27 (Momento polare di inerzia). Dimostrare che la traccia della matrice di inerzia coincide con il doppio del *momento polare di inerzia*, definito come

$$I_O = \sum_{i\in I} m_i\,(OP_i)^2. \tag{4.27}$$

4.5 Assi principali di inerzia

La Proposizione 4.15 mostra che la matrice di inerzia ricopre un ruolo cruciale nella determinazione dei momenti di inerzia di un sistema materiale, in quanto consente di ricavare gli infiniti momenti di inerzia relativi alla rosa di assi concorrenti in un punto a partire da tre momenti di inerzia rispetto ad assi ortogonali (elementi diagonali della matrice) più tre prodotti di inerzia (elementi fuori diagonale).

Tale matrice è, per costruzione, simmetrica. Il teorema spettrale (vedi pagina 260) garantisce allora che esiste una base ortogonale, ovvero tre assi mutuamente ortogonali passanti per Q, tale che in tale base la matrice diventa diagonale. L'individuazione di tali assi semplifica ulteriormente il calcolo dei momenti di inerzia, in quanto una volta conosciuta la base che diagonalizza $\mathbf{I}_Q$ il calcolo di qualunque momento di inerzia segue dalla conoscenza di sole tre quantità (i tre momenti di inerzia che giacciono sulla diagonale)

Prima di proseguire invitiamo il lettore a rivedere il materiale contenuto nell'Appendice § A.2 (vedi pagina 258), dove si richiamano elementi quali: matrice associata a una trasformazione lineare in una data base, diagonalizzazione di trasformazioni lineari, definizione e ruolo di autovalori e autovettori nella diagonalizzazione.

Definizione 4.16 (Assi principali di inerzia). *Un asse u si dice* principale di inerzia in Q *per un sistema materiale se i vettori paralleli ad esso sono autovettori della matrice di inerzia di quel sistema rispetto a Q, ovvero se, scelto un versore* $\mathbf{u}$ *parallelo all'asse, vale* $\mathbf{I}_Q\mathbf{u} = I_u\,\mathbf{u}$. *Lo scalare I_u, che in base alla* (4.20) *coincide con il momento di inerzia rispetto all'asse principale u, si chiama* momento principale di inerzia.

Gli assi e momenti principali si dicono centrali *se riferiti ad assi passanti per il centro di massa.*

Proposizione 4.17 (Identificazione di assi principali). *Un asse u è principale di inerzia in Q per un sistema materiale se e solo se, scelta una qualunque base ortogonale avente come elemento un versore* $\mathbf{u}$ *parallelo a u, i due prodotti di inerzia che coinvolgono l'asse u si annullano.*

Inoltre, l'elemento diagonale corrispondente a $\mathbf{u}$*, ovvero il suo autovalore, fornisce il relativo momento principale di inerzia.*

Dimostrazione. Per definizione dire che un asse u, di versore $\mathbf{u}$, è principale in Q significa che $\mathbf{I}_Q\mathbf{u} = I_u\mathbf{u}$.

Scegliamo una base ortogonale avente $\mathbf{u}$, per esempio, come primo elemento. Come richiamato a pagina 258, le colonne di una matrice forniscono le componenti delle immagini dei versori della base, cosicché la prima colonna rappresenterà $\mathbf{I}_Q\mathbf{u}$. La condizione $\mathbf{I}_Q\mathbf{u} = I_u\mathbf{u}$ si traduce allora nella condizione che la prima colonna di $\mathbf{I}_Q$ abbia elemento diagonale pari a I_u, e elementi fuori diagonale nulli.

In altre parole, $\mathbf{u}$ è parallelo a un asse principale se e solo se gli elementi fuori diagonale (prodotti d'inerzia) sono nulli e quello diagonale (momento di inerzia) è pari all'autovalore I_u. □

La ricerca degli assi principali può procedere attraverso le normali procedure di diagonalizzazione richiamate in § A.2 (vedi pagina 260). Le seguenti proposizioni possono comunque semplificare la loro ricerca in diversi casi, ivi compresi sistemi dotati di simmetrie materiali (vedi Definizione 4.10).

Proposizione 4.18 (Assi principali e momenti di inerzia). *Si consideri il fascio di assi passanti per un punto Q di un sistema materiale. Il massimo e il minimo momento di inerzia all'interno di tale fascio si realizza rispetto a due assi principali di inerzia.*

Dimostrazione. Siano $\{x_Q, y_Q, z_Q\}$ tre assi principali in cui, ordinati dimodoché i rispettivi momenti di inerzia siano $I_{Qx} \le I_{Qy} \le I_{Qz}$. Essendo nulli i relativi prodotti di inerzia, la (4.20) implica che il momento di inerzia relativo a un qualunque asse u_Q, passante per Q e parallelo al versore $\mathbf{u} = \{u_x, u_y, u_z\}$, è dato da

$$I_{Qu} = I_{Qx}\,u_x^2 + I_{Qy}\,u_y^2 + I_{Qz}\,u_z^2.$$

Essendo $u_x^2 + u_y^2 + u_z^2 = 1$ possiamo anche scrivere

$$I_{Qu} = I_{Qx} + \left(I_{Qy} - I_{Qx}\right) u_y^2 + \left(I_{Qz} - I_{Qx}\right) u_z^2 \qquad \text{oppure}$$
$$I_{Qu} = I_{Qz} - \left(I_{Qz} - I_{Qx}\right) u_x^2 - \left(I_{Qz} - I_{Qy}\right) u_y^2.$$

In virtù della disuguaglianza supposta tra i momenti principali di inerzia, la prima espressione mostra che $I_{Qu} \geq I_{Qx}$, mentre la seconda implica $I_{Qu} \leq I_{Qz}$. □

Proposizione 4.19 (Simmetria materiale e assi principali). *Se un sistema possiede un piano di simmetria materiale, ogni asse ortogonale ad esso risulta principale di inerzia rispetto a ogni suo punto Q.*

Dimostrazione. Supponiamo che il piano π sia di simmetria materiale per un sistema materiale $\mathcal{M}$. Sia $Q \in \pi$, e consideriamo una qualunque base ortogonale $\{\mathbf{i}, \mathbf{j}, \mathbf{k}\}$, con $\mathbf{k} \perp \pi$. Allora, rispetto a Q, $I_{xz} = I_{yz} = 0$. Infatti, nelle somme $\sum_i m_i x_i z_i$, e $\sum_i m_i y_i z_i$, a ogni addendo con un dato valore di massa e coordinate corrisponde un altro addendo uguale e opposto, per via del cambio di segno nella coordinata lungo $\mathbf{k}$. □

Le proprietà di simmetria appena riconosciute hanno importanti applicazioni, che analizziamo nell'esempio di seguito.

Esempio (Assi principali di sistemi piani). Tutti i sistemi piani hanno un piano di simmetria, ovvero il piano Π_0 che li contiene. Di conseguenza, uno dei tre assi principali rispetto a qualunque punto $Q \in \Pi_0$ è l'asse $\mathbf{k} \perp \Pi_0$.

Quando un sistema piano possiede un ulteriore piano di simmetria (e, di conseguenza, un asse di simmetria materiale come definito a pagina 87), risulta automaticamente possibile individuare i due rimanenti assi principali di inerzia rispetto a qualunque punto Q dell'asse di simmetria materiale: si tratta dell'asse $\mathbf{i}$, parallelo all'asse di simmetria materiale, e dell'asse $\mathbf{j} = \mathbf{k} \wedge \mathbf{i}$, ortogonale ai due primi.

Questa osservazione basta per individuare gli assi principali di inerzia dei sistemi omogenei illustrati in Figura 4.7. Osserviamo comunque che, anche in presenza di un asse di simmetria materiale u, non è in generale possibile individuare, sulla base di sole considerazioni di simmetria, gli assi principali rispetto a punti esterni a u.

La seguente Proposizione mostra come la diagonalizzazione della matrice di inerzia, e la conseguente identificazione degli assi principali, si possa effettuare con semplici calcoli analitici ogni volta che le considerazioni di simmetria abbiano permesso di identificare un asse principale. Quanto segue è quindi di particolare utilità nel caso dei sistemi piani, in quanto per questi sistemi sappiamo a priori che l'asse ortogonale al piano del sistema è principale di inerzia rispetto a tutti i punti del piano stesso.

Proposizione 4.20 (Determinazione analitica degli assi principali). *Si consideri un punto Q di un sistema materiale. Sia z un asse principale di inerzia rispetto a Q,*

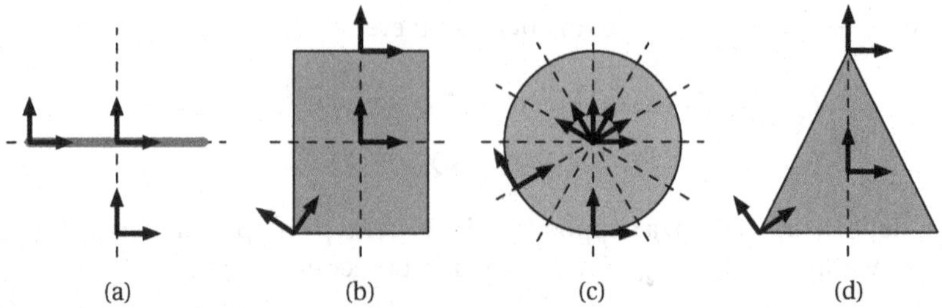

Figura 4.7 Esempi di sistemi omogenei simmetrici (a, segmento; b, rettangolo; c, cerchio; d, triangolo isoscele), e assi principali di inerzia rispetto a diversi loro punti. Gli assi tratteggiati in figura sono di simmetria materiale; i versori indicati sono paralleli agli assi principali di inerzia nei punti dove sono applicati

e siano (x, y) *una qualunque coppia di assi, ortogonali sia tra di loro che a* z*. Siano* I_x, I_y *i rispettivi momenti di inerzia, e* I_{xy} *il relativo prodotto di inerzia.*

Il sistema possiede due assi principali di inerzia nel piano (x, y)*. L'angolo* θ *che uno di tali assi forma con l'asse* x *(l'altro asse principale determinerà lo stesso angolo con l'asse* y*, ovvero l'angolo* $\theta + \frac{\pi}{2}$ *con l'asse* x*) si può determinare come segue.*

- *Se* $I_x = I_y$*, e* $I_{xy} = 0$*, tutti gli assi del piano* (x, y) *sono principali.*
- *Se* $I_x = I_y$*, e* $I_{xy} \neq 0$*, gli assi principali sono le bisettrici degli assi* (x, y)*.*
- *Se* $I_x \neq I_y$*, l'angolo* θ *soddisfa*

$$\tan 2\theta = \frac{2I_{xy}}{I_x - I_y}.$$

I rispettivi momenti di inerzia valgono

$$I_{\substack{min \\ max}} = \frac{1}{2}\left(I_x + I_y \mp \sqrt{(I_x - I_y)^2 + 4I_{xy}^2}\right). \tag{4.28}$$

Dimostrazione. Identifichiamo un versore generico $\mathbf{u}$, nel piano (x, y), attraverso l'angolo che esso forma con l'asse x: $\mathbf{u} = \cos\theta\,\mathbf{i} + \sin\theta\,\mathbf{j}$. L'asse parallelo a $\mathbf{u}$ è principale di inerzia se e solo se è autovettore della matrice di inerzia $\mathbf{I}_Q$, ovvero $\mathbf{I}_Q\mathbf{u} \parallel \mathbf{u}$. Ricordando le proprietà del prodotto vettoriale, possiamo esprimere tale condizione come $\mathbf{I}_Q\mathbf{u} \wedge \mathbf{u} = \mathbf{0}$. Calcoliamo esplicitamente il prodotto vettoriale richiesto, utilizzando l'espressione (4.18) per la matrice di inerzia (e ricordando che, essendo z asse principale, $I_{xz} = I_{yz} = 0$). Avremo

$$\mathbf{I}_Q\mathbf{u} \wedge \mathbf{u} = \Big((I_x - I_y)\sin\theta\cos\theta - I_{xy}(\cos^2\theta - \sin^2\theta)\Big)\mathbf{k}$$

da cui segue che l'asse $\mathbf{u}$ è principale di inerzia se e solo se l'angolo θ che lo identifica soddisfa

$$(I_x - I_y)\sin 2\theta - 2I_{xy}\cos 2\theta = 0. \tag{4.29}$$

L'analisi delle soluzioni dell'equazione (4.29) al variare dei coefficienti (I_x, I_y, I_{xy}) fornisce i risultati enunciati nella Proposizione.

Per dimostrare che i momenti principali di inerzia sono forniti dalla (4.28) basta trovare gli autovalori della matrice di inerzia. Utilizzando nuovamente la condizione $I_{xz} = I_{yz} = 0$ si ottiene

$$\det\begin{pmatrix} I_x - \lambda & I_{xy} & 0 \\ I_{xy} & I_y - \lambda & 0 \\ 0 & 0 & I_z - \lambda \end{pmatrix} = -(\lambda - I_z)\big(\lambda^2 - (I_x + I_y)\lambda + I_x I_y - I_{xy}^2\big). \tag{4.30}$$

I valori (4.28) sono le radici del (fattore quadratico del) polinomio caratteristico (4.30). □

Esercizi

4.28. Calcolare il momento d'inerzia dei sistemi omogenei (supposti di massa m) illustrati in Figura 4.7 rispetto ai loro assi di simmetria materiale, supponendo che: (a) l'asta abbia lunghezza ℓ; (b) il rettangolo abbia lati a, b; (c) il cerchio abbia raggio R; (d) il triangolo isoscele abbia base b e altezza h.

4.29. Determinare il momento di inerzia di un'asta omogenea di lunghezza ℓ e massa m, rispetto a un asse che formi un angolo θ con l'asta stessa e intersechi l'asta a distanza s dal suo centro.

4.30. Determinare il momento di inerzia di una lamina rettangolare omogenea di lati a, b e massa m, rispetto alla diagonale.

4.31. Determinare il momento di inerzia di una lamina triangolare omogenea massa m, rispetto a un suo lato, sapendo che la relativa altezza vale h.

4.32. Determinare il momento di inerzia di una lamina triangolare omogenea massa m, rispetto a una sua altezza, sapendo che essa divide la relativa base in due segmenti di lunghezza b_1, b_2.

4.33. Determinare i momenti principali di inerzia nel centro di un settore di corona circolare omogeneo di massa m, raggio interno $\overline{R}(1-\Delta)$, raggio esterno $\overline{R}(1+\Delta)$ e ampiezza angolare θ (vedi Fig. 4.5 a pagina 90).

4.34. Determinare i momenti principali di inerzia nel centro di massa dei seguenti solidi omogenei di massa m: parallelepipedo di lati a, b, c; cilindro di raggio R e altezza H; sfera di raggio R.

4.35. Determinare i momenti principali di inerzia nel centro della base di un cono circolare retto omogeneo di raggio di base R e altezza H.

4.36. Si consideri un generico sistema materiale. Siano $\{x_C, y_C, z_C\}$ una terna di assi principali rispetto al suo centro di massa, e $\{x_Q, y_Q, z_Q\}$ una terna di assi principali rispetto a un punto generico Q. Quando succede che uno o più degli assi della seconda terna sono paralleli a quelli della prima?

Suggerimento. Si utilizzi il risultato dimostrato nell'Esercizio 4.23.

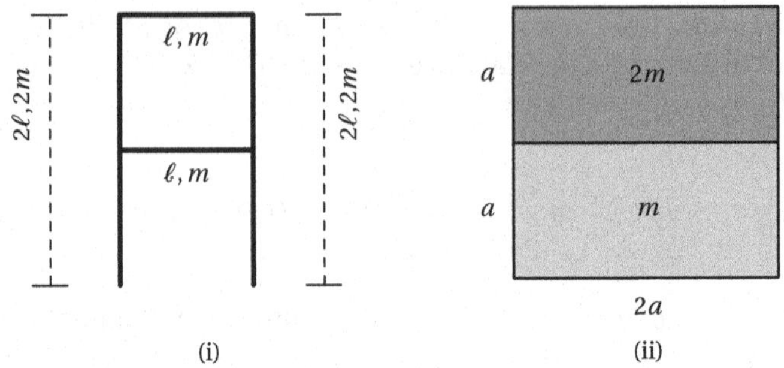

Figura 4.8 Sistema di aste (Esercizio 4.38) e sistema di due lamine (Esercizio 4.39)

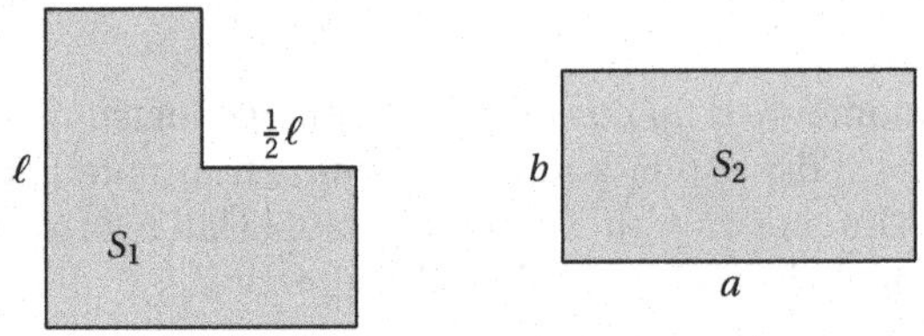

Figura 4.9 Lamine di cui all'Esercizio 4.40

4.37. Determinare gli assi principali di inerzia di una lamina rettangolare omogenea di lati a, b, rispetto a un suo vertice.

4.38. Si consideri un sistema composto da quattro aste omogenee, due di lunghezza ℓ e massa m, e due di lunghezza 2ℓ e massa $2m$, disposte come in Figura 4.8(i). Identificare, tra tutti gli assi che intersecano il sistema, quelli di minor e di maggior momento di inerzia.

4.39. Determinare il minor momento di inerzia di una lamina quadrata composta da due lamine rettangolari omogenee (vedi Fig. 4.8(ii)), aventi lati $a, 2a$, e masse m (quella inferiore), $2m$ (quella superiore).

4.40. Un sistema S_1 è composto da una lamina quadrata, omogenea di lato ℓ e densità ρ, dalla quale è stato ritagliato un quadrato di lato $\frac{1}{2}\ell$ avente lati paralleli alla lamina iniziale e un vertice in comune (vedi Fig. 4.9).

Determinare quale debba essere la lunghezza dei lati di una lamina rettangolare S_2, omogenea di densità ρ, se si vuole che S_2 abbia in comune con S_1 il valore dei momenti principali di inerzia nei rispettivi centri di massa.

4.6 Soluzioni degli esercizi

4.1 Scelto un qualunque polo Q si ha $\quad QR(\lambda) \wedge \mathbf{v} = (QP + \lambda \mathbf{v}) \wedge \mathbf{v} = QP \wedge \mathbf{v}$.

4.2 Notiamo preliminarmente che un vettore applicato ha momento nullo rispetto a qualunque polo appartenente alla sua retta di applicazione, in quanto ha braccio nullo rispetto ad essa. Un sistema di vettori applicati concorrenti in Q avrà quindi momento risultante nullo rispetto a Q: $\mathbf{M}_Q = \mathbf{0}$. A questo punto la (4.1) dimostra che il sistema ha momento nullo anche rispetto a tutti e soli i poli appartenenti alla retta passante per Q e parallela a $\mathbf{R}$.

4.3 Detto π il piano che contiene i poli e la retta di applicazione del vettore applicato $(P, \mathbf{v})$, il momento di quest'ultimo rispetto a qualunque polo in π è chiaramente ortogonale al piano stesso (vedi Fig. 4.10).

Siano $\mathbf{e}$,$\mathbf{f}$ due versori nel piano π, rispettivamente parallelo e ortogonale a $\mathbf{v}$. Qualunque sia il polo $Q \in \pi$, risulta allora possibile scomporre $QP = x\mathbf{e} + y\mathbf{f}$, e si avrà

$$QP \wedge \mathbf{v} = x \underbrace{\mathbf{e} \wedge \mathbf{v}}_{\mathbf{0}} + y \mathbf{f} \wedge \mathbf{v}.$$

Chiaramente il verso del momento cambia quando y cambia segno, ovvero a seconda se Q si trovi da una parte o dall'altra della retta di applicazione (che non è altro che il luogo di punti con $y = 0$).

4.4 Si tratta di dimostrare che se sia P^* che $\tilde{P}$ soddisfano la (4.3) allora la congiungente $P^* \tilde{P}$ deve essere parallela a $\mathbf{R}_0$.

4.5 Esistono infinite coppie $\mathscr{C} = \{(P_1, \mathbf{v}), (P_2, -\mathbf{v})\}$ che soddisfano la proprietà richiesta, ovvero

$$P_2P_1 \wedge \mathbf{v} = \mathbf{M}_{Q0} = 2v_0 a \mathbf{j}.$$

Notiamo intanto che siccome il momento risultante dipende dalla congiungente P_2P_1 possiamo scegliere la posizione di uno dei due punti a piacere, e poniamo allora $\quad P_2 = Q. \quad$ La scelta di P_1 deve soddisfare due richieste: QP_1 deve essere ortogonale a $\mathbf{j}$ (proprietà del prodotto vettoriale), e P_1 deve essere a distanza a da

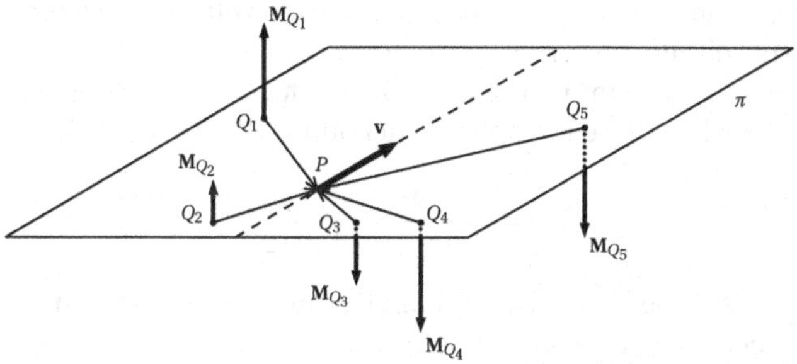

Figura 4.10 Momento di un vettore applicato rispetto a poli diversi, appartenenti a uno stesso piano π

Q (richiesto dal testo). Scegliamo per esempio $P_1 = a\mathbf{i}$, e rimane da risolvere l'equazione $a\mathbf{i} \wedge \mathbf{v} = 2v_0 a\mathbf{j}$.

Anche per $\mathbf{v}$ vi sono infinite possibili scelte. Per determinarne una, fissiamo la direzione di $\mathbf{v}$anche qui con due condizioni: che sia ortogonale a $\mathbf{j}$ (proprietà del prodotto vettoriale), e che non sia parallelo a P_2P_1 (altrimenti il prodotto vettoriale si annullerebbe). Scegliendo per esempio $\mathbf{v} = \beta\mathbf{k}$, il valore di β si determina per sostituzione:

$$a\mathbf{i} \wedge \beta\mathbf{k} = -a\beta\mathbf{j} = 2v_0 a\mathbf{j} \qquad \Longrightarrow \qquad \beta = -2v_0.$$

Una coppia con le condizioni richieste è quindi $\mathscr{C} = \{(Q + a\mathbf{i}, -2v_0\mathbf{k}), (Q, 2v_0\mathbf{k})\}$.

4.6 Sia $\mathscr{C} = \{(P_1, \mathbf{v}), (P_2, -\mathbf{v})\}$ la coppia cercata. Possiamo fissare $P_2 = Q$, e porre P_1 in qualunque posizione tale P_2P_1 sia ortogonale a $\mathbf{k}$, per esempio $P_2P_1 = a\mathbf{j}$.

Rispettando la richiesta sulla direzione di $\mathbf{v}$, poniamo $\mathbf{v} = \beta(\mathbf{i} + \mathbf{j})$ e ricaviamo

$$\beta a\mathbf{j} \wedge (\mathbf{i} + \mathbf{j}) = -\beta a\mathbf{k} = -v_0 a\mathbf{k} \qquad \Longrightarrow \qquad \beta = v_0.$$

Una coppia con le condizioni richieste è $\mathscr{C} = \{(Q + a\mathbf{j}, v_0(\mathbf{i} + \mathbf{j})), (Q, -v_0(\mathbf{i} + \mathbf{j}))\}$.

4.7 Entrambe le operazioni mantengono evidentemente invariato il risultante. Per verificare l'equivalenza basta quindi controllare che entrambe le operazioni preservino il momento risultante.

(i) Sostituzione di $\{(\tilde{P}, \mathbf{v}_1), \ldots, (\tilde{P}, \mathbf{v}_n)\}$ con $(\tilde{P}, \sum_i \mathbf{v}_i)$

$$\mathbf{M}_Q = \sum_i Q\tilde{P} \wedge \mathbf{v}_i = Q\tilde{P} \wedge \sum_i \mathbf{v}_i.$$

(ii) Traslazione di un vettore lungo la sua retta di applicazione: vedi Esercizio 4.1.

4.8 Come dimostrato nell' Esercizio 4.2, i vettori concorrenti in un punto Q hanno $\mathbf{M}_Q = \mathbf{0}$. Di conseguenza, $\mathscr{I} = \mathbf{R} \cdot \mathbf{M}_Q = 0$ quale che sia il risultante.

4.9 Le condizioni enunciate assicurano che il risultante $\mathbf{R}$ applicato nel punto P^* è equivalente al sistema originale in quanto possiede sia lo stesso risultante che lo stesso momento rispetto al punto P_* identificato.

4.10 Essendo piano, il sistema è riducibile a un solo vettore ogni volta che il risultante sia diverso da zero, ovvero per ogni $\alpha \neq 2$.

Supposto $\alpha \neq 2$ calcoliamo $\mathbf{R} = (\alpha - 2)\mathbf{i}$ e $\mathbf{M}_O = 4a\mathbf{k}$. Il sistema proposto è equivalente al solo vettore $\mathbf{R}$, applicato nel punto P^* che soddisfa

$$OP^* = \frac{\mathbf{R} \wedge \mathbf{M}_O}{R^2} = -\frac{4a}{\alpha - 2}\mathbf{j}.$$

Nel caso $\alpha = 2$ bisogna determinare una coppia di momento $\mathbf{M}_O = 4a\mathbf{k}$. Una tra le infinite scelte è data dal seguente sistema:

$\mathbf{w}_1 = -4\mathbf{j}$ applicato in $OQ_1 = \mathbf{0}$
$\mathbf{w}_2 = 4\mathbf{j}$ applicato in $OQ_2 = a\mathbf{i}$.

4.11 Il sistema considerato ha vettori caratteristici $\mathbf{R} = 2\mathbf{j} + \mathbf{k}$, $\mathbf{M}_O = a(\mathbf{j} - \mathbf{k})$, per cui l'invariante scalare vale $\mathscr{I} = a$.

- Il sistema richiesto si ottiene applicando il risultante nel punto P^* tale che

$$OP^* = \frac{\mathbf{R} \wedge \mathbf{M}_O}{R^2} = -\frac{3a}{5}\mathbf{i},$$

  e completando il sistema con una coppia di momento

$$\mathbf{M}_{O\parallel} = \frac{\mathscr{I}}{R^2}\mathbf{R} = \frac{a}{5}(2\mathbf{j} + \mathbf{k}).$$

  Una tale coppia può essere ottenuta in infiniti modi, uno dei quali è
  $\mathbf{w}_1 = -\mathbf{i}$ applicato in $OQ_1 =$ arbitrario
  $\mathbf{w}_2 = \mathbf{i}$ applicato in $OQ_2 = OQ_1 + Q_1Q_2 = OQ_1 + \frac{1}{5}a(-\mathbf{j} + 2\mathbf{k})$.
  Si noti che i vettori $\mathbf{w}_i$ sono arbitrari purché ortogonali al momento richiesto. Anche la posizione di Q_1 è arbitraria, mentre quella di Q_2 deve soddisfare che anche Q_1Q_2 abbia direzione ortogonale al momento richiesto, ma diversa da quella di $\mathbf{w}_i$. A quel punto lo scalare che moltiplica Q_1Q_2 si determina richiedendo $Q_1Q_2 \wedge \mathbf{w}_2 = \mathbf{M}_{O\parallel}$.
- Utilizzando l'arbitrarietà di Q_1 basta scegliere $Q_1 = P^*$ e successivamente sostituire $\mathbf{R}$ e $\mathbf{w}_1$ (aventi entrambi lo stesso punto di applicazione) con la loro somma, come da prima operazione invariantiva nell'Esercizio 4.7. Si ottiene così il seguente sistema:
  $-\mathbf{i} + 2\mathbf{j} + \mathbf{k}$ applicato in $OP^* = -\frac{3}{5}a\mathbf{i}$
  $\mathbf{i}$ applicato in $OQ_2 = \frac{1}{5}a(-3\mathbf{i} - \mathbf{j} + 2\mathbf{k})$.

4.12 L'equazione (4.6) dimostra che il momento del risultante $\mathbf{R}$ applicato in C coincide con il momento risultante del sistema di vettori paralleli, in quanto

$$\mathbf{M}_Q = \Big(\sum_i v_i\, QP_i\Big) \wedge \mathbf{k} = v_{\text{tot}}\, QC \wedge \mathbf{k} = QC \wedge \mathbf{R}.$$

4.13 La Definizione (4.8) comporta che la posizione del centro di massa si ottiene come combinazione lineare convessa delle posizioni dei punti del sistema, in quanto ogni vettore posizione è moltiplicato per il coefficiente $0 \le m_i/m \le 1$, e la somma dei coefficienti è pari a 1. La Proposizione A.3 implica quindi che il centro di massa si trova nell'inviluppo convesso dei punti del sistema.

4.14 Consideriamo separatamente i vari casi.

- Cerchio di centro O e raggio r. Sono di simmetria il piano contenente il cerchio, e tutti gli infiniti piani ortogonali al cerchio e passanti per uno dei suoi diametri. Il centro di massa è quindi O.
- Quadrato di vertice A e lati di lunghezza ℓ paralleli a $\mathbf{i}, \mathbf{j}$ (con $\mathbf{i} \perp \mathbf{j}$). Sono di simmetria cinque piani: quello contenente il quadrato, i due ortogonali ad esso e passanti per i punti medi di due lati opposti, e i due ortogonali ad esso e passanti per le diagonali. Il centro di massa è quindi $AC = \frac{1}{2}\ell(\mathbf{i} + \mathbf{j})$.

- Rettangolo di vertice A e lati di lunghezza a, b paralleli a $\mathbf{i}, \mathbf{j}$ (con $\mathbf{i} \perp \mathbf{j}$). Sono di simmetria tre piani: quello contenente il rettangolo, e i due ortogonali ad esso e passanti per i punti medi di due lati opposti. Il centro di massa è quindi $AC = \frac{1}{2}(a\mathbf{i} + b\mathbf{j})$.
- Triangolo equilatero PQR, di lato ℓ (con $PQ = \ell\,\mathbf{e}$, $PR = \ell\mathbf{f}$, $\mathbf{e}\cdot\mathbf{f} = \cos\frac{\pi}{3} = \frac{1}{2}$). Sono di simmetria quattro piani: quello contenente il triangolo, e i tre ortogonali ad esso e passanti per uno dei vertici e il punto medio del lato opposto. Il centro di massa risulta quindi $PC = \frac{1}{3}(PQ + PR) = \frac{1}{3}\ell(\mathbf{e}+\mathbf{f})$.
- Triangolo isoscele di vertice P, lati $|PQ| = |PR| = \ell$ (con $PQ = \ell\,\mathbf{e}$, $PR = \ell\mathbf{f}$), e angolo al vertice θ tale che $\mathbf{e}\cdot\mathbf{f} = \cos\theta$. Sono di simmetria due piani: quello contenente il triangolo, e quello ortogonale ad esso e passante per P e il punto medio del lato opposto QR. Non risulta possibile, sulla base delle sole considerazioni di simmetria identificare la posizione del centro di massa, che sarà comunque in una posizione $PC = x(PQ + PR) = x\ell(\mathbf{e}+\mathbf{f})$.

4.15 Il centro di massa di una lamina triangolare omogenea si trova nel punto di incontro delle mediane, e le sue coordinate sono la media aritmetica delle coordinate dei vertici.

Per dimostrarlo scegliamo un opportuno sistema di riferimento (vedi Fig. 4.11a) con origine nel vertice P e assi tali che risulti

$$PP = \mathbf{0}, \qquad PQ = \alpha\,\mathbf{i}, \qquad PR = \beta\,\mathbf{i} + \gamma\,\mathbf{j}, \qquad (\alpha, \gamma > 0).$$

Determiniamo la posizione del centro di massa usando la (4.9)

$$PC = \frac{\int_{\mathscr{B}} \rho(P)\, QP\, d\tau}{\int_{\mathscr{B}} \rho(P)\, d\tau} = \frac{\int_{\mathscr{B}} QP\, d\tau}{\text{Area}\,(\mathscr{B})}.$$

Si ha quindi

$$\begin{aligned} x_C &= \frac{2}{\alpha\gamma}\left(\int_0^\beta dx \int_0^{\gamma x/\beta} dy\, x + \int_\beta^\alpha dx \int_0^{\gamma(x-\alpha)/(\beta-\alpha)} dy\, x\right) \\ &= \frac{2}{\alpha\gamma}\left(\int_0^\beta dx \frac{\gamma x^2}{\beta} + \int_\beta^\alpha dx \frac{\gamma x(x-\alpha)}{\beta-\alpha}\right) = \frac{2}{\alpha}\left(\frac{\beta^2}{3} + \frac{\alpha^2 + \alpha\beta - 2\beta^2}{6}\right) = \frac{\alpha+\beta}{3} \\ y_C &= \frac{2}{\alpha\gamma}\left(\int_0^\beta dx \int_0^{\gamma x/\beta} dy\, y + \int_\beta^\alpha dx \int_0^{\gamma(x-\alpha)/(\beta-\alpha)} dy\, y\right) = \cdots = \frac{\gamma}{3}. \end{aligned}$$

4.16 Il trapezio è composto da un rettangolo omogeneo (di base b e altezza h) adiacente a un triangolo rettangolo omogeneo di base $(B-b)$ e altezza pari a quella del trapezio. Le aree di tali di figure sono pari rispettivamente a bh e $\frac{1}{2}(B-b)h$. Scegliendo un sistema di riferimento con origine nel vertice retto e assi paralleli

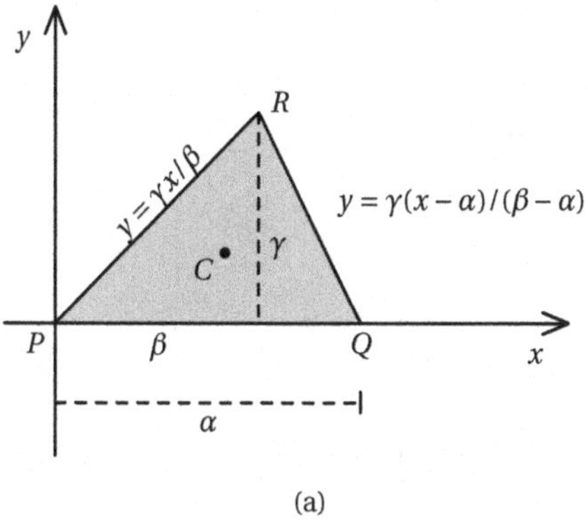

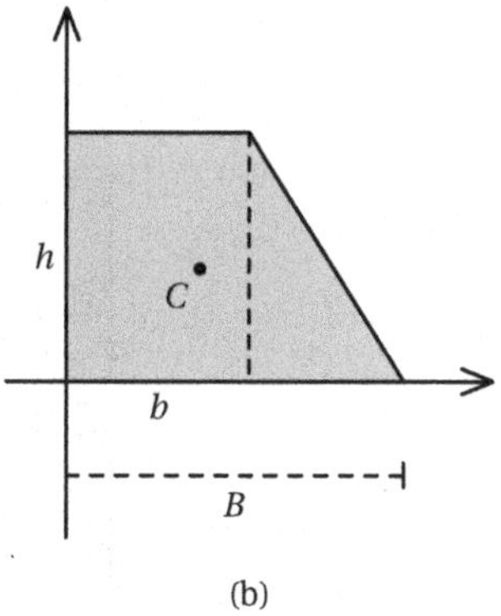

Figura 4.11 Sistemi di riferimento utilizzati negli Esercizi 4.15 e 4.16

alla base maggiore e all'altezza (vedi Fig. 4.11b) si ottiene quindi

$$x_C = \frac{bh\,\frac{1}{2}b + \frac{1}{2}(B-b)h\left(b+\frac{1}{3}(B-b)\right)}{\frac{1}{2}(B+b)h} = \frac{B^2+bB+b^2}{3(B+b)}$$

$$y_C = \frac{bh\,\frac{1}{2}h + \frac{1}{2}(B-b)h\,\frac{1}{3}h}{\frac{1}{2}(B+b)h} = \frac{B+2b}{3(B+b)}h.$$

4.17 Consideriamo un sistema di riferimento con origine nel vertice inferiore sinistro della lamina di massa m e assi paralleli ai lati delle lamine. L'asse passante per A e B è di simmetria materiale, e quindi contiene il centro di massa. Si ha inoltre

$$x_C = \frac{\frac{1}{2}am + 2am + \frac{7}{2}aM}{m+m+M} = 3a \quad \Rightarrow \quad M = 7m.$$

4.18 Consideriamo un sistema di riferimento con origine nel centro della lamina quadrata e assi paralleli ai lati della stessa, e siano (x_f, y_f) le coordinate del centro del foro. La condizione che il foro sia interno alla lamina richiede che il centro del foro sia interno al quadrato concentrico con la lamina, e lati paralleli ad essa di lunghezza $\ell - 2r$ (regione evidenziata in chiaro in Fig. 4.12).

Detta ρ la densità della lamina quadrata, utilizziamo la proprietà di composizione (in questo caso, sottrazione), con massa del quadrato pari a $\rho\ell^2$ e massa del foro pari a $-\rho\pi r^2$. la posizione del centro di massa del sistema risultante è

$$x_C = \frac{\rho\ell^2\,0 + (-\rho\pi r^2)\,x_f}{\rho\ell^2 + (-\rho\pi r^2)} = -\frac{\pi r^2}{\ell^2 - \pi r^2}\,x_f, \qquad y_C = -\frac{\pi r^2}{\ell^2 - \pi r^2}\,y_f.$$

Di conseguenza risulta possibile posizionare il centro di massa del sistema risultante in qualunque punto del quadrato concentrico con la lamina, e lati paralleli ad essa di lunghezza $\pi r^2(\ell - 2r)/(\ell^2 - \pi r^2)$ (regione interna all'area punteggiata in Fig. 4.12).

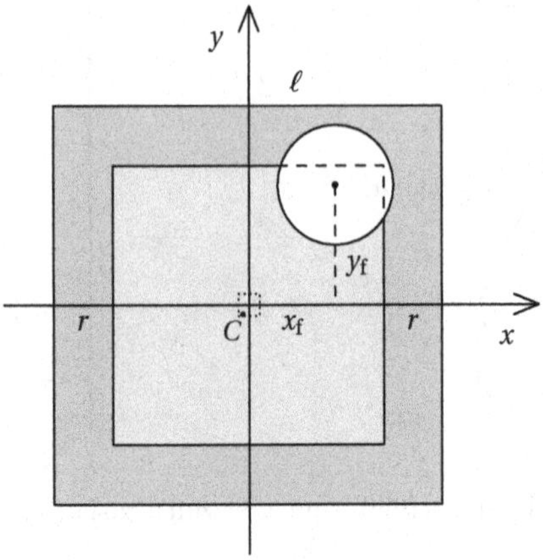

Figura 4.12 Lamina quadrata con foro circolare, Esercizio 4.18

4.19 La distanza del centro di massa dall'estremo A vale

$$x_C = \frac{\int_0^\ell k x^\alpha x\,dx}{\int_0^\ell k x^\alpha\,dx} = \frac{\alpha+1}{\alpha+2}\,\ell.$$

4.20 La massa della lamina è pari a

$$m = \int_0^a \int_0^b \rho(x,y)\,dx\,dy = \frac{1}{6} k a^2 b^3,$$

e l'ascissa del centro di massa risulta quindi

$$x_C = \frac{6}{k a^2 b^3} \int_0^a \int_0^b \rho(x,y)\,x\,dx\,dy = \frac{2}{3}\,a.$$

Analogamente, $y_C = \frac{3}{4}\,b$.

4.22 Scegliamo un sistema di riferimento con origine nel centro dell'area di base e asse **k** parallelo all'asse del cono. La regione occupata dal cono sarà allora parametrizzabile in coordinate cilindriche come $\mathcal{B} = \{P \in \mathcal{E} : 0 \le z \le H,\ 0 \le \phi \le 2\pi,\ 0 \le r \le R(1 - z/H)\}$, e sarà

$$z_C = \frac{\displaystyle\int_0^H \int_0^{2\pi} \int_0^{R(1-z/H)} z\,r\,dr\,d\phi\,dz}{\displaystyle\int_0^H \int_0^{2\pi} \int_0^{R(1-z/H)} r\,dr\,d\phi\,dz} = \frac{H}{4},$$

mentre $x_C = y_C = 0$ per simmetria.

4.23 Scegliamo un sistema di riferimento con origine in C_0, centro di massa di $\mathscr{B}_0$, e terzo asse ortogonale a Π_0, con verso di $\mathbf{k}$ scelto in modo che $z_A > 0$. La regione occupata dal cono sarà allora parametrizzabile in coordinate cilindriche come $\mathscr{B} = \{P \in \mathscr{E} : C_0P = (1-\lambda)\, C_0P_0 + \lambda\, C_0A, \text{con } 0 \le \lambda \le 1, P_0 \in \mathscr{B}_0\}$. Gli integrali necessari per determinare la posizione del centro di massa si semplificano cambiando le variabili attraverso la sostituzione delle coordinate di P, (x, y, z), con le coordinate (x_0, y_0, λ), di cui le prime due rappresentano le coordinate di P_0 nel piano Π_0. Essendo

$$x = (1-\lambda)x_0 + \lambda x_A, \qquad y = (1-\lambda)y_0 + \lambda y_A, \qquad z = \lambda z_A$$

si ha

$$\det \frac{\partial(x, y, z)}{\partial(x_0, y_0, \lambda)} = \det \begin{pmatrix} (1-\lambda) & 0 & x_A - x_0 \\ 0 & (1-\lambda) & y_A - y_0 \\ 0 & 0 & z_A \end{pmatrix} = (1-\lambda)^2 z_A.$$

Di conseguenza risulta

$$C_0C = \frac{\int_{\mathscr{B}} C_0P\, d\tau}{\int_{\mathscr{B}} d\tau} = \frac{\int_0^1 d\lambda \int_{\mathscr{B}_0} \big((1-\lambda)\, C_0P_0 + \lambda\, C_0A\big)\,(1-\lambda)^2 z_A\, dx_0\, dy_0}{\int_0^1 d\lambda \int_{\mathscr{B}_0} (1-\lambda)^2 z_A\, dx_0\, dy_0} = \frac{1}{4}\, C_0A.$$

Indipendentemente dalla forma della regione di base, il centro di massa di un cono si trova quindi a $\frac{1}{4}$ del segmento che congiunge il centro di massa dell'area di base con il vertice.

4.26 Sviluppiamo il doppio prodotto vettoriale presente nella (4.26) secondo la (A.11) (vedi pagina 253), e dimostriamo quindi l'espressione

$$\mathbf{I}_Q\mathbf{u} = \mathbf{I}_C\mathbf{u} + m\,(CQ \cdot CQ)\,\mathbf{u} - m\,(CQ \cdot \mathbf{u})\, CQ.$$

Supponiamo di conoscere la matrice di inerzia $\mathbf{I}_C$. Allora i momenti di inerzia rispetto a un qualunque asse, parallelo al versore $\mathbf{u}$ e passante per Q risultano

$$I_{Qu} = \mathbf{u} \cdot \mathbf{I}_Q\mathbf{u} = \underbrace{\mathbf{u} \cdot \mathbf{I}_C\mathbf{u}}_{I_{Cu}} + m\,\big[\underbrace{(CQ \cdot CQ) - (CQ \cdot \mathbf{u})^2}_{\Delta^2}\big],$$

in accordo con la (4.16). Analogamente per i prodotti di inerzia si ottiene

$$I_{Quv} = \mathbf{u} \cdot \mathbf{I}_Q\mathbf{v} = \underbrace{\mathbf{u} \cdot \mathbf{I}_C\mathbf{v}}_{I_{Cuv}} + m\,\big[(CQ \cdot CQ)\,\underbrace{\mathbf{u} \cdot \mathbf{v}}_{0} - \underbrace{(CQ \cdot \mathbf{u})(CQ \cdot \mathbf{v})}_{\Delta_u \Delta_v}\big],$$

in accordo con la (4.23).

4.27 Si consideri che la matrice di inerzia ha lungo le diagonale i momenti di inerzia rispetto agli assi coordinati, e si utilizzino le (4.14).

4.28 L'asta omogenea ha densità $\rho = m/\ell$. Parametrizziamo la regione occupata da essa come $\{(x, y) : y = 0, -\frac{1}{2}\ell \le x \le \frac{1}{2}\ell\}$. Il centro di massa è così nell'origine, e gli assi coordinati sono di simmetria materiale. Si avrà

$$I_x = \int_{-\frac{\ell}{2}}^{\frac{\ell}{2}} \rho\, y^2\, dx = 0, \qquad I_y = \int_{-\frac{\ell}{2}}^{\frac{\ell}{2}} \rho\, x^2\, dx = \frac{1}{12} m\ell^2, \qquad I_z = I_x + I_y = \frac{1}{12} m\ell^2.$$

La lamina rettangolare omogenea ha densità $\rho = m/(ab)$. Parametrizziamo la regione occupata da essa come $\{(x,y) : -\frac{1}{2}a \le x \le \frac{1}{2}a, -\frac{1}{2}b \le y \le \frac{1}{2}b\}$. Il centro di massa è così nell'origine, e gli assi coordinati sono di simmetria materiale. Si avrà

$$I_x = \int_{-\frac{b}{2}}^{\frac{b}{2}} dy \int_{-\frac{a}{2}}^{\frac{a}{2}} \rho\, y^2\, dx = \frac{1}{12} mb^2, \qquad I_y = \int_{-\frac{b}{2}}^{\frac{b}{2}} dy \int_{-\frac{a}{2}}^{\frac{a}{2}} \rho\, x^2\, dx = \frac{1}{12} ma^2 \tag{4.31}$$

$$I_z = I_x + I_y = \frac{1}{12} m(a^2 + b^2).$$

Il disco omogeneo ha densità $\rho = m/(\pi R^2)$. Parametrizziamo la regione occupata da esso (in coordinate polari) come $\{(r,\phi) : 0 \le r \le R, 0 \le \phi < 2\pi\}$. Il centro di massa è così nell'origine, e sono di simmetria tutti gli assi passanti per l'origine e paralleli o ortogonali a **k**. Si avrà

$$I_z = 2I_x = 2I_y = \int_0^R r\, dr \int_0^{2\pi} \rho\,(r^2 \cos^2\phi + r^2 \sin^2\phi)\, d\phi = \frac{1}{2} mr^2.$$

La lamina triangolare isoscele ha densità $\rho = m/(\frac{1}{2}bh)$. Parametrizziamo la regione occupata da esso come $\{(x,y) : -\frac{1}{2}b \le x \le \frac{1}{2}b, 0 \le y \le h(1-2|x|/b)\}$. Il centro di massa è così nel punto $OC = \frac{1}{3}h\mathbf{j}$, e risulta di simmetria solo l'asse y. Si avrà

$$I_y = \int_{-\frac{b}{2}}^{\frac{b}{2}} dx \int_0^{h(1-2|x|/b)} \rho\, x^2\, dy = \frac{1}{24} mb^2.$$

4.29 Utilizzando la (4.22) e la (4.16) si ottiene $I_s(\theta) = \left(\frac{1}{12}\ell^2 + s^2\right) m \sin^2\theta$. In particolare se l'asse passa per l'estremo dell'asta risulta $I_{\text{estr}}(\theta) = \frac{1}{3} m\ell^2 \sin^2\theta$.

4.30 Utilizzando la (4.22) si ottiene $I_{\text{diag}} = \frac{1}{6} ma^2 b^2/(a^2 + b^2)$.

4.31 Utilizziamo un sistema di riferimento con origine nel vertice A del triangolo e asse x parallelo alla base, dimodoché i vertici del triangolo hanno coordinate $AB = b\mathbf{i}$, $AC = c\mathbf{i} + h\mathbf{j}$, con c positivo o negativo. Si ottiene

$$I_{\text{base}} = \frac{2m}{bh}\left(\int_0^c dx \int_0^{hx/c} y^2 dy + \int_c^b dx \int_0^{h(b-x)/(b-c)} y^2 dy\right) = \frac{1}{6} mh^2.$$

4.32 L'altezza divide il triangolo in due triangoli rettangoli, rispettivamente di cateti h, b_1 e h, b_2. Il momento di inerzia richiesto coincide con la somma dei momenti di inerzia dei due triangoli rettangoli identificati, rispetto al cateto di lunghezza h. Utilizzando il risultato dell'Esercizio 4.31 si ottiene

$$I_{\text{alt}} = \frac{1}{6} m \frac{\frac{1}{2} h b_1}{\frac{1}{2} h (b_1 + b_2)} b_1^2 + \frac{1}{6} m \frac{\frac{1}{2} h b_2}{\frac{1}{2} h (b_1 + b_2)} b_2^2 = \frac{1}{6} m \big(b_1^2 - b_1 b_2 + b_2^2 \big).$$

Si osservi che l'espressione ottenuta vale per qualunque coppia di valori b_1, b_2 tali che $b_1 + b_2 = b > 0$, ivi compreso il caso in cui uno dei due valori sia negativo (triangolo ottuso).

4.33 Scegliamo un sistema di riferimento con origine O nel centro del settore e asse x coincidente con la sua bisettrice, che risulta anche essere asse di simmetria materiale. I momenti principali di inerzia valgono

$$\begin{aligned}
I_{Ox} &= \frac{m}{2\theta \Delta \overline{R}^2} \int_{\overline{R}(1-\Delta)}^{\overline{R}(1+\Delta)} \int_{-\frac{1}{2}\theta}^{\frac{1}{2}\theta} (r^2 \sin^2 \phi)\, r\, dr\, d\phi = \tfrac{1}{2}(1+\Delta^2) m \overline{R}^2 \big(1 - f(\theta)\big) \\
I_{Oy} &= \frac{m}{2\theta \Delta \overline{R}^2} \int_{\overline{R}(1-\Delta)}^{\overline{R}(1+\Delta)} \int_{-\frac{1}{2}\theta}^{\frac{1}{2}\theta} (r^2 \cos^2 \phi)\, r\, dr\, d\phi = \tfrac{1}{2}(1+\Delta^2) m \overline{R}^2 \big(1 + f(\theta)\big) \\
I_{Oz} &= I_{Cx} + I_{Cy} = (1+\Delta^2) m \overline{R}^2,
\end{aligned}$$

dove $f(x) = (\sin x)/x$ è la funzione illustrata e discussa nell'Esercizio 4.21 (vedi pagina 89). Si osservi che il momento principale di inerzia rispetto all'asse z non dipende dall'apertura angolare θ. Due interessanti casi particolari sono ottenuti con $\Delta = 1$ (settore circolare di raggio $R_{\text{sett}} = 2\overline{R}$) e $\Delta = 0$ (anello di raggio $R_{\text{an}} = \overline{R}$):

$$\begin{cases}
I_{Ox}^{(\text{sett})} = \frac{1}{4} m R_{\text{sett}}^2 \big(1 - f(\theta)\big) \\
I_{Oy}^{(\text{sett})} = \frac{1}{4} m R_{\text{sett}}^2 \big(1 + f(\theta)\big) \\
I_{Oz}^{(\text{sett})} = \frac{1}{2} m R_{\text{sett}}^2.
\end{cases}
\qquad
\begin{cases}
I_{Ox}^{(\text{an})} = \frac{1}{2} m R_{\text{sett}}^2 \big(1 - f(\theta)\big) \\
I_{Oy}^{(\text{an})} = \frac{1}{2} m R_{\text{sett}}^2 \big(1 + f(\theta)\big) \\
I_{Oz}^{(\text{an})} = m R_{\text{sett}}^2.
\end{cases}$$

4.34 Gli assi principali di inerzia del parallelepipedo nel suo centro di massa C sono paralleli ai lati. Detti x, y, z tre assi rispettivamente paralleli ai lati di lunghezza a, b, c si ha

$$\begin{aligned}
I_{Cx} &= \frac{m}{abc} \int_{-\frac{a}{2}}^{\frac{a}{2}} dx \int_{-\frac{b}{2}}^{\frac{b}{2}} dy \int_{-\frac{c}{2}}^{\frac{c}{2}} (y^2 + z^2)\, dz = \tfrac{1}{12} m \big(b^2 + c^2\big), \\
I_{Cy} &= \tfrac{1}{12} m \big(a^2 + c^2\big), \qquad I_{Cz} = \tfrac{1}{12} m \big(a^2 + b^2\big).
\end{aligned}$$

Gli assi principali di inerzia del cilindro nel suo centro di massa C sono l'asse z, parallelo all'asse, e qualunque coppia di assi (x, y) che completi una terna ortogonale in C. Essendo per simmetria $I_{Cx} = I_{Cy}$ si ha (in coordinate cilindriche)

$$I_{Cx} = I_{Cy} = \frac{m}{\pi R^2 H} \int_{-\frac{1}{2}H}^{\frac{1}{2}H} dz \int_0^{2\pi} d\phi \int_0^R r(r^2 \cos^2 \phi + z^2)\, dr = \tfrac{1}{12} mH^2 + \tfrac{1}{4} mR^2$$

$$I_{Cz} = \frac{m}{\pi R^2 H} \int_{-\frac{1}{2}H}^{\frac{1}{2}H} dz \int_0^{2\pi} d\phi \int_0^R r^3\, dr = \tfrac{1}{2} mR^2.$$

Tutti gli assi passanti per il centro C di una sfera sono principali di inerzia. Essendo per simmetria $I_{Cx} = I_{Cy} = I_{Cz}$ si ha (in coordinate sferiche)

$$I_{Cx} = I_{Cy} = I_{Cz} = \frac{m}{\frac{4}{3}\pi R^3} \int_0^{2\pi} d\phi \int_0^{\pi} d\theta \int_0^R r^2 \sin\theta (r^2 \sin^2\theta)\, dr = \tfrac{2}{5} mR^2.$$

4.35 Gli assi principali di inerzia nel centro O sono l'asse z, parallelo all'asse del cono, e qualunque coppia di assi (x, y) che completi una terna ortogonale in O. Essendo per simmetria $I_{Ox} = I_{Oy}$ si ha (in coordinate cilindriche)

$$I_{Ox} = I_{Oy} = \frac{m}{\frac{1}{3}\pi R^2 H} \int_0^H dz \int_0^{2\pi} d\phi \int_0^{R(1-z/H)} (r^2 \cos^2\phi + z^2)\, r\, dr = \frac{1}{10} mH^2 + \frac{3}{20} mR^2$$

$$I_{Oz} = \frac{m}{\frac{1}{3}\pi R^2 H} \int_0^H dz \int_0^{2\pi} d\phi \int_0^{R(1-z/H)} r^3\, dr = \frac{3}{10} mR^2.$$

4.36 In virtù della Proposizione 4.17 (vedi pagina 96), un asse è principale di inerzia se e solo se, scelti due assi ortogonali ad esso, i due relativi prodotti di inerzia si annullano. Consideriamo allora una terna di assi $\{x_{Q\|}, y_{Q\|}, z_{Q\|}\}$, passanti per Q e paralleli agli assi principali di inerzia centrali. Uno di essi, per esempio $x_{Q\|}$, è principale di inerzia in Q se e solo se

$$I_{x_{Q\|} y_{Q\|}} = \underbrace{I_{x_C y_C}}_{0} - mQ_x Q_y = 0 \qquad \text{e} \qquad I_{x_{Q\|} z_{Q\|}} = \underbrace{I_{x_C z_C}}_{0} - mQ_x Q_z = 0.$$

Di conseguenza, $x_{Q\|}$ è principale di inerzia rispetto ai punti Q che giacciono sul piano (y, z) passante per C e/o sull'asse x passante per C. Ripetendo ragionamenti analoghi per $y_{Q\|}$ e $z_{Q\|}\}$ si può dimostrare quanto segue.

Sia C il centro di massa di un sistema materiale, e si consideri un sistema di riferimento con assi paralleli agli assi principali di inerzia in C. Allora: rispetto ai punti appartenenti agli assi coordinati, la terna principale di inerzia è identica a quella in C; rispetto ai punti appartenenti ai piani la terna principale di inerzia ha in comune con quella in C l'asse ortogonale al piano coordinato; rispetto a punti diversi da questi la terna principale di inerzia è diversa da quella in C.

4.37 Sia Q un vertice della lamina. Detti m la massa, C il centro di massa, e scelto un sistema di riferimento con assi $\{\mathbf{i}, \mathbf{j}, \mathbf{k}\}$ rispettivamente paralleli ai lati a, b

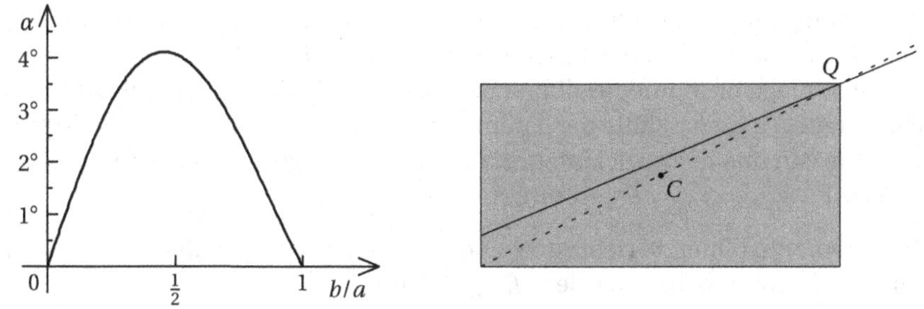

Figura 4.13 *Sinistra*: differenza angolare tra la diagonale di un rettangolo e un asse principale di inerzia nel vertice del rettangolo. *Destra*: illustrazione del caso $a = 2b$

e ortogonale alla lamina, avremo $CQ = \frac{1}{2}(a\mathbf{i} + b\mathbf{j})$. Utilizzando le formule di Huygens-Steiner (4.16) e (4.23), e le espressioni (4.31) per i momenti principali di inerzia, avremo

$$I_{Qx} = \tfrac{1}{3} m b^2, \qquad I_{Qy} = \tfrac{1}{3} m a^2, \qquad I_{Qxy} = -\tfrac{1}{4} m a b.$$

Utilizzando la Proposizione 4.20 ricaviamo quindi che un asse principale nel vertice coincide con la diagonale del rettangolo se (e solo se) $a = b$. Altrimenti gli assi principali determinano con i lati l'angolo

$$\tan 2\theta = -\frac{3ab}{2(b^2 - a^2)}.$$

La Figura 4.13 mostra come l'angolo α tra l'asse principale in Q e la diagonale dipende dal rapporto b/a (supposto minore o uguale a 1). La differenza tra tali due direzioni è massima nel caso del rettangolo illustrato a destra, ottenuto ponendo $a = 2b$.

4.38 In virtù della formula di Huygens-Steiner (4.16) e della Proposizione 4.18, l'asse di minor momento di inerzia sarà uno degli assi principali nel centro di massa. Consideriamo un sistema di riferimento con origine nell'estremo inferiore A dell'asta a sinistra, asse $\mathbf{i}$ parallelo alle aste di lunghezza ℓ, asse $\mathbf{j}$ parallelo alle aste di lunghezza 2ℓ, e $\mathbf{k}$ ortogonale al piano del sistema. Il centro di massa è allora $AC = \frac{1}{2}\ell\,\mathbf{i} + \frac{7}{6}\ell\,\mathbf{j}$.

Gli scelti sono principali di inerzia in C, in quanto quello parallelo a $\mathbf{j}$ è di simmetria materiale. I rispettivi momenti di inerzia valgono

$$\begin{aligned}
I_{Cx} &= 2\Big(\tfrac{1}{12} 2m(2\ell)^2 + 2m\big(\tfrac{1}{6}\ell\big)^2\Big) + \Big(0 + m\big(\tfrac{1}{6}\ell\big)^2\Big) + \Big(0 + m\big(\tfrac{5}{6}\ell\big)^2\Big) = \tfrac{13}{6} m\ell^2 \\
I_{Cy} &= 2\Big(0 + 2m\big(\tfrac{1}{2}\ell\big)^2\Big) + 2\Big(\tfrac{1}{12} m\ell^2\Big) = \tfrac{7}{6} m\ell^2 \\
I_{Cz} &= I_{Cx} + I_{Cy} = \tfrac{10}{3} m\ell^2.
\end{aligned}$$

L'asse di minor momento di inerzia per il sistema è quindi l'asse di simmetria materiale, parallelo alle aste di lunghezza 2ℓ: $I_{\min} = I_{Cy} = \frac{7}{6}m\ell^2$.

L'asse di maggior momento di inerzia (tra quelli che intersecano il sistema) è quello parallelo a **k** e passante per il punto del sistema più lontano da C. Tale punto coincide con uno dei vertici inferiori delle aste di lunghezza 2ℓ, per esempio A. Si avrà così $I_{\max} = I_{Az} = I_{Cz} + 6m(CA)^2 = \frac{10}{3}m\ell^2 + \frac{58}{6}m\ell^2 = 13m\ell^2$.

4.39 Il momento d'inerzia richiesto è uno dei momenti principali rispetto al centro di massa. Il minore di essi vale $I_{\min} = \frac{11}{12}ma^2$.

4.40 Sia O il vertice del quadrato opposto al vertice ritagliato, e siano $\mathbf{i}, \mathbf{j}$ due versori paralleli ai lati del quadrato. La posizione del centro di massa C di S_1 è data da $OC = \frac{5}{12}\ell(\mathbf{i}+\mathbf{j})$. Gli assi principali sono la diagonale OC (asse u), l'asse v passante per C ed ortogonale alla diagonale stessa, e l'asse z ortogonale al piano della figura. I relativi momenti di inerzia sono

$$
\begin{aligned}
I_u &= \tfrac{1}{12}(\rho\ell^2)\ell^2 - \tfrac{1}{12}\left(\tfrac{1}{4}\rho\ell^2\right)\tfrac{1}{4}\ell^2 = \tfrac{5}{64}\rho\ell^4 \\
I_v &= \left(\tfrac{1}{12}\rho\ell^4 + \tfrac{1}{72}\rho\ell^4\right) - \left(\tfrac{1}{192}\rho\ell^4 + \tfrac{1}{18}\rho\ell^4\right) = \tfrac{7}{192}\rho\ell^4 \\
I_z &= I_u + I_v = \frac{11}{96}\rho\ell^4.
\end{aligned}
$$

I momenti di inerzia di S_2 rispetto ai propri assi principali nel centro di massa coincidono con i precedenti se $a^3b = \frac{15}{16}\ell^4$ e $ab^3 = \frac{7}{16}\ell^4$, ovvero se

$$
a = \left(\frac{3375}{1792}\right)^{\frac{1}{8}}\ell \doteq 1.08\ell, \quad b = \left(\frac{343}{3840}\right)^{\frac{1}{8}}\ell \doteq 0.74\ell.
$$

Capitolo 5
Leggi della Meccanica

Nella Meccanica Newtoniana, Forza è un concetto primitivo. Le forze sono vettori applicati, in quanto il loro effetto dipende sia dal vettore che le rappresenta che dal punto su cui esse sono applicate. Al concetto di forza viene dato carattere di obiettività, nel senso che viene assunto che se un osservatore rileva che un punto è soggetto a una forza **F**, qualunque altro osservatore, quale che sia il suo moto relativo al primo, misurerà la stessa forza.

I Principi specificano come la presenza di forze determini il moto di ogni punto, in particolare fissandone l'accelerazione. Questa procedura comporta una situazione delicata. Infatti, ci accingiamo a costruire un legame tra la forza (ovvero una quantità che si postula essere obiettiva) e l'accelerazione (ovvero una quantità che nel Capitolo 3 abbiamo dimostrato essere relativa). Ne consegue che un qualunque legame postulato potrà risultare vero al più per uno o qualche osservatore, ma difficilmente si può sperare che il legame postulato abbia validità universale per ogni osservatore. Nel presente capitolo richiameremo i Principi della Meccanica Newtoniana, per passare poi ad analizzare le principali caratteristiche di diversi sistemi di forze, senza pretendere (ancora) di calcolare o prevedere il moto che conseguirà alla loro applicazione.

5.1 I Principi della Meccanica Newtoniana

L'ambizione di collegare, tramite relazioni di *causa-effetto*, le forze impresse su punti materiali al conseguente moto di questi, è molto antica. Il primo serio tentativo di postulare una legge della Meccanica risale ad Aristotele [2], che affermò che lo stato naturale di ogni corpo era la quiete, e che ogni moto era necessariamente indotto e sostenuto da una forza. Enunciata in termini moderni, la Meccanica Aristotelica prevedeva un legame tra le forze e le velocità dei punti su cui esse sono impresse, con la proprietà che in assenza di forze, la velocità risulta nulla.

In questo paragrafo ripercorreremo rapidamente il percorso che, principalmente attraverso le osservazioni sperimentali e le deduzioni teoriche di Galileo

P. Biscari, *Introduzione alla Meccanica Razionale. Elementi di teoria con esercizi*,
UNITEXT – La Matematica per il 3+2 94, DOI 10.1007/978-88-470-5779-1_5

Galilei e Sir Isaac Newton [29], portarono nel Seicento a correggere le intuizioni aristoteliche e a postulare le leggi della Meccanica che vengono tutt'oggi larghissimamente utilizzate per prevedere e calcolare il moto di corpi micro- e macroscopici. L'esposizione chiara e unificatrice dei Principi è dovuta a Sir Isaac Newton, che li pubblicò il 5 luglio 1687 nei suoi *Philosophiae Naturalis Principia Mathematica*, un testo che va certamente annoverato tra le più importanti opere del pensiero, scientifico e non solo.

Va sottolineato che l'insieme di leggi che stiamo per postulare non è universale. Esse infatti perdono validità quando i sistemi su cui si cercano di applicare sono troppo piccoli (e rientrano allora nell'ambito della Meccanica Quantistica) e/o hanno velocità troppo grandi (e vengono allora ben descritte dalla Meccanica Relativistica). Ciononostante la Meccanica Newtoniana rimane una delle più mirabili teorie mai dedotte, potendo applicarsi a oggetti con più di 20 ordini di grandezza di differenza nelle loro dimensioni: dagli atomi di qualche miliardesimo di metri a oggetti astrali di miliardi di chilometri.

Primo principio della Meccanica

Il percorso che portò a modificare il principio della quiete enunciato da Aristotele è stato lungo, e ha dato un notevole contributo alla nascita delle Scienze Sperimentali, quelle cioè basate su leggi dedotte da (e comprovabili tramite) osservazioni sperimentali. La prima osservazione critica arrivò già nel Trecento da Buridano [6], che propose la teoria dell'*impeto*, una quantità meccanica molto vicina all'idea moderna di quantità di moto. Precisamente, Buridano contestò l'idea aristotelica che un proiettile lanciato in aria riuscisse a proseguire il suo moto nell'aria solo grazie a continue spinte infinitesime, provenienti dall'aria. Secondo Buridano, invece, il proiettile riceveva all'inizio del suo moto un impeto, grazie al quale poteva proseguire il suo volo fino a quando l'azione frenante dell'aria e deviante della forza peso non lo fermavano.

Fu Galileo a formulare, per la prima volta e sulla base di numerosi esperimenti, il Principio di Inerzia postulando che « `un corpo mantiene il proprio stato di quiete o di moto rettilineo uniforme, finché una forza non agisce su di esso` ». Si riconosce così esplicitamente che il moto naturale che viene perturbato dalle azioni dei corpi esterni non è la quiete, bensì il moto rettilineo uniforme.

Un principio così postulato, però, mostrerebbe una non accettabile dipendenza dall'osservatore adibito alla misurazione delle velocità. Osservatori diversi, infatti, misurano in generale velocità diverse (vedi Capitolo 3), e quindi possono non concordare sulla correttezza dell'affermazione appena postulata. Newton propose di risolvere questo paradosso introducendo l'idea di un *sistema di riferimento assoluto*, rispetto al quale si doveva intendere postulato il Principio di Inerzia. La più soddisfacente formulazione del principio, comunque, si deve a Lange [22], che osservò come (vedi Esercizio 3.1 a pagina 68) non risultasse necessario specificare un preciso sistema di riferimento bensì bastasse identificare una *classe* di osservatori, che propose di chiamare *inerziali*, caratterizzati dalla proprietà di misurare moti rettilinei uniformi per tutti i punti isolati. Il principio che ne consegue quindi, postula essenzialmente l'*esistenza* di questa classe di osservatori.

Primo principio della Meccanica. *Esiste una classe di osservatori, detti* inerziali, *rispetto ai quali i punti materiali isolati rimangono in quiete oppure si muovono di moto rettilineo uniforme.*

Secondo principio della Meccanica

Una volta identificata una classe di osservatori rispetto ai quali riteniamo di poter mettere in relazione le cause del moto con i loro effetti siamo pronti a introdurre il secondo principio, o *legge fondamentale della dinamica*. Questo Postulato, dovuto a Newton, risulterà essere lo strumento chiave per analizzare la dinamica dei sistemi materiali.

Secondo principio della Meccanica. *In un sistema di riferimento inerziale, un punto materiale sottoposto a una forza* $\mathbf{F}$ *acquisisce un'accelerazione* $\mathbf{a}$ *proporzionale alla forza ricevuta. La costante di proporzionalità è positiva e dipende solo dal punto materiale (e non, quindi, dalla particolare forza impressa) e si chiama* massa inerziale m *o, più semplicemente, massa:*

$$\mathbf{F} = m\mathbf{a}. \tag{5.1}$$

Il secondo principio necessita di un complemento che specifichi la risposta di un punto materiale soggetto a più forze contemporaneamente. Il contenuto di questo principio, già intuito da Galileo ma nuovamente dovuto a Newton, riceve a volte il nome di *Regola del Parallelogramma* per la composizione delle forze.

Principio di sovrapposizione delle forze. *Il moto di un punto materiale sottoposto all'azione contemporanea di due forze* $\mathbf{F}_1, \mathbf{F}_2$ *è quello che risulterebbe dall'applicazione della forza* $\mathbf{F}_1 + \mathbf{F}_2$.

Forze apparenti

Completiamo infine l'analisi del moto di un punto materiale sottoposto a una o più forze analizzando il caso dei sistemi di riferimento non inerziali. Il teorema di Coriolis (vedi Capitolo 3, pagina 69) consente di estendere la legge fondamentale della dinamica a tutti i sistemi di riferimento. Sostituendo infatti la (5.1) nella (3.6) si ottiene

$$\mathbf{F} = m\mathbf{a} + m\mathbf{a}_O + m\dot{\mathbf{\Omega}} \wedge OP + m\mathbf{\Omega} \wedge (\mathbf{\Omega} \wedge OP) + 2m\mathbf{\Omega} \wedge \mathbf{v}, \tag{5.2}$$

dove $\mathbf{v}, \mathbf{a}$ sono rispettivamente la velocità e l'accelerazione del punto materiale considerato (misurate nel sistema di riferimento non inerziale), mentre $\mathbf{a}_O, \mathbf{\Omega}$ sono rispettivamente l'accelerazione dell'origine del riferimento utilizzato e la velocità angolare della terna di riferimento, entrambe misurate rispetto a un osservatore inerziale. L'equazione (5.2) può essere riscritta introducendo le *forze apparenti*

$$\begin{aligned} \mathbf{F}_t &= -m\mathbf{a}_O - m\dot{\boldsymbol{\Omega}} \wedge OP - m\boldsymbol{\Omega} \wedge (\boldsymbol{\Omega} \wedge OP) && \text{(forza di trascinamento)} \\ \mathbf{F}_C &= -2m\boldsymbol{\Omega} \wedge \mathbf{v} && \text{(forza di Coriolis)} \end{aligned} \tag{5.3}$$

in modo che si possa scrivere in generale

$$\mathbf{F} + \mathbf{F}_t + \mathbf{F}_C = m\mathbf{a}.$$

Terzo principio della Meccanica

I due primi Principi riguardano la risposta di singoli punti materiali all'applicazione di forze su di essi. Il terzo principio, spesso identificato anche come *principio di azione e reazione*, è anch'esso strettamente correlato alle scoperte di Newton e, caratterizzando le interazioni tra punti diversi, apre la strada alla dinamica dei sistemi materiali.

Terzo principio della Meccanica. *L'interazione tra coppie di punti materiali è rappresentabile attraverso forze uguali e contrarie, dirette lungo la congiungente i punti interagenti.*

In altre parole, e utilizzando il linguaggio introdotto nella Proposizione 4.7 (vedi pagina 80), il principio di azione e reazione assicura che le interazioni tra coppie di punti materiali formano un sistema di forze *equilibrato*. Infatti, le coppie di forze hanno ovviamente risultante nullo, e la condizione riguardante la loro direzione implica che tali coppie hanno braccio, e quindi momento risultante, nullo.

L'estensione di questo principio ai corpi rigidi, e poi a tutti i continui deformabili, venne formalizzata da Eulero nel 1750. Nell'analizzare il suo contenuto va innanzi tutto osservato che, in virtù del carattere obiettivo (ovvero indipendente dall'osservatore) delle forze, l'affermazione riguardante le forze tra punti interagenti risulta vera in ogni sistema di riferimento, inerziale o meno.

Le affermazioni contenute nel terzo principio hanno profonde e importanti conseguenze nella dinamica di un sistema isolato di punti materiali. Per capirne immediatamente la portata, che verrà più approfonditamente studiata nel Capitolo 7, consideriamo il più semplice sistema isolato, formato da due punti P_1, P_2 che si scambiano le forze $\mathbf{F}_{12}$, agente su P_1, e $\mathbf{F}_{21} = -\mathbf{F}_{12}$, agente su P_2, entrambe parallele alla congiungente P_1P_2. Si ha allora

$$\begin{cases} \mathbf{F}_{12} = m_1\dot{\mathbf{v}}_1 \\ \mathbf{F}_{21} = m_2\dot{\mathbf{v}}_2 \end{cases} \quad \Rightarrow \quad \mathbf{0} = \mathbf{F}_{12} + \mathbf{F}_{21} = m_1\dot{\mathbf{v}}_1 + m_2\dot{\mathbf{v}}_2 = \frac{d}{dt}\big(m_1\mathbf{v}_1 + m_2\mathbf{v}_2\big).$$

Di conseguenza, il principio di azione e razione comporta la conservazione, in un sistema isolato, della *quantità di moto*, ovvero la quantità meccanica che figura tra parentesi a destra.

La validità di questo principio venne messa fortemente in discussione dagli studi di Lorentz [26] riguardanti l'elettrodinamica e le forze su e tra particelle cariche in moto. Ne seguì un acceso dibattito tra chi concordava con Lorentz e chi, difendendo il punto di vista newtoniano, contestava la teoria elettromagnetica dell'etere proposta dal fisico olandese. La diatriba venne chiusa da Abraham [1], che riconciliò le due teorie scoprendo e calcolando la quantità di moto associata al campo elettromagnetico. Se si conteggia correttamente anche quest'ultima, la conservazione della quantità di moto e il principio di azione e reazione valgono anche in ambito elettromagnetico.

5.2 Forze attive e reazioni vincolari. Vincoli ideali

Esistono forze di due tipi ben diversi, ed è obbiettivo di questa sezione esaminarne le differenze e formalizzare la loro caratterizzazione. Al fine di introdurre i concetti che seguono esaminiamo preliminarmente due esempi concreti.

Esempio.

- *Carico costante.* Consideriamo un sistema materiale su un cui punto P_0 sia applicata un forza assegnata, pari a $\mathbf{F}_0$ a tutti gli istanti e quale che sia la configurazione o l'atto di moto del sistema, come illustrato in Figura 5.1(a). La forza applicata sarà così perfettamente caratterizzata dalla sua definizione, ma ovviamente dalla sola informazione riguardante la presenza di $\mathbf{F}_0$ non è possibile ricavare alcuna conclusione sul moto del sistema stesso. Prima di provare a determinare il moto di P_0 e/o degli altri punti del sistema sarà infatti necessario conoscere se, oltre a $\mathbf{F}_0$ agiscano sul sistema altre forze, capaci magari di rinforzare, magari di attenuare o perfino di annullare il suo effetto. Questa tipologia di forze, perfettamente caratterizzate dalla loro definizione, verranno di seguito identificate come *forze attive.*
- *Reazione di una cerniera.* Immaginiamo che un punto Q_0 di un sistema meccanico sia incernierato a terra. Da questa mera informazione possiamo presumere che la cerniera trasmetterà al sistema tramite Q_0 una qualche forza, in quanto questo risulta essere l'unico modo in cui può influenzarne il moto e raggiungere il suo obbiettivo. Diversamente dal caso precedentemente analizzato, la definizione di cerniera consegna infatti una informazione sul moto (la posizione di Q_0 rimarrà fissata alla posizione della cerniera). In compenso, non è nota a priori l'entità della forza applicata nella cerniera. Tale forza, in effetti, risulterà essere *esattamente quella necessaria affinché* Q_0 (ubbidendo ai Principi della Meccanica) *rimanga nella posizione desiderata.* Risulta evidente che non si pùo dire a priori qualche forza servirà a mantenere Q_0 fermo in quanto, per esempio, tale forza dipenderà da quante e quali altre forze siano applicate su Q_0 stesso o altri punti del sistema.

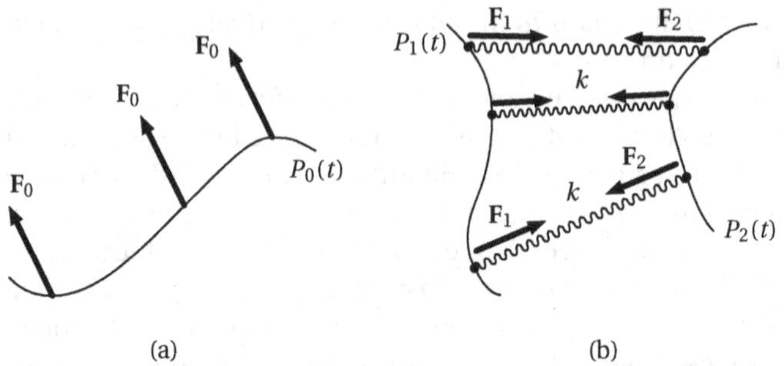

Figura 5.1 (a) Carico costante $\mathbf{F}_0$ applicato su P_0; (b) Molla di costante elastica k che collega i punti P_1 e P_2

Formalizziamo di seguito i concetti anticipati in questi due esempi.

Definizione 5.1 (Forze attive). *Diciamo che su un punto P di un sistema meccanico agisce una* forza attiva *se risulta nota la relazione costitutiva che fornisce il valore di tale forza in funzione dell'istante considerato, della configurazione del sistema, e del suo atto di moto.*

Una forza attiva può quindi dipendere dalla configurazione del sistema, dal suo atto di moto, e può perfino variare in istanti diversi a parità di configurazione e atto di moto del sistema. Sottolineiamo comunque che la proprietà che conferisce ad una forza il carattere di *attiva* è il fatto di poter stabilire *a priori* come quella forza dipenderà da tempo, posizione e velocità dei punti del sistema. In presenza di una forza attiva, di conseguenza, noi non possiamo ancora sapere come i punti finiranno per muoversi, ma possiamo sapere sin da subito come agirà su di essi quale che sia il loro moto. Identifichiamo di seguito una particolare classe di forze attive che comprende la maggior parte di quelle analizzate in questo testo.

Definizione 5.2 (Forze posizionali). *Diciamo che su un punto P di un sistema meccanico agisce una* forza posizionale *se risulta nota la relazione costitutiva che fornisce il valore di tale forza in funzione della configurazione del sistema.*

Le forze posizionali, quindi, non dipendono né dall'istante di applicazione né dalle velocità dei punti del sistema. All'interno di questo insieme di forze attive vi è una sottoclasse che risulterà particolarmente importante nelle applicazioni che effettueremo nei capitoli successivi.

Definizione 5.3 (Forze conservative). *Una forza attiva posizionale* **F** *si dice* conservativa *se esiste una funzione scalare U (detta* potenziale*) tale che* $\mathbf{F} = \nabla U$.

È bene sottolineare che in alcuni ambiti la definizione di forza conservativa viene fatta richiedendo che la forza si possa esprimere come *l'opposto* del gradiente di una funzione scalare $(\mathbf{F} = -\nabla V)$, detta in questo caso *energia potenziale.* Ovviamente le due richieste sono equivalenti e il legame tra potenziale e energia potenziale è semplicemente $V = -U$.

Approfondimento. Dato un campo vettoriale posizionale $\mathbf{F}(x, y, z)$ si possono ricavare una serie di condizioni necessarie e sufficienti che stabiliscano se esso sia anche conservativo o meno. Riassumiamo di seguito alcune di queste condizioni.

- Se il campo vettoriale è differenziabile, condizione necessaria affinché sia conservativo è che il suo rotore sia nullo, ovvero che le seguenti derivate incrociate siano uguali:

$$\frac{\partial F_z}{\partial y} = \frac{\partial F_y}{\partial z}, \qquad \frac{\partial F_x}{\partial z} = \frac{\partial F_z}{\partial x}, \qquad \frac{\partial F_y}{\partial x} = \frac{\partial F_x}{\partial y}. \tag{5.4}$$

- La condizione (5.4) diventa necessaria e sufficiente per garantire l'esistenza di un potenziale quando il dominio su cui è definito il campo vettoriale è semplicemente connesso.

Esempio (Potenziale di un carico costante). Consideriamo nuovamente il carico costante $\mathbf{F}_0(x, y, z) = (A, B, C)$, con A, B, C tre componenti indipendenti dalla posizione del punto P come illustrato in Figura 5.1(a). È semplice verificare che il campo è conservativo, e che la seguente funzione scalare è un suo potenziale:

$$\mathbf{F}_0 = \nabla U_0, \qquad \text{con} \quad U_0 = \mathbf{F}_0 \cdot OP = Ax + By + Cz.$$

Esempio (Molla). Diremo che i punti P_1 e P_2 sono collegati da una molla di costante elastica k se essi si scambiano una forza attrattiva, diretta come la congiungente, e di intensità proporzionale alla distanza tra i punti (vedi Fig. 5.1(b)). Una molla genera di conseguenza due forze posizionali

$$\begin{aligned} \mathbf{F}_{\text{el},1} &= -k\,P_2P_1, &\qquad& \text{agente su } P_1 \\ \mathbf{F}_{\text{el},2} &= k\,P_2P_1, && \text{agente su } P_2. \end{aligned}$$

Di conseguenza avremo, per esempio, che la componente x della forza agente su P_1 sarà pari a $-k(x_1 - x_2)$, con relazioni simili per le rimanenti componenti.

La molla genera una coppia (di braccio nullo) di forze conservative, agenti sui punti siti ai suoi rispettivi estremi. Le due forze che compongono la coppia sono conservative, e si ottengono derivando il *potenziale della molla*

$$U_{\text{el}}(P_1, P_2) = -\tfrac{1}{2}\, k\,(P_1P_2)^2 = -\tfrac{1}{2}\, k\big((x_1 - x_2)^2 + (y_1 - y_2)^2 + (z_1 - z_2)^2\big).$$

Si ha infatti $\mathbf{F}_{\text{el},1} = \nabla_1 U_{\text{el}} = \big(\frac{\partial U_{\text{el}}}{\partial x_1}, \frac{\partial U_{\text{el}}}{\partial y_1}, \frac{\partial U_{\text{el}}}{\partial z_1}\big)$, e analogamente per $\mathbf{F}_{\text{el},2} = \nabla_2 U_{\text{el}}$.

Definizione 5.4 (Reazioni vincolari). *Chiamiamo* reazioni vincolari *le forze esercitate dai vincoli al fine di soddisfare le richieste imposte dai vincoli.*

Osserviamo che nel definire le reazioni vincolari stiamo in realtà postulando la validità della legge fondamentale della dinamica in presenza di vincoli. Se non introducessimo le reazioni vincolari, potrebbe infatti facilmente succedere che le accelerazioni impresse dalle sole forze attive agenti sui punti del sistema fossero vietate dai vincoli stessi. In altre parole la reazione vincolare $\boldsymbol{\Phi}_P$, agente sul punto P in presenza della forza attiva $\mathbf{F}_P$, deve esser tale che l'accelerazione indotta da queste, vale a dire $(\mathbf{F}_P + \boldsymbol{\Phi}_P)/m$, sia compatibile con il vincolo agente su P.

Dobbiamo notare però che un vincolo in generale consente infinite possibili accelerazioni ai punti su cui esso agisce. Di conseguenza, la richiesta che le accelerazioni siano compatibili coi vincoli non basta in generale a determinare le reazioni vincolari. Definiamo e studiamo di seguito una classe particolare di vincoli che soddisfa una importante richiesta ulteriore. Tale imposizione verrà in parte analizzata in questo capitolo, ma potrà essere capita pienamente solo quando svilupperemo lo studio della statica e della dinamica dei sistemi vincolati. A parole, si tradurrebbe nella richiesta che le reazioni vincolari siano in grado di esercitare qualunque forza risulti necessaria per soddisfare la propria imposizione, ma al tempo stesso evitino accuratamente di influenzare quale tra i moti consentiti finisce per realizzarsi.

Al fine di meglio comprendere quanto segue suggeriamo allo studente di rivedere preliminarmente il § 2.2 (vedi pagina 36), dove sono stati in particolare introdotti i concetti di velocità e spostamento virtuale, che risulteranno fondamentali in quanto segue.

Definizione 5.5 (Potenza virtuale, lavoro virtuale). *Sia* $\{(P_i, \hat{\mathbf{v}}_i)\}$ *un sistema di atti di moto virtuali consentiti a uno o più punti in un dato istante di tempo, con* $\{(P_i, \delta P_i)\}$ *il corrispondente sistema di spostamenti virtuali. Sia inoltre* $\{(P_i, \mathbf{F}_i)\}$ *un qualunque sistema di forze agenti sugli stessi punti. Chiamiamo* potenza virtuale *e* lavoro virtuale *del sistema di forze dato in corrispondenza dell'atto di moto virtuale proposto le quantità scalari*

$$\widehat{\Pi} = \sum_i \mathbf{F}_i \cdot \hat{\mathbf{v}}_i, \qquad \delta L = \sum_i \mathbf{F}_i \cdot \delta P_i.$$

Siccome un sistema di punti può ammettere infiniti atti di moto virtuali diversi, risulta in generale possibile valutare la potenza o il lavoro virtuale di un dato sistema di forze in corrispondenza di molti atti di moto virtuali diversi tra di loro.

Definizione 5.6 (Vincoli ideali). *Un vincolo si dice* ideale *se è in grado di generare, sui punti su cui esso agisce,* tutti e soli *i sistemi di reazioni vincolari che esplicano lavoro virtuale non negativo su tutti i sistemi di spostamenti virtuali consentiti:*

$$\delta L^{(v)} = \sum_i \mathbf{\Phi}_i \cdot \delta P_i \geq 0 \qquad \forall \{\delta P_i\} \qquad \textit{(vincoli ideali).} \tag{5.5}$$

Notiamo che, essendo gli spostamenti virtuali nient'altro che le velocità virtuali moltiplicate per un intervallo temporale infinitesimo fittizio ($\delta P = \hat{\mathbf{v}} \delta t$), la caratterizzazione dei vincoli ideali si può equivalentemente effettuare richiedendo che essi esplichino potenza virtuale non negativa, con $\widehat{\Pi}^{(v)} = \sum_i \mathbf{\Phi}_i \cdot \hat{\mathbf{v}}_i$.

La Definizione 5.6 afferma che i vincoli ideali sono in grado di esplicare solo un certo tipo di reazioni vincolari (quelle con potenza virtuale non negativa). Questa capacità di poter fornire numerose reazioni vincolari diverse tra loro solleva la questione se in presenza di vincoli sia possibile o meno determinare univocamente il moto a partire dai dati iniziali. Non ci addentreremo in questo testo in profondità nelle risposte a queste domande, che in parte coinvolgono delicate proprietà di esistenza e unicità di equazioni differenziali, e in parte riguardano la scelta della tipologia di forze attive che possono agire sul sistema considerato. Sceglieremo invece di *assumere* che il problema differenziale del moto, ottenuto unendo le equazioni del moto alle condizioni iniziali, sia *determinista*, ovvero ammetta una e una sola soluzione in un intervallo di tempo temporale contenente l'istante iniziale. Risulta comunque soddisfacente ricordare che nella trattazione che svilupperemo l'ipotesi riguardante il determinismo si dimostra coerente con le equazioni del moto ricavate, sotto ipotesi molto generali (vedi § 8.2, e in particolare pagina 207).

Ricordiamo che un vincolo si dice bilatero (vedi pagina 37) se tutte le velocità e quindi gli spostamenti virtuali che esso consente sono reversibili. In presenza di vincoli ideali e bilateri, possiamo affermare che il lavoro virtuale delle reazioni vincolari deve essere non negativa, sia in corrispondenza di un qualunque insieme di spostamenti virtuali, sia in corrispondenza dell'insieme di spostamenti virtuali opposto. Siccome cambiando il segno agli spostamenti virtuali si cambia il segno anche di $\delta L^{(\mathrm{v})}$, si può affermare che in presenza di vincoli sia ideali che bilateri il lavoro virtuale delle reazioni vincolari deve essere non negativo e non positivo, ovvero nullo. In altre parole vale

$$\left.\begin{array}{l}\sum_i \mathbf{\Phi}_i \cdot \quad \delta P_i \geq 0\\ \sum_i \mathbf{\Phi}_i \cdot (-\delta P_i) \geq 0\end{array}\right\} \Rightarrow \delta L^{(\mathrm{v})} = \sum_i \mathbf{\Phi}_i \cdot \delta P_i = 0 \quad \forall\{\delta P_i\} \quad \text{(vincoli ideali e bilateri).}$$

I vincoli ideali e bilateri risulteranno di fondamentale importanza in quanto segue, motivo per cui introduciamo un nuovo aggettivo per identificarli.

Definizione 5.7 (Vincoli perfetti). *Un vincolo si dice* perfetto *se è ideale e bilatero.*

In altre parole, un vincolo è perfetto se risulta in grado di generare, sui punti su cui esso agisce, qualunque sistema di reazioni vincolari abbia lavoro virtuale nullo:

$$\delta L^{(\mathrm{v})} = \sum_i \mathbf{\Phi}_i \cdot \delta P_i = 0 \qquad \forall\{\delta P_i\} \qquad \text{(vincoli perfetti).} \tag{5.6}$$

5.3 Reazioni vincolari in vincoli ideali

In questo paragrafo utilizzeremo la caratterizzazione dei vincoli ideali (5.5) (e la sua versione (5.6) applicabile ai vincoli perfetti) per determinare le reazioni vincolari che i vincoli analizzati in § 2.2 e § 2.3 esercitano sui punti o i corpi rigidi su cui agiscono. Data l'equivalenza tra lavoro e potenza virtuale, in questo paragrafo ci limiteremo a considerare quest'ultima, anche tutto quanto scritto potrebbe essere ripetuto considerando il lavoro virtuale.

Osserviamo preliminarmente che, per un singolo corpo rigido, la potenza virtuale si può esprimere in funzione dei vettori caratteristici del sistema di forze considerato.

Proposizione 5.8 (Potenza virtuale in atto di moto rigido). *La potenza virtuale di un qualunque sistema di forze agente su un corpo rigido si può esprimere in termini del risultante* $\mathbf{R}$ *e del momento risultante* $\mathbf{M}_Q$ *come*

$$\widehat{\Pi} = \sum_i \mathbf{F}_i \cdot \hat{\mathbf{v}}_i = \mathbf{R} \cdot \hat{\mathbf{v}}_Q + \mathbf{M}_Q \cdot \hat{\boldsymbol{\omega}}, \tag{5.7}$$

dove $\hat{\mathbf{v}}_Q$ *è la velocità virtuale del punto* Q *rispetto al quale sono calcolati i momenti, e* $\hat{\boldsymbol{\omega}}$ *è una velocità angolare virtuale.*

Dimostrazione. L'espressione cercata segue dalla (2.4) (vedi Esempio a pagina 39). Si ha infatti

$$\begin{aligned}\widehat{\Pi} &= \sum_i \mathbf{F}_i \cdot \hat{\mathbf{v}}_i = \sum_i \mathbf{F}_i \cdot \left(\hat{\mathbf{v}}_Q + \hat{\boldsymbol{\omega}} \wedge QP_i\right) = \sum_i \mathbf{F}_i \cdot \hat{\mathbf{v}}_Q + \sum_i \mathbf{F}_i \cdot \hat{\boldsymbol{\omega}} \wedge QP_i \\ &= \Big(\sum_i \mathbf{F}_i\Big) \cdot \hat{\mathbf{v}}_Q + \sum_i \hat{\boldsymbol{\omega}} \cdot QP_i \wedge \mathbf{F}_i = \mathbf{R} \cdot \hat{\mathbf{v}}_Q + \hat{\boldsymbol{\omega}} \cdot \sum_i QP_i \wedge \mathbf{F}_i = \mathbf{R} \cdot \hat{\mathbf{v}}_Q + \mathbf{M}_Q \cdot \hat{\boldsymbol{\omega}}.\end{aligned}$$

Per giustificare i passaggi appena effettuati si tenga conto, nel passare dalla prima alla seconda riga, della proprietà ciclica (A.15) che si può applicare al prodotto misto (vedi pagina 254). □

Come primo risultato caratterizziamo le reazioni vincolari che un vincolo ideale esercita su un punto vincolato. I risultati seguenti fanno riferimento all'esempio di pagina 36.

Esempio (Reazioni vincolari su un punto vincolato). Consideriamo un punto materiale sottoposto a uno dei seguenti vincoli perfetti: punto bloccato, punto vincolato a muoversi su una curva regolare, punto vincolato a muoversi su una superficie regolare. Le reazioni conseguenti saranno rispettivamente: arbitrarie, ortogonali al versore tangente, dirette come la normale alla superficie.

La richiesta che il vincolo sia perfetto impone che la reazione vincolare sia ortogonale a qualunque velocità virtuale ammessa dal vincolo. Nel primo caso (cerniera a terra) il punto è bloccato, e quindi la reazione vincolare è arbitraria. Nei casi di guida rettilinea o lamina superficiale, la caratterizzazione delle velocità virtuali effettuata a pagina 36 si traduce semplicemente nelle corrispondenti richieste sulla reazione vincolare (vedi Fig. 5.2).

Passiamo ora a considerare i vincoli definiti e analizzati in § 2.3 (vedi pagina 40).

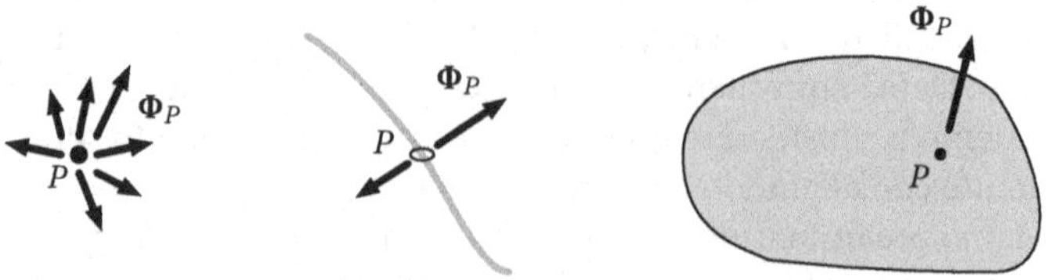

Figura 5.2 Reazioni vincolari su un punto sottoposto a vincoli perfetti

Cerniere e puro rotolamento

Una cerniera a terra, applicata su un punto Q, consente un'unica velocità virtuale al punto su cui è applicata, ovvero $\hat{\mathbf{v}}_Q = \mathbf{0}$. In compenso la velocità angolare virtuale rimane arbitraria. Di conseguenza il vincolo (se ideale) risulta perfetto, e applicando la (5.7) si ricava che le conseguenti reazioni vincolari dovranno soddisfare

$$\widehat{\Pi}^{(v)} = \mathbf{R}^{(v)} \cdot \hat{\mathbf{v}}_Q + \mathbf{M}_Q^{(v)} \cdot \hat{\boldsymbol{\omega}} = \mathbf{M}_Q^{(v)} \cdot \hat{\boldsymbol{\omega}} = \mathbf{0} \quad \forall \hat{\boldsymbol{\omega}} \quad \Rightarrow \quad \mathbf{M}_Q^{(v)} = \mathbf{0}.$$

In altre parole, la reazione vincolare $\boldsymbol{\Phi}_Q$, applicata in Q, risulta arbitraria, mentre l'eventuale comparsa di una coppia vincolare comporterebbe la perdita di idealità del vincolo.

Consideriamo ora una cerniera che collegi due punti Q_{I} e Q_{II}, rispettivamente appartenenti ai corpi rigidi I e II. Le velocità virtuali ammesse dal vincolo devono soddisfare $\hat{\mathbf{v}}_{Q\mathrm{I}} = \hat{\mathbf{v}}_{Q\mathrm{II}}$, mentre le velocità angolari virtuali $\hat{\boldsymbol{\omega}}_{\mathrm{I}}$ e $\hat{\boldsymbol{\omega}}_{\mathrm{II}}$ rimangono arbitrarie. Di conseguenza, il vincolo è bilatero. Applicando il principio di azione e reazione sappiamo inoltre che i vettori caratteristici dell'azione sul corpo rigido I, che indicheremo con $\mathbf{R}_{\mathrm{I}}^{(v)}$ e $\mathbf{M}_{Q\mathrm{I}}^{(v)}$, sono uguali e contrari a quelli agenti sul corpo rigido II, dimodoché

$$\mathbf{R}_{\mathrm{I}}^{(v)} = -\mathbf{R}_{\mathrm{II}}^{(v)} \quad \text{e} \quad \mathbf{M}_{Q\mathrm{I}}^{(v)} = -\mathbf{M}_{Q\mathrm{II}}^{(v)}.$$

Avremo allora

$$\begin{aligned}\widehat{\Pi}^{(v)} &= \left(\mathbf{R}_{\mathrm{I}}^{(v)} \cdot \hat{\mathbf{v}}_{Q\mathrm{I}} + \mathbf{M}_{Q\mathrm{I}}^{(v)} \cdot \hat{\boldsymbol{\omega}}_{\mathrm{I}}\right) + \left(\mathbf{R}_{\mathrm{II}}^{(v)} \cdot \hat{\mathbf{v}}_{Q\mathrm{II}} + \mathbf{M}_{Q\mathrm{II}}^{(v)} \cdot \hat{\boldsymbol{\omega}}_{\mathrm{II}}\right) \\ &= \mathbf{R}_{\mathrm{I}}^{(v)} \cdot \underbrace{\left(\hat{\mathbf{v}}_{Q\mathrm{I}} - \hat{\mathbf{v}}_{Q\mathrm{II}}\right)}_{\mathbf{0}} + \mathbf{M}_{Q\mathrm{I}}^{(v)} \cdot (\hat{\boldsymbol{\omega}}_{\mathrm{I}} - \hat{\boldsymbol{\omega}}_{\mathrm{II}}) = \mathbf{0} \quad \forall \hat{\boldsymbol{\omega}}_{\mathrm{I}}, \hat{\boldsymbol{\omega}}_{\mathrm{II}} \quad \Rightarrow \quad \mathbf{M}_{Q\mathrm{I}}^{(v)} = \mathbf{0}.\end{aligned}$$

Di conseguenza, in una cerniera perfetta due corpi rigidi in movimento si scambieranno una reazione arbitraria $\boldsymbol{\Phi}_{Q,\mathrm{I}} = -\boldsymbol{\Phi}_{Q,\mathrm{II}}$, mentre non vi sarà alcuna coppia vincolare.

Quanto detto finora vale ugualmente per il vincolo di puro o di mutuo rotolamento tra corpi rigidi. In entrambi i casi, la reazione vincolare applicata nel punto di contatto rimarrà arbitraria. La coppia vincolare, che nel caso ideale sarà nulla, riceve in questo caso il nome di *coppia di attrito volvente*.

Carrello

In presenza di un carrello, un punto Q di un corpo rigido risulta vincolato a scorrere lungo una curva assegnata (tipicamente, una guida rettilinea). In questo caso, le velocità virtuali di Q sono tutte e sole le velocità parallele alla tangente alla guida: $\hat{\mathbf{v}}_Q = \lambda\,\mathbf{t}$, con λ arbitrario, mentre tutte le velocità angolari virtuali sono consentite, dando luogo a un vincolo bilatero. Sostituendo nella (5.7) troviamo

$$\widehat{\Pi}^{(v)} = \mathbf{R}^{(v)} \cdot \hat{\mathbf{v}}_Q + \mathbf{M}_Q^{(v)} \cdot \hat{\boldsymbol{\omega}} = \lambda\,\mathbf{R}^{(v)} \cdot \mathbf{t} + \mathbf{M}_Q^{(v)} \cdot \hat{\boldsymbol{\omega}} \quad \text{con } \lambda \text{ e } \hat{\boldsymbol{\omega}} \text{ arbitrari.}$$

Un carrello ideale (perfetto) sarà quindi caratterizzato dall'assenza di coppie vincolari, e dall'annullamento della componente di $\mathbf{\Phi}_Q$ tangente al vincolo. L'eventuale presenza di questa componente dà luogo all'*attrito radente*, che comporta la perdita di idealità del vincolo e verrà studiato nel prossimo paragrafo.

Manicotto, pattino, incastro

In presenza di un manicotto, sia le velocità virtuali del punto vincolato che la velocità angolare virtuale del corpo rigido cui questo appartiene sono forzate a essere parallele all'asse di scorrimento stesso (vedi (2.9) a pagina 43). Si ottiene così

$$\widehat{\Pi}^{(\mathrm{v})} = \mathbf{R}^{(\mathrm{v})} \cdot \hat{\mathbf{v}}_Q + \mathbf{M}_Q^{(\mathrm{v})} \cdot \hat{\boldsymbol{\omega}} = \lambda\, \mathbf{R}^{(\mathrm{v})} \cdot \mathbf{t} + \hat{\omega}\, \mathbf{M}_Q^{(\mathrm{v})} \cdot \mathbf{t} \quad \text{con } \lambda \text{ e } \hat{\omega} \text{ arbitrari,}$$

il che implica $\mathbf{R}^{(\mathrm{v})} \cdot \mathbf{t} = 0$ e $\mathbf{M}_Q^{(\mathrm{v})} \cdot \mathbf{t} = 0.$

Se il corpo rigido è vincolato da un pattino, il suo atto di moto virtuale è traslatorio, in quanto ogni velocità angolare virtuale è vietata: $\hat{\mathbf{v}}_Q = \lambda\, \mathbf{t}$ (dove $\mathbf{t}$ indica nuovamente il versore tangente alla curva) e $\hat{\boldsymbol{\omega}} = \mathbf{0}$. Risulta allora

$$\widehat{\Pi}^{(\mathrm{v})} = \mathbf{R}^{(\mathrm{v})} \cdot \hat{\mathbf{v}}_Q + \mathbf{M}_Q^{(\mathrm{v})} \cdot \hat{\boldsymbol{\omega}} = \lambda\, \mathbf{R}^{(\mathrm{v})} \cdot \mathbf{t} \quad \text{con } \lambda \text{ arbitrario,}$$

da cui risulta che l'azione di un pattino ideale su un corpo rigido può essere rappresentata da una reazione vincolare di componente tangente nulla, più una coppia di momento arbitrario. Osserviamo che nel caso piano pattino e manicotto sono indistinguibili, in quanto la rotazione attorno all'asse su cui scorre il punto vincolato è comunque vietata dal vincolo di planarità (vedi Esercizio 5.4 sotto).

Infine l'incastro, ammettendo unicamente velocità virtuali e spostamenti nulli, è per costruzione un vincolo perfetto, e può fornire una qualunque reazione vincolare, accompagnata da una coppia di momento arbitrario. Il *vincolo di rigidità*, che tiene insieme due parti di uno stesso corpo rigido, può essere visto come un incastro (e infatti così appare a un osservatore solidale con il corpo rigido stesso). Di conseguenza, se ci chiediamo quale sia l'azione di una parte di un corpo rigido su un'altra parte dello stesso corpo rigido, dobbiamo rappresentare questa azione attraverso una generica reazione vincolare, e un momento di coppia arbitraria.

Esercizi

5.1. Dimostrare che le reazioni vincolari che può esplicare un vincolo ideale non dipendono dal fatto se questo sia fisso o mobile.

Soluzione. La caratterizzazione dei vincoli ideali coinvolge le velocità virtuali, che dipendono dal vincolo all'istante considerato, e non dal fatto se questo sia fisso o mobile.

5.2. Un punto è vincolato lungo il perimetro di un quadrato. Sapendo che il vincolo è ideale, stabilire se esso sia perfetto, e determinare le reazioni vincolari che può esplicare.

5.3. Generalizzare l'analisi effettuata nell'Esercizio 5.2 al caso di punto vincolato a scorrere lungo una curva tridimensionale ideale, il cui versore tangente mostri un punto di discontinuità.

5.4. Esaminare il vincolo di planarità agente su un corpo rigido, e stabilire quali reazioni vincolari e quali momenti esso possa esplicare se lo supponiamo perfetto.

5.5. Dimostrare che su un asse rettilineo risulta possibile realizzare un manicotto utilizzando due carrelli disposti sull'asse stesso.

5.4 Vincoli reali. Attrito

Nei vincoli reali le limitazioni imposte al movimento dei punti vengono realizzate tramite dispositivi meccanici che fisicamente impediscono certi movimenti. Tali meccanismi, però, non sono mai *ideali*, nel senso che al fine di ostacolare, e possibilmente vietare, determinate configurazioni o spostamenti, finiscono anche per influenzare il moto lungo le direzioni teoricamente consentite. Ne risulta che nelle applicazioni reali risulta possibile misurare reazioni e coppie vincolari che sarebbero state vietate dalla Definizione 5.6 di vincolo ideale. In questo paragrafo analizzeremo entrambi i casi, insieme all'*attrito viscoso*, ovvero una forza che resiste al moto di punti immersi in fluidi.

I primi studi sulle forze che ostacolano il moto di corpi a contatto con delle superfici estese risalgono a Leonardo da Vinci [24]. Solo tre secoli più tardi Coulomb [10] riuscì a estrapolare dalle osservazioni sperimentali un insieme di leggi che regolano tale fenomeno. Gli studi di Coulomb furono perfezionati e estesi all'attrito tra corpi ruotanti ancora più tardi da Morin [27], consentendo di giungere finalmente a un soddisfacente insieme di leggi dell'attrito.

- [Attrito radente] Si consideri un vincolo che consente lo scorrimento di un punto Q lungo un asse (carrello, manicotto o pattino). La corrispondente reazione vincolare $\mathbf{\Phi}_Q$ possiede, oltre alla componente Φ_n normale al vincolo (e consentita dall'ipotesi di vincolo ideale), una componente Φ_t tangente al vincolo che soddisfa le seguenti proprietà.
  - [Attrito radente statico] Se il punto Q è in quiete ($\mathbf{v}_Q = \mathbf{0}$), esiste uno scalare μ_s, detto *coefficiente di attrito statico* tale che

$$|\Phi_t| \leq \mu_s \, |\Phi_n|. \tag{5.8}$$

    La condizione (5.8) viene chiamata *relazione di Coulomb*.
  - [Attrito radente dinamico] Se il punto Q è in moto ($\mathbf{v}_Q \neq \mathbf{0}$), esiste uno scalare μ_d, detto *coefficiente di attrito dinamico* tale che

$$|\Phi_t| = \mu_d \, |\Phi_n|,$$

    e il verso di Φ_t è opposto al verso della velocità.

Tabella 5.1 Valori sperimentali dei coefficienti di attrito per alcune coppie di materiali a contatto

Materiali	μ_s	μ_d	μ_v (mm)
legno - legno	0.5	0.3	1.5
acciaio - acciaio	0.8	0.4	0.5
gomma - asfalto	1.0	0.8	15–35
ferro - ferro	1.1	0.2	0.5

- [Attrito volvente] Riceve questo nome la coppia Γ esplicata dal vincolo di puro rotolamento quando un corpo rigido rotola senza strisciare su una guida fissa. Tale coppia ha direzione ortogonale al piano del corpo stesso, e si verifica

$$|\Gamma| \leq \mu_v |\Phi_n|, \tag{5.9}$$

  dove μ_v è il *coefficiente di attrito volvente* (avente le dimensioni di una lunghezza) e Φ_n è ancora la componente normale della reazione vincolare. Quando il corpo rotolante è in moto vale l'uguaglianza in (5.9), e il verso di Γ è opposto a quello del momento delle quantità di moto.

I parametri costitutivi adimensionali μ_s, μ_d, μ_v dipendono dalle superfici a contatto. Per qualunque coppia di superfici a contatto si osserva comunque che $\mu_d < \mu_s$, ovvero vi è più resistenza al moto quando un corpo è fermo che quando il suo movimento è già partito. La Figura 5.1 mostra i valori tipici dei coefficienti di attrito in alcuni casi comuni.

5.5 Soluzioni degli esercizi

5.2 Il vincolo non è esprimibile attraverso una curva regolare, in quanto si possono identificare quattro tratti regolari (i quattro lati del quadrato), collegati dai quattro vertici, nei quali non è possibile definire un versore tangente.

Quando il punto transita per una qualunque posizione interna ai quattro lati, la direzione tangente al vincolo è quella parallela al lato su cui si trova il punto. Risulta quindi che tutte le velocità virtuali in quelle posizioni sono reversibili, il vincolo si comporta come se fosse perfetto, e la reazione vincolare può assumere qualunque valore, purché la direzione sia ortogonale al lato del quadrato (vedi Fig. 5.3).

I vertici sono punti speciali. Per analizzare un esempio in dettaglio, restringiamo il nostro studio al caso illustrato in Figura 5.3, supponendo quindi che il punto P si trovi nel vertice inferiore sinistro rispetto ai versori $\mathbf{i}, \mathbf{j}$, definiti nella figura stessa. L'analisi delle velocità virtuali in questa posizione mostra come in generale il vincolo sia unilatero (e quindi ideale, ma non perfetto), in quanto a partire dalle configurazioni di vertice *nessuna* velocità virtuale è reversibile, a meno che non

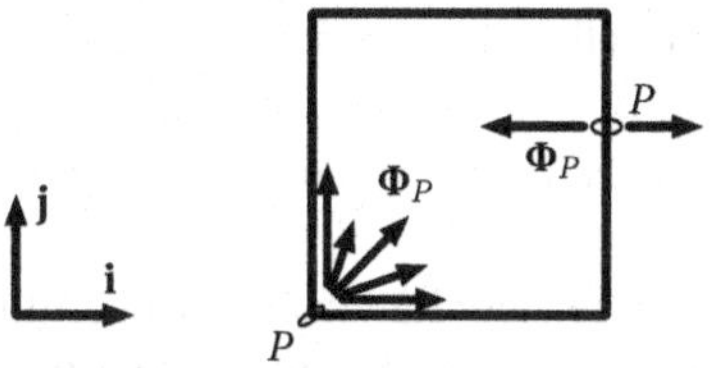

Figura 5.3 Reazioni vincolari esplicabili dal vincolo dell'Esercizio 5.2

sia nulla. Le velocità virtuali risultano infatti essere

$$\hat{\mathbf{v}}_P^{(\text{vertice})} \in \widehat{V}_P^{(\text{vertice})} = \{\lambda\,\mathbf{i},\ \forall\lambda \geq 0\} \bigcup \{\mu\,\mathbf{j},\ \forall\mu \geq 0\}.$$

Si osservi inoltre come in questo caso l'insieme $\widehat{V}_P^{(\text{vertice})}$ non sia uno spazio lineare, rendendo così addirittura impossibile definire il numero di gradi di libertà del sistema in questa posizione (vedi Definizione 2.6 a pagina 40).

Posta $\mathbf{\Phi}_P = H_P\,\mathbf{i} + V_P\,\mathbf{j}$, la richiesta di vincolo ideale impone

$$\widehat{\Pi}^{(\text{v})} = \mathbf{\Phi}_P \cdot \hat{\mathbf{v}}_P^{(\text{vertice})} \geq 0 \quad \text{per ogni } \hat{\mathbf{v}}_P^{(\text{vertice})} \in \widehat{V}_P^{(\text{vertice})}.$$

Deve di conseguenza valere

$$\mathbf{\Phi}_P \cdot \lambda\,\mathbf{i} = \lambda\,H_P \geq 0 \quad \text{e} \quad \mathbf{\Phi}_P \cdot \mu\,\mathbf{j} = \mu\,V_P \geq 0 \qquad \forall\lambda,\mu \geq 0.$$

Considerando il segno degli scalari λ e μ, risulta che sia H_P che V_P devono essere non negativi. Ne consegue che $\mathbf{\Phi}_P$ può avere modulo arbitrario, ma direzione compresa tra quella dei versori **i** e **j**.

5.3 Consideriamo una curva $Q(s)$, il cui triedro di Frenet-Serret $\{\mathbf{t}(s), \mathbf{n}(s), \mathbf{b}(s)\}$ (vedi pagina 264) sia definito per ogni $s \neq s_0$, con limiti destro e sinistro $s \to s_0^{\pm}$ ben definiti, ed eventualmente diversi.

In tutti i punti $s \neq s_0$, gli spostamenti virtuali sono reversibili, e la reazione vincolare deve avere componente tangente nulla

$$\mathbf{\Phi}_P(s) = \Phi_n\,\mathbf{n}(s) + \Phi_b\,\mathbf{b}(s), \quad \text{con } \Phi_n, \Phi_b \text{ arbitrarie} \qquad (s \neq s_0).$$

Quando $P = Q(s_0)$ introduciamo

$$\mathbf{T}_+ = \lim_{s \to s_0^+} \mathbf{t}(s) \qquad \text{e} \qquad \mathbf{T}_- = -\lim_{s \to s_0^-} \mathbf{t}(s).$$

Nel vertice inferiore sinistro dell'esempio precedente, illustrato in Figura 5.3, assegnato un verso antiorario di crescita ad s, si sarebbe avuto $\mathbf{T}_+ = \mathbf{i}$ e $\mathbf{T}_- = \mathbf{j}$. In questo modo le velocità virtuali consentite al punto materiale sono

$$\hat{\mathbf{v}}_P^{(Q(s_0))} \in \widehat{V}_P^{(Q(s_0))} = \{\lambda\mathbf{T}_+,\ \forall\lambda \geq 0\} \bigcup \{\mu\mathbf{T}_-,\ \forall\mu \geq 0\}.$$

Supposto $\mathbf{T}_+ \wedge \mathbf{T}_- \neq \mathbf{0}$ (altrimenti la curva non presenterebbe un punto angoloso) con ragionamenti simili a quelli dell'esercizio precedente si ricava

$$\boldsymbol{\Phi}_P^{(Q(s_0))} = \Phi_+ \mathbf{T}_+ + \Phi_- \mathbf{T}_- + \Phi_\perp \mathbf{N}, \qquad \text{con } \Phi_+, \Phi_- \geq 0 \quad \text{e} \quad \mathbf{N} = \frac{\mathbf{T}_+ \wedge \mathbf{T}_-}{|\mathbf{T}_+ \wedge \mathbf{T}_-|}.$$

5.4 In un corpo rigido piano le velocità virtuali consentite sono tutti i vettori appartenenti al piano del moto. Indentificata una base ortonormale $\{\mathbf{i}, \mathbf{j}, \mathbf{k}\}$, il cui terzo versore sia ortogonale al piano considerato, avremo $\hat{\mathbf{v}}_Q = \lambda \mathbf{i} + \mu \mathbf{j}$, e $\hat{\boldsymbol{\omega}} = \hat{\omega} \mathbf{k}$. Risulta allora

$$\widehat{\Pi}^{(v)} = \mathbf{R}^{(v)} \cdot \hat{\mathbf{v}}_Q + \mathbf{M}_Q^{(v)} \cdot \hat{\boldsymbol{\omega}} = \lambda R_x^{(v)} + \mu R_y^{(v)} + \hat{\omega} M_z^{(v)} \quad \text{con } \lambda, \mu, \hat{\omega} \text{ arbitrari}$$

da cui risulta che il vincolo di planarità può produrre una qualunque reazione vincolare parallela alla direzione $\mathbf{k}$, accompagnata da un momento vincolare la cui coppia sarà invece contenuta nel piano del moto.

5.5 Due vincoli risultano equivalenti quando consentono gli stessi spostamenti virtuali sul sistema su cui sono applicati. Consideriamo due carrelli applicati su Q_1 e Q_2, entrambi vincolati a scorrere su una stessa guida parallela al versore $\mathbf{t}$.

Il primo carrello consentirà le velocità virtuali $\hat{\mathbf{v}}_{Q_1} = \lambda_1 \mathbf{t}$, mentre il secondo consentirà $\hat{\mathbf{v}}_{Q_2} = \lambda_2 \mathbf{t}$. Va però ricordato che due punti di un corpo rigido non possono avere velocità (né effettive né virtuali) arbitrarie. Deve infatti valere (vedi Proposizione 1.13 a pagina 16)

$$\hat{\mathbf{v}}_{Q_1} \cdot Q_1 Q_2 = \hat{\mathbf{v}}_{Q_2} \cdot Q_1 Q_2 \quad \Rightarrow \quad \lambda_1 = \lambda_2.$$

In base all'analisi del moto rigido realizzata nel Capitolo 1 (vedi pagina 19), due punti di un corpo rigido possono avere la stessa velocità (virtuale, in questo caso) solo se la velocità angolare è parallela alla loro congiungente, e quindi risulta $\hat{\boldsymbol{\omega}} \parallel \mathbf{t}$, come richiesto dal vincolo di manicotto.

Capitolo 6
Statica

La statica analizza le posizioni di equilibrio dei sistemi materiali liberi o vincolati. Al suo interno vi si incontrano sia i cosiddetti *problemi diretti*, nei quali sono noti i vincoli e le sollecitazioni (forze, coppie) attive agenti sul sistema, e si vuole identificare la configurazione di equilibrio, che i *problemi inversi*, in cui invece ci si pone il problema di determinare quali sollecitazioni si debbano applicare su un sistema al fine di mantenerlo in equilibrio in una configurazione assegnata. In entrambi i casi, in presenza di vincoli risulta possibile, e anzi molto significativo dal punto di vista applicativo, calcolare i valori delle reazioni vincolari atte a sostenere l'equilibrio nella configurazione determinata.

I problemi di statica, chiaramente, non sono altro che casi particolari dei più generali problemi di dinamica, in quanto la quiete altro non è che il caso particolare di moto in cui tutti i punti hanno velocità sempre nulla. Ciononostante riteniamo utile dal punto di vista didattico affrontarla separatamente, in quanto essa consente di affinare le tecniche che serviranno poi a risolvere problemi più complessi.

In questo capitolo, dopo aver definito il concetto di *configurazione di equilibrio*, ricaveremo prima gli strumenti che consentono di risolvere i problemi di statica, e in particolare le equazioni cardinali della statica e il Principio dei lavori virtuali. Passeremo poi a applicare tali strumenti a diversi tipi di sistemi materiali, come il corpo rigido e i sistemi olonomi. I metodi svolti saranno via via illustrati con un congruo numero di esempi ed esercizi.

Definizione 6.1 (Configurazione di equilibrio). *Dato un sistema materiale, definiamo* configurazione di equilibrio *del sistema ogni insieme di posizioni dei punti del sistema* $\mathscr{C}^\circ = \{P_i^\circ \in \mathscr{E},\, i \in I\}$ *che soddisfi la seguente proprietà*

$$\left.\begin{aligned} P_i(t_0) &= P_i^\circ \\ \dot{P}_i(t_0) &= \mathbf{0} \end{aligned}\right\} \qquad \Longrightarrow \qquad \left\{\begin{aligned} P_i(t) &= P_i^\circ \\ \dot{P}_i(t) &= \mathbf{0}, \end{aligned}\right. \qquad \forall\, t \ge t_0. \tag{6.1}$$

In altre parole, una configurazione $\mathscr{C}^\circ$ si dice di equilibrio se soddisfa la seguente proprietà: ogni volta che il sistema viene collocato in quiete in tale confi-

P. Biscari, *Introduzione alla Meccanica Razionale. Elementi di teoria con esercizi*, UNITEXT – La Matematica per il 3+2 94, DOI 10.1007/978-88-470-5779-1_6

gurazione, rimane nella stessa configurazione in ogni istante a venire. Ovviamente ciò non implica che ogni volta che un sistema *transita* da una configurazione di equilibrio esso sia obbligato a fermarsi in tale configurazione. Per meglio illustrare questo concetto si pensi all'esempio di un punto appoggiato su un piano orizzontale, in assenza di altre forze. Se il punto viene messo in quiete, manterrà la sua posizione indefinitamente, e quindi siamo in presenza di una configurazione di equilibrio. Se però lo stesso oggetto transita dalla stessa posizione con una certa velocità, esso proseguirà il suo moto non contraddicendo comunque il carattere *di equilibrio* della configurazione considerata.

L'identificazione delle configurazioni di equilibrio può risultare un argomento estremamente delicato da affrontare. Si deve infatti osservare a questo riguardo che, una volta assegnate le forze agenti su un punto materiale, la legge fondamentale della dinamica $\mathbf{F} = m\mathbf{a}$ risulta essere un'equazione differenziale del secondo ordine, in quanto coinvolge la derivata temporale seconda dell'incognita (la posizione del punto considerato). Come ogni equazione differenziale, essa ammette in generale una molteplicità di soluzioni, e infatti molti sono i possibili moti che un punto può effettuare al variare della sua posizione e/o velocità iniziale. La richiesta espressa dalla Definizione 6.1 riguarda però le soluzioni della legge fondamentale che soddisfino ben precise condizioni iniziali, specificate nella (6.1) al tempo $t = t_0$. Affermare che una data configurazione sia di equilibrio richiede allora verificare due richieste.

- Per ogni punto materiale P_i, la legge fondamentale $\mathbf{F}_i = m_i\mathbf{a}_i$, con le condizioni iniziali espresse a sinistra nella (6.1), deve ammettere la soluzione di quiete esplicitata a destra nella stessa espressione. Questa richiesta implica che se sostituiamo nella legge fondamentale la richiesta di quiete $\mathbf{a}_i = \mathbf{0}$, l'equazione debba essere soddisfatta (per tutti i punti). Otteniamo così la seguente *condizione necessaria affinché una configurazione* $\mathscr{C}^\circ$ *sia di equilibrio*:

$$\mathbf{F}_i = \mathbf{0} \quad \text{quando } P_i = P_i^\circ \text{ e } \mathbf{v}_i = \mathbf{0}, \quad \text{per ogni } i \in I. \tag{6.2}$$

  In parole, affinché una configurazione sia di equilibrio è richiesto che la forza risultante agente su ogni punto sia nulla. Equivalentemente, possiamo affermare che una configurazione *non è* di equilibrio se esiste una forza risultante diversa da zero su anche uno solo dei suoi punti.
- Le soluzioni di quiete identificate attraverso la (6.2) devono anche essere le *uniche* soluzioni della legge fondamentale della dinamica. Le questioni riguardanti l'unicità delle soluzioni di tale equazione sono sottili, e riguardano proprietà come la differenziabilità (o, meglio, la lipschitzianità, vedi pagina 267) delle forze applicate. In questo testo non ci addentreremo in tali questioni, e ci limiteremo ad assumere che le forze applicate siano tali da assicurare che la legge fondamentale della dinamica, corredata da opportune condizioni iniziali, abbia sempre una e una sola soluzione. Sotto questa ipotesi, la condizione (6.2) diventa condizione necessaria e sufficiente per garantire l'equilibrio di un sistema materiale.

6.1 Equazioni cardinali della statica

Il terzo principio della Meccanica (vedi pagina 116) afferma che le forze che si scambiano i punti materiali formano sistemi *equilibrati*, nel senso illustrato nella riduzione di sistemi di vettori applicati (vedi Proposizione 4.7 a pagina 80). In questo paragrafo formalizzeremo e approfondiremo questa osservazione per ricavarne delle condizioni che dovranno necessariamente essere soddisfatte quando un qualunque sistema materiale sia in equilibrio.

Definizione 6.2 (Forze interne ed esterne). *Consideriamo un sistema di forze, agente su un sistema materiale $\mathscr{S}$. Quelle tra tali forze che nascono dalle interazioni tra punti del sistema stesso (e che quindi, in particolare, ubbidiscono al principio di azione e reazione) vengono chiamate* forze interne *a $\mathscr{S}$. Le rimanenti, originanti da interazioni tra punti di $\mathscr{S}$ e punti non appartenenti a $\mathscr{S}$, vengono chiamate* forze esterne *a $\mathscr{S}$.*

Si osservi che una forza non è di per sé interna o esterna, ma può diventare l'una o l'altra a seconda di quale sia il sistema sotto osservazione. Più precisamente, se consideriamo una forza conseguente a un'interazione tra due punti, essa sarà interna a ogni sistema che li contenga entrambi, mentre sarà da considerare esterna a ogni sistema che ne contenga uno solo.

Proposizione 6.3 (Equazioni cardinali della statica). *Condizione* necessaria *affinché un sistema materiale sia in equilibrio è che le forze* esterne *agenti su di esso formino un sistema di forze equilibrato:*

$$\mathbf{R}^{(e)} = \mathbf{0}, \qquad \mathbf{M}_O^{(e)} = \mathbf{0} \quad con \quad O \in \mathscr{E}. \tag{6.3}$$

Dimostrazione. La condizione di equilibrio (6.2) richiede che la somma delle forze agenti su ogni punto sia nulla. Di conseguenza, il sistema totale di forze agenti su un qualunque sistema $\mathscr{S}$ all'equilibrio avrà risultante nullo, e momento risultante nullo rispetto a un qualunque polo $O \in \mathscr{E}$.

Separiamo ora le forze agenti su $\mathscr{S}$ in interne e esterne al sistema stesso. Le prime formano un sistema di forze equilibrato in virtù del principio di azione e reazione (vedi pagina 116). Sottraendo le forze interne al sistema completo di forze si ricava così che anche le forze esterne devono essere equilibrate. □

Osservazioni.

- È importante sottolineare subito il carattere solo *necessario* delle equazioni cardinali per garantire l'equilibrio di un sistema materiale. Ad esempio è banale verificare che qualunque sistema isolato, ovvero non soggetto ad alcuna forza esterna, evidentemente soddisfa le equazioni cardinali della statica. Ciononostante, le interazioni interne possono ovviamente distruggere l'equilibrio (si pensi ad esempio a due punti collegati da una molla, o a due cariche elettriche che si attraggono o respingono). In generale, l'equilibrio è garantito solo quando la forza applicata su *ogni singolo* punto è nulla, e non quando si annullano le sole somme (6.3).

- Le equazioni (6.3) forniscono due condizioni vettoriali, in generale equivalenti a *sei* condizioni scalari. Nel caso particolare di un sistema piano (ortogonale al versore **k**), il numero di condizioni non banalmente nulle scende però a *tre*, in quanto la componente del risultante lungo **k** sarà nulla, così come invece il momento risultante sarà sempre parallelo a **k** (vedi Esempio 4.1 a pagina 79). Avremo quindi

$$\begin{cases} \mathbf{R}^{(e)} = \mathbf{0} \\ \mathbf{M}_O^{(e)} = \mathbf{0} \end{cases} \iff \begin{cases} R_x^{(e)} = 0 \\ R_y^{(e)} = 0 \\ M_{Oz}^{(e)} = 0 \end{cases} \quad \text{(sistema piano).} \tag{6.4}$$

- Utilizzando il trasporto del momento (vedi Proposizione 4.4 a pagina 79) si possono identificare sistemi di condizioni equivalenti alle (6.4), ma scritte in termini di momenti rispetto a più poli. Per esempio, per un sistema piano la terna

$$R_u^{(e)} = 0, \qquad M_{Oz}^{(e)} = 0, \qquad M_{Qz}^{(e)} = 0,$$

dove $R_u^{(e)}$ indica una delle componenti di $\mathbf{R}^{(e)}$, risulta equivalente alle (6.4) a patto che la componente scelta $R_u^{(e)}$ *non* sia quella ortogonale alla direzione OQ. La ragione che motiva questo divieto è che, in base alla (4.1), risulta $\mathbf{M}_O = \mathbf{M}_Q + OQ \wedge \mathbf{R}$, il che implica che esiste un legame di dipendenza lineare tra $M_{Oz}^{(e)}, M_{Qz}^{(e)}$ e la componente di $\mathbf{R}^{(e)}$ ortogonale a OQ.
Analogamente si può ricavare un'ulteriore terna equivalente alla (6.4), formata da tre momenti

$$M_{Oz}^{(e)} = 0, \qquad M_{Qz}^{(e)} = 0, \qquad M_{Q'z}^{(e)} = 0,$$

a patto che i tre poli utilizzati O, Q, Q' *non* siano allineati.

Esercizi

6.1. In un piano verticale un disco, omogeneo di raggio r e massa m, è vincolato a rotolare senza strisciare su una guida verticale scabra (asse y, vedi Fig. 6.1). L'asta AB, omogenea di lunghezza L e massa M, ha l'estremo A incernierato al centro del disco, mentre l'estremo B è appoggiato su una guida orizzontale liscia (asse x).

Una molla di costante elastica k collega il punto A all'origine O degli assi (x, y), mentre una coppia incognita di momento (antiorario) C è applicata sul disco.

- Determinare il valore della coppia C necessaria affinché il sistema sia in equilibrio con l'asta inclinata di $\frac{\pi}{6}$ sull'orizzontale.
- Calcolare, nelle condizioni di equilibrio determinate, la reazione vincolare agente sull'asta nell'estremo B.

6.2. In un piano verticale un'asta omogenea OA, di lunghezza ℓ e massa m, è incernierata nel suo estremo O a un punto fisso di una guida orizzontale liscia (asse x, vedi Fig. 6.2), e nel suo estremo A a un disco omogeneo, di raggio r e massa m'.

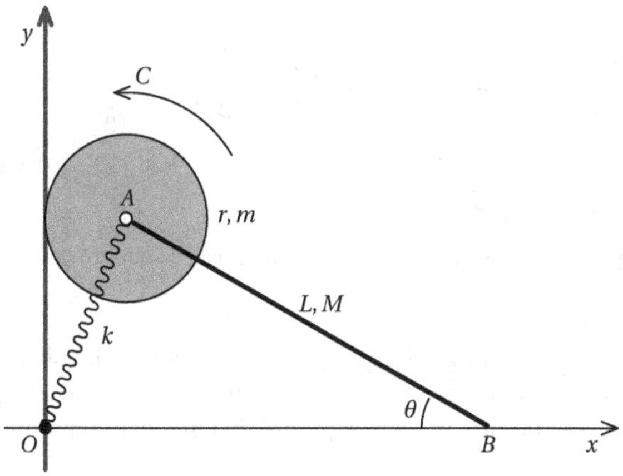

Figura 6.1 Asta e disco incernierati, Esercizio 6.1

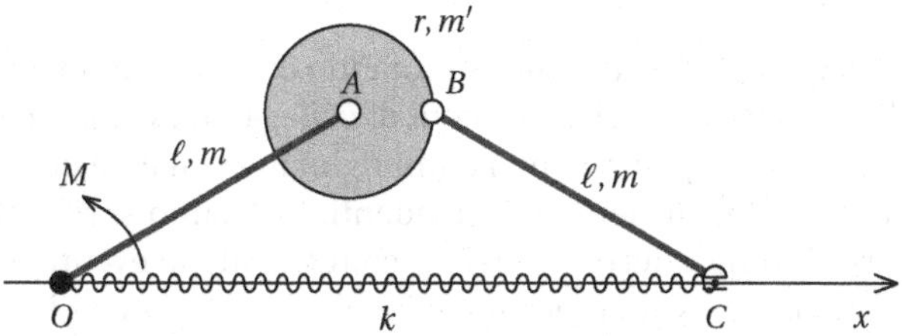

Figura 6.2 Catena cinematica di due aste e un disco, Esercizio 6.2

Una seconda asta BC, identica alla prima, è incernierata in B a un punto della circonferenza del disco, mentre l'estremo C è vincolato a scorrere lungo l'asse x.

Una molla di costante elastica k collega i punti C ed O, mentre una coppia antioraria di momento M è applicata sull'asta OA.

- Determinare i valori di k e M necessari perché il sistema sia in equilibrio nella configurazione in cui B ed A sono alla stessa quota, e le aste formano l'angolo $\frac{\pi}{6}$ con l'orizzontale.
- Calcolare, sempre nelle condizioni dei punti precedenti, l'azione del disco sull'asta OA.

Osservazione (Catene cinematiche). Gli Esercizi 6.1 e 6.2 forniscono due esempi di sistemi materiali vincolati in modo da formare una *catena cinematica*, ovvero una successione di corpi rigidi, ordinati in modo che ciascuno sia vincolato a quello che lo precede e a quello che lo segue. La catena può a sua volta essere *aperta* o *chiusa* (come quella in Fig. 6.3), a seconda se il primo e l'ultimo elemento della catena risultino o meno vincolati a punti o guide fisse.

In una catena cinematica vi sono reazioni vincolari incognite in ogni collegamento tra corpi rigidi, così come nei collegamenti a terra. La presenza di tutte queste incognite nelle equazioni cardinali può rendere complicata l'identificazione e

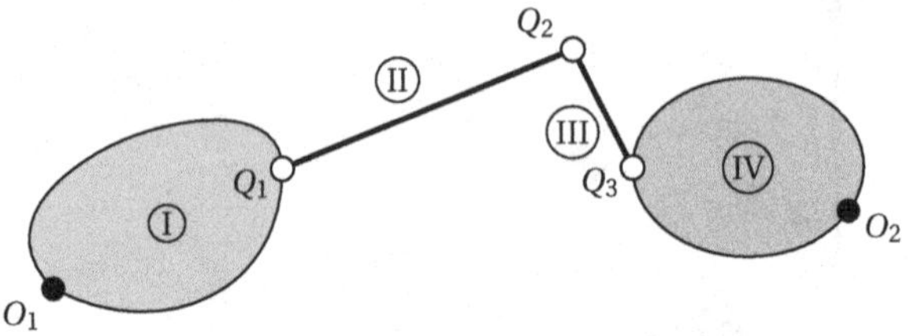

Figura 6.3 Catena cinematica chiusa composta da quattro corpi rigidi

lo studio delle configurazioni di equilibrio di questi sistemi. Esiste però un modo (già sfruttato nelle soluzioni proposte degli esercizi precedenti) di aggirare queste difficoltà, e consiste nell'utilizzare il seguente insieme di equazioni cardinali della statica:

$$\mathbf{M}_{O_1}^{(\text{I+II+III+IV})} = \mathbf{0}, \qquad \mathbf{M}_{Q_1}^{(\text{II+III+IV})} = \mathbf{0}, \quad \dots \quad \mathbf{M}_{Q_3}^{(\text{IV})} = \mathbf{0}. \tag{6.5}$$

L'insieme di equazioni (6.5) è ottenuto eliminando di volta in volta un corpo rigido e spostando il polo alla successiva cerniera di collegamento. Esso è quindi composto da tante equazioni quanti sono i corpi rigidi incatenati, e queste equazioni sono per costruzione linearmente indipendenti, in quanto si riferiscono a (sotto)sistemi diversi. Inoltre queste equazioni coinvolgono le eventuali forze attive applicate sul sistema e nessuna reazione vincolare (se la catena è aperta) o solo la reazione vincolare esterna nell'ultimo collegamento O_2 (se la catena è chiusa). Esse forniscono quindi un utile strumento per analizzare l'equilibrio di una catena cinematica senza richiede il calcolo delle reazioni vincolari nelle cerniere di collegamento.

6.3. In un piano verticale un'asta AB, omogenea di lunghezza ℓ e massa m, scorre senza attrito su un asse orizzontale. Un disco, omogeneo di raggio R e massa M, si appoggia sull'asta, con coefficiente di attrito statico μ_s. Il centro del disco è collegato all'estremo A da una molla di costante elastica k, e una coppia (oraria) di momento C agisce sul disco (vedi Fig. 6.4).

- Determinare la configurazione di equilibrio del disco.
- Calcolare il minimo valore del coefficiente di attrito atto a garantire l'equilibrio.

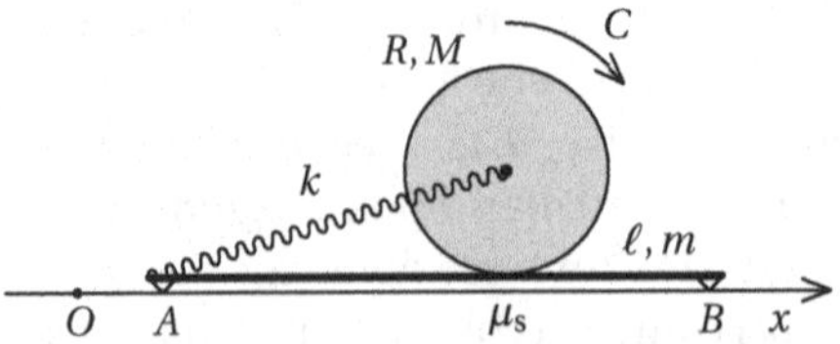

Figura 6.4 Disco che rotola senza strisciare su guida mobile, Esercizio 6.3

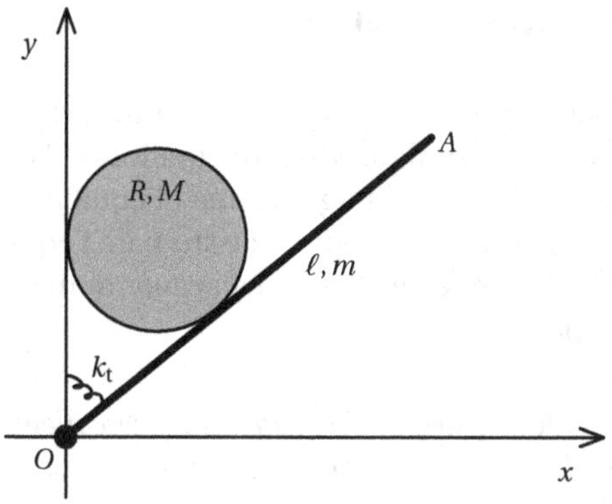

Figura 6.5 Disco e asta con molla torsionale, Esercizio 6.4

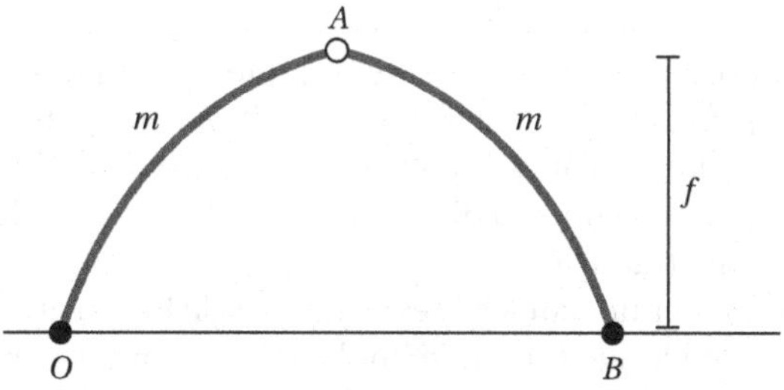

Figura 6.6 Arco a tre cerniere, Esercizio 6.5

6.4 (Molla torsionale). Una *molla torsionale* di rigidità k_t rappresenta una coppia di forze attive che agisce su un corpo rigido dando origine a un momento proporzionale a k_t, e all'angolo che il corpo rigido determina con l'orientazione di riferimento della molla.

In un piano verticale, un'asta OA, omogenea di lunghezza ℓ e massa m, è incernierata nell'estremo O. Un disco omogeneo di raggio R e massa M si appoggia senza attrito sull'asta e su un asse verticale passante per O. Una molla torsionale di rigidità k_t collega l'asta alla direzione di riferimento verticale (vedi Fig. 6.5).

- Determinare il valore della rigidità sapendo che all'equilibrio l'asta determina un angolo di $\frac{\pi}{3}$ con la verticale.
- Calcolare in tale condizione la reazione vincolare esterna agente sul disco.

6.5 (Arco a tre cerniere). In un piano verticale due aste identiche OA, AB (di massa m, ma non necessariamente lineari né omogenee) sono incernierate nell'estremo comune A, e hanno gli estremi O e B fissati alla stessa quota (vedi Fig. 6.6).

- Dimostrare che la *spinta* dell'arco (ovvero il valore delle componenti orizzontali delle reazioni vincolari esterne in O, B) è inversamente proporzionale alla sua *freccia* f (ovvero la quota di A).

6.2 Principio dei lavori virtuali

Le equazioni cardinali della statica rappresentano uno strumento prezioso per analizzare le proprietà delle configurazioni di equilibrio. Esse coinvolgono però, insieme, le incognite relative alla configurazione di equilibrio e alle reazioni vincolari. Risulta in molti casi estremamente utile studiare l'equilibrio tramite equazioni che *non* coinvolgano queste ultime. La seguente definizione identifica le equazioni di questo tipo.

Definizione 6.4 (Equazioni pure). *Un'equazione che colleghi le forze attive alle configurazioni di equilibrio (o al moto susseguente),* senza però dipendere dalle reazioni vincolari, *viene chiamata* equazione pura della statica *(o* della dinamica*).*

Il Principio dei lavori virtuali consente di ricavare equazioni pure della statica, e anche per caratterizzare completamente l'equilibrio attraverso una condizione sia necessaria che sufficiente. Prima di affrontare il resto di questa sezione, suggeriamo al lettore di rivedere i concetti introdotti in § 2.2 (vedi pagina 36) e § 5.2 (vedi pagina 117), in quanto i concetti di velocità virtuali e vincoli ideali risulteranno centrali nella seguente trattazione.

Casi particolari dell'enunciato che segue furono già intuiti anticamente da Aristotele e Leonardo, ma le sue profonde implicazioni e innumerevoli applicazioni sono presentate nei due fondamentali testi *Traité de Dynamique* (d'Alembert [11], 1743) e, soprattutto, *Mécanique analytique* (Lagrange [21], 1788).

Principio dei lavori virtuali. *In un sistema sottoposto a vincoli ideali, condizione necessaria e sufficiente affinché una configurazione $\mathscr{C}^\circ$ sia di equilibrio è che il lavoro virtuale delle forze attive sia non positivo su tutti gli atti di moto virtuali consentiti:*

$$\mathscr{C}^\circ \text{ equilibrio} \quad \Longleftrightarrow \quad \delta L^{(\mathrm{a})} = \sum_i \mathbf{F}_i^{(\mathrm{a})} \cdot \delta P_i \leq 0 \quad \forall \{\delta P_i\} \qquad \textit{(vincoli ideali)}. \tag{6.6}$$

Osservazione. Il carattere (Principio o teorema?) del Principio dei lavori virtuali dipende da quanto già osservato a pagina 130 riguardo all'unicità delle soluzioni delle equazioni di moto. Più precisamente, l'implicazione da sinistra a destra in (6.6) (e, quindi la necessità della condizione sul lavoro virtuale per l'equilibrio) si può dimostrare semplicemente come segue. Se vi è equilibrio le forze attive bilanciano le reazioni vincolari. Siccome queste ultime compiono lavoro virtuale non negativo, le prime compieranno necessariamente lavoro virtuale non positivo.

L'implicazione opposta è più sottile. Se le forze attive hanno potenza virtuale non positiva, esiste un sistema di forze capace di bilanciarle, e avente potenza virtuale non negativa. In virtù della dicitura *tutti e soli* presente nella Definizione 5.6 (vedi pagina 120), i vincoli sono allora in grado di esplicare delle reazioni vincolari atte a bilanciare le forze attive, e quindi l'equilibrio è possibile. Se poi vi è garanzia sull'unicità delle soluzioni del moto, siamo certi che il sistema di reazioni vincolari identificato sarà quello effettivamente realizzato, e l'equilibrio sarà garantito.

In presenza di vincoli *perfetti*, ovvero ideali e bilateri (vedi Definizione 5.7 a pagina 121), la potenza virtuale delle reazioni vincolari è nulla (vedi (5.6)). Ne consegue una versione semplificata del Principio dei lavori virtuali.

Proposizione 6.5 (Principio dei lavori virtuali con vincoli perfetti). *In un sistema sottoposto a vincoli perfetti, condizione necessaria e sufficiente affinché una configurazione $\mathscr{C}^\circ$ sia di equilibrio è che il lavoro virtuale delle forze attive sia nullo su tutti gli atti di moto virtuali consentiti:*

$$\mathscr{C}^\circ \text{ equilibrio} \iff \delta L^{(a)} = \sum_i \mathbf{F}_i^{(a)} \cdot \delta P_i = 0 \quad \forall \{\delta P_i\} \qquad \text{(vincoli perfetti)}.$$

Dimostrazione. In un sistema a vincoli perfetti ogni velocità (e quindi ogni spostamento) virtuale è reversibile. Di conseguenza, per ogni insieme di spostamenti virtuali $\{\delta P_i\}$ consentito dai vincoli, anche l'insieme di spostamenti opposti $\{-\delta P_i\}$ risulta virtuale. A questo punto, applicando la (6.6) ai due insiemi troviamo

$$\left.\begin{array}{l} \sum_i \mathbf{F}_i^{(a)} \cdot \quad \delta P_i \leq 0 \\ \sum_i \mathbf{F}_i^{(a)} \cdot (-\delta P_i) \leq 0 \end{array}\right\} \quad \Rightarrow \quad \delta L^{(a)} = \sum_i \mathbf{F}_i^{(a)} \cdot \delta P_i = 0. \qquad \square$$

Esercizi

6.6 (Lavoro virtuale di una coppia). Calcolare il lavoro virtuale di una coppia di forze, applicata su un corpo rigido.

Soluzione. Consideriamo la coppia $\mathscr{C} = \{(P, \mathbf{F}), (Q, -\mathbf{F})\}$, applicata su due punti P, Q appartenenti allo stesso corpo rigido. Il suo lavoro virtuale segue dalla (2.5) (vedi pagina 39):

$$\delta L^{(\mathscr{C})} = \mathbf{F} \cdot \delta P + (-\mathbf{F}) \cdot \delta Q = \mathbf{F} \cdot (\delta P - \delta Q) = \mathbf{F} \cdot \hat{\boldsymbol{\varepsilon}} \wedge QP,$$

dove $\hat{\boldsymbol{\varepsilon}}$ rappresenta la rotazione infinitesima virtuale del corpo rigido. Applicando poi una permutazione ciclica ai fattori del prodotto misto (vedi (A.15), pagina 254) si ottiene

$$\delta L^{(\mathscr{C})} = \hat{\boldsymbol{\varepsilon}} \cdot QP \wedge \mathbf{F} = \hat{\boldsymbol{\varepsilon}} \cdot \mathbf{M}^{(\mathscr{C})}.$$

Nel caso di corpo rigido piano, e detto θ un angolo antiorario di rotazione, si avrà $\hat{\boldsymbol{\varepsilon}} = \delta\theta\, \mathbf{k}$, e quindi si potrà scrivere $\delta L^{(\mathscr{C})} = M_z \delta\theta$. In generale sarà quindi $\delta L^{(\mathscr{C})} = \pm |M^{(\mathscr{C})}| \delta\theta$, dove il segno sarà positivo o negativo a seconda se la coppia sia concorde o discorde con il verso dell'angolo.

6.7. Si consideri il sistema trattato nell'Esercizio 2.5 (vedi pagina 47): un'asta OA di lunghezza ℓ e massa m è incernierata a terra nel suo estremo fisso O, mentre ha l'estremo A incernierato ad una seconda asta AB, identica alla prima, la quale a sua volta ha l'estremo B vincolato da un carrello a scorrere lungo una guida rettilinea passante per O (vedi Fig. 6.7).

Determinare il valore della forza orizzontale $\mathbf{F} = -F\mathbf{i}$, da applicare al punto A affinché il sistema sia in equilibrio con le aste inclinate di $\frac{\pi}{6}$ sull'orizzontale.

6.8. In un piano verticale, un disco omogeneo di raggio r e massa m rotola senza strisciare su una guida orizzontale. Una lamina quadrata, omogenea di lato $L > r$

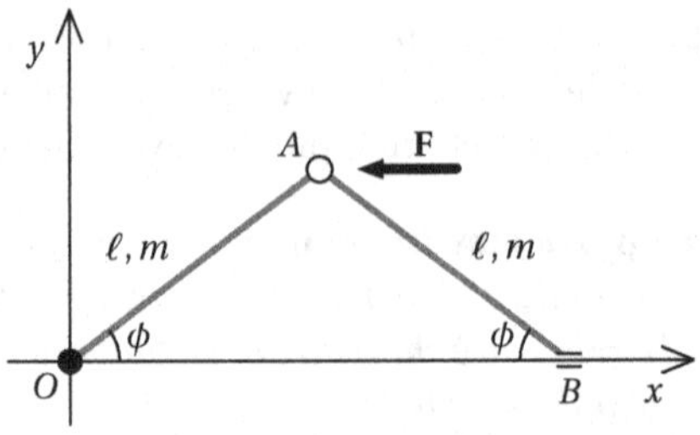

Figura 6.7 Sistema biella-manovella, Esercizio 6.7

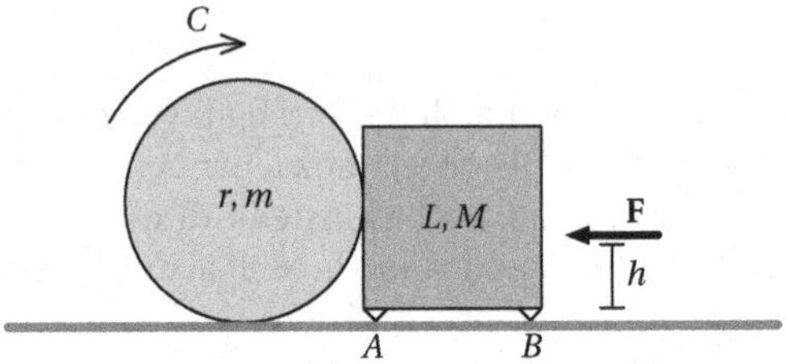

Figura 6.8 Sistema disco-lamina descritto nell'Esercizio 6.8

e massa M, si appoggia su di esso, mentre i vertici A, B scorrono senza attrito sullo stesso asse (vedi Fig. 6.8). Sul disco è applicata una coppia di momento C, e sulla lamina quadrata agisce una forza orizzontale $\mathbf{F}$, applicata a quota h rispetto alla guida fissa.

- Determinare la relazione tra C ed F che garantisce l'equilibrio del sistema.
- Stabilire la condizione sui parametri che garantisce che, all'equilibrio, sussista l'appoggio della lamina quadrata.

6.9. In un piano verticale quattro aste OA, AB, BC, CO, omogenee di lunghezza ℓ e massa m, sono incernierate tra di loro e vincolate in O a una cerniera fissa. Una quinta asta AC, di lunghezza ℓ e massa trascurabile, completa il sistema. Sul

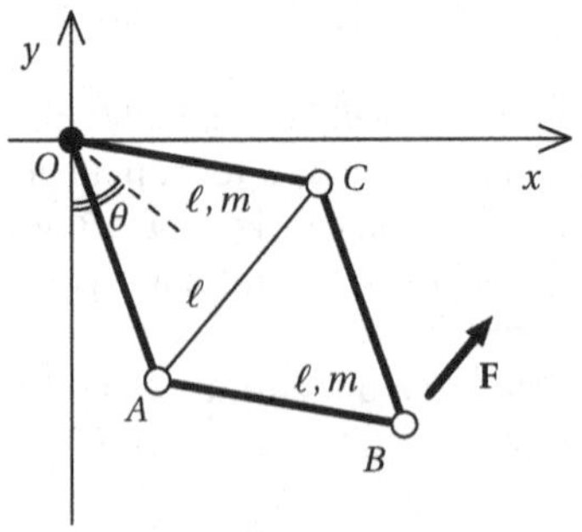

Figura 6.9 Sistema articolato dell'Esercizio 6.9

vertice B è applicata una forza $\mathbf{F}$, di intensità $F = \frac{1}{3}mg$ e direzione ortogonale alla direzione di OB (vedi Fig. 6.9).

- Determinare il valore all'equilibrio dell'angolo θ che la direzione OB determina con la verticale.
- Calcolare all'equilibrio il valore delle reazioni vincolari agenti su OA, AC e AB, nella cerniera comune A.

6.3 Equilibrio di corpi rigidi

Come prima applicazione degli strumenti appena introdotti studiamo in questa sezione l'equilibrio di corpi rigidi liberi e vincolati. A tal fine ricordiamo quanto affermato dalla Proposizione 5.8 (vedi pagina 122), ovvero che il lavoro virtuale di un qualunque sistema di forze agente su un corpo rigido si può esprimere come

$$\delta L = \sum_i \mathbf{F}_i \cdot \delta P_i = \mathbf{R} \cdot \delta Q + \mathbf{M}_Q \cdot \hat{\boldsymbol{\varepsilon}}, \tag{6.7}$$

dove δQ è lo spostamento virtuale del punto Q rispetto al quale sono calcolati i momenti, e $\hat{\boldsymbol{\varepsilon}}$ rappresenta una rotazione infinitesima virtuale.

Proposizione 6.6 (Sufficienza delle equazioni cardinali per i corpi rigidi). *Le equazioni cardinali della statica forniscono un insieme di condizioni necessario e sufficiente per caratterizzare l'equilibrio di un corpo rigido libero, o soggetto a vincoli ideali.*

Dimostrazione. Ricordiamo che le equazioni cardinali della statica forniscono una condizione necessaria per l'equilibrio di qualunque sistema. Dimostriamo allora la loro sufficienza nel caso del singolo corpo rigido, utilizzando come osservazione chiave il fatto che, in virtù della (6.7), un qualunque sistema di forze equilibrato produce automaticamente lavoro virtuale nullo se applicato su un singolo corpo rigido.

Se un corpo rigido soddisfa le equazioni cardinali della statica, le forze esterne applicate su di esso sono equilibrate. e quindi $\delta L^{(e)} = 0$. Siccome, grazie al principio di azione e reazione, le forze interne sono comunque equilibrate, ne risulta che il lavoro virtuale di *tutte* le forze è nullo:

$$\delta L = 0 \qquad \forall \{\delta P_i\}. \tag{6.8}$$

Dividiamo a questo punto le forze in attive e vincolari. Se i vincoli sono ideali, queste ultime avranno potenza virtuale non negativa. In virtù della (6.8), le forze attive esplicheranno quindi potenza virtuale non positiva, e il Principio dei lavori virtuali assicura allora che l'equilibrio è garantito. □

Osservazione. La proposizione precedente ha come importante conseguenza la validità del seguente enunciato: *ai fini dello studio dell'equilibrio è possibile sostituire qualunque sistema di forze applicate sullo stesso corpo rigido con un sistema* *ad esso equivalente* (dove l'equivalenza è da intendersi ai sensi della Definizione 4.5 di pagina 80). La precedente asserzione, che risulta vera anche in dinamica (vedi pagina 174), giustifica l'importanza dello studio della riduzione dei sistemi di vettori applicati svolta in § 4.2, in quanto consente di semplificare lo studio della meccanica del corpo rigido attraverso la sostituzione di sistemi di forze complessi con più semplici sistemi equivalenti.

Analizziamo di seguito le condizioni di equilibrio di corpi rigidi variamente vincolati.

Corpo rigido incernierato

Se un corpo rigido è vincolato ad una cerniera fissa nel suo punto Q si avrà (vedi pagina 40) $\delta Q = \mathbf{0}$, con rotazione $\hat{\boldsymbol{\epsilon}}$ arbitraria. Di conseguenza, utilizzando la (6.7), il Principio dei lavori virtuali richiederà che $\delta L^{(a)} = \mathbf{M}_Q^{(a)} \cdot \hat{\boldsymbol{\epsilon}} = 0$ per ogni $\hat{\boldsymbol{\epsilon}}$, ottenendosi quindi l'equazione pura della statica

$$\mathbf{M}_Q^{(a)} = \mathbf{0}. \tag{6.9}$$

Una volta identificata la condizione di equilibrio (6.9), la reazione vincolare agente sulla cerniera si può ricavare utilizzando la prima equazione cardinale della statica: $\boldsymbol{\Phi}_Q = -\mathbf{R}^{(a)}$.

Esempio. Consideriamo un corpo rigido appeso a una cerniera in un piano verticale. In questo caso l'unica forza attiva è il peso (applicato nel centro di massa G), e si ha

$$\mathbf{M}_Q^{(a)} = QG \wedge (-mg\mathbf{k}) = \mathbf{0} \qquad \Longrightarrow \qquad QG \parallel \mathbf{k},$$

ovvero all'equilibrio il centro di massa deve giacere sulla verticale passante per il punto incernierato.

Corpo rigido girevole e scorrevole attorno ad un asse

Consideriamo un corpo rigido vincolato con un manicotto (vedi pagina 43), ovvero avente un punto Q vincolato a scorrere su un asse (che scegliamo parallelo al versore $\mathbf{k}$ dimodoché $\delta Q = \delta z\mathbf{k}$), e con possibilità di ruotare solo con velocità angolari parallele allo stesso versore $\mathbf{k}$: $\hat{\boldsymbol{\epsilon}} = \delta\phi\mathbf{k}$. Otteniamo così la condizione

$$\delta L^{(a)} = \mathbf{R}^{(a)} \cdot \delta Q + \mathbf{M}_Q^{(a)} \cdot \hat{\boldsymbol{\epsilon}} = \delta z\, R_z^{(a)} + \delta\phi\, M_{Qz}^{(a)} = 0, \quad \text{per ogni } \delta z \text{ e } \delta\phi. \tag{6.10}$$

Scegliendo alternativamente uno tra δz e $\delta\phi$ nullo, e l'altro diverso da zero, si ricavano da (6.10) due equazioni pure di equilibrio

$$R_z^{(a)} = 0, \qquad M_{Qz}^{(a)} = 0. \tag{6.11}$$

Si noti come, facendo leva sull'arbitrarietà della scelta degli spostamenti virtuali, siamo riusciti a ricavare dal Principio dei lavori virtuali due condizioni pure di equilibrio.

Se il vincolo appena analizzato vieta lo scorrimento del punto Q (corpo rigido con asse fisso), δz in (6.10) diventa necessariamente nullo, e allora rimane valida solo la seconda delle condizioni (6.11), ovvero quella relativa al momento.

Corpo rigido appoggiato

Consideriamo inizialmente un corpo rigido appoggiato in un solo punto Q su un piano. Sia $\mathbf{k}$ il versore ortogonale al piano di appoggio che punta verso il semispazio nel quale giace il corpo rigido (e verso il quale, di conseguenza, è consentito il distacco di Q). Gli spostamenti virtuali ammessi sono tutti e soli quelli che soddisfano $\delta Q \cdot \mathbf{k} \geq 0$, in quanto il punto appoggiato può effettuare qualunque spostamento eccetto quelli che lo porterebbero a attraversare il piano di appoggio. Notiamo che il vincolo è quindi unilatero. Dal Principio dei lavori virtuali otteniamo la condizione di equilibrio

$$\delta L^{(a)} = \mathbf{R}^{(a)} \cdot \delta Q + \mathbf{M}_Q^{(a)} \cdot \hat{\boldsymbol{\epsilon}} \leq 0, \quad \text{per ogni } \hat{\boldsymbol{\omega}}, \text{ e per ogni } \delta Q \cdot \mathbf{k} \geq 0. \tag{6.12}$$

Scegliendo $\delta Q = \mathbf{0}$ ricaviamo la prima condizione di equilibrio $\mathbf{M}_Q^{(a)} = \mathbf{0}$, identica a quella già ottenuta nel caso di cerniera fissa. Inserendo poi la condizione sul momento nella (6.12), otteniamo l'ulteriore condizione di equilibrio

$$\delta L^{(a)} = \mathbf{R}^{(a)} \cdot \delta Q = R_x^{(a)} \delta Q_x + R_y^{(a)} \delta Q_y + R_z^{(a)} \delta Q_z \leq 0, \quad \text{per ogni } \delta Q_x, \delta Q_y, \text{ e } \delta Q_z \geq 0.$$

L'arbitrarietà delle componenti di δQ nel piano implica $R_x^{(a)} = R_y^{(a)} = 0$. Inoltre, il fatto che δQ_z sia non negativa implica che $R_z^{(a)}$ dovrà essere non positiva. Riassumendo, le condizioni di equilibrio per un corpo rigido appoggiato in un punto Q sono le seguenti:

$$\mathbf{M}_Q^{(a)} = \mathbf{0} \qquad \text{e} \qquad \mathbf{R}^{(a)} = R_z^{(a)} \mathbf{k}, \quad \text{con } R_z^{(a)} \leq 0. \tag{6.13}$$

Inserendo la condizione (6.13) nella prima equazione cardinale della statica otteniamo le condizioni che deve soddisfare la reazione vincolare in un punto di appoggio ideale

$$\boldsymbol{\Phi}_Q = V_Q \mathbf{k}, \qquad \text{con } V_Q \geq 0. \tag{6.14}$$

Il venir meno della condizione (6.14) e, in particolare, della condizione sul segno della componente ortogonale V_Q, identifica il momento in cui si perde la condizione di appoggio, e il corpo rigido si distacca dal piano di appoggio.

Poligono d'appoggio

Consideriamo ora un corpo rigido appoggiato in n punti, $\{Q_1, \ldots, Q_n\}$, e sia nuovamente $\mathbf{k}$ il versore che punta nella direzione del corpo rigido. Gli spostamenti virtuali dei punti appoggiati dovranno soddisfare $\delta Q_i \cdot \mathbf{k} \geq 0$. Analizziamo quali atti di moto virtuali sono ora consentiti dal vincolo, e le implicazioni di questi per l'equilibrio del corpo rigido.

Scriviamo la (2.4) (vedi pagina 39) prendendo come punto di riferimento un punto Q_k, scelto tra quelli di appoggio. Si avrà allora $\delta Q_i = \delta Q_k + \hat{\boldsymbol{\epsilon}} \wedge Q_k Q_i$, con

$$\delta Q_i \cdot \mathbf{k} = \delta Q_k \cdot \mathbf{k} + \hat{\boldsymbol{\epsilon}} \wedge Q_k Q_i \cdot \mathbf{k} = \delta Q_k \cdot \mathbf{k} + (\mathbf{k} \wedge \hat{\boldsymbol{\epsilon}}) \cdot Q_k Q_i \geq 0 \qquad \forall i. \tag{6.15}$$

Le componenti $\delta Q_{k,x}$, $\delta Q_{k,y}$ e $\hat{\epsilon}_z$ sono quindi arbitrarie, in quanto nessuna di esse interviene nella (6.15). Questa constatazione consente di fornire una prima importante caratterizzazione delle forze attive all'equilibrio. Il Principio dei lavori virtuali richiede infatti

$$\delta L^{(a)} = \mathbf{R}^{(a)} \cdot \delta Q_k + \mathbf{M}^{(a)}_{Q_k} \cdot \hat{\boldsymbol{\epsilon}} \leq 0, \quad \text{per ogni } \delta Q_k, \hat{\boldsymbol{\epsilon}} \text{ che soddisfino (6.15).} \tag{6.16}$$

L'arbitrarietà di $\delta Q_{k,x}$ e $\delta Q_{k,y}$, unitamente alle considerazioni sul segno di $\delta Q_{k,z}$, implicano $R^{(a)}_x = R^{(a)}_y = 0$, ovvero $\mathbf{R}^{(a)} = R^{(a)}_z \mathbf{k}$, con $R^{(a)}_z \leq 0$. Analogamente, l'arbitrarietà di $\hat{\epsilon}_z$ implica $M^{(a)}_{kz} = 0$, ovvero $\mathbf{M}^{(a)}_{Q_k} \cdot \mathbf{k} = 0$. Queste condizioni implicano a loro volta che l'invariante scalare delle forze attive (Definizione 4.6, pagina 80) deve essere nullo. Ricaviamo così la seguente prima caratterizzazione delle configurazioni di equilibrio di un corpo rigido appoggiato: *condizione necessaria affinché un corpo rigido appoggiato sia in equilibrio è che le forze attive siano equivalenti al loro risultante, che deve essere ortogonale al piano di appoggio, e diretto verso esso.*

L'analisi della (6.15) fornisce inoltre un'ulteriore condizione per l'equilibrio, che riguarda questa volta il punto G del piano di appoggio dove si può immaginare applicato il risultante delle forze attive. Nel caso tipico in cui le forze attive siano rappresentate dal peso, ricaveremo quindi una condizione di equilibrio riguardante la posizione del centro di massa rispetto ai punti di appoggio.

Cerchiamo un insieme di spostamenti virtuali con $\delta Q_{k,x} = \delta Q_{k,y} = 0$, e $\hat{\boldsymbol{\epsilon}} \neq \mathbf{0}$, ma parallelo al piano di appoggio ($\hat{\epsilon}_z = 0$). L'invariante scalare dell'atto di moto rigido (Definizione 1.19, pagina 25) è di conseguenza nullo. In base al Teorema 1.21 (del Mozzi), l'atto di moto è rotatorio, e l'asse di rotazione si trova nel piano di appoggio (vedi equazione (1.26)). Detto $\hat{C}$ uno qualunque dei suoi punti si avrà così $\delta\hat{C} = \mathbf{0}$, e la (6.15) diventa

$$\delta Q_i \cdot \mathbf{k} = (\hat{\boldsymbol{\epsilon}} \wedge C Q_i) \cdot \mathbf{k} \geq 0 \qquad \forall i. \tag{6.17}$$

L'equazione (6.17), che rappresenta l'unica restrizione alla scelta dell'asse di rotazione virtuale, impone che tutti i punti di appoggio siano dalla stessa sua parte, visto che i punti da una parte e dall'altra di tale asse hanno spostamenti virtuali di segno opposto. Di conseguenza, l'asse di rotazione virtuale può essere qualunque asse esterno o tangente al *poligono di appoggio*, ovvero il più piccolo poligono convesso che contiene tutti i punti di appoggio (vedi Fig. 6.10, e pagina 256 dell'Appendice). Inoltre, il Principio dei lavori virtuali (6.16) implica che il centro G delle forze attive, deve stare anch'esso dalla stessa parte di tutti i possibili assi di

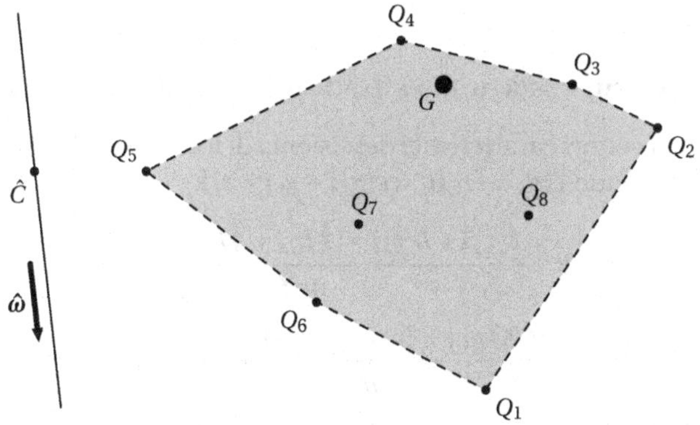

Figura 6.10 Poligono di appoggio associato a un insieme di punti nel piano

rotazione virtuali, ovvero *G deve appartenere al poligono d'appoggio.* Infatti

$$\delta L^{(a)} = \mathbf{R}^{(a)} \cdot \underbrace{\delta \hat{C}}_{\mathbf{0}} + \mathbf{M}^{(a)}_{\hat{C}} \cdot \hat{\boldsymbol{\epsilon}} = \hat{C}G \wedge R^{(a)}_z \mathbf{k} \cdot \hat{\boldsymbol{\epsilon}} \leq 0 \quad \Longrightarrow \quad (\hat{\boldsymbol{\epsilon}} \wedge \hat{C}G) \cdot \mathbf{k} \geq 0.$$

Esempio (Forze gravitazionali). Si consideri il sistema di forze gravitazionali agenti su un corpo rigido di massa m. Scelto un sistema di riferimento con origine O nel centro delle forze, e asse z diretto verso il centro di massa del corpo rigido (con $OC = r_C \mathbf{k}$) avremo il sistema di forze

$$\mathbf{F}_i = -\frac{GMm_i}{|OP_i|^3} OP_i. \tag{6.18}$$

Si supponga ora che le dimensioni del corpo siano molto minori della distanza r_C tra il centro di massa e il centro delle forze, ovvero $OP_i = r_C(\mathbf{k} + \epsilon \mathbf{u}_i)$, con $\epsilon \ll 1$. L'ipotesi sulla posizione del centro di massa implica

$$m r_C \mathbf{k} = m\, OC = \sum_i m_i OP_i = \sum_i m_i r_C(\mathbf{k} + \epsilon \mathbf{u}_i) = m r_C \mathbf{k} + \epsilon r_C \sum_i m_i \mathbf{u}_i,$$

da cui risulta

$$\sum_i m_i \mathbf{u}_i = \mathbf{0}. \tag{6.19}$$

Si avrà inoltre

$$\frac{1}{|OP_i|^3} = \frac{1}{r_C^3} \frac{1}{\big((\mathbf{k} + \epsilon \mathbf{u}_i) \cdot (\mathbf{k} + \epsilon \mathbf{u}_i)\big)^{\frac{3}{2}}} = \frac{1}{r_C^3}(1 + 2\epsilon \mathbf{k} \cdot \mathbf{u}_i + \epsilon^2 u_i^2)^{-\frac{3}{2}}$$
$$= \frac{1}{r_C^3}\big(1 - 3\epsilon \mathbf{k} \cdot \mathbf{u}_i - \tfrac{3}{2}\epsilon^2 u_i^2 + \tfrac{15}{2}\epsilon^2 (\mathbf{k} \cdot \mathbf{u}_i)^2 + o(\epsilon^2)\big) \quad \text{per } \epsilon \ll 1.$$

Sostituendo nella (6.18) e definendo l'accelerazione di gravità

$$g = \frac{GM}{r_C^2}$$

otteniamo, per $\epsilon \ll 1$,

$$\mathbf{F}_i = -m_i g \left[\mathbf{k} + \epsilon \mathbf{u}_i - 3\epsilon(\mathbf{k}\cdot\mathbf{u}_i)\mathbf{k} + \epsilon^2\left(\tfrac{15}{2}(\mathbf{k}\cdot\mathbf{u}_i)^2 - \tfrac{3}{2}u_i^2\right)\mathbf{k} - 3\epsilon(\mathbf{k}\cdot\mathbf{u}_i)\mathbf{u}_i + o(\epsilon^2)\right].$$

Calcoliamo ora i vettori caratteristici del sistema di forze considerato, facendo uso della (6.19) e ponendo $CP_i = \epsilon r_C \mathbf{u}_i = \epsilon(x_i\,\mathbf{i} + y_i\,\mathbf{j} + z_i\,\mathbf{k})$

$$\begin{aligned}\mathbf{R} &= \sum_i \mathbf{F}_i = -mg\left[\mathbf{k} + \frac{I_{Cxz}\mathbf{i} + I_{Cyz}\mathbf{j} + \left(\frac{3}{2}I_{Cx} + \frac{3}{2}I_{Cy} - 3I_{Cz}\right)\mathbf{k}}{mr_C^2}\epsilon^2 + o(\epsilon^2)\right]\\ \mathbf{M}_C &= \sum_i \epsilon r_C \mathbf{u}_i \wedge \mathbf{F}_i = \frac{3GMm}{r_C}\frac{\left(-I_{Cyz}\,\mathbf{i} + I_{Cxz}\,\mathbf{j}\right)}{mr_C^2}\epsilon^2 + o(\epsilon^2).\end{aligned} \qquad (6.20)$$

Il risultato (6.20) ha diverse interessanti implicazioni.

- Se trascuriamo la struttura del corpo rigido (ovvero calcoliamo le forze gravitazionali come se tutta la massa fosse concentrata in C) commettiamo un errore del second'ordine nel rapporto tra le dimensioni caratteristiche del corpo (che ne determinano i momenti centrali di inerzia) e la distanza r_C. Per avere una stima di questo errore si consideri che per un oggetto avente un diametro di 10m e posto sulla crosta terrestre ($r_C \sim 6\times 10^3$km), l'errore relativo commesso è inferiore a un milionesimo.
- Entro l'approssimazione considerata, il sistema ammette retta di applicazione del risultante, in quanto l'invariante scalare è nullo: $\mathscr{I} = \mathbf{R}\cdot\mathbf{M}_C = o(\epsilon^2)$. Risulta quindi possibile identificare il *baricentro*

$$CG = \frac{\mathbf{R}\wedge\mathbf{M}_C}{R^2} = 3r_C\frac{I_{Cxz}\,\mathbf{i} + I_{Cyz}\,\mathbf{j}}{mr_C^2} + o(\epsilon^2),$$

  nel quale (a meno di $o(\epsilon^2)$) risulta possibile applicare il risultante delle forze peso ottenendo un sistema di forze equivalente a quello originale. L'errore che si commette identificando il baricentro con il centro di massa è di ordine ϵ^2. Tale correzione si annulla se il corpo è orientato in modo che la direzione che congiunge il centro di massa con il centro di forze sia principale di inerzia in C ($I_{Cxz} = I_{Cyz} = 0$).
- Il risultante è parallelo alla direzione OC se la direzione stessa è principale di inerzia. Tale risultante coincide con la forza che si otterrebbe concentrando l'intero sistema nel centro di massa se vale anche $I_{cz} = \frac{1}{2}(I_{cx} + I_{cy})$, condizione soddisfatta per esempio se tutti i momenti principali di inerzia coincidono.

Esercizi

6.10. In un piano verticale, un corpo rigido è composto da due aste AB e CD, omogenee di massa $2m$ e lunghezza 2ℓ, e da una terza asta omogenea GH, omogenea di massa m e lunghezza ℓ. Le aste sono fissate in modo che GH unisca i centri delle prime due aste e rimanga perpendicolare ad esse (vedi Fig. 6.11), con il punto medio Q dell'asta GH è vincolato ad una cerniera fissa. Un anellino P di

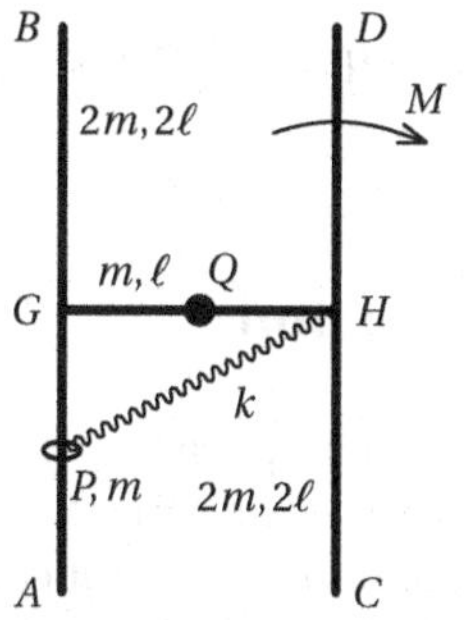

Figura 6.11 Aste e anello di cui all'Esercizio 6.10

massa m scorre senza attrito su AB, mentre una molla di costante elastica k lo collega al punto H, e una coppia (oraria) di momento M è applicata su CD.

- Determinare il valore di k ed M affinché il sistema rimanga in equilibrio nella configurazione in cui GH sia orizzontale, le altre due aste siano verticali, e P sia equidistante da A e G.
- Determinare in tale situazione la reazione vincolare agente sull'anellino P.

6.11. In un piano verticale un'asta AB, omogenea di lunghezza 2ℓ e massa $2m$, si appoggia senza attrito su una guida orizzontale ed una verticale. Una seconda asta OC, omogenea di lunghezza ℓ e massa m, è incernierata nel punto di incontro O delle due guide, e appoggia senza attrito il suo estremo C sulla prima asta (vedi Fig. 6.12).

- Determinare l'intensità F della forza orizzontale da applicare sull'estremo B dell'asta AB per mantenere il sistema in equilibrio con tale asta inclinata di θ_0 sulla guida orizzontale.
- Calcolare, nelle condizioni di equilibrio suddette, l'azione che l'asta AB esercita su OC.

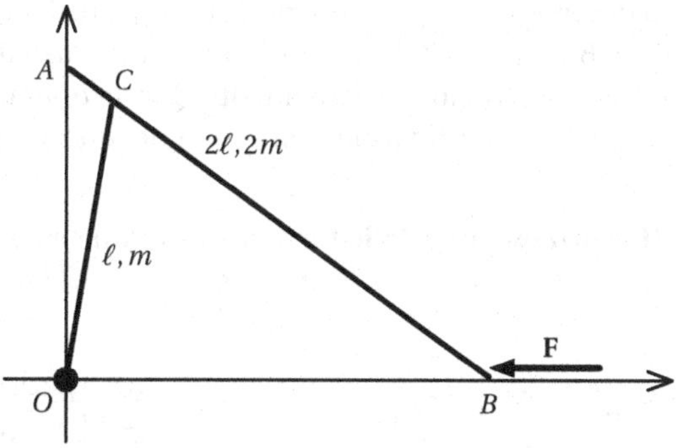

Figura 6.12 Sistema di due aste appoggiate di cui all'Esercizio 6.11

- Determinare i valori di θ_0 per i quali la configurazione studiata risulta essere effettivamente di equilibrio.

6.4 Equilibrio di sistemi olonomi

Il Principio dei lavori virtuali si può applicare a qualunque sistema sottoposto a vincoli ideali. Esso però fornisce una caratterizzazione dell'equilibrio particolarmente semplice e quindi utile quando viene applicato a sistemi olonomi. Invitiamo il lettore, prima di affrontare la presente sezione, a rivedere nel Capitolo 2 (vedi pagina 35) la definizione di sistema olonomo, e il calcolo delle velocità virtuali e dei relativi spostamenti virtuali.

Consideriamo un sistema olonomo con ℓ coordinate libere $\mathsf{q} = (q_1, \ldots, q_\ell)$. Questo significa che è possibile esprimere tutte le coordinate di tutti i punti del sistema in funzione delle coordinate libere stesse e del tempo (nel caso il vincolo sia mobile): $P_i = P_i(\mathsf{q}; t)$ per ogni punto P_i del sistema. Le velocità e gli spostamenti virtuali di ogni singolo punto si ottengono variando arbitrariamente le coordinate libere, ma tenendo fisso il tempo. Si ha quindi

$$\hat{\mathbf{v}}_i = \sum_{k=1}^{\ell} \frac{\partial(OP_i)}{\partial q_k} v_k \qquad e \qquad \delta P_i = \sum_{k=1}^{\ell} \frac{\partial(OP_i)}{\partial q_k} \delta q_k. \tag{6.21}$$

Gli scalari $(v_1, \ldots, v_\ell)$ così come gli spostamenti $(\delta q_1, \ldots, \delta q_\ell)$ che compaiono nella (6.21) sono arbitrari se il vincolo è bilatero, mentre alcuni di essi potrebbero essere vincolati ad assumere solo valori non negativi o solo valori non positivi se il vincolo è unilatero.

Componenti generalizzate delle forze attive

In presenza di vincoli, gli spostamenti virtuali δP_i che compaiono nel lavoro virtuale (6.6) non sono indipendenti tra di loro. Per convincersene, basta pensare all'esempio di due corpi rigidi incernierati in un punto comune: le velocità virtuali consentite ai due punti sono necessariamente uguali, e quindi non indipendenti. Provvediamo di seguito a ricavare un modo di scrivere il lavoro virtuale che, pur equivalente alla (6.6), esprime tale quantità come somma di termini che coinvolgono spostamenti virtuali tra loro indipendenti. Questa operazione consentirà di ricavare dal Principio dei lavori virtuali una serie di conseguenze di semplice applicazione.

Proposizione 6.7 (Lavoro virtuale delle forze attive in un sistema olonomo). *In un sistema olonomo con ℓ coordinate libere $\mathsf{q} = (q_1, \ldots, q_\ell)$, il lavoro virtuale delle forze attive si esprime come*

$$\delta L^{(a)} = \sum_{i \in I} \mathbf{F}_i^{(a)} \cdot \delta P_i = \sum_{k=1}^{\ell} Q_k \delta q_k, \qquad \textit{dove} \quad Q_k = \sum_{i \in I} \mathbf{F}_i^{(a)} \cdot \frac{\partial(OP_i)}{\partial q_k} \tag{6.22}$$

sono le componenti generalizzate delle forze attive.

Dimostrazione. Per ottenere la tesi basta sostituire l'espressione (6.21) delle velocità virtuali nella potenza virtuale (6.6), e scambiare la somma sui punti $i = 1,\dots,N$ con quella sulle coordinate libere $k = 1,\dots,\ell$:

$$\delta L^{(a)} = \sum_{i\in I} \mathbf{F}_i^{(a)} \cdot \delta P_i = \sum_{i\in I} \mathbf{F}_i^{(a)} \cdot \Big(\sum_{k=1}^{\ell} \frac{\partial(OP_i)}{\partial q_k} \delta q_k \Big) = \sum_{k=1}^{\ell} \underbrace{\Big(\sum_{i\in I} \mathbf{F}_i^{(a)} \cdot \frac{\partial(OP_i)}{\partial q_k} \Big)}_{Q_k} \delta q_k. \quad \square$$

Le componenti generalizzate delle forze attive svolgono un ruolo fondamentale nella statica dei sistemi olonomi. Esse consentono infatti di esprimere la potenza virtuale in funzione degli spostamenti virtuali $(\delta q_1,\dots,\delta q_\ell)$ che, a differenza dei $(\delta P_1,\dots,\delta P_N)$, sono tra di loro indipendenti e consentono quindi di formulare semplici condizioni che caratterizzano l'equilibrio. Prima di addentrarci nella discussione del calcolo di tali componenti, vediamo allora con la prossima proposizione come esse realizzino tale semplificazione.

Proposizione 6.8 (Equilibrio di sistemi olonomi). *Consideriamo un sistema olonomo con coordinate libere $q = (q_1,\dots,q_\ell)$ e componenti generalizzate delle forze attive $Q = (Q_1,\dots,Q_\ell)$. In presenza di vincoli ideali, condizione necessaria e sufficiente affinché una configurazione q° sia di equilibrio è che si abbia*

$$\begin{aligned} Q_k &= 0 && \textit{per tutte le coordinate } q_k \textit{ tali che } \delta q_k \lesseqgtr 0 \\ Q_k &\le 0 && \textit{per tutte le coordinate } q_k \textit{ tali che } \delta q_k \ge 0 \\ Q_k &\ge 0 && \textit{per tutte le coordinate } q_k \textit{ tali che } \delta q_k \le 0. \end{aligned} \tag{6.23}$$

Dimostrazione. Per dimostrare la necessità delle condizioni (6.23) dobbiamo partire dall'espressione (6.22) per il lavoro virtuale delle forze attive. In virtù dell'indipendenza degli spostamenti virtuali $(\delta q_1,\dots,\delta q_\ell)$, possiamo scegliere di volta in volta uno di essi, per esempio il k-esimo, diverso da zero, e tutti gli altri nulli. A questo punto il Principio dei lavori virtuali implica che, affinché vi sia equilibrio deve valere $Q_k \delta q_k \le 0$ per ogni singolo addendo della (6.22) (e non solo per la somma). Le scelte di segno possibili sui δq_k determinano infine in modo semplice il segno che deve necessariamente avere la corrispondente Q_k.

La sufficienza delle (6.23) per garantire l'equilibrio è evidente, in quanto se ogni singolo addendo della somma (6.22) risulta non positivo, evidentemente anche la somma totale risulterà non positiva quale che sia la scelta delle velocità virtuali.

□

Teorema di stazionarietà del potenziale

Nel capitolo precedente (vedi Definizione 5.3 a pagina 118) abbiamo introdotto il concetto di forza conservativa. Vediamo ora come in presenza di forze attive conservative le componenti generalizzate (6.22) risultano particolarmente semplici da calcolare.

Proposizione 6.9 (Componenti generalizzate delle forze attive in sistemi conservativi). *In un sistema olonomo con coordinate libere $q = (q_1, \dots, q_\ell)$ e forze attive conservative di potenziale $U(q)$, le componenti generalizzate delle forze attive valgono*

$$Q_k = \frac{\partial U}{\partial q_k}, \qquad k = 1, \dots, \ell. \tag{6.24}$$

Dimostrazione. Per dimostrare le (6.24) dobbiamo sostituire nella Definizione (6.22) la condizione che le forze attive derivino dal potenziale U:

$$\mathbf{F}_i^{(a)} = \nabla_i U, \qquad \text{ossia} \qquad \mathbf{F}_i^{(a)} = \left(\frac{\partial U}{\partial x_i}, \frac{\partial U}{\partial y_i}, \frac{\partial U}{\partial z_i}\right).$$

Si ottiene così

$$\begin{aligned} Q_k &= \sum_{i \in I} \mathbf{F}_i^{(a)} \cdot \frac{\partial(OP_i)}{\partial q_k} = \sum_{i \in I} \nabla_i U \cdot \frac{\partial(OP_i)}{\partial q_k} \\ &= \sum_{i \in I} \left(\frac{\partial U}{\partial x_i}\frac{\partial x_i}{\partial q_k} + \frac{\partial U}{\partial y_i}\frac{\partial y_i}{\partial q_k} + \frac{\partial U}{\partial z_i}\frac{\partial z_i}{\partial q_k}\right) = \frac{\partial U}{\partial q_k}. \end{aligned}$$ □

La precedente proposizione consente di caratterizzare in modo particolarmente efficace l'equilibrio di sistemi olonomi conservativi, sottoposti a vincoli perfetti.

Teorema 6.10 (Stazionarietà del potenziale). *In un sistema olonomo con coordinate libere $q = (q_1, \dots, q_\ell)$, sottoposto a vincoli perfetti (ovvero ideali e bilateri) e a forze attive conservative di potenziale $U(q)$, le configurazioni di equilibrio corrispondono ai punti stazionari del potenziale U, ossia soddisfano le ℓ condizioni pure di equilibrio*

$$\left.\frac{\partial U}{\partial q_k}\right|_{q^\circ} = 0, \qquad k = 1, \dots, \ell.$$

Dimostrazione. Il teorema si dimostra utilizzando l'espressione (6.24) per le componenti generalizzate delle forze attive, nel caso di vincoli perfetti, per i quali vale la prima delle (6.23) (ossia $Q_k = 0$), in quanto le velocità virtuali possono essere sia positive che negative. □

Esercizi

6.12. In un piano verticale si consideri il sistema trattato nell'Esercizio 2.2 (pagina 47). Un'asta OA, omogenea di lunghezza ℓ e massa m, è incernierata a terra nel suo estremo fisso O, mentre l'estremo A è incernierato ad una seconda asta AB, identica alla prima.

Determinare le componenti generalizzate delle forze attive, sapendo che queste consistono nel peso, in una coppia oraria di momento C applicata sull'asta AB, e una forza verticale $\mathbf{F} = F\,\mathbf{j}$, applicata nel punto B (vedi Fig. 6.13).

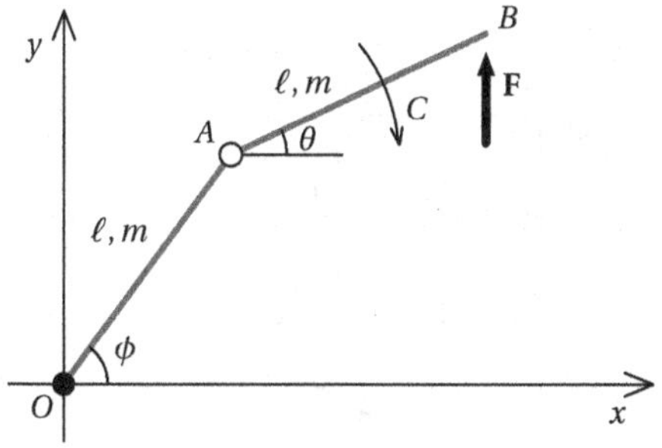

Figura 6.13 Due aste incernierate, sistema dell'Esercizio 6.12

Soluzione. Essendo applicata all'asta AB, la coppia contribuisce esclusivamente alla componente generalizzata delle forze attive Q_θ, e più precisamente $Q_\theta^{(\text{coppia})} = -C$, con segno negativo perché la coppia (oraria) non è concorde con l'angolo (antiorario). Per quanto riguarda la forza, si ha

$$
\begin{aligned}
OB &= \ell(\cos\phi + \cos\theta)\,\mathbf{i} + \ell(\sin\phi + \sin\theta)\,\mathbf{j}, && \text{da cui}\\
\delta B &= -\ell(\delta\phi\sin\phi + \delta\theta\sin\theta)\,\mathbf{i} + \ell(\delta\phi\cos\phi + \delta\theta\cos\theta), && \text{e quindi}\\
\mathbf{F}\cdot\delta B &= \underbrace{(F\ell\cos\phi)}_{Q_\phi^{\mathbf{F}}}\delta\phi + \underbrace{(F\ell\cos\theta)}_{Q_\theta^{\mathbf{F}}}\delta\theta.
\end{aligned}
$$

Per la forza peso ricaviamo le componenti generalizzate dalle derivate parziali del potenziale

$$U = -\tfrac{1}{2}mg\ell\sin\phi - mg(\ell\sin\phi + \tfrac{1}{2}\ell\sin\theta) = -\tfrac{1}{2}mg\ell(3\sin\phi + \sin\theta).$$

Risulta così $Q_\phi = \left(F - \tfrac{3}{2}mg\right)\ell\cos\phi, \quad Q_\theta = \left(F - \tfrac{1}{2}mg\right)\ell\cos\theta - C.$

6.13. In un piano verticale un'asta AB, omogenea di lunghezza 3ℓ e massa $3m$ ha l'estremo A vincolato da un carrello liscio su una guida orizzontale passante per O, mentre l'estremo B è incernierato nel punto medio del lato verticale di una lamina quadrata di massa $2m$ e lato 2ℓ. La lamina è vincolata nei suoi vertici P e Q a scorrere su una guida liscia verticale passante per O. Una molla di costante elastica k collega A ad O, e nel centro dell'asta AB agisce una forza $\mathbf{F}$ in direzione perpendicolare all'asta stessa. Sia θ l'angolo formato dall'asta con la guida orizzontale (vedi Fig. 6.14).

- Determinare il valore di F affinché $\theta = \frac{\pi}{3}$ sia una configurazione di equilibrio.
- Determinare l'azione che la lamina esercita sull'asta in B.

6.14. Si consideri il sistema trattato nell'Esercizio 2.11 (vedi pagina 54). In un piano verticale, un'asta AB scorre lungo un asse orizzontale, mentre un disco di raggio r rotola senza strisciare su di essa. Le forze attive agenti sul sistema sono una molla di costante elastica k che collega il centro del disco con l'estremo A dell'asta mobile, e una forza orizzontale agente in ogni istante sul punto più elevato del disco (vedi Fig. 6.15).

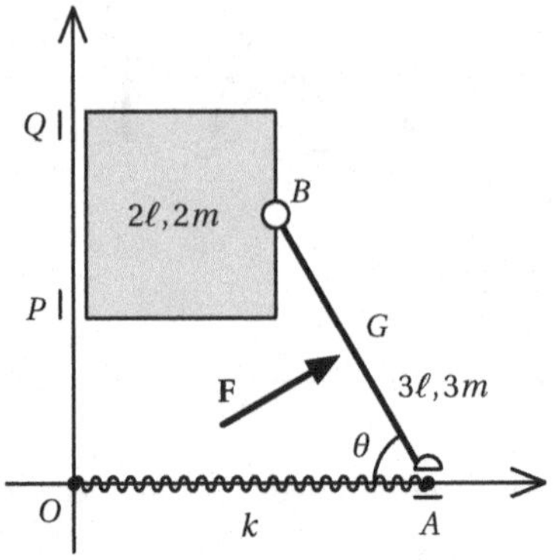

Figura 6.14 Asta e lamina quadrata, Esercizio 6.13

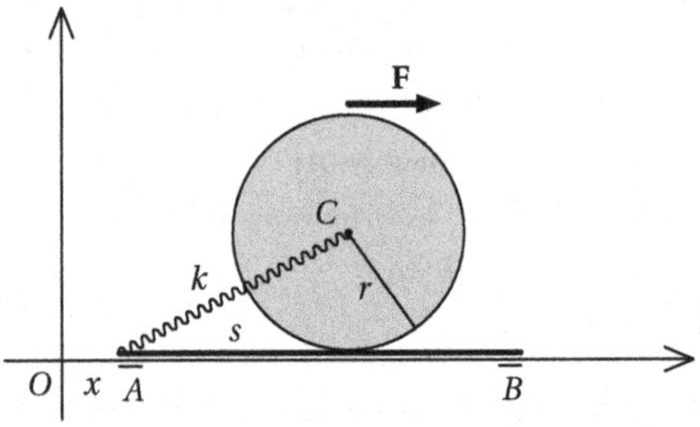

Figura 6.15 Disco che rotola senza strisciare su un'asta traslante, Esercizio 6.14

Utilizzando come coordinate libere l'ascissa x dell'estremo A dell'asta mobile e l'ascissa s (relativa ad A) del punto di contatto tra disco e asta, determinare le componenti generalizzate delle forze attive.

6.15. In un piano verticale, un corpo rigido OAB è composto da due aste OA e AB, omogenee di masse $2m, m$ e lunghezze $2\ell, \ell$, saldate ad angolo retto in A. Il corpo rigido è incernierato in O, mentre l'estremo B è vincolato attraverso un carrello liscio sul lato verticale di una lamina quadrata omogenea, di massa M e lato 2ℓ. La lamina è vincolata nei suoi vertici P, Q a scorrere su una guida liscia orizzontale passante per O (vedi Fig. 6.16). Una molla di costante elastica k collega P ad O.

- Determinare il valore di k affinché il sistema sia in equilibrio con OA sollevata di $\theta = \frac{\pi}{3}$ sull'orizzontale.
- Determinare, in tale condizione, le reazioni vincolari agenti sulla lamina in P e Q.

6.16. In un piano verticale, un disco omogeneo di centro A, raggio r e massa m rotola senza strisciare lungo un asse orizzontale. Un secondo disco, di centro B e identico al primo, rotola senza strisciare lungo un asse verticale, e si appoggia sen-

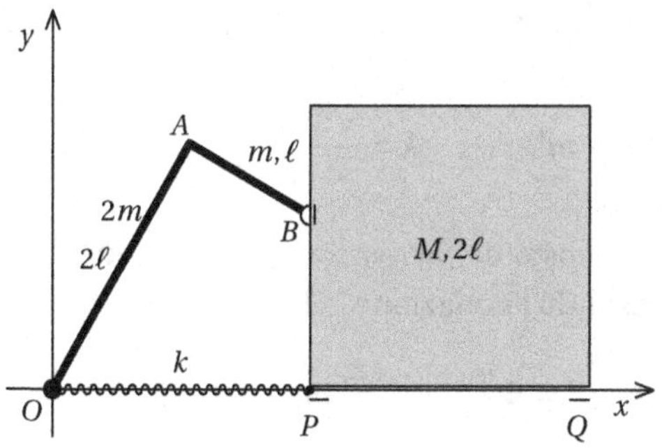

Figura 6.16 Sistema rigido OAB e lamina di cui all'Esercizio 6.15

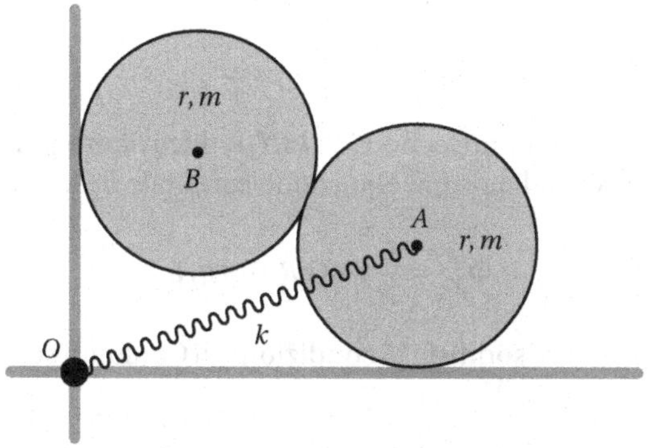

Figura 6.17 Due dischi appoggiati, Esercizio 6.16

za attrito sul primo disco (vedi Fig. 6.17). Una molla di costante elastica k collega il punto A all'intersezione O delle due guide fisse.

- Determinare il valore di k per cui i dischi sono in equilibrio quando l'angolo θ che AB determina con l'orizzontale è pari a $\frac{\pi}{6}$.
- Calcolare in corrispondenza di tale configurazione la reazione vincolare che la guida orizzontale esercita sul disco di centro A.

6.5 Soluzioni degli esercizi

6.1 Sia K il punto di contatto tra disco e guida. Determiniamo il valore di C e la componente verticale V_B della reazione vincolare esterna in B con le equazioni $M_{Kz}^{(\text{sist})} = 0$ e $M_{Az}^{(AB)} = 0$. Si ottiene

$$C = \tfrac{1}{2}\big((2m + M)g + kL\big)\, r \qquad \text{e} \qquad V_B = \tfrac{1}{2}Mg.$$

6.2 Siano $\mathbf{i}, \mathbf{j}$, due versori rispettivamente orientati verso destra e verso l'alto. Per determinare k, M, e la componente verticale V_C della reazione vincolare $\mathbf{\Phi}_C$, utilizziamo le equazioni $M_{Oz}^{(\mathrm{sist})}=0$, $M_{Az}^{(\mathrm{d}+BC)}=0$, $M_{Bz}^{(BC)}=0$, che forniscono

$$M=\frac{\sqrt{3}}{2}m'g\ell,\qquad k=\frac{\sqrt{3}}{2}\frac{mg}{r+\ell\sqrt{3}},\qquad V_C=mg.$$

Calcoliamo infine (l'opposto del)la reazione vincolare $\mathbf{\Phi}_A^{(OA)}$, agente sull'asta OA nell'estremo A, utilizzando l'equazione $\mathbf{R}^{(\mathrm{d}+BC)}=\mathbf{0}$. Si ottiene

$$\mathbf{\Phi}_A^{(\mathrm{OA})}=-\tfrac{\sqrt{3}}{2}mg\,\mathbf{i}-m'g\,\mathbf{j}.$$

6.3 Ricaviamo la distanza s da A al punto di contatto K tra disco e asta, attraverso la seconda equazione cardinale della dinamica per il disco, rispetto al polo K. Si ottiene

$$M_{Kz}^{(\mathrm{d})}=-C+ksR=0\qquad\Longrightarrow\qquad s=\frac{C}{kR}.$$

(Tale equilibrio sussiste a patto che $C\le kR\ell$.) Ricaviamo poi l'azione $\mathbf{\Phi}_K$ che l'asta esercita sul disco dalla prima equazione cardinale della statica per il disco

$$\mathbf{\Phi}_K^{(\mathrm{d})}=\frac{C}{R}\mathbf{i}+(kR+Mg)\,\mathbf{j}.$$

Questa reazione vincolare soddisfa la condizione di Coulomb se $\mu_\mathrm{s}\ge\mu_\mathrm{min}$, dove $\mu_\mathrm{min}=C/\big(R(kR+Mg)\big)$.

6.4 Siano θ l'angolo che l'asta OA determina con la verticale e K il punto di contatto tra disco e guida verticale (con reazione vincolare $\mathbf{\Phi}_K=H_K\,\mathbf{i}$). Utilizziamo la seconda equazione cardinale della statica per il sistema completo (rispetto al polo O) e per il solo disco (rispetto al punto di contatto tra asta e disco). Si ottiene

$$k_\mathrm{t}\theta=\frac{MgR}{1-\cos\theta}+\frac{mg\ell\sin\theta}{2},\qquad H_K=Mg\cot\theta.$$

Vi è quindi equilibrio per $\theta=\frac{\pi}{3}$ se $k_\mathrm{t}=\frac{6}{\pi}MgR+\frac{3\sqrt{3}}{4\pi}mg\ell$, e $H_K=\frac{\sqrt{3}}{3}Mg$.

6.5 Sia h l'ascissa del centro di massa di OA rispetto all'origine O. Si ricavano le reazioni vincolari esterne utilizzando: la prima e la seconda equazione cardinale della statica (quest'ultima rispetto al polo O) per il sistema completo, e la seconda equazione cardinale della statica per l'asta AB rispetto al polo A. Si ottiene

$$\mathbf{\Phi}_O=\frac{mgh}{f}\mathbf{i}+mg\,\mathbf{j},\qquad \mathbf{\Phi}_B=-\frac{mgh}{f}\mathbf{i}+mg\,\mathbf{j}.$$

6.7 Calcolando il lavoro virtuale compiuto dalle forze peso e da $\mathbf{F}$ si ottiene (detti G,H i rispettivi centri di massa delle aste)

$$\delta L^{(\mathrm{a})}=-mg\,\mathbf{j}\cdot\delta G-mg\,\mathbf{j}\cdot\delta H-F\,\mathbf{i}\cdot\delta A=\big(F\ell\sin\phi-mg\ell\cos\phi\big)\delta\phi.$$

Richiedendo $\delta L^{(\mathrm{a})}=0$ per ogni $\delta\phi$ (e per $\phi=\frac{\pi}{6}$) si ottiene $F=mg\cot\frac{\pi}{6}=mg\sqrt{3}$.

6.8 Detti x l'ascissa del centro del disco e ϕ l'angolo (orario) di rotazione del disco, vale la relazione cinematica $\delta x = r\delta\phi$. Il Principio dei lavori virtuali fornisce la condizione di equilibrio

$$\delta L^{(a)} = C\delta\phi - F\delta x = (C - Fr)\delta\phi = 0 \quad \forall\delta\phi \qquad \Longrightarrow \qquad C = Fr.$$

Detto K il punto di contatto tra lamina e disco, le componenti V_A, V_B delle reazioni vincolari agenti sui vertici della lamina quadrata si ottengono tramite

$$\left.\begin{aligned} M_{Kz}^{(\text{lam})} &= V_B L - \tfrac{1}{2}MgL - F(r-h) = 0 \\ R_y^{(\text{lam})} &= V_A + V_B - Mg = 0 \end{aligned}\right\} \quad \Longrightarrow \quad \begin{cases} V_A = \tfrac{1}{2}Mg - F(r-h)/L \\ V_B = \tfrac{1}{2}Mg + F(r-h)/L. \end{cases}$$

Il contatto sussiste se e solo se $\quad 2F|r-h| \le MgL.$

6.9 Determiniamo il valore della configurazione di equilibrio attraverso il Principio dei lavori virtuali. Detto G il centro di massa del sistema si ha

$$\delta L^{(a)} = -4mg\,\mathbf{j}\cdot\delta G + \mathbf{F}\cdot\delta B = \left(-\tfrac{1}{2}\sin\theta + \tfrac{1}{3}\right)mg\ell\sqrt{3}\,\delta\theta = 0 \qquad \forall\delta\theta,$$

da cui si ottiene $\quad \theta_{\text{eq}} = \arcsin\frac{2}{3} \doteq 41.8°.$

Nella cerniera in A si incontrano tre aste: indichiamo con $\mathbf{\Phi}_A^{(OA)}$, $\mathbf{\Phi}_A^{(AC)}$ e $\mathbf{\Phi}_A^{(AB)}$ le azioni che ciascuna asta riceve nell'estremo comune. Il principio di azione e reazione richiede allora $\quad \mathbf{\Phi}_A^{(OA)} + \mathbf{\Phi}_A^{(AC)} + \mathbf{\Phi}_A^{(AB)} = \mathbf{0}.$

Osserviamo che l'asta AC ha massa trascurabile. Per tale asta, e più in generale per qualunque asta caricata solo agli estremi, le equazioni cardinali prevedono che i carichi agli estremi siano uguali e contrari, e siano anche necessariamente paralleli alla congiungente gli stessi. Più precisamente

$$\mathbf{R}^{(AC)} = \mathbf{0}, \quad \mathbf{M}_C^{(AC)} = \mathbf{0} \quad \Longrightarrow \quad \mathbf{\Phi}_A^{(AC)} = -\mathbf{\Phi}_C^{(AC)} \parallel AC.$$

Determiniamo $\quad \mathbf{\Phi}_A^{(OA)} = H_A\,\mathbf{i} + V_A\,\mathbf{j} \quad$ utilizzando la seconda equazione cardinale della statica per: asta OA (polo O) e sistema ABC (polo C). Risulta (considerando che $\quad \cos\theta_{\text{eq}} = \frac{\sqrt{5}}{3}$)

$$\mathbf{M}_O^{(OA)} = \mathbf{0}, \quad \mathbf{M}_C^{(AB+BC+AC)} = \mathbf{0} \quad \Longrightarrow \quad \begin{cases} H_A(2+\sqrt{15}) + (V_A - \tfrac{1}{2}mg)(2\sqrt{3}-\sqrt{5}) = 0 \\ -2H_A + V_A\sqrt{5} + \tfrac{1}{2}mg(2\sqrt{5}-\sqrt{3}) = 0 \end{cases}$$

ovvero $\quad \mathbf{\Phi}_A^{(OA)} = \frac{7}{18}mg(\sqrt{5}-\sqrt{3})\,\mathbf{i} - \frac{1}{18}mg(4+\sqrt{15})\,\mathbf{j}.$

Una volta trovata $\mathbf{\Phi}_A^{(OA)}$, basta una sola equazione per calcolare $\mathbf{\Phi}_A^{(AC)}$, che sappiamo essere parallela ad AC. Con $\quad \mathbf{M}_B^{(AB)} = \mathbf{0} \quad$ troviamo

$$\mathbf{\Phi}_A^{(AC)} = -\left(1 - \tfrac{2\sqrt{15}}{9}\right)mg\,\frac{AC}{\ell} = -\tfrac{1}{27}(9\sqrt{5}-10\sqrt{3})mg\,\mathbf{i} - \tfrac{2}{27}(9-2\sqrt{15})mg\,\mathbf{j}.$$

Ricaviamo infine $\mathbf{\Phi}_A^{(AB)}$ dal bilancio delle forze nella cerniera A. Si ottiene

$$\mathbf{\Phi}_A^{(AB)} = -\mathbf{\Phi}_A^{(OA)} - \mathbf{\Phi}_A^{(AC)} = -\tfrac{1}{54}(3\sqrt{5}-\sqrt{3})mg\,\mathbf{i} + \tfrac{1}{54}(48-5\sqrt{15})mg\,\mathbf{j}.$$

6.10 Determiniamo k, M utilizzando la seconda equazione cardinale per il sistema completo rispetto a Q, e la componente verticale dell'equazione fondamentale della statica del punto P, da cui segue $M = \frac{1}{2}mg\ell$ e $k = 2mg/\ell$.

La componente orizzontale dell'equazione fondamentale della statica del punto P fornisce la reazione richiesta $\mathbf{\Phi}_P = -2mg\,\mathbf{i}$.

6.11 Siano: $\theta_0 = \widehat{OBC}$ e $\phi_0 = \widehat{BOC}$. Posto $s = \overline{CB}$, ricaviamo il legame tra i due angoli introdotti esprimendo la posizione del punto C come

$$OC = \ell\cos\phi_0\,\mathbf{i} + \ell\sin\phi_0\,\mathbf{j} = (2\ell - s)\cos\theta_0\,\mathbf{i} + s\sin\theta_0\,\mathbf{j},$$

da cui segue $s = \ell\sin\phi_0/\sin\theta_0$ e $\sin(\theta_0+\phi_0) = \sin 2\theta_0$. Quest'ultima ammette come soluzioni

$$\phi_0 = \theta_0 \quad \text{oppure} \quad \phi_0 = \pi - 3\theta_0.$$

Osserviamo come la richiesta $0 \le \theta, \phi \le \frac{\pi}{2}$ implichi che la seconda soluzione può esistere solo se $\frac{\pi}{6} \le \theta_0 \le \frac{\pi}{3}$.

Sia $\mathbf{v}$ un versore ortogonale all'asta AB, che punti verso O. Calcoliamo la reazione $\mathbf{\Phi}_C = \Phi_C\mathbf{v}$ che AB esercita su OC utilizzando la seconda equazione cardinale per quest'ultima, rispetto al polo O. Si ottiene

$$\Phi_C = -\frac{mg\cos\phi_0}{2\cos(\theta_0+\phi_0)}.$$

La richiesta $\Phi_C \ge 0$ impone ulteriori restrizioni sulle possibili configurazioni di equilibrio, in quanto dovrà essere $\cos(\theta_0+\phi_0) < 0$, vale a dire $\frac{\pi}{2} < \theta_0+\phi_0 \le \pi$. La configurazione $\phi_0 = \theta_0$ è quindi ammissibile se e solo se $\theta_0 > \frac{\pi}{4}$. La configurazione $\phi_0 = \pi - 3\theta_0$ risulta invece valida qualora $\theta_0 < \frac{\pi}{4}$.

Riassumendo, le configurazioni di equilibrio sostenibili dall'appoggio in C sono (al più) le seguenti:

$$\begin{aligned} 0 \le \theta_0 < \tfrac{\pi}{6} &: \quad \text{nessuna configurazione} \\ \tfrac{\pi}{6} \le \theta_0 < \tfrac{\pi}{4} &: \quad \phi_0 = \pi - 3\theta_0 \\ \theta_0 = \tfrac{\pi}{4} &: \quad \text{nessuna configurazione} \\ \tfrac{\pi}{4} < \theta_0 \le \tfrac{\pi}{2} &: \quad \phi_0 = \theta_0. \end{aligned}$$

Calcoliamo infine l'intensità della forza $\mathbf{F}$ e le reazioni vincolari esterne su AB utilizzando le equazioni cardinali della statica per tale asta. Si trovano i seguenti risultati.

- Nel caso $\phi_0 = \theta_0$ si ottiene $\mathbf{F} = -\frac{5}{4}\, mg \cot\theta_0\, \mathbf{i}$ e

$$\mathbf{\Phi}_A = \frac{\cot\theta_0(5-8\sin^2\theta_0)}{4(\cos^2\theta_0 - \sin^2\theta)}\, mg\,\mathbf{i}, \qquad \mathbf{\Phi}_B = \frac{5-8\sin^2\theta_0}{2(\cos^2\theta_0-\sin^2\theta_0)}\, mg\,\mathbf{j}.$$

  La condizione sul segno delle reazioni di appoggio impone ulteriori restrizioni al campo di esistenza di questa configurazione di equilibrio, che risulta così realizzabile solo se $\sin^2\theta_0 \geq \frac{5}{8}$, ovvero se $\theta_0 \geq \arcsin\sqrt{\frac{5}{8}} \approx 52°$.

- Nel caso $\phi_0 = \pi - 3\theta_0$ otteniamo $\mathbf{F} = \frac{1}{4} mg(12 - 17\sin^2\theta_0)\cot\theta_0\,\mathbf{i}$ e

$$\mathbf{\Phi}_A = \frac{(16\sin^4\theta_0 - 24\sin^2\theta_0 + 7)\cot\theta_0}{4\cos 2\theta_0}\, mg\,\mathbf{i},$$
$$\mathbf{\Phi}_B = \frac{4\sin^4\theta_0 - 13\sin^2\theta_0 + 5}{2\cos 2\theta_0}\, mg\,\mathbf{j}.$$

  Lo studio del segno delle reazioni vincolari mostra che la configurazione di equilibrio identificata è realizzabile solo se $\theta_0 \leq \arcsin\sqrt{\frac{1}{4}(3-\sqrt{2})} \approx 39°$.

  Ricapitolando, il sistema ammette due tipi di configurazioni di equilibrio:

$$\tfrac{\pi}{6} \leq \theta_0 \leq \arcsin\sqrt{\tfrac{1}{4}(3-\sqrt{2})}\,, \qquad \phi_0 = \pi - 3\theta_0$$
$$\arcsin\sqrt{\tfrac{5}{8}} \leq \theta_0 \leq \tfrac{\pi}{2}\,, \qquad \phi_0 = \theta_0.$$

6.13 Determiniamo il valore di F utilizzando il Principio dei lavori virtuali. Il peso e la molla sono forze conservative, con

$$U^{(\text{peso+molla})} = -\tfrac{21}{2}\, mg\ell\sin\theta - \tfrac{1}{2}k(2\ell + 3\ell\cos\theta)^2,$$

da cui segue $Q_\theta^{(\text{peso+molla})} = -\frac{21}{2} mg\ell\cos\theta + 3k\ell^2(2+3\cos\theta)\sin\theta$. Detto G il centro dell'asta AB, il contributo della forza $\mathbf{F}$ si ottiene dalla definizione

$$Q_\theta^{(\mathbf{F})} = \mathbf{F}\cdot\frac{\partial OG}{\partial\theta} = \tfrac{3}{2}F\ell(\cos^2\theta - \sin^2\theta).$$

La condizione di equilibrio $Q_\theta(\frac{\pi}{3}) = 0$ fornisce quindi $F = 7(k\ell\sqrt{3} - mg)$.

Determiniamo l'azione $\mathbf{\Phi}_B$ della lamina sull'asta utilizzando le seguenti equazioni cardinali della statica (per la sola asta): $R_x = 0$, $M_{Az} = 0$. Si ha

$$\mathbf{\Phi}_B = \left(7mg\tfrac{\sqrt{3}}{2} - 7k\ell\right)\mathbf{i} - 2mg\,\mathbf{j}.$$

6.14 Il sistema possiede due gradi di libertà. Utilizzando le coordinate libere suggerite dal testo, e detto ϕ l'angolo di rotazione orario del disco, vale la relazione cinematica di puro rotolamento $\dot{s} = r\dot{\phi}$ (ovvero $\delta s = r\,\delta\phi$).

La molla ha potenziale $U^{(\text{molla})} = -\frac{1}{2}k(s^2 + r^2)$. Inoltre, detto J il punto più elevato del disco, si ha

$$\delta J = \delta C + (-\delta\phi \mathbf{k}) \wedge CJ = (\delta x + 2\delta s)\mathbf{i}.$$

Di conseguenza $Q_x = F$ e $Q_s = 2F - ks$. Si osservi che le forze peso non contribuiscono alle componenti generalizzate calcolate in quanto le quote dei centri di massa sono costanti.

6.15 Detto θ l'angolo che l'asta OA determina con l'orizzontale, troviamo il valore richiesto di k utilizzando il teorema di stazionarietà del potenziale. Essendo

$$U(\theta) = -2mg\ell\sin\theta - mg\big(2\ell\sin\theta - \tfrac{1}{2}\ell\cos\theta\big) - \tfrac{1}{2}k(2\ell\cos\theta + \ell\sin\theta)^2$$

si ottiene

$$U'\left(\frac{\pi}{3}\right) = 0 \quad \Rightarrow \quad k = \frac{8+\sqrt{3}}{4+3\sqrt{3}}\,\frac{mg}{\ell}.$$

Le componenti verticali V_P, V_Q delle reazioni vincolari richieste si calcolano con le equazioni cardinali $M_{Bz} = 0$, $R_y = 0$, entrambe riferite alla sola lamina quadrata. Si ha

$$-Mg\ell + V_Q 2\ell - k\Big(1 + \tfrac{\sqrt{3}}{2}\Big)\ell\Big(\sqrt{3} - \tfrac{1}{2}\Big)\ell = 0, \qquad V_P + V_Q - Mg = 0,$$

da cui segue

$$V_P = \frac{Mg}{2} - \left(1 + \frac{\sqrt{3}}{8}\right)mg, \qquad V_Q = \frac{Mg}{2} + \left(1 + \frac{\sqrt{3}}{8}\right)mg.$$

6.16 L'ascissa x di A, e l'ordinata y di B si possono esprimere in termini dell'angolo θ determinato da AB con l'orizzontale come $x = r + 2r\cos\theta$, $y = r + 2r\sin\theta$. Il potenziale delle forze attive è quindi

$$U(\theta) = -2mgr\sin\theta - 2kr^2\cos\theta(1 + \cos\theta)$$

e si avrà $U'(\frac{\pi}{6}) = 0$ se $k = \frac{1}{2}(3 - \sqrt{3})mg/r$.

Sia H il punto di contatto del disco di centro A con la guida orizzontale, e sia J il punto di contatto tra i dischi. Per determinare la reazione richiesta $\mathbf{\Phi}_H$ utilizziamo la seconda equazione cardinale della statica, sempre per il disco di centro A, riferita prima al polo A e poi al polo J. Si ottiene $\mathbf{\Phi}_H = \frac{1}{2}(7 - \sqrt{3})\,mg\,\mathbf{j}$.

Capitolo 7
Dinamica

Nel capitolo precedente abbiamo analizzato in dettaglio le configurazioni di equilibrio, e le forze atte a garantire questo loro carattere speciale. Impareremo in questo capitolo come gli strumenti introdotti nello studio della statica possono adattarsi a studiare i moti più generali. Incontreremo le equazioni cardinali della dinamica, e non più quelle della statica. Più avanti vedremo come la Relazione simbolica della dinamica (che, per sistemi olonomi, fornisce le equazioni di Lagrange) generalizzerà il contenuto del Principio dei lavori virtuali. Un'ulteriore equazione di moto, il teorema dell'energia cinetica, schiuderà le porte di un interessante argomento, caratteristico della dinamica: le leggi di conservazione, cui dedicheremo un paragrafo apposito. Per utilizzare i suddetti strumenti, risulta però fondamentale conoscere prima le quantità meccaniche che caratterizzano il moto di un sistema: la quantità di moto, il momento delle quantità di moto e l'energia cinetica. È per questo motivo che il primo paragrafo sarà esclusivamente dedicato alla definizione e la derivazione di formule che semplifichino il calcolo delle quantità meccaniche in sistemi di punti materiali e corpi rigidi.

7.1 Quantità meccaniche

Le quantità meccaniche riassumono le informazioni essenziali riguardanti l'atto di moto di un sistema, al fine del loro utilizzo nelle equazioni di moto che determinano la dinamica di sistemi di punti e corpi rigidi. Nell'affrontare le loro caratteristiche, e nell'imparare le regole che semplificano il loro calcolo, è fondamentale sottolineare una loro proprietà comune: sono tutte quantità additive. Ciò significa che, una volta raggiunta la padronanza sul loro calcolo per singoli punti materiali e singoli corpi rigidi, l'espressione per sistemi più complessi si ottiene semplicemente sommando i singoli contributi individuali.

P. Biscari, *Introduzione alla Meccanica Razionale. Elementi di teoria con esercizi*,
UNITEXT – La Matematica per il 3+2 94, DOI 10.1007/978-88-470-5779-1_7

Quantità di moto

La *quantità di moto*, a volte definita anche *impulso* oppure *momento lineare*, è una quantità vettoriale di fondamentale importante in quanto, in base ai Principi della Meccanica, si mantiene costante in sistemi che non vengono sottoposti a sollecitazione alcuna. Tale proprietà, che qui analizzeremo in Meccanica Classica, rimane valida - dopo aver opportunamente generalizzato le definizioni che seguono - in ambiti estremamente più generali, dalla Meccanica Relativistica alla Meccanica Quantistica; dall'Elettrodinamica alle Teorie di Campo.

Definizione 7.1 (Quantità di moto). *Si dice* quantità di moto *di un sistema materiale* $\mathcal{M}$ *(discreto o continuo) la quantità*

$$\mathbf{Q} = \sum_{i \in I} m_i \mathbf{v}_i,$$

dove $\mathbf{v}_i$ *indica la velocità del punto* P_i*, di massa* m_i*.*

La seguente proprietà semplifica notevolmente il calcolo della quantità di moto ove necessario.

Proposizione 7.2 (Quantità di moto e centro di massa). *Sia* m *la massa totale del sistema materiale* $\mathcal{M}$*, e sia* G *il suo centro di massa. Allora vale l'identità*

$$\mathbf{Q} = m \mathbf{v}_G. \tag{7.1}$$

Dimostrazione. Ricordiamo che il centro di massa è il punto geometrico G definito dalla condizione (vedi (4.8), a pagina 85)

$$m\, AG = \sum_{i \in I} m_i\, AP_i, \tag{7.2}$$

dove A è un punto scelto a piacere. Se deriviamo rispetto al tempo la (7.2), e ricordiamo la (1.6) (vedi pagina 8) per la derivata temporale di un vettore AB, otteniamo

$$m\,(\mathbf{v}_G - \dot{A}) = \sum_{i \in I} m_i\,(\mathbf{v}_i - \dot{A}) = \mathbf{Q} - m\,\dot{A} \tag{7.3}$$

da cui segue la tesi, una volta semplificato il termine $m\,\dot{A}$, presente sia a destra che a sinistra della (7.3). □

Osservazione. Il punto geometrico A utilizzato come riferimento per la posizione del centro di massa nella (7.2) può essere fisso o mobile. In quest'ultimo caso il suo moto può coincidere o meno con quello di uno dei punti materiali del sistema. Per questo motivo nella (7.3) indichiamo tale derivata con $\dot{A}$, riservando la notazione $\mathbf{v}_A$ per identificare la velocità del punto materiale eventualmente transitante per A.

Energia cinetica

Si devono a Huygens, nel Seicento, le prime deduzioni sul ruolo fondamentale che la *forza viva*, oggi chiamata *energia cinetica*, gioca nel capire la dinamica dei sistemi. Fu lui, infatti, ad intuire per primo l'esistenza di una quantità, l'*energia meccanica*, che si conserva lungo il moto, attraverso delle analisi che avremo modo di formalizzare nel proseguo di questo capitolo. Ci approntiamo ora a definire e analizzare proprio l'energia cinetica, uno scalare positivo che fornisce una misura quantitativa della celerità con cui si muovono le diverse parti del sistema.

Definizione 7.3 (Energia cinetica). *Si dice* energia cinetica *di un sistema materiale $\mathcal{M}$ (discreto o continuo) la quantità*

$$T = \frac{1}{2} \sum_{i \in I} m_i \, v_i^2, \tag{7.4}$$

dove $\mathbf{v}_i$ *indica la velocità del punto* P_i, *di massa* m_i.

Il calcolo dell'energia cinetica, come quello di tutte le quantità meccaniche, richiederebbe la conoscenza dell'atto di moto completo del sistema, ovvero delle velocità di tutti i punti. Le proposizioni seguenti aiutano a semplificare questo compito, specialmente nel caso in cui il sistema in considerazione sia rigido.

Proposizione 7.4 (Energia cinetica in un atto di moto rigido). *Consideriamo un corpo rigido di velocità angolare* $\boldsymbol{\omega}$, *e sia* $\mathbf{v}_G$ *la velocità del suo centro di massa. Vale allora*

$$T = \tfrac{1}{2} m \, v_G^2 + \tfrac{1}{2} I_{G\omega} \, \omega^2, \tag{7.5}$$

dove m *è la massa e* $I_{G\omega}$ *è il momento di inerzia del corpo rigido rispetto all'asse parallelo a* $\boldsymbol{\omega}$ *e passante per il centro di massa. Inoltre, se* C *è un punto dell'asse di istantanea rotazione del corpo rigido (vedi pagina 19) vale anche*

$$T = \tfrac{1}{2} I_{C\omega} \, \omega^2, \tag{7.6}$$

dove $I_{C\omega}$ *è il momento di inerzia del corpo rigido rispetto all'asse parallelo ad* $\boldsymbol{\omega}$ *e passante per* C.

Dimostrazione. Per calcolare l'energia cinetica in un atto di moto rigido sostituiamo l'espressione (1.18) (vedi pagina 19) nella Definizione (7.4). Si ottiene

$$T = \tfrac{1}{2} \sum_{i \in I} m_i \, v_i^2 = \tfrac{1}{2} \sum_{i \in I} m_i (\mathbf{v}_Q + \boldsymbol{\omega} \wedge QP_i) \cdot (\mathbf{v}_Q + \boldsymbol{\omega} \wedge QP_i),$$

dove Q per il momento è un qualunque punto del corpo rigido. Sviluppando il prodotto scalare si ottiene

$$T = \tfrac{1}{2} \sum_{i \in I} m_i \, v_Q^2 + \sum_{i \in I} m_i \mathbf{v}_Q \cdot \boldsymbol{\omega} \wedge QP_i + \tfrac{1}{2} \sum_{i \in I} m_i \underbrace{(\boldsymbol{\omega} \wedge QP_i)}_{\mathbf{a}} \cdot (\underbrace{\boldsymbol{\omega}}_{\mathbf{b}} \wedge \underbrace{QP_i}_{\mathbf{c}}).$$

Nel primo addendo dell'espressione così ottenuta possiamo raccogliere il termine v_Q^2 (che non dipende dall'indice di somma i) e sostituire $\sum_i m_i$ con la massa totale m. Nel secondo possiamo raccogliere sia $\mathbf{v}_Q$ che $\boldsymbol{\omega}$, e utilizzare la (7.2) per riconoscere la posizione del centro di massa, in quanto $\sum_i m_i QP_i = m QG$. Il terzo addendo si semplifica se riconosciamo la sua struttura di prodotto misto $\mathbf{a} \cdot \mathbf{b} \wedge \mathbf{c}$ (vedi (A.15) a pagina 254), con $\mathbf{a}, \mathbf{b}, \mathbf{c}$ identificati come sopra, per effettuare la permutazione ciclica $\mathbf{a} \cdot \mathbf{b} \wedge \mathbf{c} = \mathbf{b} \cdot \mathbf{c} \wedge \mathbf{a}$. Tale permutazione consente a sua volta di raccogliere a fattor comune il termine $\boldsymbol{\omega}$, per ottenere così

$$T = \tfrac{1}{2} m v_Q^2 + \mathbf{v}_Q \cdot \boldsymbol{\omega} \wedge m QG + \tfrac{1}{2} \boldsymbol{\omega} \cdot \sum_{i \in I} m_i \big(QP_i \wedge (\boldsymbol{\omega} \wedge QP_i) \big). \tag{7.7}$$

Dimostriamo ora che il termine nel terzo addendo si può esprimere più sinteticamente in termini della matrice di inerzia

$$\sum_{i \in I} m_i \big(QP_i \wedge (\boldsymbol{\omega} \wedge QP_i) \big) = \mathbf{I}_Q \boldsymbol{\omega}, \tag{7.8}$$

espressione che tornerà utile anche nella successiva trattazione del momento delle quantità di moto. Per dimostrare la (7.8) utilizziamo per comodità un sistema di riferimento tale che la velocità angolare $\boldsymbol{\omega}$ sia parallela al terzo asse ($\boldsymbol{\omega} = \omega \mathbf{k}$). Notiamo che questa scelta, che è comunque sempre praticabile, risulta particolarmente semplice da soddisfare qualora il sistema sia piano, e si scelga $\mathbf{k}$ ortogonale al piano del sistema (vedi (1.20) a pagina 21). Utilizziamo ora l'identità vettoriale (A.11) (vedi pagina 253) per semplificare il doppio prodotto vettoriale, e troviamo

$$\sum_{i \in I} m_i \big(QP_i \wedge (\boldsymbol{\omega} \wedge QP_i) \big) = \sum_{i \in I} m_i \big((QP_i \cdot QP_i)^2 \boldsymbol{\omega} - (QP_i \cdot \boldsymbol{\omega}) QP_i \big).$$

Per completare la dimostrazione esprimiamo $QP_i = x_i \mathbf{i} + y_i \mathbf{j} + z_i \mathbf{k}$, ed effettuiamo i prodotti scalari. Si ottiene

$$\begin{aligned} \sum_{i \in I} m_i \big(QP_i \wedge (\boldsymbol{\omega} \wedge QP_i) \big) &= \sum_{i \in I} m_i \big((x_i^2 + y_i^2 + z_i^2) \omega \mathbf{k} - (\omega z_i)(x_i \mathbf{i} + y_i \mathbf{j} + z_i \mathbf{k}) \big) \\ &= I_{Qxz} \omega \mathbf{i} + I_{Qyz} \omega \mathbf{j} + I_{Qz} \omega \mathbf{k} = \mathbf{I}_Q \boldsymbol{\omega}, \end{aligned}$$

dove può risultare utile rivedere le definizioni di prodotti di inerzia (4.19), momenti di inerzia rispetto ad assi coordinati (4.14), e matrice di inerzia (4.18) (vedi pagine 91-93).

Nel caso piano l'espressione (7.8) si può semplificare ulteriormente. Infatti l'asse $\mathbf{k}$ ortogonale al piano, e quindi parallelo alla direzione di $\boldsymbol{\omega}$, risulta asse principale di inerzia (vedi l'Esempio di pagina 97). Come conseguenza si può scrivere $\mathbf{I}_Q \boldsymbol{\omega} = I_{Qz} \boldsymbol{\omega}$, ovvero

$$\sum_{i \in I} m_i \big(QP_i \wedge (\boldsymbol{\omega} \wedge QP_i) \big) = I_{Qz} \boldsymbol{\omega} \qquad \text{(caso piano)}.$$

Utilizzando quindi la (7.8) nella (7.7) otteniamo

$$T = \tfrac{1}{2}\, m\, v_Q^2 + \mathbf{v}_Q \cdot \boldsymbol{\omega} \wedge m\, QG + \tfrac{1}{2}\, \boldsymbol{\omega} \cdot \mathbf{I}_Q \boldsymbol{\omega}. \tag{7.9}$$

In virtù della (4.20) (vedi pagina 93), il terzo addendo si può semplificare introducendo il momento di inerzia $I_{Q\omega}$ rispetto all'asse parallelo a $\boldsymbol{\omega}$ passante per Q, in quanto si ha $\tfrac{1}{2}\boldsymbol{\omega} \cdot \mathbf{I}_Q \boldsymbol{\omega} = \tfrac{1}{2}\, I_{Q\omega}\omega^2$. A questo punto il risultato (7.5) si ottiene scegliendo come punto arbitrario Q il centro di massa G, in quanto in questo modo QG (e quindi il secondo addendo) si annulla. Analogamente, la (7.6) si ottiene scegliendo come punto arbitrario Q un punto dell'asse di istantanea rotazione, in quanto in questo modo $\mathbf{v}_Q = \mathbf{0}$, e quindi si annullano sia il primo che il secondo addendo della (7.9). □

Il risultato (7.5) è in realtà il caso particolare (ovvero l'applicazione a un singolo corpo rigido) di un risultato più generale, dimostrato da König [18].

Teorema 7.5 (König, 1751). *L'energia cinetica di un qualunque sistema si può scomporre come somma dell'energia cinetica che possiederebbe il centro di massa se concentrassimo in esso tutta la massa del sistema, più l'energia cinetica relativa a un sistema di riferimento traslante con il centro di massa stesso:*

$$T = \tfrac{1}{2} m\, v_G^2 + T_r. \tag{7.10}$$

Dimostrazione. Se consideriamo un sistema di riferimento traslante con il centro di massa, la velocità di trascinamento (vedi teorema di Galileo a pagina 67) coincide con $\mathbf{v}_G$ stessa, e vale la relazione

$$\mathbf{v}_i = \mathbf{v}_G + \mathbf{v}'_i,$$

dove $\mathbf{v}_i, \mathbf{v}'_i$ indicano le velocità del generico punto P_i, misurate nel sistema di riferimento originale, e in quello traslante con il baricentro. Si ha allora

$$T = \frac{1}{2} \sum_{i \in I} m_i \mathbf{v}_i \cdot \mathbf{v}_i = \frac{1}{2} \sum_{i \in I} m_i (\mathbf{v}_G + \mathbf{v}'_i) \cdot (\mathbf{v}_G + \mathbf{v}'_i).$$

Sviluppando i prodotti scalari (e raccogliendo i fattori costanti $\mathbf{v}_G$); si ottiene

$$T = \tfrac{1}{2} m\, v_G^2 + \mathbf{v}_G \cdot \sum_{i \in I} m_i \mathbf{v}'_i + \frac{1}{2} \sum_{i \in I} m_i \mathbf{v}'^2_i.$$

L'ultimo addendo di quest'ultima espressione fornisce esattamente l'energia cinetica T_r, relativa al sistema di riferimento traslante con il centro di massa, mentre il primo fornisce la correzione prevista dalla (7.10). Il secondo addendo si annulla invece perché *la quantità di moto relativa a un sistema di riferimento che trasli con il centro di massa vale zero.* Infatti si ha (usando la (1.6) di pagina 8)

$$\mathbf{Q}_r = \sum_{i\in I} m_i \mathbf{v}'_i = \sum_{i\in I} m_i \frac{d(GP_i)}{dt} = \sum_{i\in I} m_i \left(\mathbf{v}'_i - \mathbf{v}_G\right) = \mathbf{Q} - m\mathbf{v}_G = \mathbf{0}, \tag{7.11}$$

in virtù della (7.1). □

In presenza di vincoli olonomi, le velocità dei punti materiali si possono esprimere in termini delle derivate temporali delle coordinate libere (vedi (1.5) a pagina 7). Utilizzando tale espressione si può ricavare una utile espressione per l'energia cinetica di un sistema olonomo.

Proposizione 7.6 (Energia cinetica in sistemi olonomi). *Consideriamo un sistema olonomo con ℓ gradi di libertà e coordinate libere $q = (q_1, \dots, q_\ell)$. L'energia cinetica si può allora esprimere come* $T = T_2 + T_1 + T_0$, *dove*

$$\begin{aligned}
T_2 &= \frac{1}{2}\sum_{j,k=1}^{\ell} a_{jk}(q;t)\dot q_j \dot q_k &\quad &\textit{con} \quad a_{jk} = \sum_{i\in I} m_i \frac{\partial(OP_i)}{\partial q_j}\cdot\frac{\partial(OP_i)}{\partial q_k}\\
T_1 &= \sum_{k=1}^{\ell} b_k(q;t)\dot q_k &\quad &\textit{con} \quad b_k = \sum_{i\in I} m_i \frac{\partial(OP_i)}{\partial q_k}\cdot\frac{\partial(OP_i)}{\partial t}\\
T_0 &= \tfrac{1}{2}c(q;t) &\quad &\textit{con} \quad c = \sum_{i\in I} m_i \frac{\partial(OP_i)}{\partial t}\cdot\frac{\partial(OP_i)}{\partial t}.
\end{aligned} \tag{7.12}$$

Dimostrazione. In un sistema olonomo si ha (vedi (1.5), pagina 7)

$$\mathbf{v}_P = \sum_{k=1}^{\ell} \frac{\partial(OP)}{\partial q_k}\dot q_k + \frac{\partial(OP)}{\partial t},$$

e quindi

$$T = \tfrac{1}{2}\sum_{i\in I} m_i \mathbf{v}_i\cdot\mathbf{v}_i = \tfrac{1}{2}\sum_{i\in I} m_i \left(\sum_{j=1}^{\ell}\frac{\partial(OP_i)}{\partial q_j}\dot q_j + \frac{\partial(OP_i)}{\partial t}\right)\cdot\left(\sum_{k=1}^{\ell}\frac{\partial(OP_i)}{\partial q_k}\dot q_k + \frac{\partial(OP_i)}{\partial t}\right).$$

Sviluppando i prodotti e scambiando le somme sui punti ($i \in I$) con le somme sulle coordinate libere ($j, k = 1, \dots, \ell$) si ottiene

$$T = \tfrac{1}{2}\sum_{j,k=1}^{\ell}\left(\sum_{i\in I} m_i \frac{\partial(OP_i)}{\partial q_j}\cdot\frac{\partial(OP_i)}{\partial q_k}\right)\dot q_j \dot q_k + \sum_{k=1}^{\ell}\left(\sum_{i\in I} m_i \frac{\partial(OP_i)}{\partial q_k}\cdot\frac{\partial(OP_i)}{\partial t}\right)\dot q_k + \tfrac{1}{2}\left(\sum_{i\in I} m_i \frac{\partial(OP_i)}{\partial t}\cdot\frac{\partial(OP_i)}{\partial t}\right).$$ □

Osservazioni.

- L'espressione (7.12) rappresenta una scomposizione dell'energia cinetica come somma di tre termini: uno quadratico, uno lineare e uno indipendente dalle

$\dot{\mathsf{q}} = (\dot{q}_1, \ldots, \dot{q}_\ell)$. Tali termini si possono esprimere più sinteticamente se definiamo la *matrice di massa* $\mathbb{A}$, di dimensione $\ell \times \ell$ e elementi $\{a_{jk},\ j,k = 1,\ldots,\ell\}$, e il vettore $\mathbb{b}$, di dimensione ℓ e componenti $\{b_k,\ k = 1,\ldots,\ell\}$. In termini di tali elementi si esprime sinteticamente

$$T = \frac{1}{2}\dot{\mathsf{q}} \cdot \mathbb{A}(\mathsf{q};t)\dot{\mathsf{q}} + \mathbb{b}(\mathsf{q};t) \cdot \dot{\mathsf{q}} + \frac{1}{2}c(\mathsf{q};t). \tag{7.13}$$

- La matrice di massa è simmetrica e definita positiva.
  La simmetria segue semplicemente dalla simmetria del prodotto scalare. Per verificare il suo carattere definito positivo scegliamo il vettore delle velocità $\dot{\mathsf{q}}$ parallelo a uno dei suoi autovettori (ricordando che le matrici simmetriche sono diagonalizzabili, vedi Teorema A.5 a pagina 260). Sia dunque $\dot{\mathsf{q}} = \lambda \mathsf{u}$, dove u è un autovettore di $\mathbb{A}$ di autovalore η, ovvero tale che $\mathbb{A}\mathsf{u} = \eta \mathsf{u}$. Se le velocità sono scelte in questo modo, la (7.13) fornisce
  $$T = \frac{1}{2}\eta\lambda^2\mathsf{u}^2 + \lambda\left(\mathbb{b}\cdot\mathsf{u}\right) + \frac{1}{2}c.$$
  A patto di aumentare sufficientemente λ^2, il segno dell'energia cinetica risulta allora determinato da quello di η, che quindi non può essere negativo. L'autovalore considerato non può, inoltre, essere nullo perché altrimenti il segno verrebbe definito dal termine lineare in λ che diventa negativo se quest'ultimo cambia segno.
- La matrice di massa è invertibile.
  Essendo simmetrica, infatti, è diagonalizzabile. Inoltre abbiamo verificato che gli autovalori sono tutti strettamente positivi, il che ne garantisce l'invertibilità.
- I termini T_1 e T_0, proporzionali rispettivamente alle quantità $\mathbb{b}$ e c in (7.12), si annullano se i vincoli sono fissi. Infatti, solo in presenza di vincoli mobili le derivate parziali rispetto al tempo contenute in questi termini sono diverse da zero. Di conseguenza, l'energia cinetica di un sistema con vincoli olonomi e fissi è una funzione quadratica delle derivate temporali $\dot{\mathsf{q}}$.

Momento delle quantità di moto

Il momento delle quantità di moto (a volte chiamato *momento angolare*) è una quantità meccanica vettoriale, che gioca un ruolo importante in Meccanica Classica e addirittura fondamentale in Meccanica Quantistica in virtù del suo intrinseco legame con l'isotropia dello spazio ambiente in cui viviamo. Nel nostro ambito, vedremo come il monitoraggio del momento delle quantità di moto consentirà di ricavare importanti informazioni riguardo alle componenti rotatorie dei moti dei sistemi materiali.

Definizione 7.7 (Momento delle quantità di moto). *Si dice* momento delle quantità di moto, *rispetto al polo O, di un sistema materiale $\mathscr{M}$ (discreto o continuo) la quantità*

$$\mathbf{K}_O = \sum_{i\in I} OP_i \wedge m_i\mathbf{v}_i, \tag{7.14}$$

dove $\mathbf{v}_i$ *indica la velocità del punto P_i, di massa m_i.*

Il momento delle quantità di moto, come già le altre quantità meccaniche, è additivo. Risulta quindi nuovamente utile focalizzare la nostra attenzione sul suo calcolo per un singolo corpo rigido. Le espressioni che si ricavano sono in qualche modo parallele a quelle ottenute sopra per l'energia cinetica.

Proposizione 7.8 (Momento delle quantità di moto in un atto di moto rigido). *Consideriamo un corpo rigido di massa m e matrice di inerzia $\mathbf{I}_G$ (rispettivamente $\mathbf{I}_O$) rispetto al centro di massa G (risp. al polo O da utilizzare nel calcolo del momento delle quantità di moto). Sia inoltre $\boldsymbol{\omega}$ la velocità angolare del corpo rigido. Vale allora*

$$\mathbf{K}_O = OG \wedge m\mathbf{v}_G + \mathbf{I}_G\boldsymbol{\omega} = OG \wedge m\mathbf{v}_O + \mathbf{I}_O\boldsymbol{\omega}. \tag{7.15}$$

Dimostrazione. Sostituiamo nuovamente l'espressione (1.18) (vedi pagina 19) nella Definizione (7.14). Si ottiene

$$\mathbf{K}_O = \sum_{i\in I} OP_i \wedge m_i\mathbf{v}_i = \sum_{i\in I} OP_i \wedge m_i(\mathbf{v}_Q + \boldsymbol{\omega} \wedge QP_i),$$

dove manteniamo per ora generica la scelta del punto Q. Sviluppando il prodotto si ricava

$$\mathbf{K}_O = \sum_{i\in I} m_i\, OP_i \wedge \mathbf{v}_Q + \sum_{i\in I} m_i\, OP_i \wedge (\boldsymbol{\omega} \wedge QP_i).$$

Nel primo addendo possiamo raccogliere il termine $\mathbf{v}_Q$ (che non dipende dall'indice di somma i) e utilizzare la (7.2) per riconoscere la posizione del centro di massa, in quanto nuovamente $\sum_i m_i\, OP_i = m\, OG$. Per meglio riconoscere il secondo addendo, utilizziamo l'identità vettoriale (1.1) (vedi pagina 3), ovvero $OP_i = OQ + QP_i$. Ne consegue

$$\mathbf{K}_O = OG \wedge m\mathbf{v}_Q + OQ \wedge \left(\boldsymbol{\omega} \wedge \sum_{i\in I} m_i\, QP_i\right) + \sum_{i\in I} m_i\, QP_i \wedge (\boldsymbol{\omega} \wedge QP_i).$$

A questo punto il secondo addendo è nuovamente semplificabile utilizzando la (7.2), mentre il terzo addendo ha assunto esattamente l'espressione (7.8). Di conseguenza si ottiene

$$\mathbf{K}_O = OG \wedge m\mathbf{v}_Q + OQ \wedge \big(\boldsymbol{\omega} \wedge m\, QG\big) + \mathbf{I}_Q\boldsymbol{\omega}. \tag{7.16}$$

Le due espressioni proposte nella tesi (7.15) si ottengono scegliendo Q rispettivamente coincidente con il centro di massa G oppure con il polo O. Infatti, in entrambi i casi si annulla il secondo addendo in (7.16) poiché nel primo caso $QG = \mathbf{0}$, mentre nel secondo $OQ = \mathbf{0}$. □

Osservazione. Le espressioni (7.15) dimostrano che in generale il momento delle quantità di moto possiede due termini, uno legato alla velocità del centro di massa (o del polo O), e il secondo lineare nella velocità angolare. Il risultato si semplifica in due casi particolari. Il primo si verifica quando il polo coincide con il centro di massa: in questo caso $OG = \mathbf{0}$ e vale

$$\mathbf{K}_G = \mathbf{I}_G\boldsymbol{\omega} \qquad (G, \text{ centro di massa}).$$

La seconda situazione si verifica quando il polo coincide con un punto dell'asse di istantanea rotazione: in tal caso vale $\mathbf{v}_O = \mathbf{0}$ e nuovamente

$$\mathbf{K}_O = \mathbf{I}_O\boldsymbol{\omega} \qquad (O \text{ nell'asse di istantanea rotazione}).$$

Il teorema di König 7.5, riferito precedentemente alla sola energia cinetica, ammette un enunciato parallelo per il momento delle quantità di moto. Tali risultati sono così correlati da essere a volte presentati come *primo* e *secondo teorema di König*.

Teorema 7.9 (König, 1751). *Il momento delle quantità di moto di un sistema qualunque si può scomporre come somma del momento che possiederebbe il centro di massa se concentrassimo in esso tutta la massa del sistema, più il momento relativo a un sistema di riferimento traslante con il centro di massa stesso:*

$$\mathbf{K}_O = OG \wedge m\mathbf{v}_G + \mathbf{K}_{O,r}. \tag{7.17}$$

Inoltre, quest'ultimo termine coincide con il momento delle quantità di moto, calcolato nel sistema di riferimento originale, ma relativo al centro di massa

$$\mathbf{K}_{O,r} = \mathbf{K}_G. \tag{7.18}$$

Dimostrazione. Se consideriamo un sistema di riferimento traslante con il centro di massa, vale ancora la relazione $\mathbf{v}_i = \mathbf{v}_G + \mathbf{v}'_i$, dove $\mathbf{v}_i, \mathbf{v}'_i$ indicano le velocità del generico punto P_i, misurate nel sistema di riferimento originale, e in quello traslante con il baricentro. Si ha allora

$$\mathbf{K}_O = \sum_{i\in I} OP_i \wedge m_i\mathbf{v}_i = \sum_{i\in I} m_i\, OP_i \wedge \mathbf{v}_G + \sum_{i\in I} OP_i \wedge m_i\mathbf{v}'_i.$$

Nel primo addendo possiamo nuovamente raccogliere $\mathbf{v}_G$, e sostituire $\sum_i m_i\, OP_i$ con $m\, OG$. Il secondo addendo fornisce invece il momento delle quantità di moto rispetto al polo O, $\mathbf{K}_{O,\mathrm{r}}$, relativo al sistema di riferimento traslante con il centro di massa. Si ottiene così la (7.17)

$$\mathbf{K}_O = OG \wedge m\mathbf{v}_G + \mathbf{K}_{O,\mathrm{r}}.$$

Una diversa scrittura del momento $\mathbf{K}_O$ si ottiene se nella sua definizione effettuiamo la sostituzione $OP_i = OG + GP_i$. Tale scelta comporta

$$\mathbf{K}_O = \sum_{i\in I} OP_i \wedge m_i\mathbf{v}_i = OG \wedge \underbrace{\sum_{i\in I} m_i\mathbf{v}_i}_{m\mathbf{v}_G} + \underbrace{\sum_{i\in I} GP_i \wedge m_i\mathbf{v}_i}_{\mathbf{K}_G} = OG \wedge m\mathbf{v}_G + \mathbf{K}_G. \tag{7.19}$$

Il paragone diretto tra le due espressioni ricavate per $\mathbf{K}_O$ dimostra la (7.18). □

Osservazioni.

- Il contenuto dell'equazione (7.19) ricavata nella precedente dimostrazione non è altro che la formula del trasporto del momento (vedi Proposizione 4.4 a pagina 79), riferita al particolare sistema di vettori applicati costituito dalle singole quantità di moto, applicate nei vari punti materiali. Tale espressione, che anzi possiamo anche scrivere più in generale come

$$\mathbf{K}_O = OA \wedge \mathbf{Q} + \mathbf{K}_A, \tag{7.20}$$

dimostra in particolare che il momento delle quantità di moto di sistemi con $\mathbf{Q} = \mathbf{0}$ non dipende dal polo rispetto al quale lo si calcola.
- I teoremi di König dimostrano che i sistemi di riferimento aventi origine nel centro di massa giocano un ruolo molto speciale nello studio dei sistemi materiali. La (7.11) evidenzia che la quantità di moto relativa a tali sistemi è nulla. L'espressione (7.10) per l'energia cinetica implica poi che, tra tutti i sistemi traslanti uno rispetto all'altro (ovvero aventi velocità angolare relativa nulla), quello riferito al centro di massa è quello che misura l'energia cinetica minore, pari al fattore T_r in (7.10).
Risulta a questo punto interessante porsi un'ulteriore domanda: quale tra tutti i sistemi di riferimento aventi origine nel centro di massa misura l'energia cinetica minore per un dato sistema materiale? Se il sistema materiale fosse un singolo corpo rigido, la risposta sarebbe semplice. Sappiano infatti che ogni corpo rigido ammette un sistema di riferimento *solidale* (vedi definizione a pagina 10), rispetto al quale appare fermo, ovvero possiede energia cinetica relativa nulla. Forniamo di seguito la risposta alla domanda posta, pur tralasciando alcuni dei calcoli necessari per ricavarla.
Consideriamo un qualunque sistema materiale, analizzato in un sistema di riferimento, che per comodità chiameremo "originale". Il sistema di riferimento che associa al sistema materiale la minor energia cinetica possibile (che indicheremo con $T_{\min}$) ha: (i) origine coincidente con il centro di massa G del sistema; (ii) velocità angolare $\boldsymbol{\Omega}$ relativa al sistema originale che soddisfa

$$\mathbf{I}_G \boldsymbol{\Omega} = \mathbf{K}_G, \quad \text{ovvero} \quad \boldsymbol{\Omega} = \mathbf{I}_G^{-1}(\mathbf{K}_G), \tag{7.21}$$

dove $\mathbf{K}_G$ è il momento delle quantità di moto misurato dal sistema originale, rispetto al centro di massa. Vale infatti il teorema di König generalizzato

$$T = \tfrac{1}{2} m v_G^2 + \tfrac{1}{2} I_{G,\Omega} \Omega^2 + T_{\min},$$

dove $I_{G\Omega}$ è il momento di inerzia rispetto all'asse passante per G e parallelo alla velocità angolare $\boldsymbol{\Omega}$ identificata dalla (7.21).
Il sistema di riferimento caratterizzato dalla velocità $\mathbf{v}_G$ e la velocità angolare $\boldsymbol{\Omega}$ in (7.21) identifica così l'osservatore *più solidale possibile* al sistema materiale analizzato. Esso infatti misura quantità di moto nulla e, in virtù della (7.21), anche momento della quantità di moto nullo rispetto al centro di massa. L'e-

nergia cinetica residua $T_{\min}$ assume così un significato di agitazione *interna* al sistema, ovvero non dovuta ad eventuali moti relativi al sistema di riferimento utilizzato. Un sistema rigido, in particolare, si caratterizza dalla condizione $T_{\min} = 0$ in tutti i suoi moti.

Esercizi

7.1. Si consideri nuovamente il sistema trattato nell'Esercizio 2.2 (vedi pagina 47 e Fig. 2.7). Supposte le masse omogenee e di massa m, determinare come dipendano dalle coordinate libere (e dalle loro derivate temporali) la quantità di moto del sistema, la sua energia cinetica, e il suo momento delle quantità di moto rispetto al polo O.

Soluzione. Siano G, H i centri di massa delle aste OA, AB, rispettivamente. Si ha

$$OG = \tfrac{1}{2}\ell(\cos\phi\,\mathbf{i} + \sin\phi\,\mathbf{j}), \qquad OH = \ell(\cos\phi + \tfrac{1}{2}\cos\theta)\,\mathbf{i} + \ell(\sin\phi + \tfrac{1}{2}\sin\theta)\,\mathbf{j}$$
$$\mathbf{v}_G = \tfrac{1}{2}\ell\dot\phi(-\sin\phi\,\mathbf{i} + \cos\phi\,\mathbf{j}), \qquad \mathbf{v}_H = -\ell(\dot\phi\sin\phi + \tfrac{1}{2}\dot\theta\sin\theta)\,\mathbf{i} + \ell(\dot\phi\cos\phi + \tfrac{1}{2}\dot\theta\cos\theta)\,\mathbf{j},$$

da cui segue

$$\mathbf{Q} = m\mathbf{v}_G + m\mathbf{v}_H = -\tfrac{1}{2}m\ell(3\dot\phi\sin\phi + \dot\theta\sin\theta)\,\mathbf{i} + \tfrac{1}{2}m\ell(3\dot\phi\cos\phi + \dot\theta\cos\theta)\,\mathbf{j}$$
$$T = \tfrac{1}{2}I_{Oz}^{(OA)}\omega_{(OA)}^2 + \left(\tfrac{1}{2}mv_H^2 + \tfrac{1}{2}I_{Hz}^{(AB)}\omega_{(AB)}^2\right) = \left(\tfrac{2}{3}\dot\phi^2 + \tfrac{1}{2}\dot\phi\dot\theta\cos(\theta-\phi) + \tfrac{1}{6}\dot\theta^2\right)m\ell^2$$
$$\mathbf{K}_O = \mathbf{I}_O\boldsymbol{\omega}_{(OA)} + \left(OH\wedge m\mathbf{v}_H + \mathbf{I}_H\boldsymbol{\omega}_{(AB)}\right) = \left(\tfrac{4}{3}\dot\phi + \tfrac{1}{2}(\dot\phi+\dot\theta)\cos(\theta-\phi) + \tfrac{1}{3}\dot\theta\right)m\ell^2\,\mathbf{k}.$$

Si osservi dall'esempio come sia possibile utilizzare l'una o l'altra delle espressioni di energia cinetica e momento delle quantità di moto ricavate nelle Proposizioni 7.4 e 7.8 per corpi rigidi diversi, nel caso di sistemi articolati.

7.2. Si consideri nuovamente il sistema trattato nell'Esercizio 2.5 (vedi pagina 47 e Fig. 2.8), e sia m la massa delle aste (omogenee). Esprimere in funzione della coordinata libera (e della sua derivata temporale) la quantità di moto del sistema, la sua energia cinetica, e il momento delle quantità di moto rispetto al polo O. Calcolare inoltre il momento delle quantità di moto dell'asta AB rispetto al polo A.

7.3. Si consideri nuovamente il sistema trattato nell'Esercizio 2.11 (vedi pagina 54 e Fig. 2.14). Siano m, M le masse di asta e disco (entrambi omogenei). Esprimere in funzione delle coordinate libere (e delle loro derivate temporali) la quantità di moto del sistema, la sua energia cinetica, e il momento delle quantità di moto rispetto al polo B.

7.4. Si consideri nuovamente il sistema trattato nell'Esercizio 2.13 (vedi pagina 55 e Fig. 2.16). Siano m_1, m_2, m_3 le masse dei dischi (omogenei). Esprimere in funzione della coordinata libera (e della sua derivata temporale) la quantità di moto del sistema, la sua energia cinetica, e il momento delle quantità di moto rispetto a un polo generico.

7.5. Si consideri nuovamente il sistema trattato nell'Esercizio 2.14 (vedi pagina 55 e Fig. 2.17). Siano m, M le masse dei dischi (omogenei), e m_P la massa del punto materiale P, supponendo trascurabile la massa del filo. Esprimere in funzione della coordinata libera (e della sua derivata temporale) la quantità di moto del sistema, la sua energia cinetica, e il momento delle quantità di moto rispetto al centro del disco di raggio $2r$.

7.2 Equazioni cardinali della dinamica

Nella nostra precedente analisi della statica dei sistemi abbiamo osservato l'importante ruolo giocato dalle equazioni cardinali. Esse infatti, pur fornendo in generale solo condizioni necessarie per la sussistenza dell'equilibrio (vedi Osservazione a pagina 131), diventano condizioni anche sufficienti a caratterizzarlo se applicate a singoli corpi rigidi (vedi Proposizione 6.6, pagina 139). Generalizziamo allora in questo paragrafo l'analisi precedente per rilevare l'utilità delle equazioni cardinali nell'analisi del moto dei corpi rigidi, e dei sistemi materiali in generale. Ricordiamo, prima di entrare nell'argomento, la possibile suddivisione delle forze applicate su un sistema in interne e esterne (vedi Definizione 6.2 a pagina 131), e il contenuto del principio di azione e reazione (vedi § 5.1, pagina 116) che afferma che le forze interne a un qualunque sistema materiale sono sempre equilibrate, quale che sia lo stato di quiete o di moto del sistema stesso.

Proposizione 7.10 (Equazioni cardinali della dinamica). *Durante ogni moto di un qualunque sistema materiale valgono le equazioni*

$$\dot{\mathbf{Q}} = \mathbf{R}^{(e)}, \qquad \dot{\mathbf{K}}_O + \dot{O} \wedge \mathbf{Q} = \mathbf{M}_O^{(e)} \quad \textit{con} \quad O \in \mathscr{E}. \tag{7.22}$$

Nella prima equazione, $\mathbf{Q}$ *indica la quantità di moto del sistema e* $\mathbf{R}^{(e)}$ *il risultante delle forze esterne. Nella seconda, che può essere riferita a un qualunque polo* O*,* $\mathbf{K}_O$ *identifica il momento delle quantità di moto rispetto al polo scelto,* $\dot{O}$ *indica la derivata temporale della posizione del polo (che può coincidere o meno con la velocità del punto eventualmente transitante per* O*, vedi Osservazione a pagina 158), mentre* $\mathbf{M}_O^{(e)}$ *è il momento delle forze esterne, calcolato sempre rispetto al polo scelto.*

Dimostrazione. Il punto di partenza per dimostrare le due equazioni cardinali è la legge fondamentale della dinamica $\mathbf{F}_i = m_i \mathbf{a}_i$, applicabile a ognuno dei punti presenti nel sistema materiale considerato.

La prima equazione cardinale si ricava sommando le leggi fondamentali della dinamica, scritte per tutti i punti del sistema materiale considerato

$$\sum_{i \in I} \mathbf{F}_i = \sum_{i \in I} m_i \mathbf{a}_i. \tag{7.23}$$

La somma a sinistra fornisce il risultante di tutte le forze agenti sul sistema. In virtù del principio di azione e reazione, le forze interne hanno però risultante nullo, e di conseguenza possiamo eliminarle dall'equazione, ottenendo $\sum_i \mathbf{F}_i = \mathbf{R} = \mathbf{R}^{(e)}$.

Il membro destro dell'equazione si identifica con la derivata della quantità di moto, una volta esplicitato il legame tra accelerazione e velocità di ogni punto (e tenuto conto della costanza della massa di ogni punto)

$$\sum_{i\in I} m_i\,\mathbf{a}_i = \sum_{i\in I} m_i \frac{d\mathbf{v}_i}{dt} = \sum_{i\in I} \frac{d(m_i\mathbf{v}_i)}{dt} = \frac{d}{dt}\sum_{i\in I} m_i\mathbf{v}_i = \dot{\mathbf{Q}}.$$

L'uguaglianza tra membro destro e sinistro della (7.23) fornisce la prima delle (7.22).

Per derivare la seconda equazione cardinale scegliamo un polo $O \in \mathscr{E}$ (fisso o mobile, coincidente o meno con uno dei punti del sistema), e calcoliamo il momento rispetto ad O di ambo i membri della legge fondamentale della dinamica: $OP_i \wedge \mathbf{F}_i = OP_i \wedge m_i\mathbf{a}_i$. Solo a questo punto sommiamo su tutti i punti del sistema per ottenere

$$\sum_{i\in I} OP_i \wedge \mathbf{F}_i = \sum_{i\in I} OP_i \wedge m_i\,\mathbf{a}_i. \tag{7.24}$$

La somma a sinistra fornisce questa volta il momento risultante di tutte le forze agenti sul sistema. In virtù del principio di azione e reazione, le forze interne hanno anche momento risultante nullo, e di conseguenza possiamo nuovamente eliminarle dall'equazione, ottenendo $\sum_i OP_i \wedge \mathbf{F}_i = \mathbf{M}_O = \mathbf{M}_O^{(e)}$.

Il membro destro della (7.24) necessita qualche passaggio in più. Scrivendo di nuovo l'accelerazione come derivata temporale della velocità, e utilizzando la costanza della massa, possiamo infatti scrivere

$$\mathbf{M}_O^{(e)} = \sum_{i\in I} OP_i \wedge \frac{d(m_i\mathbf{v}_i)}{dt}. \tag{7.25}$$

Al fine di portare la derivata fuori dalla sommatoria, come fatto in precedenza, dobbiamo però tenere correttamente conto della derivata di un prodotto vettoriale, che ubbidisce alle stesse regole della derivata di una normale moltiplicazione (vedi (A.17)$_2$, pagina 254), e quindi

$$OP_i \wedge \frac{d(m_i\mathbf{v}_i)}{dt} = \frac{d}{dt}\Big(OP_i \wedge m_i\mathbf{v}_i\Big) - \frac{d(OP_i)}{dt} \wedge m_i\mathbf{v}_i. \tag{7.26}$$

Per meglio identificare l'ultimo termine ricordiamo ancora la (1.6) (vedi pagina 8) e abbiamo

$$\frac{d(OP_i)}{dt} \wedge m_i\mathbf{v}_i = (\mathbf{v}_i - \dot{O}) \wedge m_i\mathbf{v}_i = -\dot{O} \wedge m_i\mathbf{v}_i, \tag{7.27}$$

dove nell'ultimo passaggio abbiamo tenuto conto che il prodotto vettoriale tra $\mathbf{v}_i$ e $m_i\mathbf{v}_i$ è nullo, essendo paralleli i due fattori. Sostituendo la (7.27) nella (7.26), e poi quest'ultima nella (7.25), otteniamo

$$\mathbf{M}_O^{(e)} = \sum_{i\in I}\Big[\frac{d}{dt}\Big(OP_i \wedge m_i\mathbf{v}_i\Big) + \dot{O} \wedge m_i\mathbf{v}_i\Big].$$

Nel primo termine a destra dell'espressione ricavata riconosciamo, dopo aver scambiato derivata e sommatoria, $\dot{\mathbf{K}}_O$, ovvero la derivata temporale del momento delle quantità di moto rispetto al polo O. Otteniamo così

$$\mathbf{M}_O^{(e)} = \dot{\mathbf{K}}_O + \dot{O} \wedge \sum_{i \in I} m_i \mathbf{v}_i = \dot{\mathbf{K}}_O + \dot{O} \wedge \mathbf{Q}. \qquad \square$$

Osservazione. Il termine $\dot{O} \wedge \mathbf{Q}$ che compare nella seconda equazione cardinale della dinamica si annulla in due casi notevoli: quando si sceglie un polo fisso, e vale $\dot{O} = \mathbf{0}$, o quando si sceglie come polo il centro di massa del sistema, in quanto allora risulta $\dot{O} = \mathbf{v}_G$, parallela alla quantità di moto $\mathbf{Q} = m\mathbf{v}_G$.

Moto del centro di massa

La prima equazione cardinale della dinamica ammette una interessante interpretazione. Essa infatti permette di prevedere il moto del centro di massa del sistema cui è riferita.

Teorema 7.11 (Moto del centro di massa). *Il centro di massa di un sistema materiale si muove come un punto di massa pari alla massa totale del sistema materiale, su cui fossero concentrate tutte le forze esterne applicate al sistema.*

Dimostrazione. Se deriviamo rispetto al tempo l'identità (7.1) per la quantità di moto del sistema ottieniamo

$$\mathbf{Q} = m\mathbf{v}_G \qquad \Rightarrow \qquad \dot{\mathbf{Q}} = m\mathbf{a}_G,$$

dove $\mathbf{a}_G$ indica l'accelerazione del centro di massa. La prima equazione cardinale della dinamica implica allora $\mathbf{R}^{(e)} = m\mathbf{a}_G$, equivalente alla tesi enunciata. $\square$

Il teorema del moto del centro di massa ha alcune importanti conseguenze. Primo fra tutti, esso offre un esempio perfetto di *riduzionismo*, in quanto dimostra che molti dettagli (distribuzione della massa, numero e carattere delle forze applicate, punti di applicazione) sono inessenziali al fine di prevedere il moto del centro di massa del sistema, che risente esclusivamente della massa totale e della somma di tutte le forze esterne.

In secondo luogo, il teorema chiarisce come il moto del centro di massa dipenda dalle forze esterne al sistema, e come di conseguenza attraverso forze interne sia possibile influenzare la distribuzione di massa (ovvero la *forma*) del sistema, ma non *direttamente* il moto del suo centro di massa. Va comunque segnalato che esistono forze che dipendono dalla forma dei sistemi cui si applicano (la resistenza viscosa dell'aria o dell'acqua ne sono esempi classici). In presenza di tali forze, diventa possibile influenzare, anche notevolmente, il moto del centro di massa dall'interno: basterà a tal fine utilizzare le forze interne per far assumere al sistema la forma adeguata affinché le forze esterne producano il moto desiderato. La frenata prodotta dall'apertura di un paracadute o il controllo della traiettoria durante un volo planare forniscono esempi di questo fenomeno.

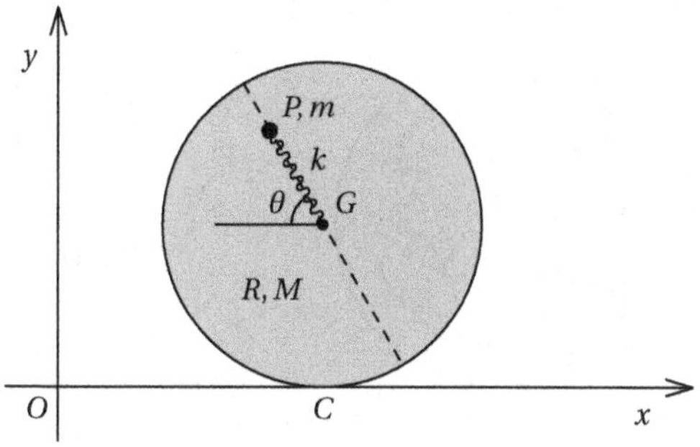

Figura 7.1 Punto e disco di cui all'Esercizio 7.6

Esercizi

7.6. In un piano verticale un disco omogeneo di raggio R e massa M rotola senza strisciare su un asse orizzontale. Un punto materiale P di massa m si muove lungo un diametro del disco, collegato al centro del disco attraverso una molla di costante elastica k (vedi Fig. 7.1).

- Determinare il numero di gradi di libertà del sistema, e identificare le coordinate libere.
- Scrivere la seconda equazione cardinale della dinamica per il sistema composto dal disco e dal punto, rispetto al punto C di contatto tra disco e guida.

Soluzione. Il sistema possiede due gradi di libertà. Detta x l'ascissa del centro G del disco, e s la coordinata del punto P lungo il diametro su cui si muove (identificato dall'angolo orario θ che esso determina con l'orizzontale), avremo

$$OP = OG + GP = (x - s\cos\theta)\,\mathbf{i} + (R + s\sin\theta)\,\mathbf{j}.$$

Il vincolo di puro rotolamento implica $\dot{x} = R\dot{\theta}$, dimodoché possiamo scegliere le coordinate libere s, θ. Per scrivere la seconda equazione cardinale ricaviamo

$$\mathbf{K}_C^{(\text{sist})} = \mathbf{I}_C^{(d)}\boldsymbol{\omega}^{(d)} + CP \wedge m\mathbf{v}_P = \Big(-\tfrac{3}{2}MR^2\dot{\theta} + m\big(R\dot{s}\cos\theta - 2Rs\dot{\theta}\sin\theta - (R^2 + s^2)\dot{\theta}\big)\Big)\,\mathbf{k}.$$

Il termine correttivo $\dot{C} \wedge \mathbf{Q}$ non è nullo. Infatti, essendo $\dot{C} = R\dot{\theta}\,\mathbf{i}$ (da non confondere con la velocità $\mathbf{v}_C = \mathbf{0}$ del punto che transita per il polo), si ha $\dot{C} \wedge \mathbf{Q} = mR\dot{\theta}(\dot{s}\sin\theta + s\dot{\theta}\cos\theta)\,\mathbf{k}$.

L'unica forza esterna con momento non nullo rispetto a C è il peso di P, e quindi la seconda equazione cardinale della dinamica rispetto a C fornisce

$$-\tfrac{3}{2}MR^2\ddot{\theta} + m\big(R\ddot{s}\cos\theta - 2(R\sin\theta + s)\dot{s}\dot{\theta} - (R^2 + 2Rs\sin\theta + s^2)\ddot{\theta} - Rs\dot{\theta}^2\cos\theta\big) = mgs\cos\theta.$$

7.7. In un piano verticale un disco omogeneo di raggio r e massa m rotola senza strisciare su una guida orizzontale. Un filo inestensibile si avvolge su un profilo circolare solidale con il disco, concentrico con esso e di raggio λr (con $0 \le \lambda \le 1$). Il filo scorre poi su una carrucola fissa, posta a quota $(1 + \lambda)r$ sopra la guida orizzontale, ed è caricata all'altro estremo con un punto materiale di massa M (vedi

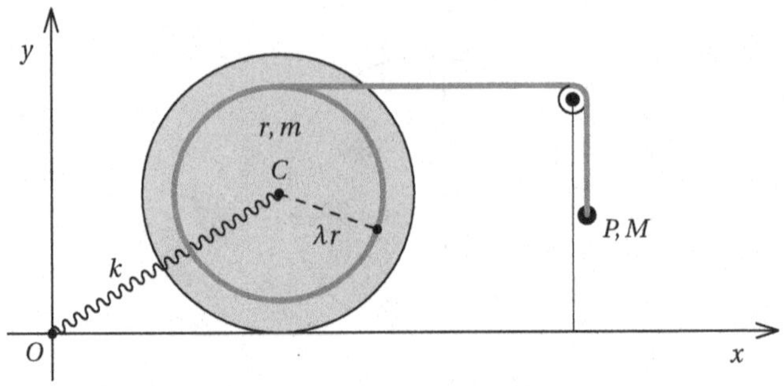

Figura 7.2 Filo avvolto su un profilo circolare solidale a un disco, Esercizio 7.7

Fig. 7.2). Una molla di costante elastica k collega il centro del disco a un punto fisso O della guida orizzontale.

- Determinare il moto sapendo che all'istante iniziale il sistema è in quiete con il centro del disco collocato sopra O.
- Calcolare la tensione τ nel filo, e verificare se esso rimanga sempre teso ($\tau \geq 0$).

7.8. Si consideri nuovamente il cinematismo trattato negli Esercizi 2.2 e 7.1 (pagine 47 e 167). In un piano verticale un sistema articolato è composto da due aste OA e AB, omogenee di lunghezza ℓ e massa m. L'estremo O è incernierato in un punto fisso, mentre le aste sono incernierate tra di loro nell'estremo A. Sia θ l'angolo che l'asta OA determina con la guida orizzontale, vedi Figura 7.3. Sull'asta AB agisce una coppia di momento M, mentre sull'estremo B agisce la forza orizzontale $\mathbf{F} = F\,\mathbf{i}$.

- Determinare come devono dipendere da θ la coppia M e la forza F affinché l'asta AB si mantenga orizzontale, e il punto B si muova con componente orizzontale della velocità costantemente pari a v_0.
- Calcolare, sempre durante il moto proposto, l'azione dell'asta AB sull'asta OA.

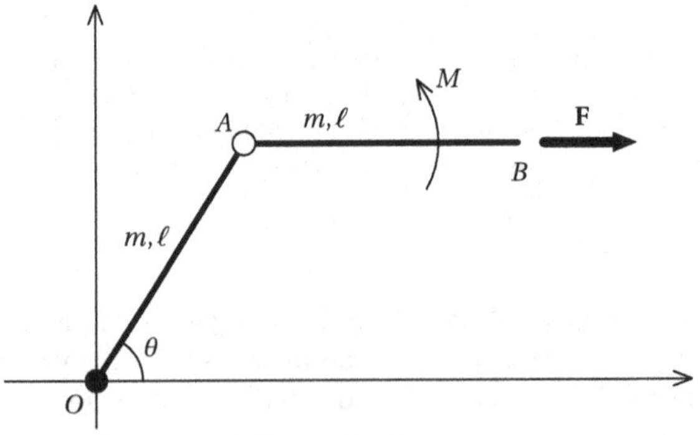

Figura 7.3 Cinematismo di due aste di cui all'Esercizio 7.8

7.3 Dinamica del corpo rigido

In questo paragrafo specializzeremo le equazioni cardinali della dinamica allo studio del moto del corpo rigido, e arriveremo alla conclusione (già incontrata in statica, vedi Proposizione 6.6 a pagina 139) che l'insieme delle due equazioni cardinali produce un sistema di equazioni necessario e sufficiente alla determinazione della dinamica di un singolo corpo rigido.

Equazioni di Eulero

Riceve questo nome l'insieme delle componenti della seconda equazione cardinale della dinamica per il singolo corpo rigido, qualora la scelta del polo ricada o sul centro di massa, o su un punto fisso (scelta questa possibile solo se il moto risulta polare). In entrambi questi casi, infatti, il termine $\dot{O} \wedge \mathbf{Q}$, normalmente presente nella seconda equazione cardinale, si annulla identicamente (vedi Osservazione a pagina 170). Inoltre, detto H il polo scelto (centro di massa o polo fisso che sia), in entrambi i casi vale l'identità $\mathbf{K}_H = \mathbf{I}_H \boldsymbol{\omega}$ (vedi Osservazione a pagina 164). La seconda equazione cardinale della dinamica assume quindi la forma

$$\frac{d(\mathbf{I}_H \boldsymbol{\omega})}{dt} = \mathbf{M}_H^{(\mathrm{e})}. \tag{7.28}$$

Prima di calcolare la derivata temporale presente in (7.28) è opportuno rivedere la Proposizione 1.15 (vedi pagina 18), nella quale avevamo messo in relazione la derivata temporale di un vettore con la derivata temporale dello stesso vettore, misurata da un secondo osservatore. La seguente proposizione riassume il risultato così ottenuto.

Proposizione 7.12 (Equazioni di Eulero). *Consideriamo un singolo corpo rigido, e sia H il suo centro di massa, o un suo punto fisso. La seconda equazione cardinale della dinamica implica*

$$\mathbf{I}_H \dot{\boldsymbol{\omega}} + \boldsymbol{\omega} \wedge \mathbf{I}_H \boldsymbol{\omega} = \mathbf{M}_H^{(e)}. \tag{7.29}$$

L'equazione vettoriale (7.29) *assume un'espressione più semplice se proiettata lungo la terna di assi principali di inerzia del corpo rigido in H. Detti infatti A, B, C i momenti principali di inerzia in tale terna, e p, q, r le rispettive componenti di $\boldsymbol{\omega}$ si ha*

$$\begin{cases} A\dot{p} - (B-C)qr = M_{Hx}^{(e)} \\ B\dot{q} - (C-A)pr = M_{Hy}^{(e)} \\ C\dot{r} - (A-B)pq = M_{Hz}^{(e)}. \end{cases} \tag{7.30}$$

Dimostrazione. Al fine di calcolare la derivata temporale del momento delle quantità di moto $\mathbf{K}_H = \mathbf{I}_H \boldsymbol{\omega}$, consideriamo il sistema di riferimento $\mathcal{O}_{\mathrm{sol}}$, solidale al corpo rigido, avente origine in H e assi paralleli agli assi principali di inerzia in tale punto. (Può risultare a tal fine utile rivedere la Proposizione 1.10 a pagina 10.) In particolare, la velocità angolare del sistema di riferimento solidale rispetto a quello originale è esattamente la velocità angolare $\boldsymbol{\omega}$ del corpo rigido, e quindi la (1.17) (vedi pagina 18) implica

$$\frac{d(\mathbf{I}_H\boldsymbol{\omega})}{dt} = \left.\frac{d(\mathbf{I}_H\boldsymbol{\omega})}{dt}\right|_{\text{sol}} + \boldsymbol{\omega} \wedge \mathbf{I}_H\boldsymbol{\omega}.$$

Rispetto al sistema di riferimento $\mathcal{O}_{\text{sol}}$ il corpo rigido appare in quiete. Di conseguenza, per tale osservatore la matrice di inerzia $\mathbf{I}_H$ risulta costante, e vale

$$\left.\frac{d(\mathbf{I}_H\boldsymbol{\omega})}{dt}\right|_{\text{sol}} = \mathbf{I}_H\dot{\boldsymbol{\omega}}_{\text{sol}}.$$

Infine, il vettore velocità angolare gode di una particolare proprietà, conseguenza diretta della stessa (1.17): se in essa sostituiamo $\boldsymbol{\omega}$ al posto del vettore generico $\mathbf{u}$ otteniamo

$$\dot{\boldsymbol{\omega}} = \dot{\boldsymbol{\omega}}_{\text{sol}} + \boldsymbol{\omega} \wedge \boldsymbol{\omega} = \dot{\boldsymbol{\omega}}_{\text{sol}},$$

ovvero le derivate temporali della velocità angolare secondo l'osservatore originale e secondo l'osservatore solidale con il corpo rigido coincidono. Mettendo insieme tutte le informazioni abbiamo

$$\frac{d(\mathbf{I}_H\boldsymbol{\omega})}{dt} = \left.\frac{d(\mathbf{I}_H\boldsymbol{\omega})}{dt}\right|_{\text{sol}} + \boldsymbol{\omega} \wedge \mathbf{I}_H\boldsymbol{\omega} = \mathbf{I}_H\dot{\boldsymbol{\omega}}_{\text{sol}} + \boldsymbol{\omega} \wedge \mathbf{I}_H\boldsymbol{\omega} = \mathbf{I}_H\dot{\boldsymbol{\omega}} + \boldsymbol{\omega} \wedge \mathbf{I}_H\boldsymbol{\omega},$$

che sostituita in (7.28) fornisce la tesi (7.29). Le equazioni di Eulero in forma scalare (7.30) si ottengono infine esplicitando il prodotto vettoriale tra $\boldsymbol{\omega}$ e il vettore $\mathbf{I}_H\boldsymbol{\omega}$, e ricordando che nella base utilizzata (composta da assi principali di inerzia) la matrice di inerzia $\mathbf{I}_H$ assume forma diagonale, con elementi diagonali pari ai momenti principali di inerzia (si riveda a tal proposito § 4.5, pagina 95). □

Equazioni del moto per un corpo rigido

Le equazioni di Eulero non sono, come potrebbero a prima vista apparire, equazioni differenziali del primo ordine aventi come incognite le componenti della velocità angolare. Ricordiamo infatti (vedi (1.25), a pagina 25) che la velocità angolare è a loro volta esprimibile come combinazione lineare delle derivate prime temporali delle coordinate libere (per esempio degli angoli di Eulero). Di conseguenza, le equazioni di Eulero sono a tutti gli effetti equazioni differenziali del secondo ordine nelle coordinate angolari del corpo rigido. Inoltre, esse non rappresentano comunque un sistema di tre equazioni (differenziali del secondo ordine) in tre incognite, in quanto il membro destro (il momento delle forze esterne) può sì dipendere dalle coordinate angolari e dalle loro derivate temporali, ma anche dagli altri tre gradi di libertà del corpo rigido (ovvero le coordinate cartesiane di uno dei punti del sistema), e dalle loro derivate temporali.

Per illustrare ancora meglio quanto ora esposto, scriviamo esplicitamente le equazioni cardinali della dinamica, riferendo la seconda al centro di massa G

$$\begin{cases} m\mathbf{a}_G = \mathbf{R}^{(e)}(x_G, y_G, z_G; \theta, \phi, \psi; \dot{x}_G, \dot{y}_G, \dot{z}_G; \dot{\theta}, \dot{\phi}, \dot{\psi}) \\ \mathbf{I}_G\dot{\boldsymbol{\omega}} + \boldsymbol{\omega} \wedge \mathbf{I}_G\boldsymbol{\omega} = \mathbf{M}_G^{(e)}(x_G, y_G, z_G; \theta, \phi, \psi; \dot{x}_G, \dot{y}_G, \dot{z}_G; \dot{\theta}, \dot{\phi}, \dot{\psi}). \end{cases} \tag{7.31}$$

Si osserva così che le equazioni cardinali della dinamica formano un sistema di *sei* equazioni (differenziali, del secondo ordine) scalari nelle sei incognite fornite dalle tre coordinate del centro di massa e i tre angoli di Eulero. Esse inoltre mettono in luce altre importanti caratteristiche del moto rigido.

- Potendosi semplicemente esprimere in *forma normale*, ovvero esplicitate nella derivata di ordine massimo, è possibile applicare ad esse (sotto opportune ipotesi di regolarità delle forze esterne, rappresentate a membro destro) il teorema di esistenza e unicità delle soluzioni delle equazioni differenziali. Come conseguenza, esse dimostrano che *le equazioni cardinali sono necessarie e sufficienti per determinare il moto di un corpo rigido*, come lo erano già in statica (vedi Proposizione 6.6 a pagina 139).
- Le proprietà geometriche e materiali del corpo rigido entrano nelle (7.31) solo attraverso la massa totale (prima equazione cardinale) e la matrice di inerzia centrale (seconda equazione cardinale). Di conseguenza risulta dimostrato quanto avevamo anticipato in § 4.4 (vedi pagina 90): due corpi rigidi aventi la stessa massa e la stessa matrice centrale di inerzia (e, di conseguenza, stessi momenti di inerzia) effettuano gli stessi moti se sono sollecitati dalle stesse forze. La matrice centrale di inerzia, di conseguenza, codifica in modo sostanziale le principali proprietà del corpo rigido, dal punto di vista della risposta alle sollecitazioni ad esso applicate.
- Dal canto loro, le forze applicate sul corpo rigido entrano nelle (7.31) solo attraverso i loro vettori caratteristici: il risultante e il momento. Questo spiega l'utilità del concetto di *equivalenza* introdotto nella Definizione 4.5 a pagina 80: due sistemi di forze equivalenti provocano infatti identici effetti se applicati allo stesso corpo rigido. Questa proprietà (che era già stata anticipata nel capitolo di statica, vedi Osservazione 6.3 a pagina 139) risulta ora dimostrata nel più generale caso di corpo rigido in movimento.

Moto per inerzia di un corpo rigido

Si definisce *moto per inerzia* il moto che compie un sistema non sottoposto ad alcuna forza esterna. Lo studio di tale moto richiede l'analisi delle soluzioni delle (7.31) nel caso omogeneo $\mathbf{R}^{(e)} = \mathbf{0}$, $\mathbf{M}_G^{(e)} = \mathbf{0}$.

La prima equazione cardinale della dinamica fornisce una prima, semplice proprietà del moto per inerzia di un corpo rigido: $\mathbf{a}_G = \mathbf{0}$, ovvero *durante il moto per inerzia, il centro di massa di un corpo rigido si muove di moto rettilineo uniforme.* Questo risultato, comunque, non ci deve affatto sorprendere, in quanto in virtù del teorema di moto del centro di massa, esso deve sussistere per un qualunque sistema materiale, non solo per un corpo rigido.

Più articolata risulta la risposta per quanto riguarda i gradi di libertà angolari. Infatti, le equazioni di Eulero prevedono, durante un moto per inerzia,

$$\mathbf{I}_G\dot{\boldsymbol{\omega}} + \boldsymbol{\omega} \wedge \mathbf{I}_G\boldsymbol{\omega} = \mathbf{0}.$$

Di conseguenza possiamo affermare che *il moto per inerzia di un corpo rigido si svolge a velocità angolare costante se e solo se* $\boldsymbol{\omega}$ *è parallelo a un asse centrale di inerzia.* Per meglio comprendere l'origine di tale affermazione si consideri che

$$\begin{aligned} \boldsymbol{\omega} = \text{cost} \quad &\Longleftrightarrow \quad \dot{\boldsymbol{\omega}} = \mathbf{0} \quad \Longleftrightarrow \quad \boldsymbol{\omega} \wedge \mathbf{I}_G\boldsymbol{\omega} = \mathbf{0} \\ &\Longleftrightarrow \quad \mathbf{I}_G\boldsymbol{\omega} \parallel \boldsymbol{\omega} \quad \Longleftrightarrow \quad \mathbf{I}_G\boldsymbol{\omega} = \lambda\boldsymbol{\omega}. \end{aligned}$$

In altre parole, $\boldsymbol{\omega}$ si mantiene costante se e solo se è autovettore della matrice di inerzia $\mathbf{I}_G$, ma questa è esattamente la proprietà che caratterizza gli assi principali di inerzia (vedi Definizione 4.16 a pagina 96). I moti per inerzia che si svolgono a velocità angolare costanti vengono definiti *rotazioni permanenti.*

Esempio (Giroscopio). Un corpo rigido ha *struttura giroscopica* rispetto a un punto Q se la matrice di inerzia rispetto a tale punto ha due autovalori uguali e uno diverso. Un *giroscopio* è un corpo rigido avente struttura giroscopica rispetto al suo centro di massa G. L'asse corrispondente all'autovalore diverso viene chiamato *asse giroscopico.*

Risolviamo le equazioni differenziali del moto per inerzia di un giroscopio.

Durante un moto per inerzia, il centro di massa di un giroscopio effettuerà un moto rettilineo uniforme. Ponendo inoltre $A = B \neq C$, le equazioni di Eulero (7.30) forniscono

$$A\dot{p} - (A - C)qr = 0, \qquad A\dot{q} - (C - A)pr = 0, \qquad C\dot{r} = 0.$$

La terza equazione si integra facilmente e fornisce $r = r_0$: la componente della velocità angolare lungo l'asse giroscopico è costante. Posto $\Omega_0 = (A - C)r_0/A$, le restanti due equazioni possono esprimersi come

$$\dot{p} = \Omega_0 q, \qquad \dot{q} = -\Omega_0 p.$$

Derivando la prima e utilizzando la seconda troviamo l'equazione del moto armonico $\ddot{p} = -\Omega_0^2 p$. Le soluzioni delle equazioni di Eulero sono quindi

$$p(t) = a_0 \sin(\Omega_0 t + \phi_0), \qquad q(t) = a_0 \cos(\Omega_0 t + \phi_0), \qquad r(t) = r_0,$$

con a_0, r_0, ϕ_0 scalari arbitrari.

- Oltre ad avere componente costante lungo l'asse giroscopico, la velocità angolare ha modulo costante $\omega_0^2 = p^2 + q^2 + r^2 = a_0^2 + r_0^2$.

- Il vettore velocità angolare $\boldsymbol{\omega} = p\,\mathbf{i} + q\,\mathbf{j} + r\,\mathbf{k}$ descrive un cono attorno all'asse giroscopico (che è solidale con il giroscopio). Per determinare l'apertura θ di tale cono calcoliamo

$$\boldsymbol{\omega} \cdot \mathbf{k} = |\boldsymbol{\omega}|\,|\mathbf{k}|\cos\theta \qquad \Longrightarrow \qquad \cos\theta = \frac{r_0}{\sqrt{a_0^2 + r_0^2}}.$$

- Il momento delle quantità di moto rispetto al centro di massa è costante in virtù della seconda equazione cardinale ($\dot{\mathbf{K}}_G = \mathbf{0}$). Calcoliamo il suo valore ricordando che la matrice di inerzia è diagonale nella base degli assi principali

$$\mathbf{K}_G = \mathbf{I}_G\boldsymbol{\omega} = Ap\,\mathbf{i} + Bq\,\mathbf{j} + Cr\,\mathbf{k} = A\boldsymbol{\omega} + (C - A)r_0\mathbf{k},$$

da cui segue

$$\mathbf{K}_G \cdot \boldsymbol{\omega} = A\omega_0^2 + (C - A)r_0^2 = Aa_0^2 + Cr_0^2 = \text{cost.}$$

Si ricava così che il vettore velocità angolare descrive un secondo cono, questo con asse (inerziale) parallelo a $\mathbf{K}_G$ e apertura

$$\mathbf{K}_G \cdot \boldsymbol{\omega} = |\mathbf{K}_G|\,|\boldsymbol{\omega}|\cos\alpha \qquad \Longrightarrow \qquad \cos\alpha = \frac{Aa_0^2 + Cr_0^2}{\sqrt{A^2a_0^2 + C^2r_0^2}\,\sqrt{a_0^2 + r_0^2}}.$$

I due coni suddetti vengono denominati *coni di Poinsot* [31].

Esercizi

7.9. Dimostrare che per un corpo rigido piano (contenuto nel piano ortogonale al versore **k**) vale la seguente identità

$$\dot{\mathbf{K}}_O + \dot{O} \wedge \mathbf{Q} = OG \wedge m\mathbf{a}_G + I_{Gz}\dot{\omega}\mathbf{k}.$$

(Questa identità può risultare utile al fine di semplificare il calcolo del membro sinistro della seconda equazione cardinale della dinamica.)

7.10. In un piano verticale un disco, omogeneo di centro G, raggio r e massa m, è vincolato a rotolare senza strisciare su una lamina omogenea, a forma di rettangolo di massa M, base a e altezza trascurabile, che è vincolata nei suoi vertici A e B a scorrere su una guida liscia orizzontale (vedi Fig. 7.4). Sulla circonferenza del disco è saldato un punto materiale P di massa m' (sia θ l'angolo antiorario che il raggio GP determina con la verticale). All'istante iniziale il sistema è in quiete, il punto P è alla stessa quota di G, ed il punto di contatto tra disco e lamina si trova a distanza $\frac{1}{4}a$ da A. Sulla lamina è applicata una forza orizzontale $\mathbf{F}$.

- Determinare il moto della lamina, e l'intensità F della forza da applicare ad essa, affinché durante il moto stesso l'angolo θ rimanga costante.
- Determinare, nelle condizioni descritte nel punto precedente, le reazioni vincolari agenti sulla lamina.

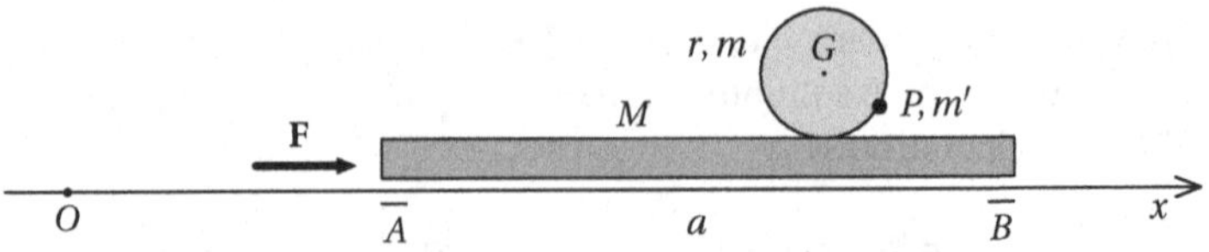

Figura 7.4 Disco che rotola senza strisciare su asta mobile, Esercizio 7.10

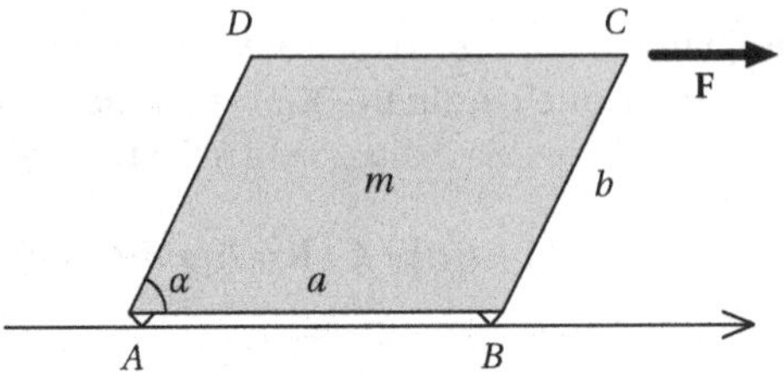

Figura 7.5 Parallelogramma dell'Esercizio 7.11

7.11. In un piano verticale, un parallelogramma $ABCD$, omogeneo di massa m, lati $a > b$, e angolo alla base α, ha i vertici A e B appoggiati su una asse orizzontale liscio, mentre una forza orizzontale costante $\mathbf{F}$ viene applicata sull'estremo C (vedi Fig. 7.5).

- Si determini il moto del parallelogramma a partire dalla quiete.
- Si calcolino le reazioni vincolari in A e B, e si individui la condizione sulla forza $\mathbf{F}$ che garantisce l'appoggio sulla guida orizzontale.

7.12. Dimostrare che nel moto per inerzia di un giroscopio si conserva la sua energia cinetica sia rispetto al sistema di riferimento inerziale che nel sistema di riferimento traslante con il centro di massa.

7.4 Teorema dell'energia cinetica

L'energia cinetica fornisce una misura quantitativa della celerità del moto presente in un sistema materiale. Siccome le forze agenti sul sistema modificano le velocità dei punti su cui si applicano, risulta particolarmente interessante capire quali forze accrescano e quali diminuiscano (in modulo) le velocità dei punti del sistema. Nel linguaggio comune si potrebbe usare l'espressione "capire quali forze *accelerino* e quali *frenino* il moto del sistema", ma nella Meccanica l'*accelerazione* è legata a una qualunque variazione del vettore velocità, non esclusivamente alle variazioni che ne aumentano il modulo. In questo senso, in Meccanica dovremmo dire che *tutte* le forze accelerano il sistema (in virtù della legge fondamentale della dinamica $\mathbf{F} = m\mathbf{a}$), mentre solo alcune ne accrescono l'energia cinetica. Il teorema dell'energia cinetica, che ci apprestiamo a dimostrare, caratterizza precisamente quale proprietà delle forze ne determina l'effetto sull'energia cinetica.

Teorema 7.13 (Energia cinetica). *In un sistema di riferimento inerziale, il tasso di variazione dell'energia cinetica di un sistema materiale vale*

$$\dot{T} = \Pi, \qquad \textit{dove} \quad \Pi = \sum_{i\in I} \mathbf{F}_i \cdot \mathbf{v}_i \quad \textit{è la } \text{potenza } \textit{delle forze.} \tag{7.32}$$

Dimostrazione. La dimostrazione è immediata. Dalla definizione di energia cinetica abbiamo

$$\dot{T} = \frac{d}{dt} \sum_{i\in I} \tfrac{1}{2} m_i \, v_i^2 = \sum_{i\in I} \tfrac{1}{2} m_i \frac{d}{dt}(\mathbf{v}_i \cdot \mathbf{v}_i).$$

Utilizzando la $(A.17)_1$ (vedi pagina 254) per la derivata del prodotto scalare otteniamo

$$\frac{d}{dt}(\mathbf{v}_i \cdot \mathbf{v}_i) = \dot{\mathbf{v}}_i \cdot \mathbf{v}_i + \mathbf{v}_i \cdot \dot{\mathbf{v}}_i = 2\mathbf{a}_i \cdot \mathbf{v}_i$$

e quindi

$$\dot{T} = \sum_{i\in I} m_i \, \mathbf{a}_i \cdot \mathbf{v}_i = \Pi. \qquad \square$$

Osservazioni.

- Il teorema appena dimostrato implica che una forza contribuisce ad aumentare o diminuire l'energia cinetica di un sistema a seconda del segno della potenza che esplica. Essendo quest'ultima un prodotto scalare, il suo segno dipende dall'angolo (acuto o ottuso) che la forza stessa determina con la velocità del punto su cui agisce. Hanno così potenza nulla le forze ortogonali alla traiettoria, essendo in generale solo le componenti tangenziali delle forze a determinare se il punto aumenterà o diminuirà il modulo della velocità durante il suo moto.
- Le informazioni ricavabili dal teorema dell'energia cinetica sono in generale indipendenti da quelle scritte nelle equazioni cardinali della dinamica. Infatti, alle equazioni cardinali contribuiscono solo le forze esterne (in quanto le forze interne hanno risultante e momento nullo), mentre l'evoluzione dell'energia cinetica dipende in generale anche dalle forze interne, che possono perfettamente avere potenza diversa da zero (si veda a tal riguardo per esempio l'Esercizio 7.14 sotto). Per questa ragione, il teorema dell'energia cinetica viene a volte etichettato come *terza equazione cardinale della dinamica.*
- Nonostante, come abbiamo appena sottolineato, il presente teorema sia in generale indipendente dalle equazioni cardinali della dinamica, vi è un caso notevole in cui questa indipendenza non sussiste, e si tratta del caso del singolo corpo rigido. Dimostreremo infatti di seguito che un'opportuna combinazione lineare delle equazioni cardinali della dinamica fornisce, per un singolo corpo rigido, esattamente l'equazione (7.32). Consideriamo infatti la somma delle due equazioni (7.31), effettuata dopo aver moltiplicato la prima per $\mathbf{v}_G$ e la

seconda per $\boldsymbol{\omega}$. A membro sinistro troveremo

$$m\mathbf{a}_G\cdot\mathbf{v}_G+(\mathbf{I}_G\dot{\boldsymbol{\omega}}+\boldsymbol{\omega}\wedge\mathbf{I}_G\boldsymbol{\omega})\cdot\boldsymbol{\omega}=m\frac{d\mathbf{v}_G}{dt}\cdot\mathbf{v}_G+\frac{d(\mathbf{I}_G\boldsymbol{\omega})}{dt}\cdot\boldsymbol{\omega}$$
$$=\frac{d}{dt}\left(\tfrac{1}{2}m\mathbf{v}_G\cdot\mathbf{v}_G+\tfrac{1}{2}\mathbf{I}_G\boldsymbol{\omega}\cdot\boldsymbol{\omega}\right)=\dot{T}.$$

Eseguendo le stesse operazioni sui membri destri delle (7.31) otteniamo

$$\mathbf{R}^{(e)}\cdot\mathbf{v}_G+\mathbf{M}_G^{(e)}\cdot\boldsymbol{\omega}=\Pi^{(e)},$$

dove abbiamo tenuto conto della Proposizione 5.8 (vedi pagina 122), riguardante il calcolo della potenza di un qualunque sistema di forze in un atto di moto rigido (virtuale o effettivo). Sempre in virtù della stessa proprietà, risulta nulla la potenza delle forze interne (che non hanno né risultante né momento) agenti su un singolo corpo rigido. Di conseguenza, la somma dei membri destri delle (7.31), opportunamente moltiplicati come descritto, produce Π, la potenza di tutte forze applicate sul sistema, e la tesi è dimostrata.

La seguente proposizione dimostra che il teorema dell'energia cinetica fornisce un'equazione pura della dinamica (vedi Definizione 6.4, pagina 136) per un'ampia classe di sistemi vincolati.

Proposizione 7.14 (Potenza delle reazioni vincolari). *La potenza delle reazioni vincolari è nulla in sistema a vincoli perfetti e fissi.*

Dimostrazione. I vincoli perfetti, ovvero lisci e bilateri, esplicano potenza virtuale nulla in corrispondenza di ogni atto di moto virtuale da loro consentito (vedi equazione (5.6), pagina 121). Inoltre, se i vincoli sono fissi, l'atto di moto effettivo rientra tra quelli virtuali (vedi Esempio di pagina 37). Di conseguenza in un sistema a vincoli perfetti e fissi non solo gli atti di moto virtuali hanno potenza nulla, ma altrettanto vale per l'atto di moto effettivo che si trova tra questi. □

Esercizi

7.13. Dimostrare che la potenza di una coppia di momento $\mathbf{C}$, agente su un corpo rigido, è pari a $\Pi^{(C)}=\mathbf{C}\cdot\boldsymbol{\omega}$, dove $\boldsymbol{\omega}$ è la velocità angolare del corpo rigido.

7.14. Dimostrare che le forze interne esplicano potenza solo se le distanze tra i punti del sistema variano. Più precisamente, se $\mathbf{F}_{(i\to j)}=-\mathbf{F}_{(j\to i)}=\alpha_{ij}\,P_iP_j$ è la forza che l'i-esimo punto P_i esercita sul j-esimo punto P_j, e posto $r_{ij}=|P_iP_j|$, vale

$$\Pi^{(i)}=\sum_{(i,j)}\alpha_{ij}\,r_{ij}\,\dot{r}_{ij},$$

dove la somma è effettuata su tutte le coppie di punti che si scambiano una forza.

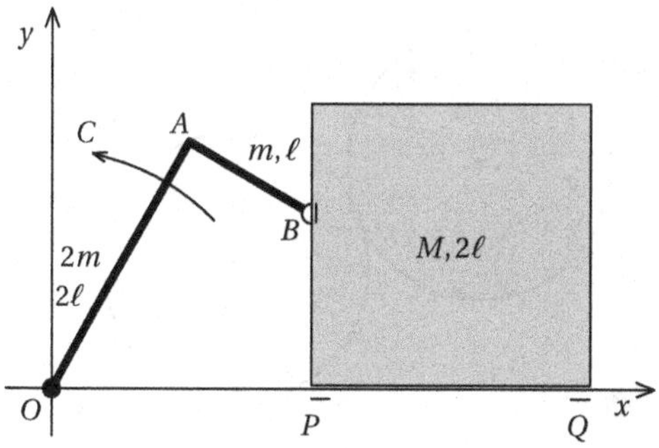

Figura 7.6 Corpo rigido OAB e lamina di cui all'Esercizio 7.17

7.15. Dimostrare che la potenza di una molla di costante elastica k, che colleghi i punti A, B è pari a $\Pi^{(\text{molla})} = -ks\dot{s}$, dove s è la distanza tra gli estremi della molla.

7.16. Si consideri nuovamente il sistema trattato nell'Esercizio 7.6 (vedi pagina 171 e Fig. 7.1). Calcolare la potenza delle forze attive agenti sul sistema.

7.17. In un piano verticale, un corpo rigido OAB, formato da due aste OA e AB omogenee di masse $2m, m$ e lunghezze $2\ell, \ell$, fissate ad angolo retto in A (vedi Fig. 7.6), è incernierato in O, mentre l'estremo B è vincolato da un carrello liscio sul lato verticale di una lamina quadrata omogenea, di massa M e lato 2ℓ. La lamina è vincolata nei suoi vertici P, Q a scorrere su una guida liscia orizzontale passante per O.

- Determinare, in funzione dell'angolo tra l'orizzontale e la direzione di OA, il valore del momento C della coppia antioraria agente sul corpo rigido OAB affinché esso ruoti con velocità angolare costante ω_0.
- Determinare, in tali condizioni, l'azione della lamina su OAB.

7.18. Si consideri nuovamente il sistema trattato nell'Esercizio 6.1 (vedi pagina 132 e Fig. 6.1).

- Determinare, in funzione dell'angolo θ che l'asta AB determina con l'orizzontale, il momento $C(\theta)$ necessario affinché AB ruoti con velocità angolare costante ω_0.
- Stabilire se, durante il moto proposto, asta e/o disco si distaccano dalle rispettive guide.

7.19. Si consideri nuovamente il sistema trattato nell'Esercizio 6.16 (vedi pagina 150). In un piano verticale, un disco omogeneo di centro A, raggio r e massa m rotola senza strisciare lungo un asse orizzontale. Un secondo disco, di centro B e identico al primo, rotola senza strisciare lungo un asse verticale, e si appoggia senza attrito sul primo disco (vedi Fig. 6.17). Sul disco inferiore agisce una coppia antioraria di momento C (vedi Fig. 7.7).

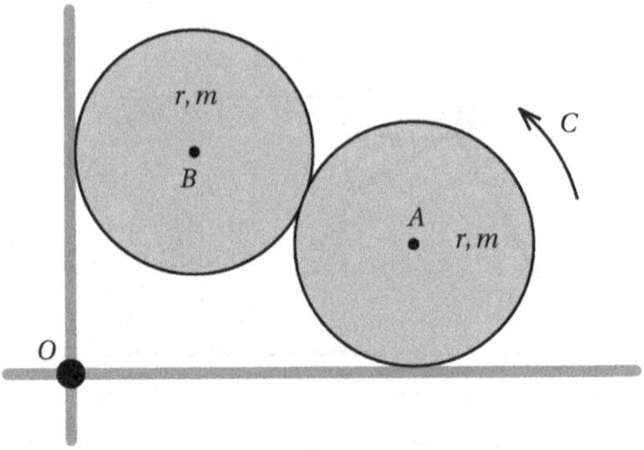

Figura 7.7 Due dischi appoggiati, Esercizio 7.19

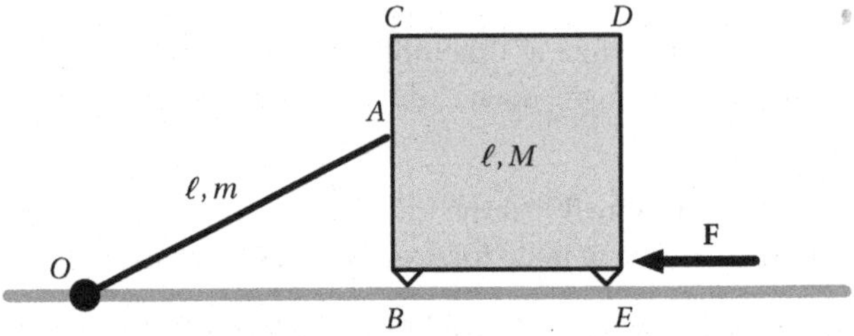

Figura 7.8 Asta appoggiata su lamina quadrata, Esercizio 7.20

- Determinare, in funzione dell'angolo θ che la direzione AB determina con l'orizzontale, il momento $C(\theta)$ necessario affinché il disco inferiore ruoti con velocità angolare costante ω_0.
- Calcolare, sempre in funzione di θ, la reazione vincolare che la guida verticale esercita sul disco superiore.

7.20. In un piano verticale, un'asta OA, omogenea di lunghezza ℓ e massa m, è incernierata in O. L'estremo A dell'asta si appoggia senza attrito sul lato verticale BC della lamina quadrata $BCDE$, omogenea di lato ℓ e massa M, che a sua volta è appoggiata senza attrito su un asse orizzontale passante per O (vedi Fig. 7.8). Una forza orizzontale $\mathbf{F} = -F\mathbf{i}$ è applicata sul vertice inferiore E della lamina.

- Determinare, in funzione dell'angolo θ che l'asta determina con l'orizzontale, il valore di F affinché la lamina trasli con velocità costante $v_0 = \sqrt{g\ell}$.
- Determinare il valore di θ al quale avviene il distacco tra asta e lamina.

7.21. Si consideri nuovamente il sistema trattato nell'Esercizio 6.8 (vedi pagina 137). In un piano verticale, un disco omogeneo di raggio r e massa m rotola senza strisciare su una guida orizzontale. Una lamina quadrata, omogenea di lato $L > r$ e massa M, si appoggia su di esso, mentre i vertici A, B scorrono senza attrito sullo stesso asse. Sul disco è applicata una coppia di momento crescente $C = \alpha t$, e sulla lamina quadrata agisce una forza orizzontale costante $\mathbf{F}_0$, applicata a quota r rispetto alla guida fissa (vedi Fig. 7.9).

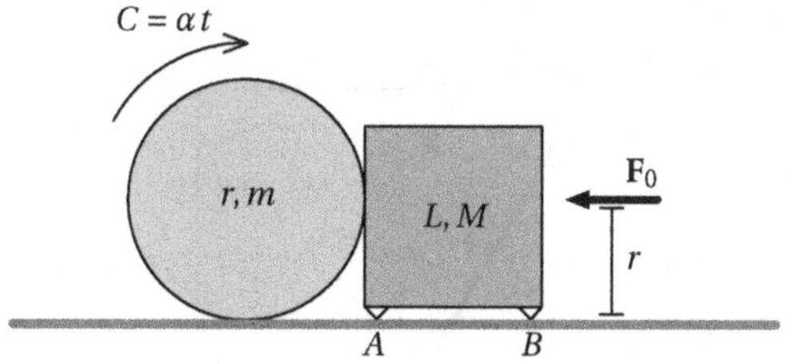

Figura 7.9 Sistema disco-lamina descritto nell'Esercizio 7.21

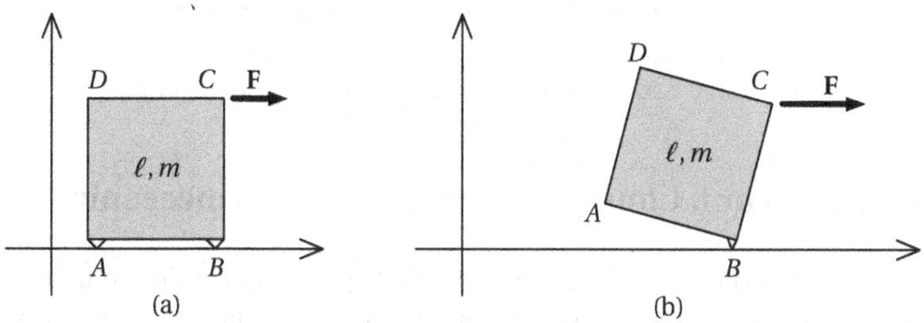

Figura 7.10 Distacco della lamina quadrata trattato nell'Esercizio 7.22

Determinare α affinché il sistema ripassi dalla configurazione iniziale dopo Δt secondi.

7.22. In un piano verticale, una lamina quadrata omogenea $ABCD$ di lato ℓ e massa m è inizialmente in quiete, con i due vertici A, B appoggiati su una guida orizzontale ideale (vedi Fig. 7.10a). A partire dall'istante iniziale una forza orizzontale (crescente nel tempo) $\mathbf{F} = \alpha t \mathbf{i}$ viene applicata sul punto C.

- Determinare il moto della lamina fino all'istante in cui uno dei due vertici si distacca, e calcolare l'istante di tale evento.
- Ricavare le equazioni pure del moto valide dopo il distacco (vedi Fig. 7.10b).

7.23. In un piano verticale, una lamina quadrata $ABCD$, omogenea di lato ℓ e massa m, ha i vertici A e B appoggiati senza attrito su un asse orizzontale. Un'asta PQ, omogenea di lunghezza ℓ e massa m, si appoggia senza attrito sulla base della lamina e su uno dei suoi lati verticali (vedi Fig. 7.11). Sull'asta agisce una coppia oraria di momento M, e sul punto B della lamina è applicata la forza orizzontale $\mathbf{F} = F\mathbf{i}$.

- Si determini come devono dipendere dal tempo il momento M e la forza F affinché durante il moto l'ascissa $x(t)$ del punto A, e l'angolo $\theta(t)$ che l'asta determina con l'orizzontale soddisfino rispettivamente $x(t) = \ell \sin(\omega_0 t)$ e $\theta(t) = \frac{\pi}{2} - \omega_0 t$.
- Si calcolino lungo il moto le reazioni vincolari agenti sulla lamina in A e B. E' garantito l'appoggio della lamina qualunque sia ω_0?

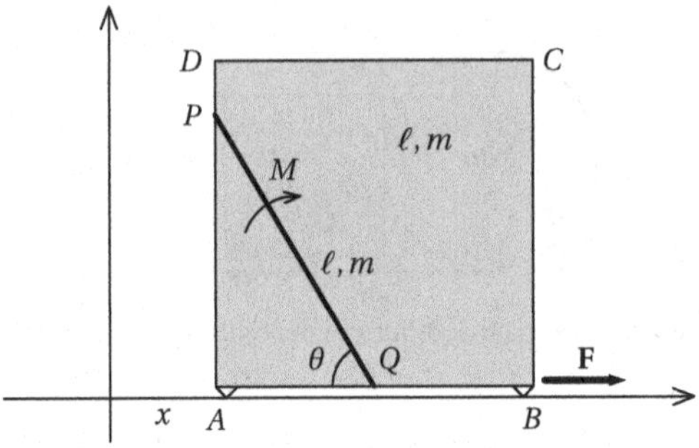

Figura 7.11 Asta che scorre in lamina quadrata, Esercizio 7.23

7.5 Integrali primi. Conservazione dell'energia meccanica

Una forza attiva si dice *conservativa* se ammette un potenziale (vedi Definizione 5.3 a pagina 118). Il Teorema 6.10 (vedi pagina 148) dimostra che la presenza di forze conservative semplifica notevolmente lo studio delle configurazioni di equilibrio, che coincidono con i punti stazionari del potenziale. Osserveremo in questo paragrafo che i sistemi conservativi godono di speciali e anzi ancora più profonde proprietà anche nel caso generale della dinamica: arriveremo infatti a definire l'energia meccanica e a identificare il concetto di integrale primo del moto. Capiremo poi che l'energia meccanica non è l'unico integrale primo che si può incontrare nella dinamica dei sistemi materiali, e scopriremo infine quali informazioni sia possibile ricavare dall'identificazione degli integrali primi.

Teorema 7.15 (Conservazione dell'energia meccanica). *Consideriamo un sistema con vincoli perfetti e fissi, e sottoposto a forze conservative di potenziale U. Allora durante ogni suo moto* l'energia meccanica $\quad E = T - U \quad$ *si mantiene costante.*

Dimostrazione. Abbiamo visto (Proposizione 7.14) che nei sistemi a vincoli perfetti e fissi la potenza delle reazioni vincolari è nulla, e di conseguenza il teorema dell'energia cinetica fornisce un'equazione pura della dinamica. Dimostriamo di seguito che, se il sistema è conservativo, la potenza delle forze attive coincide con la derivata temporale del potenziale: $\Pi^{(a)} = \dot{U}$. Si ha infatti

$$\Pi^{(a)} = \sum_{i\in I} \mathbf{F}_i \cdot \mathbf{v}_i = \sum_{i\in I} \left(\frac{\partial U}{\partial x_i}, \frac{\partial U}{\partial y_i}, \frac{\partial U}{\partial z_i}, \right) \cdot (\dot{x}_i, \dot{y}_i, \dot{z}_i)$$
$$= \sum_{i\in I} \left(\frac{\partial U}{\partial x_i} \frac{dx_i}{dt} + \frac{\partial U}{\partial y_i} \frac{dy_i}{dt} + \frac{\partial U}{\partial z_i} \frac{dz_i}{dt} \right) = \frac{dU}{dt}.$$

Si ha allora $\quad \Pi = \Pi^{(a)} + \Pi^{(v)} = \dot{U}, \quad$ e il teorema dell'energia cinetica fornisce

$$\frac{dT}{dt} = \frac{dU}{dt} \quad \Longrightarrow \quad \frac{d(T-U)}{dt} = 0 \quad \Longrightarrow \quad E = T - U = \text{costante}. \qquad \square \tag{7.33}$$

Osservazione. Ricordiamo che in molte occasione per caratterizzare le forze conservative viene l'utilizzata l'*energia potenziale* V, che non è altro che l'opposto del potenziale: $V = -U$. In termini dell'energia potenziale, la definizione dell'energia meccanica risulta allora $E = T + V$, ma nulla di essenziale cambia riguardo al suo mantenersi costante durante il moto.

Analizziamo di seguito il significato della conservazione dell'energia meccanica. Durante un moto generico, i punti variano le loro velocità, e a maggior ragione le loro posizioni. Di conseguenza, in generale sia l'energia cinetica (che misura le velocità) che il potenziale (che dipende dalle posizioni) cambiano continuamente valore, e risulta notevole che la combinazione $T - U$ si mantenga costante.

Sapendo che l'energia meccanica si conserva, vale la pena porsi la domanda di come venga scelto il suo valore. Esso non è, ovviamente, una costante valida per tutti i possibili moti del sistema. Il valore dell'energia meccanica viene invece fissato all'istante iniziale, e dipende quindi dalle *condizioni iniziali* del moto, ovvero la configurazione e l'atto di moto da cui parte il movimento. Ricordiamo infatti che le equazioni del moto sono equazioni differenziali del secondo ordine nella variabile temporale (ovvero la derivata temporale di ordine superiore coinvolta in esse è la derivata seconda della posizione, l'accelerazione). In quanto tali, la loro risoluzione richiede la specifica di opportuni valori iniziali per posizione e velocità. Questi appunto fissano il valore dell'energia meccanica all'istante iniziale, valore che poi rimane costante per tutti gli istanti successivi.

Molte sono le informazioni che risulta possibile ricavare dalla conservazione dell'energia meccanica. Essa fornisce, per esempio, il valore dell'energia cinetica con il quale il sistema transiterà da varie configurazioni. Più precisamente, detto $E_0 = T(\text{iniz}) - U(\text{iniz})$ il valore dell'energia meccanica in un moto specifico, si avrà

$$T(\mathscr{C}) - U(\mathscr{C}) = E_0 = T(\text{iniz}) - U(\text{iniz}) \quad \Longrightarrow \quad T(\mathscr{C}) = E_0 + U(\mathscr{C}).$$

(Si noti che $U(\mathscr{C})$ è semplice da calcolare, in quanto U è funzione della posizione.) Se poi il sistema possiede un solo grado di libertà, ricavare l'energia cinetica equivale a conoscere la derivata temporale della coordinata libera, e quindi la velocità dei punti del sistema nel loro transito attraverso le diverse configurazioni.

Il valore dell'energia meccanica identifica immediatamente alcune configurazioni per le quali è certo che il sistema *non* potrà transitare: sono quelle che prevederebbero un'energia cinetica negativa, cosa ovviamente impossibile dalla definizione dell'energia cinetica. Sarà in particolare così impossibile transitare per quelle configurazioni $\mathscr{C}_{\text{imp}}$ tali che $E_0 < V(\mathscr{C}_{\text{imp}}) = -U(\mathscr{C}_{\text{imp}})$: diremo in questo caso che il sistema non ha energia sufficiente per raggiungere la configurazione $\mathscr{C}_{\text{imp}}$. Bisogna comunque fare attenzione a quanto qui affermato, onde non farne un uso improprio. Se è vero che il sistema non potrà raggiungere quelle configurazioni ad energia potenziale troppo alta, vedremo a breve che ciò non implica che il sistema visiterà certamente *tutte* le configurazioni con energia potenziale accessibile.

La conservazione dell'energia ha un'ulteriore importante implicazione. Come si osserva dalla dimostrazione sviluppata, e in particolare dalla (7.33), essa consente di effettuare esplicitamente un'integrazione rispetto al tempo. Infatti, l'equazione $T - U = E_0$ è ancora un'equazione differenziale con variabile temporale, ma è diventata un'equazione del *primo* ordine, in quanto la derivata massima coinvolta è ora la prima (contenuta nelle velocità, dentro l'energia cinetica). Per questo motivo l'energia meccanica è un esempio di *integrale primo del moto*, concetto la cui definizione ci approntiamo ora a dare.

Definizione 7.16 (Integrale primo del moto). *Un* integrale primo del moto *è una funzione F della posizione e delle velocità dei punti di un sistema materiale, che si mantiene costante lungo ogni moto del sistema:* $F\big(q(t), \dot{q}(t)\big) = costante.$

Le equazioni cardinali della dinamica collegano le derivate temporali di quantità meccaniche alle forze esterne applicate sul sistema. È dunque naturale che in taluni casi particolari le equazioni cardinali della dinamica possano fornire ulteriori integrali primi del moto, la cui identificazione arricchisce le informazioni ottenute attraverso la conservazione dell'energia meccanica. Analizziamo di seguito due casi notevoli di integrali primi che possono emergere in questo modo.

- Ogni volta che il risultante delle forze esterne abbia una componente nulla, la medesima componente della quantità di moto (e quindi della velocità del centro di massa) si conserva:

  $$R_u^{(e)} = 0 \quad \Longrightarrow \quad Q_u = \text{costante} \quad \Longrightarrow \quad v_{Gu} = \text{costante}.$$

  La situazione descritta si avvera, per esempio, se tutte le forze esterne hanno direzione ortogonale a **u**.
- Se le forze esterne hanno momento nullo rispetto a un polo fisso O, oppure rispetto al centro di massa del sistema, il relativo momento delle quantità di moto si conserva:

  $$\mathbf{M}_Q^{(e)} = \mathbf{0} \quad \Longrightarrow \quad \mathbf{K}_Q = \text{costante} \qquad (Q \text{ fisso oppure centro di massa}).$$

  Questa situazione si verifica, per esempio, se le forze esterne sono applicate in Q, oppure se esse hanno direzione radiale rispetto a tale polo.

Esempio (Sistemi conservativi con un grado di libertà). Consideriamo un sistema olonomo con un'unica coordinata libera q, energia cinetica $T(q, \dot{q}) = \frac{1}{2}\, a(q)\, \dot{q}^2$, con $a(q) > 0$, e potenziale $U(q)$. Il teorema dell'energia cinetica fornisce l'equazione di moto

$$\dot{T} = \dot{U} \quad \Longrightarrow \quad a(q)\, \ddot{q} + \tfrac{1}{2}\, a'(q)\, \dot{q}^2 - U'(q) = 0 \tag{7.34}$$

da cui si può ricavare l'integrale primo dell'energia meccanica

$$\dot{q}^2 = \frac{2(E_0 + U(q))}{a(q)}, \tag{7.35}$$

con E_0 ricavato dai dati iniziali.

- Per ogni valore della coordinata libera q, la (7.35) consente di calcolare la velocità alla quale tale configurazione viene attraversata. In particolare, il sistema può arrestarsi nelle (e solo nelle) configurazioni q_a tali che $E_0 + U(q_a) = 0$.
- Per continuità della funzione $\dot{q}(t)$, il sistema visiterà certamente tutte le configurazioni comprese tra la configurazione iniziale q_0 e il primo punto di arresto q_a che sia rispettivamente maggiore o minore di q_0, a seconda se $\dot{q}_0 \gtrless 0$.
- Nel caso $\dot{q}_0 = 0$, la (7.34) conferma che il sistema rimarrà in equilibrio se e solo se $U'(q_0) = 0$ (informazione che conoscevamo già dal teorema di stazionarietà del potenziale 6.10, vedi pagina 148). Se invece la configurazione non è di equilibrio, il sistema si metterà in moto con $\ddot{q}(0)$ concorde in segno con $U'(q_0)$, e procederà fino all'eventuale primo punto di arresto che incontrerà in tale direzione.
- L'integrale primo (7.35) rappresenta un'equazione differenziale del primo ordine a variabili separabili nell'incognita $q(t)$. Scegliendo la determinazione della radice coerente in segno con la velocità iniziale $\dot{q}_0$, essa si può risolvere implicitamente come

$$\int_{q_0}^{q(t)} \sqrt{\frac{a(q)}{2(E_0 + U(q))}}\, dq = \operatorname{sgn}(\dot{q}_0)(t - t_0). \tag{7.36}$$

L'equazione (7.36) fornisce anche il tempo necessario per raggiungere $q(t)$ a partire da q_0. In particolare, se un moto si svolge ciclicamente tra due punti di arresto $q_{a1} < q_{a2}$, l'integrale (7.36) effettuato tra gli estremi di integrazione q_{a1} e q_{a2} fornisce il *semiperiodo* del moto periodico.

Esercizi

7.24. Si consideri il sistema trattato nell'Esercizio 6.13 (vedi pagina 149). In un piano verticale un'asta AB, omogenea di lunghezza 3ℓ e massa $3m$ ha l'estremo A vincolato da un carrello liscio su una guida orizzontale passante per O, mentre l'estremo B è incernierato nel punto medio del lato verticale di una lamina quadrata di massa $2m$ e lato 2ℓ. La lamina è vincolata nei suoi vertici P e Q a scorrere su una guida liscia verticale passante per O. Sia θ l'angolo formato dall'asta con la guida orizzontale (vedi Fig. 7.12).

Supposto che all'istante iniziale il sistema sia in quiete, con l'asta inclinata di $\theta_0 = \frac{\pi}{3}$ sull'orizzontale, determinare la velocità dell'estremo A dell'asta per $\theta = \frac{\pi}{6}$.

7.25. Si consideri il sistema trattato nell'Esercizio 6.15 (vedi pagina 150 e Fig. 6.16).

Supposto che all'istante iniziale il sistema sia in quiete, con l'asta OA inclinata di $\theta_0 = \frac{\pi}{3}$ sull'orizzontale, determinare il valore della costante elastica k della molla sapendo che il sistema incontra un punto di arresto quando $\theta = \frac{\pi}{6}$.

7.26. In un piano verticale un'asta, omogenea di lunghezza ℓ e massa m, è vincolata nei suoi estremi A, B a scorrere lungo un asse verticale liscio. Una seconda asta, identica alla prima, ha l'estremo C vincolato a scorrere lungo un asse orizzontale che incontra l'asse verticale nel punto O, e l'altro estremo G incernierato

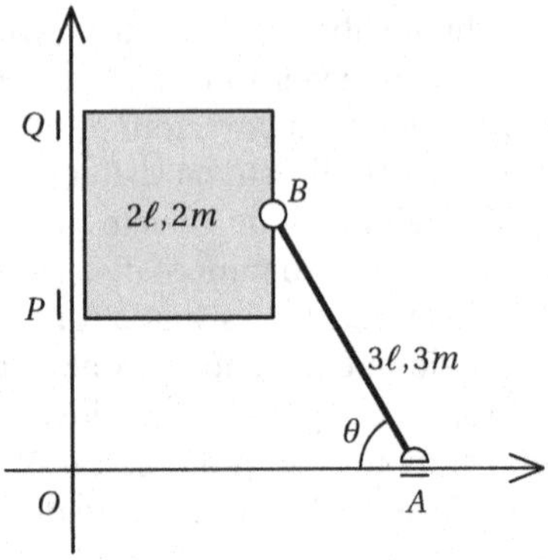

Figura 7.12 Asta e lamina quadrata, Esercizio 7.24

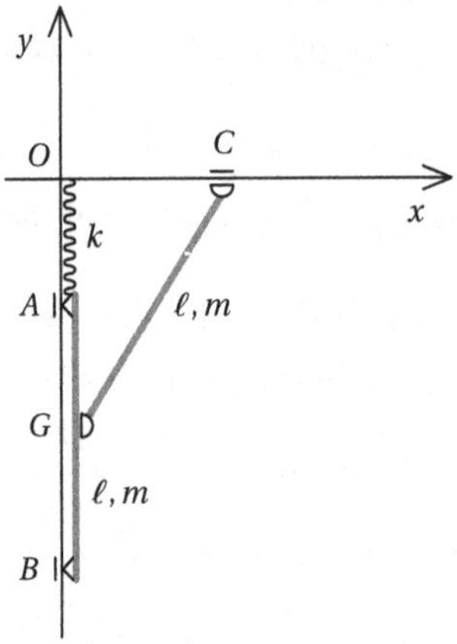

Figura 7.13 Sistema di due aste di cui all'Esercizio 7.26

al punto medio della prima asta (vedi Fig. 7.13). Una molla di costante elastica k collega l'estremo A della prima asta a O.

Sapendo che all'istante iniziale il sistema è in quiete con il punto A coincidente con O, determinare i valori di k per i quali il punto C arriva a transitare per O e, per tali valori, la velocità angolare dell'asta CG in tale configurazione.

7.27. Si consideri, ora in un piano *orizzontale*, il sistema trattato negli Esercizi 2.2 e 7.1 (vedi pagine 47 e 167). Un'asta OA di lunghezza ℓ è incernierata a terra nel suo estremo fisso O, mentre ha l'estremo A incernierato ad una seconda asta AB, anch'essa di lunghezza ℓ. Una molla di costante elastica k collega B alla cerniera O (vedi Fig. 7.14).

- Determinare due integrali primi del moto.
- Sapendo che all'istante iniziale il sistema è in quiete, con le aste ortogonali tra di loro, ricavare le velocità angolari delle due aste quanto l'estremo B transita per O.

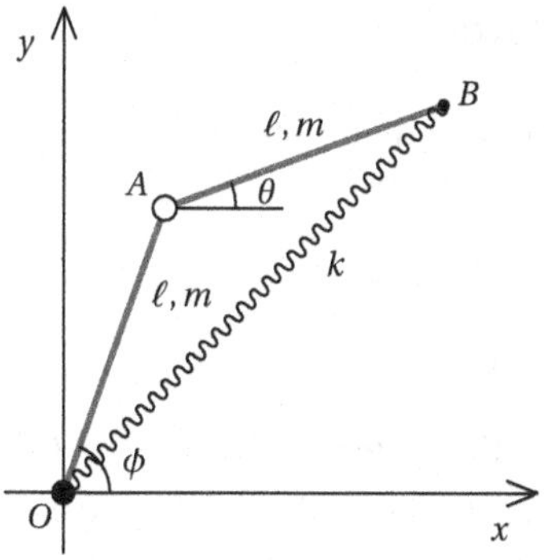

Figura 7.14 Due aste incernierate in un piano orizzontale, Esercizio 7.27

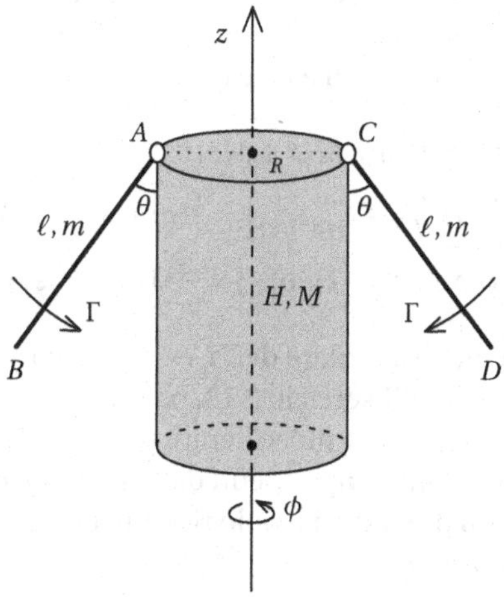

Figura 7.15 Cilindro con due aste incernierate, Esercizio 7.28

7.28. Un sistema articolato è composto da un cilindro omogeneo di raggio R, altezza H e massa M vincolato a ruotare attorno al suo asse, fissato in direzione verticale. Al cilindro sono collegate (in punti A, C diametralmente opposti della circonferenza di base superiore) due aste omogenee AB, CD, di lunghezza ℓ e massa m. Le aste sono vincolate mediante cerniere cilindriche, che consentono loro rotazioni solo attorno all'asse ortogonale sia all'asse fisso che alla direzione AC (vedi Fig. 7.15). Un motore interno controlla l'angolo θ che le aste determinano con la verticale, imprimendo loro due coppie opposte.

- Determinare un integrale primo del moto.
- Sapendo che all'istante iniziale le aste sono verticali e il cilindro ruota con velocità $\boldsymbol{\omega}_0^{(\mathrm{cil})} = \omega_0 \mathbf{k}$, determinare come varia la sua velocità angolare nel caso il motore imponga un moto assegnato $\theta(t)$.
- Determinare la potenza esplicata dal motore interno per imprimere il moto descritto.

7.6 Soluzioni degli esercizi

7.2 Siano G, H i centri di massa delle aste OA, AB, e si osservi che $\boldsymbol{\omega}_{(OA)} = \dot{\phi}\mathbf{k}$ mentre $\boldsymbol{\omega}_{(AB)} = -\dot{\phi}\mathbf{k}$. Si ottiene

$$
\begin{aligned}
\mathbf{Q} &= m\mathbf{v}_G + m\mathbf{v}_H = m\ell\dot{\phi}(-2\sin\phi\,\mathbf{i} + \cos\phi\,\mathbf{j}) \\
T &= \tfrac{1}{2}I_{Oz}^{(OA)}\omega_{(OA)}^2 + \left(\tfrac{1}{2}mv_H^2 + \tfrac{1}{2}I_{Hz}^{(AB)}\omega_{(AB)}^2\right) = \left(\tfrac{1}{3} + \sin^2\phi\right)m\ell^2\dot{\phi}^2 \\
\mathbf{K}_O^{(\text{sist})} &= \mathbf{I}_O\boldsymbol{\omega}_{(OA)} + \left(OH \wedge m\mathbf{v}_H + \mathbf{I}_H\boldsymbol{\omega}_{(AB)}\right) = m\ell^2\dot{\phi}\mathbf{k} \\
\mathbf{K}_A^{(AB)} &= AH \wedge m\mathbf{v}_H + \mathbf{I}_H\boldsymbol{\omega}_{(AB)} = \left(\tfrac{1}{6} - \sin^2\phi\right)m\ell^2\dot{\phi}\mathbf{k}.
\end{aligned}
$$

7.3 Il sistema possiede due gradi di libertà. Utilizziamo come coordinate libere l'ascissa x dell'estremo A dell'asta, e la distanza s tra A e il punto di contatto disco-asta. Si ha così (vedi (2.20) a pagina 61) $\boldsymbol{\omega}^{(\mathrm{d})} = -\dot{s}/r\,\mathbf{k}$ nonché, chiaramente, $\boldsymbol{\omega}^{(\mathrm{AB})} = \mathbf{0}$. Detti G, H i baricentri di asta e disco si ottiene

$$
\begin{aligned}
\mathbf{Q} &= m\mathbf{v}_G + M\mathbf{v}_H = \left((m+M)\dot{x} + M\dot{s}\right)\mathbf{i} \\
T &= \tfrac{1}{2}mv_G^2 + \left(\tfrac{1}{2}Mv_H^2 + \tfrac{1}{2}I_{Hz}^{(\mathrm{d})}\omega_{(\mathrm{d})}^2\right) = \tfrac{1}{2}(m+M)\dot{x}^2 + M\dot{x}\dot{s} + \tfrac{3}{4}M\dot{s}^2 \\
\mathbf{K}_B^{(\text{sist})} &= \mathbf{0} + \left(BH \wedge M\mathbf{v}_H + \mathbf{I}_H\boldsymbol{\omega}_{(\mathrm{d})}\right) = -Mr\left(\dot{x} + \tfrac{3}{2}\dot{s}\right)\mathbf{k}.
\end{aligned}
$$

7.4 Detta $\boldsymbol{\omega}_i = \omega_i\mathbf{k}$ la velocità angolare dell'i-esimo disco, valgono le relazioni cinematiche (vedi soluzione dell'Esercizio 2.13, pagina 55) $r_1\boldsymbol{\omega}_1 = -r_2\boldsymbol{\omega}_2 = r_3\boldsymbol{\omega}_3$.

I centri di massa dei dischi sono incernierati, per cui $\mathbf{Q} = \mathbf{0}$. L'energia cinetica contiene allora solo i termini dipendenti dalle velocità angolari, e il momento delle quantità di moto non dipende dal polo rispetto al quale viene calcolato (vedi (7.20) a pagina 166). Si ottiene

$$
\begin{aligned}
T &= \sum_{i=1}^{3}\tfrac{1}{2}I_{C_i,z}\omega_i^2 = \tfrac{1}{4}(m_1 + m_2 + m_3)r_1^2\omega_1^2 \\
\mathbf{K} &= \sum_{i=1}^{3}\mathbf{I}_{C_i}\boldsymbol{\omega}_i = \tfrac{1}{2}(m_1r_1 - m_2r_2 + m_3r_3)r_1\boldsymbol{\omega}_1.
\end{aligned}
$$

7.5 Il sistema possiede un unico grado di libertà (si riveda l'Esercizio 2.14). Detti G, H i centri dei dischi di raggio $r, 2r$, rispettivamente, usiamo come coordinata libera l'ordinata y_G del disco più piccolo. Si ottiene

$$
\begin{aligned}
\mathbf{Q} &= m\mathbf{v}_G + M\mathbf{v}_H + m_{\mathrm{p}}\mathbf{v}_P = (m - 2m_{\mathrm{p}})\dot{y}_G\mathbf{j} \\
T &= \tfrac{1}{2}I_{Az}^{(G)}\omega_{(G)}^2 + \tfrac{1}{2}I_{Hz}^{(H)}\omega_{(H)}^2 + \tfrac{1}{2}m_{\mathrm{p}}v_P^2 = \left(\tfrac{3}{4}m + 4M + 2m_{\mathrm{P}}\right)\dot{y}_G^2 \\
\mathbf{K}_H &= \left(HG \wedge m\mathbf{v}_G + \mathbf{I}_G^{(G)}\boldsymbol{\omega}_{(G)}\right) + \mathbf{I}_{Hz}^{(H)}\boldsymbol{\omega}_{(H)} + HP \wedge m_{\mathrm{P}}\mathbf{v}_P = -\left(\tfrac{5}{2}m + 4M + 2m_{\mathrm{P}}\right)r\dot{y}_G\mathbf{k}.
\end{aligned}
$$

7.7 Il sistema possiede un solo grado di libertà. Detto infatti ϕ l'angolo di rotazione oraria del disco e x l'ascissa del suo centro C, il vincolo di puro rotolamento impone $\dot{x} = r\dot{\phi}$. Inoltre, il vincolo di inestensibilità del filo (vedi pagina 44) si traduce nella richiesta che la componente verticale della velocità del punto P sia pari alla componente orizzontale della velocità del punto A dove il filo si stacca dal profilo circolare. Detto K il punto di contatto tra disco e guida si ha

$$KA = (1+\lambda)r\,\mathbf{j} \qquad \Longrightarrow \qquad \mathbf{v}_A = \boldsymbol{\omega}^{(\mathrm{d})} \wedge KA = (1+\lambda)r\dot{\phi}\,\mathbf{i},$$

per cui detta y_P l'ordinata di P si ha $(1+\lambda)r\dot{\phi} = -\dot{y}_P$.

Ricaviamo un'equazione pura della dinamica e la tensione del filo utilizzando la seconda equazione cardinale per il disco rispetto al punto di contatto con la guida, e la componente verticale dell'equazione della dinamica del punto. Si ottiene

$$-\tfrac{3}{2}mr^2\ddot{\phi} = -\tau(1+\lambda)r + kxr, \qquad M\ddot{y}_P = \tau - Mg,$$

ovvero

$$\left(\tfrac{3}{2}m + (1+\lambda)^2 M\right)\ddot{x} + kx = (1+\lambda)Mg, \qquad \tau = Mg + M\ddot{y}_P.$$

La soluzione dell'equazione del moto che soddisfa le condizioni iniziali $x(0) = 0$, $\dot{x}(0) = 0$ è

$$x(t) = a(1-\cos\omega t), \qquad \text{con} \qquad \omega = \sqrt{\frac{2k}{3m + 2(1+\lambda)^2 M}} \quad \text{e} \quad a = \frac{(1+\lambda)Mg}{k},$$

che implica

$$\tau(t) = \frac{Mg}{3m + 2(1+\lambda)^2 M}\Big(3m + 2(1+\lambda)^2 M\big(1-\cos\omega t\big)\Big).$$

La tensione è quindi sempre positiva, e il filo rimane sempre teso.

7.8 Il sistema possiede due gradi di libertà (possono essere scelte come coordinate l'angolo θ e l'angolo che l'asta AB determina con l'orizzontale). Durante il moto proposto si ha però $OB = \ell(1+\cos\theta)\,\mathbf{i} + \ell\sin\theta\,\mathbf{j}$, da cui segue

$$v_{Bx} = -\ell\dot{\theta}\sin\theta = v_0 \qquad \Rightarrow \qquad \dot{\theta} = -\frac{v_0}{\ell\sin\theta}, \qquad \ddot{\theta} = -\frac{v_0^2\cos\theta}{\ell^2\sin^3\theta}.$$

Ricaviamo la coppia e la forza richieste utilizzando la seconda equazione cardinale della dinamica per il sistema completo rispetto al polo O, e la seconda per l'asta AB rispetto al polo A. Si ottiene

$$\mathbf{K}_O^{(OA+AB)} = -\frac{m\ell v_0(8+3\cos\theta)}{6\sin\theta}\mathbf{k}, \qquad \mathbf{K}_A^{(AB)} = -m\ell v_0\cot\theta\,\mathbf{k}$$

$$\mathbf{M}_O^{(OA+AB)} = \left(-\frac{mg\ell}{2}(1+3\cos\theta) + M - F\ell\sin\theta\right)\mathbf{k}, \quad \mathbf{M}_A^{(AB)} = \left(-\frac{mg\ell}{2} + M\right)\mathbf{k},$$

da cui segue

$$M = \frac{1}{2}mg\ell - \frac{mv_0^2}{\sin^3\theta}, \qquad F = \frac{mv_0^2(8\cos\theta - 3)}{6\ell\sin^4\theta} - \frac{3}{2}mg\cot\theta.$$

Calcoliamo l'azione $\mathbf{\Phi}$ dell'asta OA sull'asta AB utilizzando la prima equazione cardinale della dinamica dell'asta AB. Risulta

$$\mathbf{\Phi} = \left(\frac{3}{2}mg\cot\theta - \frac{mv_0^2(8\cos\theta - 3)}{6\ell\sin^4\theta}\right)\mathbf{i} + \left(mg - \frac{mv_0^2}{\ell\sin^3\theta}\right)\mathbf{j}.$$

L'azione richiesta nel testo è l'opposta della $\mathbf{\Phi}$ così calcolata.

7.9 Partiamo dalla prima delle (7.15), ovvero $\mathbf{K}_O = OG \wedge m\mathbf{v}_G + \mathbf{I}_G\boldsymbol{\omega}$. Derivando rispetto al tempo otteniamo

$$\dot{\mathbf{K}}_O + \dot{O} \wedge \mathbf{Q} = OG \wedge m\mathbf{a}_G + \mathbf{I}_G\dot{\boldsymbol{\omega}} + \boldsymbol{\omega} \wedge \mathbf{I}_G\boldsymbol{\omega}.$$

L'ultimo termine si annulla ogni volta che $\boldsymbol{\omega}$ è diretto come un asse principale centrale di inerzia. Questo è sicuramente il caso nei sistemi piani, per i quali qualunque asse ortogonale al loro piano è principale di inerzia.

7.10 Il sistema possiede due gradi di libertà. Scegliamo come coordinate libere l'ascissa x del punto A rispetto all'origine O, e l'angolo (antiorario) θ indicato nel testo. La distanza s da A del punto H di contatto disco-lamina soddisfa il vincolo di puro rotolamento $\dot{s} = -r\dot{\theta}$.

Utilizziamo la componente orizzontale della prima equazione cardinale per il sistema completo, e la seconda equazione cardinale della dinamica per il sistema punto + disco, rispetto al polo H. Ne conseguono le equazioni pure del moto

$$\begin{aligned}
&(M + m + m')\ddot{x} - (m + m')r\ddot{\theta} + m'r\big(\ddot{\theta}\cos\theta - \dot{\theta}^2\sin\theta\big) = F \\
&mr\left(\tfrac{3}{2}r\ddot{\theta} - \ddot{x}\right) + m'r(2r\ddot{\theta} - \ddot{x})(1 - \cos\theta) + m'r^2\dot{\theta}^2\sin\theta = -m'gr\sin\theta.
\end{aligned}$$

Con $\theta \equiv \frac{\pi}{2}$ si ottiene

$$F = \frac{m'(M + m + m')g}{m + m'} \qquad \text{e} \qquad \ddot{x} = \frac{m'g}{m + m'}.$$

Il moto della lamina è quindi uniformemente accelerato.

Per determinare le componenti verticali V_A e V_B delle reazioni vincolari usiamo la componente verticale della prima equazione cardinale della dinamica, e la seconda riferita al polo A, entrambe per il sistema completo. Si ottiene

$$V_A = \tfrac{1}{2}Mg + \tfrac{3}{4}(m + m')g \qquad \text{e} \qquad V_B = \tfrac{1}{2}Mg + \tfrac{1}{4}(m + m')g.$$

7.11 Il moto del parallelogramma segue semplicemente dalla componente orizzontale della prima equazione cardinale della dinamica. Detta x l'ascissa di B (a partire dalla sua posizione iniziale) si ottiene $m\ddot{x} = F$, da cui

$$x(t) = \frac{Ft^2}{2m}.$$

Siano V_A, V_B le componenti verticali delle reazioni vincolari in A, B. La componente verticale della prima equazione cardinale fornisce $V_A + V_B = mg$. Utilizziamo poi la seconda equazione cardinale della dinamica, rispetto a uno dei due punti di appoggio e otteniamo

$$V_A = \frac{(a - b\cos\alpha)mg - Fb\sin\alpha}{2a} \qquad \text{e} \qquad V_B = \frac{(a + b\cos\alpha)mg + Fb\sin\alpha}{2a}.$$

L'appoggio sull'asse orizzontale è garantito se $V_A, V_B \geq 0$, vale a dire se

$$F \leq F_{\max} = \frac{(a - b\cos\alpha)mg}{b\sin\alpha}.$$

Si osservi che se la base è troppo corta ($a < b\cos\alpha$) il distacco è certo, poiché il centro di massa si trova a destra del punto B.

7.12 Si ha $T = \frac{1}{2} m v_G^2 + T_r$. La velocità del centro di massa è costante in quanto questo percorre un moto rettilineo uniforme. Anche l'energia cinetica relativa è costante in quanto

$$T_r = \tfrac{1}{2} I_{G\omega}\omega^2 = \tfrac{1}{2}\boldsymbol{\omega}\cdot\mathbf{I}_G\boldsymbol{\omega} = \tfrac{1}{2}\boldsymbol{\omega}\cdot\mathbf{K}_G = \tfrac{1}{2}\left(Aa_0^2 + Cr_0^2\right).$$

7.13 Vedi Esercizio 6.6.

7.14 Si ha, raggruppando le forze interne a due a due

$$\Pi^{(i)} = \sum_{(i,j)} \mathbf{F}_{(i\to j)}\cdot\mathbf{v}_j + \mathbf{F}_{(j\to i)}\cdot\mathbf{v}_i,$$

dove la somma è effettuata su tutte le coppie di punti che si scambiano una forza. Usando il principio di azione e reazione possiamo scrivere

$$\mathbf{F}_{(i\to j)} = -\mathbf{F}_{(j\to i)} = \alpha_{ij}\, P_i P_j, \tag{7.37}$$

dove è stato messo in evidenza che le forze interne sono uguali e opposte, e dirette lungo la congiungente. Si osservi che il fattore scalare α_{ij}, che caratterizza il verso e l'intensità della forza, è positivo/negativo se la forza è repulsiva/attrattiva. La potenza vale allora

$$\Pi^{(i)} = \sum_{(i,j)} \alpha_{ij}\, P_i P_j \cdot (\mathbf{v}_j - \mathbf{v}_i).$$

Ricordando infine la (1.6) a pagina 8, e introducendo la distanza r_{ij} tra i punti interagenti $(r_{ij}^2 = P_iP_j \cdot P_iP_j)$, si ottiene

$$\Pi^{(i)} = \sum_{(i,j)} \alpha_{ij}\, P_iP_j \cdot \frac{d(P_iP_j)}{dt} = \frac{1}{2}\sum_{(i,j)} \alpha_{ij}\, \frac{d(r_{ij}^2)}{dt} = \sum_{(i,j)} \alpha_{ij}\, r_{ij}\, \dot r_{ij}. \qquad (7.38)$$

Di conseguenza, le forze interne esplicano potenza solo quando variano le distanze tra i punti interagenti.

7.15 Si applica in questo caso il precedente Esercizio 7.14. Nel caso della molla vale la (7.37), con la semplice scelta $\alpha_{ij} = -k$. Vale allora il risultato (7.38) e, detta s la distanza tra i punti collegati, si ha $\Pi^{(\text{molla})} = -ks\dot s$.

7.16 Le forze attive che esplicano potenza sono la molla e il peso del punto P, in quanto il peso del disco ha potenza nulla, in quanto la forza è verticale e la velocità orizzontale. Si ha quindi (vedi Esercizio 7.15 per la potenza della molla)

$$\Pi^{(a)} = -ks\dot s - mg\,\mathbf{j}\cdot\mathbf{v}_P = -(ks + mg\sin\theta)\dot s - mgs\dot\theta\cos\theta.$$

7.17 Il sistema possiede un grado di libertà. Detto θ l'angolo (antiorario) che OA forma con l'asse x, utilizziamo il teorema dell'energia cinetica. Si ricava

$$C(\theta) = \left(4\cos\theta + \tfrac{1}{2}\sin\theta\right)mg\ell + \left(2\sin\theta - \cos\theta\right)\left(\sin\theta + 2\cos\theta\right)M\omega_0^2\ell^2.$$

Per determinare la componente orizzontale H_B della reazione esercitata dalla lamina sul corpo rigido OAB, utilizziamo la seconda equazione cardinale per OAB, con polo O. Troviamo

$$H_B = \left(\sin\theta + 2\cos\theta\right)M\omega_0^2\ell.$$

Osserviamo che l'azione della lamina su OAB è diretta verso destra. Non si può quindi sostituire il carrello B con un semplice vincolo di appoggio liscio.

7.18 Il sistema possiede un solo grado di libertà. Detti infatti θ l'angolo assegnato (orario), ϕ l'angolo di rotazione (antiorario) del disco e y l'ordinata del punto A, valgono le relazioni cinematiche $y = L\sin\theta$ e $\dot y = r\dot\phi$, che implicano $\dot\phi = (L/r)\dot\theta\cos\theta$. La coppia richiesta si ricava utilizzando il teorema dell'energia cinetica. Si ottiene

$$C(\theta) = \left(m + \tfrac{1}{2}M\right)gr + \left(k - \tfrac{3}{2}m\omega_0^2\right)rL\sin\theta.$$

Per rispondere alla seconda domanda utilizziamo la seconda equazione cardinale della sola asta AB, rispetto al polo A. Detta V_B la componente verticale della reazione vincolare in B, si ottiene $V_B(\theta) = \frac{1}{2}M\left(g - L\omega_0^2\sin\theta\right)$. Il distacco dell'asta avviene se $V_B(\theta) < 0$, evento che può avvenire se $\omega_0^2 > g/L$. Per verificare inoltre il contatto del disco, calcoliamo la componente orizzontale H_K della reazione esterna in K utilizzando la medesima componente della prima equazione cardinale per il sistema completo. Si ha $H_K(\theta) = kr - \frac{1}{2}ML\omega_0^2\cos\theta$. Il distacco dell'asta avviene se $H_K(\theta) < 0$, e ciò può accadere se $\omega_0^2 > 2kr/(ML)$. Ricaviamo quindi che se ω_0 è sufficientemente elevata vi è contatto solo per

$$\arccos \frac{2kr}{ML\omega_0^2} < \theta < \arcsin \frac{g}{L\omega_0^2}.$$

7.19 Siano ϕ, ψ gli angoli di rotazione antiorari dei dischi di centro A e B, rispettivamente. Il vincolo di puro rotolamento dei dischi comporta, in termini dell'angolo θ suggerito dal testo, $\dot{\phi} = 2\dot{\theta}\sin\theta$ e $\dot{\psi} = 2\dot{\theta}\cos\theta$. Sapendo che $\dot{\phi} = \omega_0$, otteniamo quindi $\dot{\theta} = \omega_0/(2\sin\theta)$.

Ricaviamo il valore di C utilizzando il teorema dell'energia cinetica. Essendo

$$T = \frac{3mr^2\omega_0^2}{4\sin^2\theta} \qquad \text{e} \qquad \Pi = (C - mgr\cot\theta)\,\omega_0$$

ricaviamo $C(\theta) = mgr\cos\theta\big(\sin^3\theta - \frac{3}{4}r\omega_0^2/g\big)/\sin^4\theta$.

Detto K il punto di contatto tra il disco superiore e l'asse verticale, calcoliamo $\mathbf{\Phi}_K$ utilizzando, sempre per il disco di centro B, la seconda equazione cardinale rispetto al suo centro, e rispetto al punto J di contatto tra i dischi. Si ottiene

$$\mathbf{\Phi}_K = \left(mg\cot\theta - \frac{3m\omega_0^2 r\cos\theta}{4\sin^4\theta}\right)\mathbf{i} + \frac{m\omega_0^2 r}{4\sin^3\theta}\,\mathbf{j}.$$

7.20 Il sistema possiede un solo grado di libertà. La richiesta del testo $\dot{x}_B = v_0$ implica $\dot{\theta} = -v_0/(\ell\sin\theta)$. Ricaviamo il valore di F utilizzando il teorema dell'energia cinetica. Essendo $T = \frac{1}{6}m\ell^2\dot{\theta}^2 + \frac{1}{2}Mv_0^2$ e $\Pi = -Fv_0 + \frac{1}{2}mgv_0\cot\theta$, si ha

$$F = \frac{\cos\theta}{6\sin^4\theta}\left(3\sin^3\theta - 2\right)mg.$$

Ricaviamo la componente orizzontale H_A dell'azione esercitata dall'asta sulla lamina tramite la stessa componente della prima equazione cardinale della dinamica per la lamina. Essendo $\dot{\mathbf{Q}}^{(\mathrm{lam})} = \mathbf{0}$, risulta $H_A = F$.

Il distacco avviene quando $H_A \le 0$, e quindi $\theta_\mathrm{d} = \arcsin\left(\frac{2}{3}\right)^{1/3}$. Osserviamo che il moto proposto è possibile solo se $\theta(0) > \theta_\mathrm{d}$.

7.21 Siano nuovamente x l'ascissa del centro del disco e ϕ l'angolo (orario) di rotazione del disco, per cui vale ancora la relazione cinematica $\dot{x} = r\dot{\phi}$. Essendo

$$T = \left(\tfrac{3}{4}m + \tfrac{1}{2}M\right)\dot{x}^2 \qquad \text{e} \qquad \Pi = C\dot{\phi} - F_0\dot{x} = (C/r - F_0)\dot{x}$$

si ha $\left(\frac{3}{2}m + M\right)\ddot{x} = \alpha t/r - F_0$, da cui segue $x(t) = x(0) + \dfrac{(\alpha t - 3F_0 r)t^2}{3r(3m+2M)}$.

Il sistema ripassa dalla configurazione iniziale dopo Δt se $\alpha = 3F_0 r/\Delta t$.

7.22 Finché il contatto è garantito il sistema possiede un solo grado di libertà e la lamina trasla. Detta x l'ascissa del punto B si avrà (dalla componente orizzontale della prima equazione cardinale della dinamica)

$$m\ddot{x} = \alpha t \qquad \Longrightarrow \qquad x(t) = \frac{\alpha t^3}{6m}.$$

Ricaviamo le reazioni vincolari di appoggio $\mathbf{\Phi}_A = V_A\,\mathbf{j}$, $\mathbf{\Phi}_B = V_B\,\mathbf{j}$ utilizzando la componente verticale della prima equazione cardinale e la seconda equazione cardinale della dinamica rispetto al polo A. Si ottiene

$$V_A = \tfrac{1}{2}(mg - \alpha t), \qquad V_B = \tfrac{1}{2}(mg + \alpha t).$$

Come risultato il vertice A della lamina si stacca all'istante $t_\mathrm{d} = mg/\alpha$.

Per $t \geq t_\mathrm{d}$ la lamina possiede due gradi di libertà, in quanto oltre all'ascissa x dobbiamo considerare l'angolo θ che il lato BC forma con l'orizzontale. La seconda equazione cardinale della dinamica rispetto al polo B fornisce la seconda equazione pura del moto, e abbiamo

$$\begin{aligned}
&m\ddot{x} - \tfrac{1}{2}m\ell(\sin\theta + \cos\theta)\ddot{\theta} + \tfrac{1}{2}m\ell(\sin\theta - \cos\theta)\dot{\theta}^2 = \alpha t\\
&\tfrac{2}{3}m\ell\ddot{\theta} - \tfrac{1}{2}m(\sin\theta + \cos\theta)\ddot{x} = -\alpha t\sin\theta + \tfrac{1}{2}mg(\sin\theta - \cos\theta).
\end{aligned}$$

7.23 Per determinare F e M_0 utilizziamo il teorema dell'energia cinetica, e la componente orizzontale della prima equazione cardinale della dinamica per il sistema lamina + asta. Essendo

$$\begin{aligned}
T &= \tfrac{1}{2}m\dot{x}^2 + \left[\tfrac{1}{2}m\left(\dot{x}^2 + \tfrac{1}{4}\ell^2\dot{\theta}^2 - \ell\dot{x}\dot{\theta}\sin\theta\right) + \tfrac{1}{2}\,\tfrac{1}{12}m\ell^2\dot{\theta}^2\right]\\
Q_x &= m\dot{x} + \left[m\left(\dot{x} - \tfrac{1}{2}\ell\dot{\theta}\sin\theta\right)\right]
\end{aligned}$$

risultano

$$\begin{aligned}
F(t) &= \tfrac{1}{2}\,(4\cos\omega_0 t - \sin\omega_0 t)\, m\ell\omega_0^2\\
M(t) &= \tfrac{1}{2}mg\ell\sin\omega_0 t + 2m\ell^2\omega_0^2\cos^2\omega_0 t + \tfrac{5}{2}m\ell^2\omega_0^2\cos\omega_0 t\sin\omega_0 t.
\end{aligned}$$

Per determinare le reazioni vincolari utilizziamo la componente verticale della prima equazione cardinale della dinamica per il sistema completo, e la seconda equazione cardinale della dinamica per il sistema completo, rispetto al polo A. Si ottiene

$$\begin{aligned}
V_A(t) &= \tfrac{1}{2}\,(3 - \cos\omega_0 t - \sin\omega_0 t)\, mg\\
&\quad - \tfrac{1}{2}\left(4\cos^2\omega_0 t + 5\cos\omega_0 t\sin\omega_0 t + 2\sin\omega_0 t\right) m\ell\omega_0^2\\
V_B(t) &= \tfrac{1}{2}\,(1 + \cos\omega_0 t + \sin\omega_0 t)\, mg\\
&\quad + \tfrac{1}{2}\left(4\cos^2\omega_0 t + 5\cos\omega_0 t\sin\omega_0 t + \sin\omega_0 t\right) m\ell\omega_0^2.
\end{aligned}$$

L'appoggio della lamina non può essere garantito per ogni ω_0. Per dimostrarlo basta valutare le reazioni vincolari all'istante $t = \pi/(2\omega_0)$, vale a dire quando l'asta diventa orizzontale ($\theta = 0$). In tale istante si ottiene

$$V_A\big|_{t=\pi/(2\omega_0)} = mg - m\ell\omega_0^2 \qquad \text{e} \qquad V_B\big|_{t=\pi/(2\omega_0)} = mg + \tfrac{1}{2}m\ell\omega_0^2.$$

In particolare, V_A diventa certamente negativo se $\omega_0^2 > g/\ell$.

7.24 Il sistema conserva l'energia meccanica. Si ha così

$$E = T - U = \tfrac{9}{2}m\ell^2\dot\theta^2\left(1+2\cos^2\theta\right) + \tfrac{21}{2}mg\ell\sin\theta = \text{costante}.$$

Il valore della costante del moto si ricava dai dati iniziali, e risulta $E_0 = \frac{21}{4}\sqrt{3}mg\ell$. Quando θ attraversa il valore richiesto si ha

$$\dot\theta^2\Big|_{\theta=\frac{\pi}{6}} = \frac{7}{15}(\sqrt{3}-1)\frac{g}{\ell} \qquad \Longrightarrow \qquad \dot\theta\Big|_{\theta=\frac{\pi}{6}} = -\sqrt{\frac{7}{15}(\sqrt{3}-1)}\sqrt{\frac{g}{\ell}},$$

dovendosi scegliere la radice negativa in quanto θ diminuisce durante il moto proposto. La velocità del punto A è quindi

$$\mathbf{v}_A\Big|_{\theta=\frac{\pi}{6}} = \sqrt{\frac{7}{20}(\sqrt{3}-1)}\sqrt{g\ell}\,\mathbf{i}.$$

7.25 Il sistema conserva l'energia meccanica. L'informazione richiesta non richiede comunque il calcolo dell'energia cinetica. Le due configurazione proposte (quella iniziale $\theta_0 = \frac{\pi}{3}$ e quella finale $\theta = \frac{\pi}{6}$) sono infatti entrambe punti di arresto del sistema se e solo se hanno lo stesso valore del potenziale. Essendo

$$U(\theta) = -mg\ell(4\sin\theta - \tfrac{1}{2}\cos\theta) - \tfrac{1}{2}k\ell^2(2\cos\theta + \sin\theta)^2,$$

il valore richiesto della costante elastica è $k = 3(\sqrt{3}-1)\,mg/\ell$.

7.26 Il sistema possiede un grado di libertà. Scegliamo come coordinata libera l'angolo antiorario θ che l'asta CG determina con l'orizzontale. L'asta AB trasla con velocità $\mathbf{v}_G = -\ell\dot\theta\cos\theta\,\mathbf{j}$, mentre $\boldsymbol{\omega}^{(GC)} = \dot\theta\,\mathbf{k}$.
Essendo $\theta(0) = \frac{\pi}{6}$ e $\dot\theta(0) = 0$, si ha

$$T - U = \tfrac{1}{6}m\ell^2\dot\theta^2(1+3\cos^2\theta) - \tfrac{3}{2}mg\ell\sin\theta + \tfrac{1}{2}k\ell^2\left(\sin\theta - \tfrac{1}{2}\right)^2 = -\tfrac{3}{4}mg\ell,$$

da cui

$$\tfrac{1}{6}m\ell^2\dot\theta^2(1+3\cos^2\theta) = \tfrac{3}{2}mg\ell\left(\sin\theta - \tfrac{1}{2}\right) - \tfrac{1}{2}k\ell^2\left(\sin\theta - \tfrac{1}{2}\right)^2.$$

Il sistema ha due punti di arresto: quello iniziale ($\sin\theta = \frac{1}{2}$) e la configurazione con $\sin\theta = \frac{1}{2} + 3mg/(k\ell)$. Il punto C arriva a transitare per O se tale configurazione non esiste, ovvero se $k < k_{\text{cr}} = 6mg/\ell$. In tali condizioni, la velocità angolare dell'asta CG risulta

$$\boldsymbol{\omega}_{\text{f}}^{(CG)} = \dot\theta_{\text{f}}\mathbf{k}, \qquad \text{con} \quad \dot\theta_{\text{f}} = \sqrt{\frac{3(k_{\text{cr}}-k)}{4m}}.$$

7.27 Il sistema conserva l'energia meccanica e la componente verticale (ovvero ortogonale al piano del sistema) del momento delle quantità di moto rispetto ad O. Tenuto conto di quanto ricavato nell'Esercizio 7.1 si ottiene

$$E = \left(\tfrac{2}{3}\dot{\phi}^2 + \tfrac{1}{2}\dot{\phi}\dot{\theta}\cos(\theta-\phi) + \tfrac{1}{6}\dot{\theta}^2\right) m\ell^2 + k\ell^2\big(1+\cos(\theta-\phi)\big) = \text{costante}$$
$$K_{Oz} = \left(\tfrac{4}{3}\dot{\phi} + \tfrac{1}{2}(\dot{\phi}+\dot{\theta})\cos(\theta-\phi) + \tfrac{1}{3}\dot{\theta}\right) m\ell^2 = \text{costante.}$$

In virtù dei dati iniziali, l'energia meccanica vale $E = k\ell^2$, mentre il momento delle quantità di moto rispetto ad O è nullo. Utilizzando tali dati si ottiene, per $\theta = \phi \pm \pi$,

$$\dot{\theta}\Big|_{B\equiv O} = 5\dot{\phi}\Big|_{B\equiv O} = \pm 5\sqrt{\frac{3}{7}}\sqrt{\frac{k}{m}},$$

dove la scelta del segno $\pm$ dipende dal fatto se $\theta\big|_{\text{in}} = \phi\big|_{\text{in}} \pm \frac{\pi}{2}$.

7.28 Nelle configurazioni descritte (in cui le aste determinano lo stesso angolo con la verticale) il sistema possiede due gradi di libertà: l'angolo θ definito nel testo e l'angolo di rotazione ϕ del cilindro attorno alla verticale. Detto $\mathbf{i}$ il versore (variabile) parallelo alla direzione AC, e posto $\mathbf{j} = \mathbf{k}\wedge\mathbf{i}$ (entrante nel foglio della Fig. 7.15), le velocità angolari dei corpi rigidi del sistema valgono

$$\boldsymbol{\omega}^{(\text{cil})} = \dot{\phi}\mathbf{k}, \qquad \boldsymbol{\omega}^{(\text{AB})} = \dot{\phi}\mathbf{k} + \dot{\theta}\mathbf{j}, \qquad \boldsymbol{\omega}^{(\text{CD})} = \dot{\phi}\mathbf{k} - \dot{\theta}\mathbf{j}.$$

Le forze esterne sono le reazioni vincolari che tengono fisso l'asse del cilindro e le forze peso. Siano: Q_1, Q_2 i punti in cui il cilindro è incernierato; G il centro di massa (fisso) del cilindro; H_1, H_2 i centri di massa delle aste AB, CD. Si ha allora

$$\mathbf{M}_G^{(e)} = \underbrace{GQ_1}_{\parallel\mathbf{k}} \wedge \boldsymbol{\Phi}_1 + \underbrace{GQ_2}_{\parallel\mathbf{k}} \wedge \boldsymbol{\Phi}_2 + GH_1 \wedge (-mg\mathbf{k}) + GH_2 \wedge (-mg\mathbf{k}).$$

Risulta quindi $\mathbf{M}_G^{(e)}\cdot\mathbf{k} = 0$, da cui segue la legge di conservazione $K_{Gz}^{(\text{sist})} = \text{cost.}$ Calcolando il valore dell'integrale primo si ottiene

$$\begin{aligned}\mathbf{K}_G^{(\text{sist})} &= I_{Gz}^{(\text{cil})}\dot{\phi}\mathbf{k} + \left(GH_1 \wedge m\mathbf{v}_{H1} + \mathbf{I}_{H1}^{(AB)}\boldsymbol{\omega}^{(AB)}\right) + \left(GH_2 \wedge m\mathbf{v}_{H2} + \mathbf{I}_{H2}^{(CD)}\boldsymbol{\omega}^{(CD)}\right)\\ &= \left(\tfrac{1}{2}MR^2 + \tfrac{2}{3}m\big(3R^2 + 3\ell R\sin\theta + \ell^2\sin^2\theta\big)\right)\dot{\phi}\mathbf{k}\end{aligned}$$

e quindi

$$\left(\tfrac{1}{2}MR^2 + 2m\big(R + \tfrac{1}{2}\ell\sin\theta(t)\big)^2 + \tfrac{1}{6}m\ell^2\sin^2\theta(t)\right)\dot{\phi}(t) = \left(\tfrac{1}{2}M + 2m\right)R^2\omega_0. \qquad (7.39)$$

Si osservi come il cilindro rallenti al crescere di θ, ovvero quando le aste si aprono (effetto ben noto ai pattinatori su ghiaccio, che lo sfruttano per regolare la velocità angolare di rotazione attorno al proprio asse).

Per determinare la potenza esplicata dal motore interno utilizziamo il teorema dell'energia cinetica. Essendo

$$\begin{aligned}
T &= \tfrac{1}{2}\tfrac{1}{2}MR^2\dot{\phi}^2 + 2\times\left(\tfrac{1}{2}m\left(\tfrac{1}{4}\ell^2\dot{\theta}^2 + (R+\tfrac{1}{2}\ell\sin\theta)^2\dot{\phi}^2\right) + \tfrac{1}{2}\tfrac{1}{12}m\ell^2\left(\dot{\phi}^2\sin^2\theta + \dot{\theta}^2\right)\right)\\
&= \left(\tfrac{1}{4}MR^2 + m(R+\tfrac{1}{2}\ell\sin\theta)^2 + \tfrac{1}{12}m\ell^2\sin^2\theta\right)\dot{\phi}^2 + \tfrac{1}{3}m\ell^2\dot{\theta}^2\\
\Pi &= \Pi_{\text{mot}} + \dot{U}_{\text{grav}} = \Pi_{\text{mot}} - mg\ell\dot{\theta}\sin\theta
\end{aligned}$$

si ottiene, utilizzando la (7.39),

$$\Pi_{\text{mot}} = mg\ell\dot{\theta}\sin\theta - \frac{m\omega_0^2\ell(M+4m)^2R^4\dot{\theta}\cos\theta\left(R+\tfrac{2}{3}\ell\sin\theta\right)}{\left(MR^2 + m(2R+\ell\sin\theta)^2 + \tfrac{1}{3}m\ell^2\sin^2\theta\right)^2} + \tfrac{2}{3}m\ell^2\dot{\theta}\ddot{\theta}.$$

Capitolo 8
Meccanica lagrangiana

Le equazioni cardinali della dinamica forniscono preziose informazioni riguardanti il moto di sistemi di punti e corpi rigidi. Il teorema dell'energia cinetica, visto successivamente, arricchisce ulteriormente l'analisi, consentendo in molti casi di ricavare direttamente un'equazione *pura* della dinamica (ovvero esente da reazioni vincolari) e dando spesso modo di identificare l'integrale dell'energia meccanica.

Nel presente capitolo analizzeremo il Principio di d'Alembert, grazie al quale riusciremo a ricavare (per sistemi olonomi a vincoli perfetti), tante equazioni pure della dinamica quante sono le coordinate libere. Realizziamo così in dinamica quanto il Principio dei lavori virtuali concretizza in statica.

La specializzazione del Principio di d'Alembert ai sistemi olonomi fornirà le equazioni di Lagrange, che altro non sono che la trasposizione alla dinamica delle condizioni di equilibrio ricavate nella Proposizione 6.8 (vedi pagina 147). Inoltre, così come in statica l'equilibrio dei sistemi olonomi risulta particolarmente semplice da studiare in sistemi conservativi (vedi Teorema 6.10a pagina 148), anche le equazioni di Lagrange assumeranno un'espressione particolarmente semplice nel caso conservativo. L'analisi delle equazioni di Lagrange consentirà di identificare altri integrali primi, che possono aggiungersi a quelli visti in § 7.5.

La parte finale del capitolo è dedicata all'analisi della stabilità delle configurazioni di equilibrio. Renderemo rigoroso il fondamentale concetto di stabilità, che mira a caratterizzare quelle configurazioni di equilibrio che riescono a mantenere il sistema nelle loro vicinanze anche in presenza di piccole perturbazioni, e analizzeremo infine i moti che si svolgono nei dintorni delle configurazioni di equilibrio stabili con un grado di libertà.

8.1 Principio di d'Alembert

Il Principio dei lavori virtuali consente, in statica, di caratterizzare le configurazioni di equilibrio dei sistemi vincolati in termini delle sole forze attive, a patto

P. Biscari, *Introduzione alla Meccanica Razionale. Elementi di teoria con esercizi*,
UNITEXT – La Matematica per il 3+2 94, DOI 10.1007/978-88-470-5779-1_8

di conoscere le velocità virtuali consentite dai vincoli. Le premesse necessarie per raggiungere tale obbiettivo sono due. Da un lato i vincoli devono essere *ideali*, ovvero non devono mai esplicare potenza virtuale negativa e devono al tempo stesso essere in grado di produrre – se necessaria – qualunque reazione vincolare che esplichi potenza virtuale positiva o nulla. Dall'altro, come discusso a pagina 136, deve esserci una garanzia sull'*unicità* delle soluzioni delle equazioni del moto a partire dall'equilibrio.

La caratterizzazione dei vincoli ideali (vedi Definizione 5.6 a pagina 120) non fa alcun riferimento al carattere di equilibrio o meno delle configurazioni cui si applica, quindi è certamente utilizzabile anche in problemi di dinamica. Più sottile è la richiesta riguardante l'unicità delle soluzioni delle equazioni del moto, in quanto potrebbe verificarsi che questa proprietà fosse garantita per le traiettorie che partono dalla quiete, ma non in generale per tutte le traiettorie. La trattazione presente in questo capitolo si appoggia sull'ipotesi che le equazioni del moto garantiscano esistenza e unicità delle loro soluzioni, a partire da qualsiasi istante e atto di moto consentito dai vincoli.

In presenza di vincoli ideali, e garantita l'unicità delle soluzioni delle equazioni del moto, risulta possibile ripercorrere in dinamica la trattazione svolta nel paragrafo riguardante il Principio dei lavori virtuali (vedi § 6.2, pagina 136). Arriveremo in questo modo a sviluppare una teoria meccanica nella quale i vincoli dettano le velocità virtuali consentite al sistema, e le equazioni del moto sono pure, ovvero coinvolgono le forze attive ma non le reazioni vincolari. Per raggiungere tale fine dobbiamo però considerare che in dinamica le reazioni vincolari agenti su ogni punto non sono più bilanciate dalle forze attive, in quanto la combinazione di entrambe dà luogo al moto. La seguente definizione ha l'obbiettivo di ripristinare in dinamica una situazione simile a quella vista in statica.

Definizione 8.1 (Forze d'inerzia e forze perdute). *Consideriamo un punto materiale P di massa m e accelerazione* $\mathbf{a}$. *La forza* $-m\mathbf{a}$, *applicata su P, viene chiamata* forza d'inerzia. *Il risultante* $\mathbf{F}^{(a)} - m\mathbf{a}$ *delle forze attive e la forza d'inerzia agenti su P viene chiamata* forza perduta.

L'introduzione delle forze perdute consente di ripristinare una situazione parallela a quella studiata nel paragrafo riguardante il Principio dei lavori virtuali. Le forze perdute, infatti, bilanciano le reazioni vincolari indipendentemente dallo stato di quiete o moto del sistema, avendosi in ogni caso $\mathbf{F}^{(a)} - m\mathbf{a} = -\boldsymbol{\Phi}$. Possiamo di conseguenza enunciare il seguente principio.

Principio di d'Alembert. *In un sistema sottoposto a vincoli ideali, condizione necessaria e sufficiente affinché $\mathcal{M} = \{P_i(t) \in \mathcal{E} : i \in I,\, t \in [t_{in}, t_{fin}]\}$ sia il moto del sistema è che la potenza virtuale delle forze perdute sia non positiva su tutti gli atti di moto virtuali consentiti:*

$$\mathcal{M} \text{ moto} \iff \sum_i (\mathbf{F}_i^{(a)} - m_i \mathbf{a}_i) \cdot \hat{\mathbf{v}}_i \leq 0 \quad \forall \{\hat{\mathbf{v}}_i\},\ \forall t \in [t_{in}, t_{fin}] \qquad (8.1)$$

(vincoli ideali).

Nel caso i vincoli ideali siano perfetti, la disuguaglianza presente nella (8.1) può essere sostituita con un uguaglianza, come già visto in statica (vedi Proposizione 6.5, pagina 137). Si avrà così

$$\mathcal{M} \text{ moto} \quad \Longleftrightarrow \quad \sum_i (\mathbf{F}_i^{(a)} - m_i \mathbf{a}_i) \cdot \hat{\mathbf{v}}_i = 0 \quad \forall \{\hat{\mathbf{v}}_i\},\ \forall t \in [t_{\text{in}}, t_{\text{fin}}] \quad \text{(vincoli perfetti)}. \tag{8.2}$$

Le condizioni (8.1) e (8.2) ricevono frequentemente i nomi di *Relazione* e *Equazione simbolica della dinamica*, rispettivamente.

Esempio (Forze d'inerzia in un corpo rigido). Nell'osservazione a pagina 175 abbiamo sottolineato come due sistemi di forze equivalenti producano lo stesso effetto nelle dinamica di un corpo rigido. Avendo ora osservato che i problemi di dinamica ammettono trattazioni parallele a quelli di statica, a patto di includere le forze di inerzia, risulta quindi particolarmente significativo effettuare la *riduzione* del sistema di forze d'inerzia al più semplice possibile sistema di forze equivalente.

Come illustrato in § 4.2 (vedi pagina 80), la riduzione di un qualunque sistema di forze dipende dai suoi vettori caratteristici. Il calcolo di tali vettori per le forze d'inerzia è in realtà già stato da noi effettuato nel ricavare le equazioni cardinali della dinamica, e risulterà così (vedi Proposizione 7.10 a pagina 168)

$$\mathbf{R}^{(\text{iner})} = -\sum_{i \in I} m_i \mathbf{a}_i = -\dot{\mathbf{Q}} = -m\mathbf{a}_G, \qquad \mathbf{M}_O^{(\text{iner})} = -\sum_{i \in I} OP_i \wedge m_i \mathbf{a}_i = -\dot{\mathbf{K}}_O - \dot{O} \wedge \mathbf{Q}.$$

Nel caso del singolo corpo rigido (vedi § 7.3 a pagina 173) il momento delle forze di inerzia si semplifica se calcolato rispetto al centro di massa, e risulta (vedi (7.29) a pagina 173)

$$\mathbf{M}_G^{(\text{iner})} = -\mathbf{I}_G \dot{\boldsymbol{\omega}} - \boldsymbol{\omega} \wedge \mathbf{I}_G \boldsymbol{\omega}. \tag{8.3}$$

L'espressione (8.3) si semplifica ulteriormente qualora vi sia la certezza che durante tutto il moto la velocità angolare sia parallela a uno degli assi principali di inerzia del corpo rigido in G, in quanto in tal caso $\mathbf{I}_G\boldsymbol{\omega}$ risulta parallelo a $\boldsymbol{\omega}$, e il secondo addendo nella (8.3) si annulla. Si ottiene così il seguente risultato.

Se la velocità angolare è sempre parallela a un asse principale centrale, il sistema delle forze di inerzia agente su un corpo rigido è equivalente al suo risultante $-m\mathbf{a}_G$, *applicato nel baricentro, più una* coppia di inerzia $-\mathbf{I}_G\dot{\boldsymbol{\omega}}$.

Il risultato appena enunciato vale, per esempio, per ogni moto di un corpo rigido piano, in quanto in tal caso la velocità angolare è sicuramente parallela alla direzione ortogonale al piano del sistema, la quale a sua volta è sempre una direzione principale di inerzia (vedi Esempio di pagina 97).

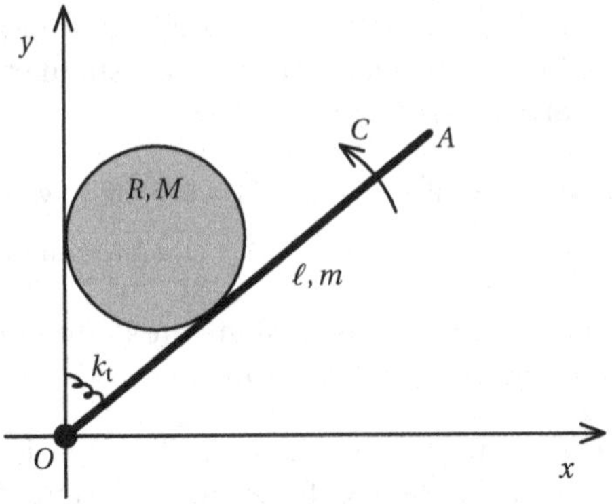

Figura 8.1 Asta e disco con molla torsionale, Esercizio 8.1

Esercizi

8.1. Si consideri nuovamente il sistema trattato nell'Esercizio 6.4 (vedi pagina 135). In un piano verticale, un'asta OA, omogenea di lunghezza ℓ e massa m, è incernierata nell'estremo O. Un disco omogeneo di raggio R e massa M si appoggia senza attrito sull'asta e rotola senza strisciare su un asse verticale passante per O. Una molla torsionale di rigidità k_t collega l'asta alla direzione di riferimento verticale, e sull'asta è applicata una coppia antioraria di momento C (vedi Fig. 8.1).

- Ricavare la relazione cinematica tra le velocità angolari di disco e asta.
- Determinare, in funzione dell'angolo θ che l'asta forma con la verticale, la coppia C necessaria affinché l'asta ruoti con velocità angolare costante ω_0.
- Identificare le forze e coppie di inerzia agenti su disco e asta, e calcolare la reazione vincolare della guida verticale sul disco.

8.2. Si consideri il sistema di due aste appoggiate descritto nell'Esercizio 6.11 (vedi pagina 145 e Fig. 6.12).

- Determinare la relazione cinematica che lega le velocità angolari delle aste.
- Supposto che la forza orizzontale $\mathbf{F}$ faccia ruotare l'asta AB a velocità costante ω_0, si determini la potenza esplicata da tale forza.
- Si calcolino le forze e coppie di inerzia agenti su OC, e la reazione che l'asta AB esercita su OC.

8.2 Equazioni di Lagrange

Analizziamo in questo paragrafo in quale misura il Principio di d'Alembert aiuti nello studio della dinamica dei sistemi olonomi. Suggeriamo a tal fine di rivedere preliminarmente quanto sviluppato in § 6.4 (vedi pagina 146), poiché quanto segue risulta concettualmente dall'aggiunta delle forze d'inerzia alle forze attive analizzate in tale paragrafo.

Proposizione 8.2 (Componenti generalizzate dell'opposto delle forze d'inerzia). *Consideriamo il sistema costituito dall'opposto delle forze d'inerzia* $\{(P_i, m_i\,\mathbf{a}_i), i \in I\}$, *e definiamo le corrispondenti componenti generalizzate*

$$\tau_k = \sum_{i\in I} m_i\,\mathbf{a}_i \cdot \frac{\partial(OP_i)}{\partial q_k}.$$

Detta T l'energia cinetica del sistema vale allora l'identità

$$\tau_k = \frac{d}{dt}\frac{\partial T}{\partial \dot{q}_k} - \frac{\partial T}{\partial q_k}. \tag{8.4}$$

Dimostrazione. In un sistema olonomo con ℓ gradi di libertà le velocità si esprimono come (vedi (1.5), pagina 7)

$$\mathbf{v}_P = \sum_{k=1}^{m} \frac{\partial(OP)}{\partial q_k}\dot{q}_k + \frac{\partial(OP)}{\partial t}. \tag{8.5}$$

Dalla definizione delle componenti generalizzate dell'opposto delle forze d'inerzia abbiamo allora

$$\begin{aligned}\tau_k &= \sum_{i\in I} m_i\,\mathbf{a}_i \cdot \frac{\partial(OP_i)}{\partial q_k} = \sum_{i\in I} m_i \frac{d\mathbf{v}_i}{dt}\cdot\frac{\partial(OP_i)}{\partial q_k}\\ &= \frac{d}{dt}\Big(\sum_{i\in I} m_i\mathbf{v}_i\cdot\frac{\partial(OP_i)}{\partial q_k}\Big) - \sum_{i\in I} m_i\mathbf{v}_i\cdot\frac{d}{dt}\Big(\frac{\partial(OP_i)}{\partial q_k}\Big),\end{aligned} \tag{8.6}$$

dove nel passaggio dalla prima alla seconda linea abbiamo semplicemente utilizzato la proprietà che la derivata temporale del prodotto $\mathbf{v}_i\cdot\frac{\partial(OP_i)}{\partial q_k}$ è pari alla somma $\frac{d}{dt}\mathbf{v}_i\cdot\frac{\partial(OP_i)}{\partial q_k} + \mathbf{v}_i\cdot\frac{d}{dt}\frac{\partial(OP_i)}{\partial q_k}$. Per ricavare il risultato desiderato servono infine due identità. La prima si ricava osservando dalla (8.5) che la velocità dipende linearmente dalle $\{\dot{q}_k\}$, per cui vale

$$\frac{\partial\mathbf{v}_i}{\partial\dot{q}_k} = \frac{\partial(OP_i)}{\partial q_k}$$

(questa identità verrà utilizzata nella prima parentesi della (8.6)). Nel secondo termine della (8.6) osserviamo invece che la derivata assoluta rispetto al tempo si può scambiare con la derivata parziale rispetto alla coordinata q_k, per ottenere

$$\frac{d}{dt}\frac{\partial(OP_i)}{\partial q_k} = \frac{\partial\mathbf{v}_i}{\partial q_k}.$$

A questo punto la (8.6) fornisce

$$\tau_k = \frac{d}{dt}\Big(\sum_{i\in I} m_i \mathbf{v}_i \cdot \frac{\partial \mathbf{v}_i}{\partial \dot{q}_k}\Big) - \sum_{i\in I} m_i \mathbf{v}_i \cdot \frac{\partial \mathbf{v}_i}{\partial q_k}$$
$$= \frac{d}{dt}\frac{\partial}{\partial \dot{q}_k}\Big(\frac{1}{2}\sum_{i\in I} m_i \mathbf{v}_i \cdot \mathbf{v}_i\Big) - \frac{\partial}{\partial q_k}\Big(\frac{1}{2}\sum_{i\in I} m_i \mathbf{v}_i \cdot \mathbf{v}_i\Big) = \frac{d}{dt}\frac{\partial T}{\partial \dot{q}_k} - \frac{\partial T}{\partial q_k}. \qquad \square$$

Una volta caratterizzate le componenti generalizzate $\{\tau_k\}$ attraverso la (8.4), le equazioni pure della dinamica si ottengono semplicemente rileggendo la Proposizione 6.8 (vedi pagina 147) alla luce del Principio di D'Alembert, ovvero considerando anche le forze di inerzia. La seguente proposizione riassume il risultato.

Proposizione 8.3 (Equazioni di Lagrange). *Consideriamo un sistema olonomo con coordinate libere $q = (q_1, \dots, q_\ell)$ e componenti generalizzate delle forze attive $Q = (Q_1, \dots, Q_\ell)$. In presenza di vincoli ideali, condizione necessaria e sufficiente affinché $\{q_k(t) : k = 1, \dots, \ell,\ t \in [t_{in}, t_{fin}]\}$ rappresenti il moto del sistema è che si abbia*

$$\begin{aligned} Q_k &= \tau_k && \textit{per tutte le coordinate e istanti tali che } v_k \lessgtr 0 \\ Q_k &\le \tau_k && \textit{per tutte le coordinate e istanti tali che } v_k \ge 0 \\ Q_k &\ge \tau_k && \textit{per tutte le coordinate e istanti tali che } v_k \le 0. \end{aligned} \tag{8.7}$$

In particolare in un sistema a vincoli perfetti, le equazioni di moto del sistema sono

$$\frac{d}{dt}\frac{\partial T}{\partial \dot{q}_k} - \frac{\partial T}{\partial q_k} = Q_k, \qquad k = 1, \dots, \ell \qquad \textit{(vincoli perfetti)}. \tag{8.8}$$

Le (8.8) *sono le* equazioni di Lagrange *del sistema olonomo considerato.*

Dimostrazione. Sulla base del Principio di d'Alembert, il moto del sistema risulta pienamente caratterizzato dalla richiesta che la potenza virtuale della somma delle forze attive e delle forze d'inerzia sia minore o uguale a zero. Le prime hanno componenti generalizzate $\{Q_k\}$, mentre le seconde hanno come componenti generalizzate *l'opposto* delle $\{\tau_k\}$.

L'enunciato della proposizione si ottiene dunque riadattando le (6.23) con l'inserimento delle componenti $\{-\tau_k\}$, che nelle (8.7) sono state portate a destra delle (dis)uguaglianze. La forma finale (8.8) delle equazioni di Lagrange si ottiene infine dalle (8.4). □

Lagrangiana

Lo studio dell'equilibrio dei sistemi olonomi si semplifica notevolmente nel caso di forze attive conservative, come illustrato dal teorema di stazionarietà del potenziale (6.10) (vedi pagina 148). Vedremo di seguito come analoghe semplificazioni ricorrono anche in dinamica.

Definizione 8.4 (Lagrangiana). *In un sistema sottoposto a forze attive conservative di potenziale U chiamiamo* lagrangiana *la funzione* $\mathscr{L} = T + U$.

In un sistema olonomo con coordinate libere $\mathsf{q} = (q_1, \dots, q_\ell)$, si avrà

$$\mathscr{L}(\mathsf{q}, \dot{\mathsf{q}}) = T(\mathsf{q}, \dot{\mathsf{q}}) + U(\mathsf{q}),$$

in quanto solo l'energia cinetica dipende dalle derivate delle coordinate libere. Nel caso conservativo, le equazioni di Lagrange (8.8) possono esprimersi in termini di derivate della sola lagrangiana.

Proposizione 8.5 (Equazioni di Lagrange, caso conservativo). *Consideriamo un sistema olonomo con coordinate libere* $q = (q_1, \dots, q_\ell)$, *forze attive conservative e lagrangiana* $\mathscr{L}(q, \dot{q})$. *In presenza di vincoli perfetti, condizione necessaria e sufficiente affinché* $\{q_k(t) : k = 1, \dots, \ell, \, t \in [t_{in}, t_{fin}]\}$ *rappresenti il moto del sistema è che si abbia*

$$\frac{d}{dt}\frac{\partial \mathscr{L}}{\partial \dot{q}_k} - \frac{\partial \mathscr{L}}{\partial q_k} = 0, \qquad k = 1, \dots, \ell \qquad \textit{(vincoli perfetti)}. \tag{8.9}$$

Dimostrazione. Nel caso conservativo, le componenti generalizzate delle forze attive si ottengono attraverso le derivate parziali del potenziale (vedi (6.24) a pagina 148): $Q_k = \frac{\partial U}{\partial q_k}$, per cui le equazioni di Lagrange (8.8) si possono scrivere come

$$\frac{d}{dt}\frac{\partial T}{\partial \dot{q}_k} - \frac{\partial T}{\partial q_k} - \frac{\partial U}{\partial q_k} = 0, \qquad k = 1, \dots, \ell.$$

Risulta inoltre possibile aggiungere il potenziale all'interno della derivata rispetto alle $\dot{q}_k$, essendo U funzione delle sole coordinate libere, e non delle loro derivate temporali ($\frac{\partial U}{\partial \dot{q}_k} = 0$ per ogni k). Si ottiene così

$$\frac{d}{dt}\frac{\partial (T+U)}{\partial \dot{q}_k} - \frac{\partial (T+U)}{\partial q_k} = 0, \qquad k = 1, \dots, \ell,$$

ovvero, essendo $T + U = \mathscr{L}$, le (8.9). □

Determinismo

Nella caratterizzazione dei vincoli ideali (vedi Definizione 5.6 a pagina 120) abbiamo brevemente discusso come l'indeterminazione che riguarda le reazioni vincolari possa, a priori, intaccare la certezza che a un dato atto di moto iniziale segua una e una sola soluzione delle equazioni di moto. Questo problema, ovvero il *determinismo* delle equazioni della meccanica, è stato a lungo analizzato e discusso durante l'Illuminismo per le sue implicazioni, anche filosofiche. Fu Laplace [23] a dedurre i primi, importanti contributi nello studio del determinismo in Meccanica Celeste, ovvero nel moto di corpi sottoposti all'attrazione gravitazionale. Successivamente, e in particolare nel XX secolo, le analisi riguardanti il determinismo delle Teorie Fisiche si sono estese ben oltre i confini della Meccanica Classica.

Abbiamo già sottolineato come, nel postulare il Principio dei lavori virtuali in statica, e ancora di più nell'assumere il corrispondente Principio di d'Alembert in dinamica, abbia un ruolo essenziale la presunzione che, in presenza di vincoli ideali, esista un'unica soluzione delle equazioni del moto che soddisfi la caratterizzazione dei vincoli fornita nella Definizione 5.6. Avendo dedotto da tali principi le equazioni di Lagrange (8.8) (o la loro versione conservativa (8.9)), risulta a questo punto importante, anche dal punto di vista della coerenza della teoria ricavata, verificare sotto quali ipotesi sia possibile dimostrare che esse ammettano una e una sola soluzione al problema differenziale coi dati iniziali. La proposizione seguente fornisce un importante risultato in materia.

Proposizione 8.6 (Determinismo lagrangiano). *Consideriamo un sistema olonomo con coordinate libere* $\mathsf{q} = (q_1, \dots, q_\ell)$. *Assegnato l'atto di moto iniziale, le equazioni di Lagrange* (8.8) *ammettono una e una sola soluzione in un intervallo temporale contenente l'istante iniziale se le forze attive sono funzioni* C^1 *(ovvero differenziabili con continuità) delle coordinate e delle velocità dei punti del sistema.*

Dimostrazione. Il risultato enunciato si basa sostanzialmente sulla possibilità di esprimere le equazioni di Lagrange (8.8) *in forma normale*, ovvero esplicitate nelle derivate di ordine superiore. Tale forma è infatti essenziale per poter invocare il teorema di esistenza e unicità di Picard [30] (vedi Teorema A.17 a pagina 267), sempre che vincoli e componenti generalizzate delle forze attive siano sufficientemente regolari.

Partiamo quindi dall'espressione (7.12) (vedi pagina 162) per l'energia cinetica

$$T = \frac{1}{2} \sum_{j,k=1}^{\ell} a_{jk}(\mathsf{q};t)\dot q_j \dot q_k + \sum_{k=1}^{\ell} b_k(\mathsf{q};t)\dot q_k + \frac{1}{2} c(\mathsf{q};t),$$

ed effettuiamo le derivate utili alla stesura delle equazioni di Lagrange

$$\begin{aligned} \frac{\partial T}{\partial \dot q_k} &= \sum_{j=1}^{\ell} a_{kj}\dot q_j + b_k \\ \frac{d}{dt}\frac{\partial T}{\partial \dot q_k} &= \sum_{j=1}^{\ell} a_{kj}\ddot q_j + \sum_{j=1}^{\ell}\Big(\sum_{i=1}^{\ell}\frac{\partial a_{kj}}{\partial q_i}\dot q_i + \frac{\partial a_{kj}}{\partial t}\Big)\dot q_j + \Big(\sum_{i=1}^{\ell}\frac{\partial b_k}{\partial q_i}\dot q_i + \frac{\partial b_k}{\partial t}\Big) \\ \frac{\partial T}{\partial q_k} &= \frac{1}{2}\sum_{i,j=1}^{\ell}\frac{\partial a_{ij}}{\partial q_k}\dot q_i \dot q_j + \sum_{j=1}^{\ell}\frac{\partial b_j}{\partial q_k}\dot q_j + \frac{1}{2}\frac{\partial c}{\partial q_k}. \end{aligned} \tag{8.10}$$

Indipendentemente dall'espressione precisa dei termini contenuti nella seconda e terza riga delle (8.10), la loro caratteristica fondamentale è che uno di quei termini (il primo della seconda riga) dipende dalle derivate seconde $\{\ddot q_j\}$, mentre tutti gli altri dipendono dalle coordinate libere, dalle loro derivate, ed eventualmente dal tempo, ovvero precisamente l'insieme di variabili $(\mathsf{q};\dot{\mathsf{q}};t)$ da cui dipendono anche le componenti generalizzate delle forze attive $\{Q_k\}$.

Le equazioni di Lagrange si possono quindi esprimere nella forma matriciale $\mathbb{A}(\mathsf{q};t)\ddot{\mathsf{q}} = \mathsf{F}(\mathsf{q};\dot{\mathsf{q}};t)$, con un'opportuna funzione F a membro destro, che contiene sia i termini descritti nelle (8.10) che i contributi delle componenti generalizzate delle forze attive. Si evidenzia così come le equazioni del moto siano equazioni differenziali del secondo ordine nelle incognite $\mathsf{q}(t)$. Inoltre, le equazioni così ottenute possono esprimersi in forma normale grazie al fatto che la matrice di massa $\mathbb{A}$ è invertibile (vedi osservazione a pagina 163)

$$\ddot{\mathsf{q}} = \mathbb{A}^{-1}\mathsf{F}(\mathsf{q};\dot{\mathsf{q}};t). \tag{8.11}$$

Le equazioni di moto (8.11) sono così espresse in forma normale. Esse inoltre soddisfano le ipotesi del teorema di Picard se la funzione a membro destro risulta sufficientemente regolare, il che è garantito se i vincoli sono regolari e le componenti generalizzate delle forze attive sono funzioni C^1 (ipotesi questa anche più restrittiva rispetto alla lipschitzianità richiesta dal teorema di Picard, vedi pagina 267).

□

Esercizi

8.3. Si consideri nuovamente il sistema trattato nell'Esercizio 6.10 (vedi pagina 144). Si supponga che le due aste (uguali e parallele) AB, CD formino insieme all'asta GH (ortogonale alle prime) un unico corpo rigido, incernierato nel punto medio Q di GH, come in Figura 6.11 (vedi pagina 145), e che sul corpo rigido e sull'anellino agiscano una coppia e una molla come nell'Esercizio 6.10.

- Scrivere le equazioni di Lagrange del sistema.
- Determinare il valore della coppia necessario affinché il corpo rigido si muova con velocità angolare costante ω_0, e il conseguente moto dell'anellino sapendo che all'istante iniziale l'asta GH è orizzontale e l'anellino si trova in G, in quiete rispetto al sistema rigido.

8.4. In un piano verticale una lamina omogenea a forma di triangolo rettangolo ha massa M e il cateto AB, di angolo adiacente α, vincolato a scorrere su una guida orizzontale liscia. Un disco omogeneo, di raggio r e massa m, rotola senza strisciare sull'ipotenusa (di lunghezza L) della lamina, mentre una molla di costante elastica k collega il centro del disco al vertice C della lamina (vedi Fig. 8.2).

- Scrivere le equazioni di Lagrange del moto del sistema.
- Determinare il moto del sistema sapendo che all'istante iniziale esso è in quiete, e il punto di contatto tra disco e lamina è il vertice C.
- Calcolare la reazione vincolare che la lamina esercita sul disco. Stabilire quando il contatto disco-lamina risulti garantito, e determinare il minimo valore del coefficiente di attrito statico μ_s atto a garantire il puro rotolamento.

8.5. In un piano verticale, una lamina $ABCD$, omogenea di massa M, si appoggia senza attrito nei suoi vertici A, B su una guida orizzontale, sulla quale può scorrere (vedi Fig. 8.3). Un punto materiale P di massa m scorre senza attrito lungo un

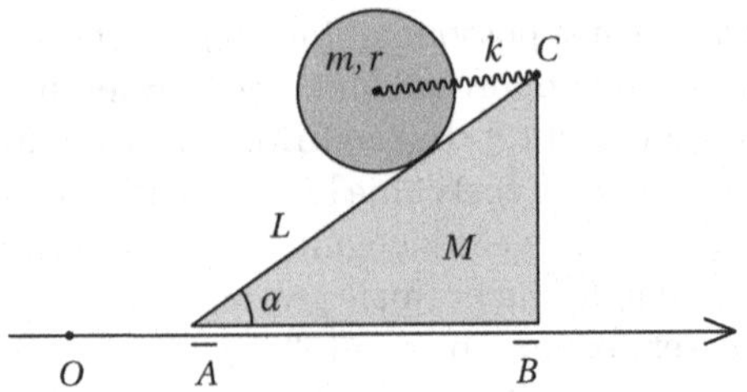

Figura 8.2 Disco che rotola senza strisciare su una lamina triangolare, Esercizio 8.4

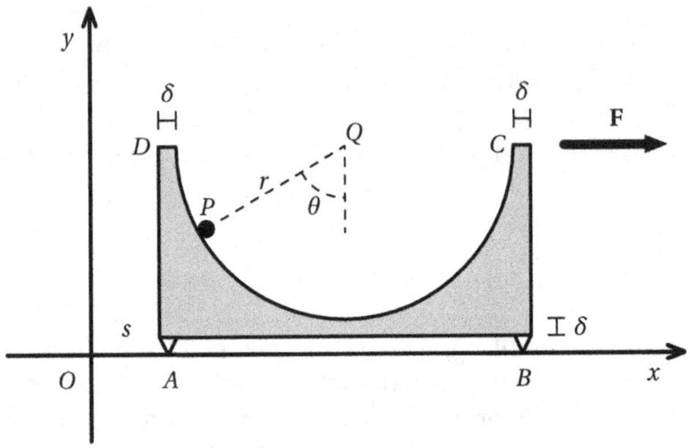

Figura 8.3 Punto che scorre su un profilo semicircolare mobile, Esercizio 8.5

profilo della lamina, a forma di semicirconferenza di raggio r. Detto Q il centro del profilo, si scelgano come coordinate libere l'ascissa s del punto A, e l'angolo θ che QP determina con la direzione verticale. Si trascurino in tutti i calcoli successivi le lunghezze indicate con δ in figura.

(i) Scrivere le equazioni di Lagrange per il sistema.
(ii) Determinare l'intensità della forza orizzontale **F** che, applicata sul punto C, mantiene in quiete la lamina durante il moto del punto.
(iii) Calcolare, nelle condizioni precedenti, le reazioni vincolari esterne in A e B.

8.6. In un piano verticale, un disco omogeneo di centro A, massa M_1 e raggio R_1 rotola senza strisciare su una guida orizzontale. Un'asta omogenea AB di massa m e lunghezza ℓ collega il centro del disco con il centro di un secondo disco omogeneo di centro B, massa M_2 e raggio R_2, che rotola senza strisciare sulla stessa guida orizzontale. Un motore interno distribuisce una coppia oraria di momento costante C_0 al disco posteriore, e una coppia opposta $-C_0$ all'asta (vedi Fig. 8.4).

- Si determini la relazione tra le velocità angolari dei tre corpi rigidi.
- Si determini un'equazione pura della dinamica, e si determini il moto sapendo che all'istante iniziale il sistema è in quiete.

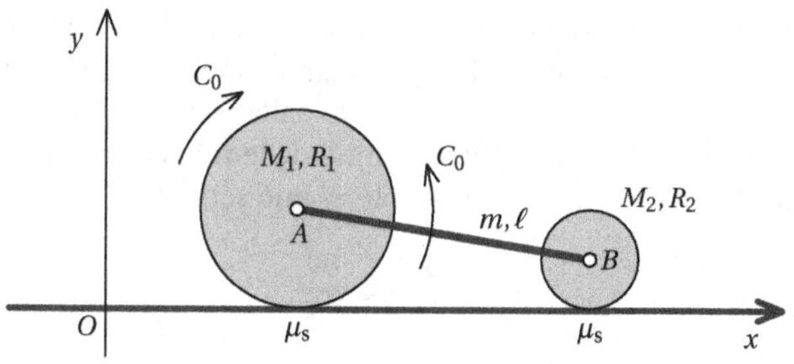

Figura 8.4 Due dischi collegati da un'asta, Esercizio 8.6

- Si calcolino le reazioni vincolari che la guida orizzontale esercita sui dischi. Calcolare i valori limite di C_0 che corrispondono al distacco di uno dei due dischi.
- Sapendo che il coefficiente di attrito statico tra guida e dischi è pari a μ_s calcolare i valori limite di C_0 che corrispondono alla perdita del vincolo di puro rotolamento.

8.3 Integrali primi lagrangiani

Le equazioni di Lagrange sono, come osservato nella (8.11), equazioni differenziali del secondo ordine, le cui incognite sono le coordinate libere. Abbiamo già sottolineato (vedi § 7.5 a pagina 184) come possa risultare estremamente utile identificare degli integrali primi del moto, e come sia possibile identificarne alcuni utilizzando le equazioni cardinali della dinamica o il teorema dell'energia cinetica. Mostreremo ora come una semplice ispezione della struttura della lagrangiana di un sistema olonomo conservativo possa aiutare ad identificare ulteriori integrali primi del moto.

Proposizione 8.7 (Integrale dei momenti cinetici). *Consideriamo un sistema olonomo conservativo, sottoposto a vincoli perfetti. Ogni volta che la lagrangiana* $\mathscr{L}$ non *dipenda esplicitamente da una coordinata* q_*, *la corrispondente equazione di Lagrange fornisce un integrale primo:*

$$\frac{d}{dt}\frac{\partial \mathscr{L}}{\partial \dot{q}_*} - \underbrace{\frac{\partial \mathscr{L}}{\partial q_*}}_{0} = 0 \quad \Longrightarrow \quad p_* = \frac{\partial \mathscr{L}}{\partial \dot{q}_*} = cost.$$

La coordinata q_* *che origina la legge di conservazione riceve il nome di coordinata* ciclica. *La corrispondente quantità* p_*, *che fornisce un integrale primo del moto, riceve il nome di* momento cinetico associato a q_*.

Dimostrazione. Il risultato enunciato richiede una semplice integrazione della equazione di Lagrange associata alla coordinata ciclica, una volta osservato che se la lagrangiana non dipende dalla coordinata si ha necessariamente $\frac{\partial \mathscr{L}}{\partial q_*} = 0$. □

Il nome *momento cinetico* assegnato alla quantità p_* è legato all'osservazione che, pur definito come derivata della lagrangiana rispetto alla derivata temporale della coordinata libera, esso in realtà dipende dalla sola struttura dell'energia cinetica, in quanto il potenziale è una funzione delle sole coordinate libere, e non delle loro derivate temporali. In altre parole, si può scrivere

$$p_* = \frac{\partial \mathscr{L}}{\partial \dot{q}_*} = \frac{\partial T}{\partial \dot{q}_*}.$$

Ulteriori informazioni sui momenti cinetici si ottengono se teniamo conto della struttura dell'energia cinetica analizzata nella Proposizione 7.6 (vedi pagina 162). L'equazione (7.13) mostra infatti che l'energia cinetica è una funzione (al più) quadratica delle derivate temporali $\dot{\mathsf{q}}$. Di conseguenza i momenti cinetici, ottenuti derivando l'energia cinetica, risultano funzioni (al più) *lineari* delle $\dot{\mathsf{q}}$

$$T = \tfrac{1}{2}\dot{\mathsf{q}} \cdot \mathbb{A}\dot{\mathsf{q}} + \mathbb{b} \cdot \dot{\mathsf{q}} + \tfrac{1}{2}c \quad \Longrightarrow \quad \mathsf{p} = \frac{\partial T}{\partial \dot{\mathsf{q}}} = \mathbb{A}\dot{\mathsf{q}} + \mathbb{b}.$$

Più precisamente si ha

$$p_* = \frac{\partial T}{\partial \dot{q}_*} = \sum_{k=1}^{\ell} a_{*k}\dot{q}_k + b_*, \quad \text{con} \quad \begin{cases} a_{*k} = \sum_{i\in I} m_i \dfrac{\partial(OP_i)}{\partial q_*} \cdot \dfrac{\partial(OP_i)}{\partial q_k} \\ b_* = \sum_{i\in I} m_i \dfrac{\partial(OP_i)}{\partial q_*} \cdot \dfrac{\partial(OP_i)}{\partial t}. \end{cases}$$

In altre parole i momenti cinetici sono, come la quantità di moto o il momento delle quantità di moto, particolari quantità meccaniche che dipendono linearmente dalle velocità del sistema.

Esercizi

8.7. In un piano verticale una lamina omogenea quadrata di lato ℓ e massa m ha il suo vertice A vincolato a scorrere senza attrito lungo un asse orizzontale (vedi Fig. 8.5). All'istante iniziale la lamina è in quiete, e il lato AB determina l'angolo θ_0 con l'orizzontale.

- Scrivere le equazioni di Lagrange del moto del sistema.
- Determinare due integrali primi del moto.
- Ricavare la velocità angolare della lamina quando AB diventa orizzontale.
- Calcolare in funzione della posizione la reazione vincolare agente su A.

8.8. In un piano verticale il sistema rigido $CDEF$, formato da due aste rigide omogenee di lunghezze $a, 2a$ e masse $m, 2m$, saldate ad angolo retto come in figura con $|CF| = \frac{1}{3}a$, è libero di scorrere senza attrito su un asse orizzontale. Un'ulteriore asta omogenea AB, di lunghezza ℓ e massa m, scorre senza attrito rispettivamente sui lati verticale ed orizzontale del carrello (vedi Fig. 8.6). Sul sistema

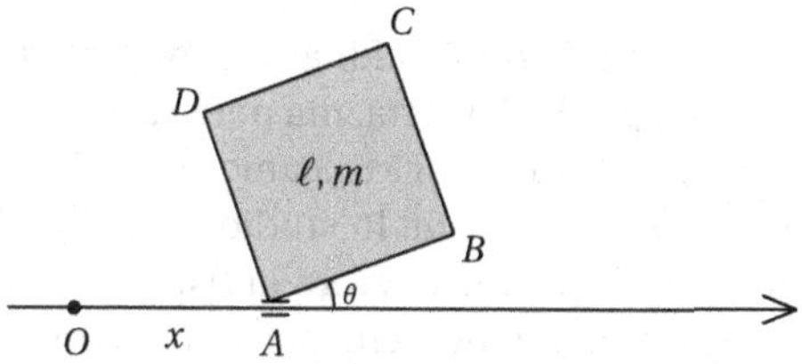

Figura 8.5 Lamina quadrata scorrevole lungo un asse orizzontale, Esercizio 8.7

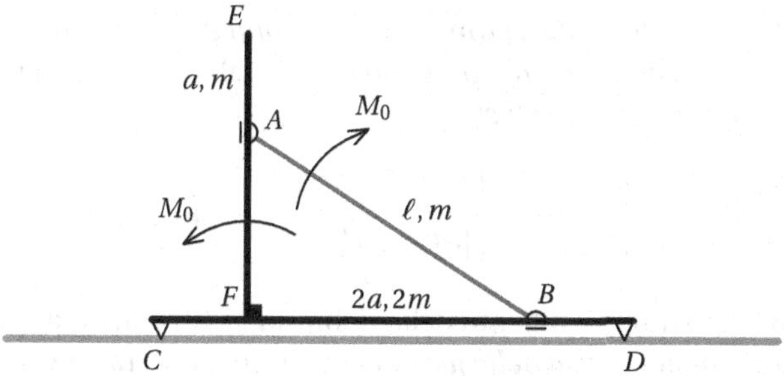

Figura 8.6 Asta girevole dentro un sistema rigido, Esercizio 8.8

agiscono due coppie, di momento costante M_0 e versi opposti (coppia antioraria sul carrello e oraria sull'asta).

- Determinare due integrali primi del moto.
- Sapendo che all'istante iniziale il sistema è in quiete con l'asta AB orizzontale, calcolare la velocità del carrello e la velocità angolare dell'asta quando questa diventa verticale.

8.4 Stabilità dell'equilibrio in sistemi con un grado di libertà

Nel Capitolo 6 abbiamo studiato le configurazioni di equilibrio di sistemi di punti e corpi rigidi, vincolati o meno, sottoposti a diversi tipi di sollecitazioni attive. Lo sviluppo delle equazioni del moto ci consente ora di approfondire quell'analisi per rispondere a una domanda essenziale: cosa succede se un sistema all'equilibrio viene perturbato? In termini più rigorosi, vogliamo scoprire sotto quali condizioni si possa garantire che i moti che partono *vicini* a una data configurazione di equilibrio e con *piccole* velocità rimarranno vicini alla configurazione di equilibrio stabilita. Per rispondere a tale domanda risulterà necessario quantificare cosa significhi partire vicini, e con piccole velocità, e dalla risposta scaturirà una classificazione, dovuta a Ljapunov [25], delle configurazioni di equilibrio, che verranno così catalogate come stabili o instabili.

In questo paragrafo ci limiteremo a studiare la stabilità delle configurazioni di equilibrio in un caso particolarmente semplice, ovvero quello dei sistemi olonomi con un solo grado di libertà e vincoli fissi, sottoposti a forze attive conservative. Alcuni dei risultati ottenuti sono validi anche per sistemi più generali, e in particolare per sistemi a più gradi di libertà, ma per la trattazione di tali sistemi rimandiamo i lettori a testi più avanzati di Meccanica Razionale. Rimane a maggior ragione fuori dalla presente esposizione lo studio della stabilità non delle posizioni di equilibrio ma di moti specifici, ovvero la risposta alla domanda: quando e in che senso risulta vero che due moti che partono *vicini* rimangono tali con il trascorrere del tempo?

Definizione 8.8 (Stabilità alla Ljapunov). *Una configurazione di equilibrio $q_\circ$ di un sistema olonomo con un grado di libertà si dice* stabile secondo Ljapunov *se per ogni $\epsilon, \epsilon' > 0$ esistono $\delta, \delta' > 0$ tali che*

$$\left.\begin{array}{r} |q(t_0) - q_\circ| < \delta \\ |\dot{q}(t_0)| < \delta' \end{array}\right\} \implies \left\{\begin{array}{l} |q(t) - q_\circ| < \epsilon \\ |\dot{q}(t)| < \epsilon' \end{array}\right. \qquad \textit{per ogni } t \geq t_0. \tag{8.12}$$

La Figure 8.7 illustra il significato della richiesta (8.12) con la rappresentazione di una traiettoria nello *spazio delle fasi*, nel quale vengono rappresentati il valore della coordinata libera e della sua derivata temporale. In tale spazio, la configurazione di equilibrio è rappresentata dal punto $(q, \dot{q}) = (q_\circ, 0)$, che descrive la situazione in cui il sistema è in quiete nella configurazione $q_\circ$. Analogamente, le orbite sono rappresentate da curve che partono dalla condizione iniziale $(q(t_0), \dot{q}(t_0))$. Si osservi tale orbite sono chiuse quando il moto del sistema è periodico, e che orbite diverse non possono incrociarsi (in quanto contraddirebbero il teorema di esistenza e unicità di Picard, vedi pagina 267).

La richiesta (8.12), che caratterizza le configurazioni di equilibrio stabili secondo Ljapunov, si può illustrare come segue nello spazio delle fasi. Data una configurazione di equilibrio, si scelga a piacere un suo intorno $\mathscr{I}_{\epsilon,\epsilon'}$, caratterizzato dai valori ϵ, ϵ' di scostamento massimo ammesso $|q(t) - q_\circ|$ dalla configurazione di equilibrio stessa, e $|\dot{q}(t)|$ dalla quiete. La configurazione $q_\circ$ si dirà stabile secon-

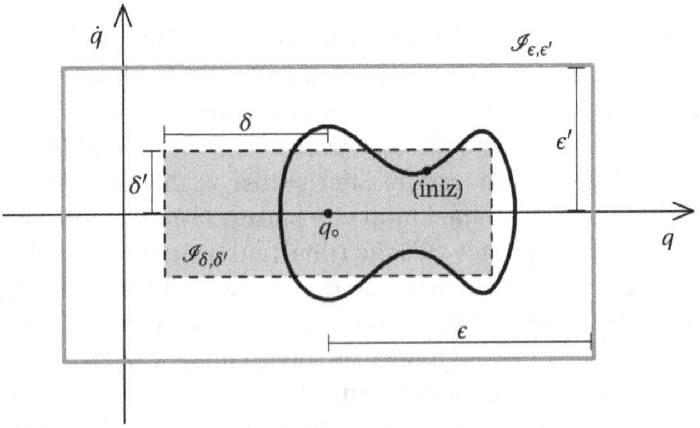

Figura 8.7 Illustrazione di un moto stabile secondo Ljapunov (*tratto continuo*) nello spazio delle fasi $(q, \dot{q})$. Partendo da $\mathscr{I}_{\delta,\delta'}$, esso si mantiene sempre dentro $\mathscr{I}_{\epsilon,\epsilon'}$

do Ljapunov se, quale che sia stata la scelta di ϵ, ϵ', risulta possibile identificare due valori δ, δ' (ovviamente dipendenti da ϵ, ϵ') e un corrispondente intorno $\mathscr{I}_{\delta,\delta'}$, con la seguente proprietà: ogni moto che ha inizio dentro $\mathscr{I}_{\delta,\delta'}$ non uscirà mai dai confini di $\mathscr{I}_{\epsilon,\epsilon'}$. Si osservi che un'orbita come quella indicata nella figura non contraddice la richiesta, anche se certamente esce da $\mathscr{I}_{\delta,\delta'}$.

Il seguente teorema consente di caratterizzare la stabilità delle configurazioni di equilibrio di sistemi conservativi con un grado di libertà.

Teorema 8.9 (Stabilità dell'equilibrio in sistemi con un grado di libertà). *Sia $q_\circ$ una configurazione di equilibrio di un sistema olonomo a vincoli fissi con un grado di libertà, sottoposto a forze attive conservative il cui potenziale $U(q)$ sia una funzione analitica della coordinata libera*[1]*. Allora*

$$q_\circ \text{ è stabile secondo Ljapunov} \iff q_\circ \text{ è un massimo isolato del potenziale } U.$$

Dimostrazione. Prima di procedere con la dimostrazione riguardante la stabilità dell'equilibrio di sistemi con un grado di libertà, si consiglia di rivedere l'Esempio di pagina 186, nel quale sono state illustrate alcune delle informazioni che si possono ricavare dalla conservazione dell'energia meccanica. Precisamente, ricordiamo che durante il moto risulta $T - U = E = \text{cost}$. Supponiamo inoltre, senza perdita di generalità, che il potenziale si annulli nel punto di equilibrio considerato $q_\circ$: $U(q_\circ) = 0$.

Nella prima parte della dimostrazione supponiamo che $q_\circ$ sia un massimo isolato di U, e ne dimostriamo la stabilità. A tal fine dimostreremo come i moti che partono sufficientemente vicini all'equilibrio non possiedono energia sufficiente per attraversare la frontiera del dominio $\mathscr{I}_{\epsilon,\epsilon'}$ in Figura 8.7, e quindi rimangono vicini alla configurazione di equilibrio.

In intorni sufficientemente piccoli il potenziale assume valori inferiori a quelli del suo massimo isolato, per cui $-U(q)$ sarà sempre non negativo, e si annullerà solo quando $q = q_\circ$. Analogamente, l'energia cinetica è sempre non negativa, e si annulla solo quando $\dot{q} = 0$. Di conseguenza, l'energia meccanica $E = T - U$ è strettamente positiva in tutto il dominio $\mathscr{I}_{\epsilon,\epsilon'}$, eccetto che nel punto $(q, \dot{q}) = (q_\circ, 0)$, dove si annulla. In particolare il suo minimo sul bordo di tale dominio (minimo che essa ammette per il teorema di Weierstrass [35], vedi pagina 266) sarà strettamente positivo, supponiamo pari a E_* (in formule, $E \geq E_* > 0$ per ogni $(q, \dot{q}) \in \partial\mathscr{I}_{\epsilon,\epsilon'}$). Siccome l'energia è una funzione continua che si annulla in $(q_\circ, 0)$, esiste un intorno $\mathscr{I}_{\delta,\delta'}$ di tale punto in cui essa è strettamente inferiore a E_*. Le orbite che partono da qualunque punto di questo dominio non hanno energia sufficiente per attraversare il bordo di $\mathscr{I}_{\epsilon,\epsilon'}$ e quindi rimangono confinate all'interno di tale dominio.

Supponiamo ora, nella seconda parte della dimostrazione, che $q_\circ$ non sia un massimo isolato. In tal caso, che sia minimo o flesso a tangente orizzontale, es-

[1] Una funzione si dice *analitica* in un punto del suo dominio se è sviluppabile in serie di potenze in un intorno del punto.

sendo analitica vale $-U(q) \le 0$ in (almeno) un intorno destro o sinistro di $q_\circ$. Supponiamo, senza perdere di generalità, che valga

$$U(q) \ge 0 \qquad \text{per ogni} \quad q_\circ \le q \le q_\circ + \epsilon,$$

e consideriamo il moto di condizioni iniziali $q(0) = q_\circ$, $\dot{q}(0) = \delta' > 0$. Per quanto piccola (purché positiva) sia la velocità iniziale δ', l'energia cinetica iniziale sarà strettamente positiva, mentre il potenziale iniziale si annulla perché $U\big(q(0)\big) = U(q_\circ) = 0$. Di conseguenza $E = T - U > 0$. Il sistema non ha punti di arresto prima di $q_\circ + \epsilon$, in quanto (vedi Esempio di pagina 186) $E + U(q) > 0$ per ogni $q_\circ \le q \le q_\circ + \epsilon$. Ne risulta che la configurazione di equilibrio è instabile, in quanto il moto considerato, pur partendo arbitrariamente vicino a $(q_\circ, 0)$, si allontana a distanza maggiore di ϵ. □

Osservazione. Il contenuto di questo teorema è in parte generalizzabile a sistemi con più gradi di libertà. Più precisamente, la tesi che i massimi isolati del potenziale sono configurazioni di equilibrio stabili secondo Ljapunov risulta vera in generale, e peraltro la dimostrazione del caso generale (teorema di Dirichlet [13] - Lagrange) sostanzialmente ricalca quella qui presentata. Molto più delicata è la trattazione del caso inverso, ovvero lo studio della stabilità di punti di equilibrio che non risultano massimi isolati del potenziale, in quanto nella dimostrazione qui presentata gioca un ruolo essenziale il concetto di punto di arresto del sistema, che è intrinsecamente legato ai sistemi con un solo grado di libertà.

Esempio (Diagramma di stabilità). In un piano verticale il rombo articolato $OABC$ è composto da quattro aste uguali, omogenee di lunghezza ℓ e massa m, incernierate tra di loro nei vertici di un rombo e vincolate in O a una cerniera fissa. Una molla di costante elastica k collega l'estremo B al vertice fisso O (vedi Fig. 8.8).

Determinare, per ogni valore della costante elastica k, le configurazioni di equilibrio del sistema, identificando le configurazioni stabili.

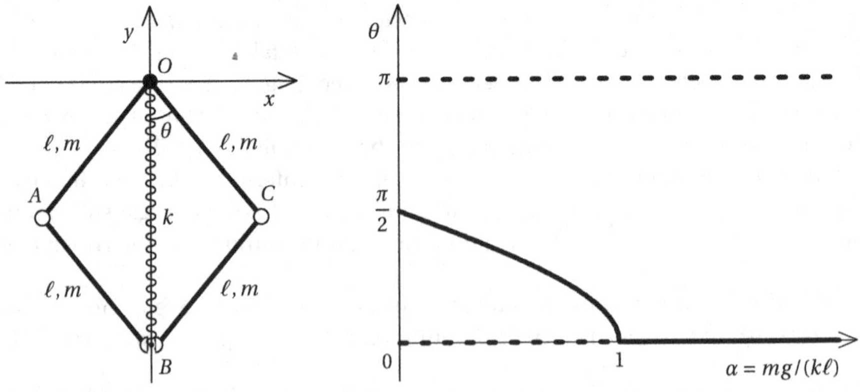

Figura 8.8 Rombo articolato dell'Esercizio 8.4, e diagramma di stabilità corrispondente

Soluzione. Sia $\theta \in [0, \pi]$ l'angolo che OC determina con la verticale discendente. Il potenziale del sistema è allora $U(\theta) = U_{\text{peso}} + U_{\text{molla}} = 4mg\ell\cos\theta - 2k\ell^2\cos^2\theta$.

Le configurazioni di equilibrio sono identificate dai punti stazionari del potenziale. Introdotto il parametro adimensionale positivo $\alpha = mg/(k\ell)$, si ottiene

$$U'(\theta) = 0 \quad \Longleftrightarrow \quad \sin\theta\,(\cos\theta - \alpha) = 0.$$

Esistono quindi le seguenti configurazioni di equilibrio:

$$\begin{array}{ll} \theta = 0 \quad \text{e} \quad \theta = \pi & \text{per ogni } \alpha \\ \theta = \arccos\alpha & \text{se } \alpha \le 1. \end{array}$$

Analizziamo la stabilità delle configurazioni identificate studiando la derivata seconda del potenziale. Essendo

$$U''(0) = 4k\ell^2(1-\alpha), \qquad U''(\pi) = 4k\ell^2(1+\alpha), \qquad U''(\arccos\alpha) = 4k\ell^2(\alpha^2-1),$$

si ricava che per ogni valore di $\alpha \neq 1$ esiste una sola configurazione di equilibrio stabile, e tale configurazione è $\theta = 0$ oppure $\theta = \arccos\alpha$, a seconda se α è maggiore o minore di 1. Le altre configurazioni di equilibrio sono instabili. Il caso $\alpha = 1$ (nel qual caso configurazioni $\theta = 0$ e $\theta = \arccos\alpha$ coincidono) va trattato con più cura, in quanto in questo caso si annulla la derivata seconda del potenziale. Analizzando le derivate successive si scopre che $U'''(0) = 0$ per ogni α, mentre $U^{(iv)}(0) = 4k\ell^2(\alpha-3)$, per cui la configurazione verticale $\theta = 0$ rappresenta un massimo del potenziale (ed è quindi di equilibrio stabile) anche per $\alpha = 1$.

I risultati appena descritti sono rappresentati nel *diagramma di stabilità* presente a destra in Figura 8.8. In questo tipo di diagrammi vengono mostrati, per ogni valore di un parametro variabile (α, nel nostro caso), le configurazioni di equilibrio di un sistema olonomo. Le curve continue/tratteggiate identificano inoltre le configurazioni di equilibrio stabili/instabili.

Esercizi

8.9. Rispondere alle domande seguenti facendo riferimento al moto illustrato nello spazio delle fasi nella Figura 8.7.

- Spiegare perché necessariamente l'orbita indicata è percorsa in verso orario.
- Spiegare perché i punti più a destra e più a sinistra dell'orbita si trovano sull'asse delle q.
- Spiegare perché l'orbita è simmetrica sotto riflessioni rispetto all'asse delle q. [Si suggerisce di utilizzare la conservazione dell'energia meccanica nella forma (7.35), vedi pagina 186.]

8.10. In un piano verticale un'asta omogenea OA di lunghezza ℓ e massa m è vincolata a una cerniera fissa nel suo estremo O, e incernierata in A al centro di un disco omogeneo di raggio r e massa M che rotola senza strisciare su un profilo cir-

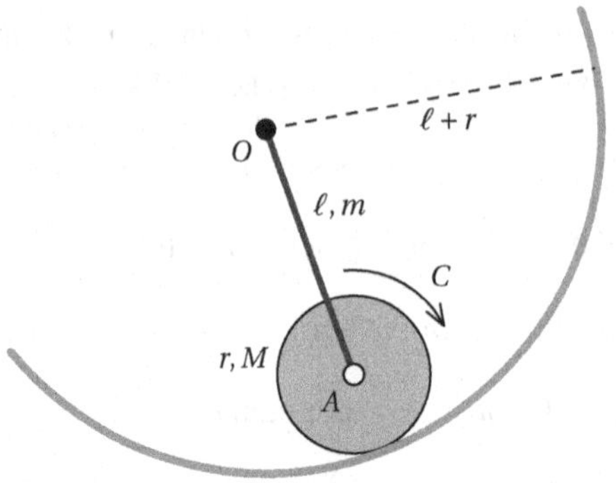

Figura 8.9 Disco che rotola senza strisciare su guida circolare, Esercizio 8.10

colare fisso centrato in O di raggio $\ell + r$. Sul disco è applicata una coppia assegnata di momento orario C (vedi Fig. 8.9).

Tracciare un diagramma di stabilità del sistema al variare del valore C.

8.5 Moti vicini all'equilibrio. Frequenza delle piccole oscillazioni

Nel paragrafo precedente abbiamo evidenziato il ruolo del potenziale nello stabilire la stabilità delle configurazioni di equilibrio di sistemi olonomi e conservativi con un grado di libertà. Approfondiamo ora la nostra analisi studiando i moti di tali sistemi quando una configurazione di equilibrio stabile viene perturbata. Scopriremo così che questi moti godono di numerose proprietà: in particolare, essi sono oscillatori, e le loro caratteristiche (ovvero frequenza e periodo, che impareremo a calcolare) sono indipendenti dall'ampiezza di tali oscillazioni. Questa proprietà, oltre ad avere importanti risvolti applicativi, gode di una meritata rinomanza storica, rappresentando una delle più importanti scoperte sperimentali realizzate da Galileo Galilei a Pisa più di quattro secoli orsono.

Consideriamo quindi un sistema olonomo con un grado di libertà, sottoposto a vincoli fissi e forze attive conservative. Sotto queste ipotesi, che sono quelle del Teorema 8.9, le configurazioni di equilibrio stabili coincidono con i massimi isolati del potenziale. Detta q la coordinata libera che descrive lo stato del sistema, e $q_\circ$ il valore della coordinata libera nella configurazione di equilibrio stabile, la Proposizione 7.6 (vedi pagina 162) consente di esprimere l'energia cinetica del sistema come $T = \frac{1}{2} a(q)\dot{q}^2$.

Sapendo, per ipotesi, che il moto è stabile, eseguiamo il cambio di variabile $q(t) = q_\circ + \epsilon u(t)$, con $\epsilon \ll 1$, e sviluppiamo conseguentemente energia cinetica e potenziale del sistema:

$$T = \tfrac{1}{2} a(q_\circ + \epsilon u)\,(\epsilon \dot{u})^2 = \tfrac{1}{2}\epsilon^2 a(q_\circ)\,\dot{u}^2 + o(\epsilon^2)$$
$$U = U(q_\circ + \epsilon u) = U(q_\circ) + \underbrace{U'(q_\circ)}_{0}(\epsilon u) + \tfrac{1}{2} U''(q_\circ)(\epsilon u)^2 + o(\epsilon^2) \quad \text{per } \epsilon \to 0,$$

dove si è usata la proprietà $U'(q_\circ) = 0$ che deriva dal teorema di stazionarietà del potenziale. Trascurando gli infinitesimi di ordine superiore, risulta possibile ricavare l'equazione di moto approssimata attraverso la corrispondente equazione di Lagrange. Si ottiene così

$$a(q_\circ)\,\ddot{u} = U''(q_\circ)u. \tag{8.13}$$

Qualora $U''(q_\circ) < 0$ (condizione che garantisce che $q_\circ$ sia un massimo isolato), l'equazione (8.13) ammette le soluzioni oscillatorie

$$u(t) = u_0 \cos\omega t + \frac{\dot{u}_0}{\omega}\sin\omega t, \qquad \text{dove} \quad \omega = \sqrt{-\frac{U''(q_\circ)}{a(q_\circ)}} \tag{8.14}$$

è la *frequenza delle piccole oscillazioni*, e $u_0, \dot{u}_0$ sono rispettivamente la posizione e velocità all'istante iniziale (vedi (A.35) a pagina 270). Le soluzioni oscillatorie (8.14) esibiscono la proprietà preannunciata in base alla quale la frequenza delle piccole oscillazioni risulta indipendente dall'ampiezza. Ovviamente altrettanto vale quindi per il periodo delle piccole oscillazioni, che si può ricavare dalla formula $T = 2\pi/\omega$.

Risonanza

Le oscillazioni armoniche che i sistemi olonomi effettuano vicino alle loro configurazioni di equilibrio stabili si manifestano ogni volta che il sistema viene sottoposto a una qualunque perturbazione esterna. Per meglio illustrare questa proprietà, supponiamo che il sistema sia sottoposto a una forzante esterna $f(t)$, dimodoché l'equazione del moto da risolvere diventi

$$a(q_\circ)\,\ddot{u} - U''(q_\circ)u = f(t), \quad \text{sempre con } q(0) = q_0,\ \dot{q}(0) = \dot{q}_0. \tag{8.15}$$

La soluzione del problema differenziale contiene, rispetto alle (8.14), un termine addizionale dovuto alla forzante (ovvero una soluzione particolare dell'equazione non omogenea). Più precisamente, utilizzando il metodo della variazione delle costanti arbitrarie è possibile dimostrare che la soluzione di (8.15) si può esprimere come

$$u(t) = u_0 \cos\omega t + \frac{\dot{u}_0}{\omega}\sin\omega t + \frac{1}{a(q_\circ)\omega}\int_0^t f(\tau)\sin\big(\omega(t-\tau)\big)\,d\tau,$$

sempre con $\omega^2 = -U''(q_\circ)/a(q_\circ)$.

Risulta particolarmente interessante da studiare il caso in cui la forzante in (8.15) sia essa stessa oscillatoria, con frequenza caratteristica ω_f: $f(t) = f_0 \sin\omega_f t$. In tal caso si ottiene $u(t) = u_0\cos\omega t + (\dot{u}_0/\omega)\sin\omega t + u_p(t)$, dove la soluzione particolare u_p è data da

$$u_\mathrm{p}(t) = \begin{cases} \dfrac{f_0(\omega \sin \omega_\mathrm{f} t - \omega_\mathrm{f} \sin \omega t)}{a(q_\circ)\omega(\omega^2 - \omega_\mathrm{f}^2)} & \text{se } \omega_\mathrm{f} \neq \omega \\[2ex] \dfrac{f_0(\sin \omega t - \omega t \cos \omega t)}{2a(q_\circ)\omega^2} & \text{se } \omega_\mathrm{f} = \omega. \end{cases} \tag{8.16}$$

Si osserva quindi che l'ampiezza delle oscillazioni forzate aumenta illimitatamente quando ω_f si avvicina alla *frequenza naturale* ω. Se si raggiunge poi il valore esatto $\omega_\mathrm{f} = \omega_0$, la (8.16) dimostra che l'ampiezza delle oscillazioni diverge col tempo, dimodoché il sistema finisce per allontanarsi dalla configurazione di equilibrio per quanto piccola sia l'ampiezza f_0 della forzante. Questo fenomeno, che prende il nome di *risonanza*, deve essere accuratamente valutato in fase di progettazione al fine di evitare instabilità indesiderate, che possono comportare financo la distruzione della struttura sottoposta ad esse (vedi il famoso crollo del ponte di Tacoma[2]).

Esempio (Oscillazioni anarmoniche). La trattazione precedente dimostra che il moto di un sistema con un grado di libertà vicino a una configurazione di equilibrio stabile si risolve in un'oscillazione armonica ogni volta che il moto si svolga sufficientemente vicino all'equilibrio e il potenziale soddisfi la condizione sufficiente $U''(q_\circ) < 0$. Analizziamo in questo esempio le oscillazioni di un tale sistema nel caso in cui questa ipotesi cada.

Partiamo dall'analisi qualitativa dei moti conservativi con un grado di libertà svolta nell'Esempio di pagina 186. In particolare, un moto che si svolge vicino alla configurazione di equilibrio stabile $q_\circ$ si arresterà nelle configurazioni q_a tali che $E + U(q_\mathrm{a}) = 0$. Inoltre la (7.36) consente di calcolare il semiperiodo come tempo di volo tra le due configurazioni di arresto $q_{\mathrm{a},1} < q_{\mathrm{a},2}$

$$\frac{T}{2} = \int_{q_{\mathrm{a},1}}^{q_{\mathrm{a},2}} \sqrt{\frac{a(q)}{2(E + U(q))}}\, dq. \tag{8.17}$$

Supponiamo che, per qualche $k \in \mathbb{N}$, valga

$$U(q) = U(q_\circ) + \frac{U^{(2k)}(q_\circ)}{(2k)!}(q - q_\circ)^{2k} + o\big((q - q_\circ)^{2k}\big) \qquad \text{per} \quad q \to q_\circ, \tag{8.18}$$

con $U^{(2k)}(q_\circ) < 0$ dimodoché $q_\circ$ rappresenti una configurazione di equilibrio stabile (massimo isolato del potenziale). In un moto con energia $E = -U(q_\circ) + \Delta^2$ i

[2] Il ponte sospeso di Tacoma, tra Tacoma e Gig Harbor (stato di Washington, Stati Uniti), crollò il 7 novembre 1940 in soli 70', a causa di un'instabilità aeroelastica. I vortici provocati al vento (burrasca moderata costante, alla velocità critica di 67Km/h) provocavano infatti una coppia torcente esattamente della frequenza torsionale del ponte.

punti di arresto saranno

$$q_a = q_\circ \pm \left(\frac{\Delta\sqrt{(2k)!}}{\sqrt{-U^{(2k)}(q_\circ)}} \right)^{1/k} + o(\Delta^{1/k}) \qquad \text{per} \quad \Delta \to 0^+.$$

L'ampiezza del moto periodico che ne consegue è di conseguenza proporzionale a $\Delta^{1/k}$. Calcolando il periodo del moto tramite la (8.17) si ricava, sempre nel limite $\Delta \to 0^+$,

$$T = 2\int_{-1}^{1} \frac{d\eta}{\sqrt{1-\eta^{2k}}} \frac{\big((2k)!\big)^{1/(2k)}}{\sqrt{2}} \frac{\sqrt{a(q_\circ)}}{\big(\sqrt{-U^{(2k)}(q_\circ)}\big)^{1/k}} \Delta^{1/k-1} + o\big(\Delta^{1/k-1}\big). \tag{8.19}$$

Il caso analizzato precedentemente in questo paragrafo (ovvero $U''(q_\circ) < 0$) corrisponde alla scelta $k = 1$ in (8.18). Quando $k = 1$, l'espressione (8.19) mostra come il periodo diventi indipendente da Δ (ovvero dall'energia e, di conseguenza dall'ampiezza delle oscillazioni). Inoltre, sempre per $k = 1$ l'integrale ivi presente vale π, e di conseguenza la (8.19) fornisce il risultato già noto $T = 2\pi/\omega$.

Per valori $k \geq 2$, la (8.19) mostra come il periodo dei moti anarmonici vicino all'equilibrio dipenda dalla loro ampiezza A. Più precisamente, e considerando che $A \sim \Delta^{1/k}$, si ottiene $T \sim A^{1-k}$. Risulta in particolare interessante sottolineare come, nel caso anarmonico, il periodo dei moti oscillatori vicini all'equilibrio diventi tanto maggiore quanto minore risulta la loro ampiezza.

Esercizi

8.11. In un piano verticale un'asta omogenea AB, di lunghezza ℓ e massa m, ha l'estremo A appoggiato su una guida liscia verticale (asse y). L'estremo B dell'asta è incernierato al centro di un disco omogeneo, di raggio R e massa M, che rotola senza strisciare su una guida orizzontale. Una molla di costante elastica k collega il punto B all'asse y, scorrendo su esso in modo da rimanere sempre orizzontale (vedi Fig. 8.10).

- Tracciare, al variare di k, il diagramma di stabilità del sistema.
- Calcolare la frequenza delle piccole oscillazioni attorno alle posizioni di equilibrio stabili.

8.12. In un piano verticale due dischi omogenei, omogenei di raggio R e massa M, rotolano senza strisciare sui cateti di una lamina a forma di triangolo rettangolo con angolo alla base α, la cui ipotenusa è saldata a una guida orizzontale. I centri dei dischi sono collegati da un'asta omogenea di lunghezza ℓ e massa m (vedi Fig. 8.11).

Calcolare la frequenza delle piccole oscillazioni attorno alla posizione di equilibrio stabile in cui ogni disco si appoggia su un cateto diverso della lamina.

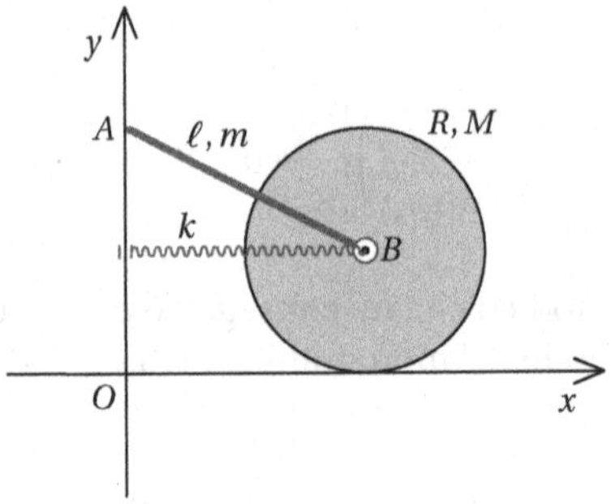

Figura 8.10 Disco e asta di cui all'Esercizio 8.11

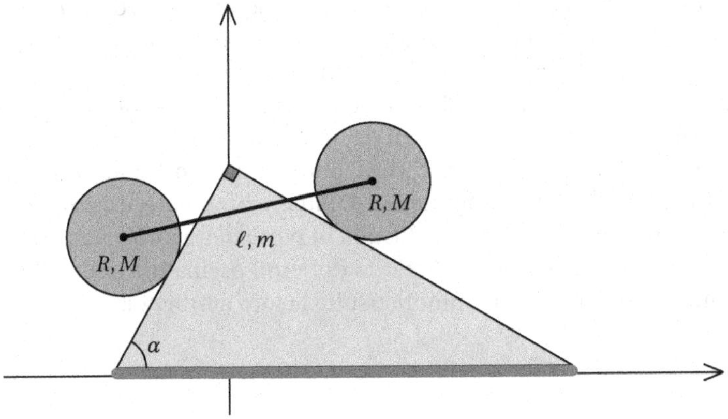

Figura 8.11 Due dischi collegati da un'asta su lamina triangolare, Esercizio 8.12

8.6 Soluzioni degli esercizi

8.1 Detta y l'ordinata del centro del disco, il vincolo di puro rotolamento agente su questo implica $\boldsymbol{\omega}^{(\mathrm{d})} = (\dot{y}/R)\,\mathbf{k}$. La relazione cinematica $y = R\cot\frac{\theta}{2}$ comporta allora $\boldsymbol{\omega}^{(OA)} = -\dot{\theta}\,\mathbf{k}$, $\boldsymbol{\omega}^{(\mathrm{d})} = -\frac{1}{2}\dot{\theta}/\sin^2\frac{\theta}{2}\,\mathbf{k}$.

Ricaviamo la coppia richiesta utilizzando il teorema dell'energia cinetica. Si ha ($\dot{\theta} = \text{cost} = -\omega_0$)

$$T = \tfrac{1}{6}m\ell^2\dot{\theta}^2 + \tfrac{3}{16}MR^2\dot{\theta}^2/\sin^4\tfrac{\theta}{2} \quad\Longrightarrow\quad \dot{T} = \tfrac{3}{8}MR^2\omega_0^3\cos\tfrac{\theta}{2}/\sin^5\tfrac{\theta}{2}$$
$$\Pi = -\tfrac{1}{2}mg\ell\omega_0\sin\theta - \tfrac{1}{2}MgR\omega_0/\sin^2\tfrac{\theta}{2} + k_{\mathrm{t}}\theta\,\omega_0 + C\omega_0,$$

ovvero $C(\theta) = \frac{3}{8}MR^2\omega_0^2\cos\frac{\theta}{2}/\sin^5\frac{\theta}{2} + \frac{1}{2}mg\ell\sin\theta + \frac{1}{2}MgR\omega_0/\sin^2\frac{\theta}{2} - k_{\mathrm{t}}\theta$.

Sull'asta agisce una coppia di inerzia nulla (in quanto la velocità angolare è costante), e una forza di inerzia pari a $\mathbf{F}^{(OA)}_{(\mathrm{in})} = \frac{1}{2}m\ell\omega_0^2(\sin\theta\,\mathbf{i} + \cos\theta\,\mathbf{j})$, agente sul suo centro di massa. Sul centro del disco agisce la forza di inerzia $\mathbf{F}^{(\mathrm{d})}_{(\mathrm{in})} =$

$-\frac{1}{2}MR\omega_0^2\cos\frac{\theta}{2}/\sin^3\frac{\theta}{2}\mathbf{j}$, mentre la corrispondente coppia di inerzia vale $\mathbf{C}_{(\mathrm{in})}^{(\mathrm{d})} = -\frac{1}{4}MR^2\omega_0^2\cos\frac{\theta}{2}/\sin^3\frac{\theta}{2}\mathbf{k}$.

Determiniamo la reazione vincolare $\mathbf{\Phi}_K$ che la guida esercita sul disco utilizzando la seguenti equazioni cardinali della dinamica (che, quindi, includono le forze e coppie di inerzia): seconda equazione per il disco rispetto al suo centro; seconda equazione per il sistema completo, rispetto all'estremo O dell'asta. Si ottiene $\mathbf{\Phi}_K = \big(Mg\cot\theta + \frac{1}{8}MR\omega_0^2(1+2\cos\theta)/\sin^4\frac{\theta}{2}\big)\mathbf{i} - \frac{1}{8}MR\omega_0^2\sin\theta/\sin^4\frac{\theta}{2}\mathbf{j}$.

8.2 L'analisi cinematica (già effettuata precedentemente nella risoluzione dell'Esercizio 6.11, vedi pagina 154) mostra che vi sono due possibilità che per collegare $\boldsymbol{\omega}^{(OC)} = \dot\phi\mathbf{k}$ e $\boldsymbol{\omega}^{(AB)} = -\dot\theta\mathbf{k}$. Tali possibilità sono $\dot\phi = \dot\theta$, oppure $\dot\phi = -3\dot\theta$.

Determiniamo la potenza esplicata dalla forza $\mathbf{F}$ con il teorema dell'energia cinetica. Essendo $T = \frac{4}{3}m\ell^2\dot\theta^2 + \frac{1}{6}m\ell^2\dot\phi^2$, la richiesta del testo si traduce in $\dot T = 0$ per cui, detto $U = -\frac{1}{2}mg\ell\sin\phi - 2mg\ell\sin\theta$ il potenziale delle forze peso si ha

$$\dot U + \Pi_{\mathbf{F}} = 0 \quad\Longrightarrow\quad \Pi_{\mathbf{F}} = \begin{cases} -\frac{5}{2}mg\ell\omega_0\cos\theta & \text{se } \phi = \theta \\ -mg\ell\omega_0\big(\frac{3}{2}\cos 3\theta + 2\cos\theta\big) & \text{se } \phi = \pi - 3\theta. \end{cases}$$

Sull'asta OC agisce la forza di inerzia $\frac{1}{2}m\ell\dot\phi^2(\cos\phi\mathbf{i} + \sin\phi\mathbf{j})$, applicata nel suo centro di massa, e la coppia di inerzia, che si annulla in virtù dell'ipotesi di velocità angolare costante. Si può quindi determinare l'azione di AB su OC con la seconda equazione cardinale della dinamica per l'asta OC, con polo O. Osservando che la forza di inerzia ha braccio nullo rispetto ad O si ricava per tale azione lo stesso valore calcolato in statica (vedi soluzione dell'Esercizio 6.11).

8.3 Siano θ l'angolo che GH determina con l'orizzontale, e s la coordinata dell'anellino lungo AB (a partire da G, e verso B). Il momento di inerzia del corpo rigido rispetto all'asse z passante per Q vale $I_{Qz} = \frac{29}{12}m\ell^2$. Di conseguenza l'energia cinetica del sistema risulta $T = \frac{29}{24}m\ell^2\dot\theta^2 + \frac{1}{2}m\big((\dot s - \frac{1}{2}\ell\dot\theta)^2 + s^2\dot\theta^2\big)$. La molla e il peso hanno potenziale $U = -\frac{1}{2}k(\ell^2 + s^2) - mg(-\frac{1}{2}\ell\sin\theta + s\cos\theta)$, mentre la coppia contribuisce solo alla componente generalizzata Q_θ. Si ha così $Q_s = -ks - mg\cos\theta$, e $Q_\theta = M + mg(\frac{1}{2}\ell\cos\theta + s\sin\theta)$. Le equazioni di Lagrange, una volta posto $\dot\theta = \omega_0 = \text{cost}$, forniscono

$$m\ddot s + (k - m\omega_0^2)s = -mg\cos\omega_0 t$$
$$M = m\big(-\tfrac{1}{2}\ell\ddot s + 2s\dot s\omega_0\big) - mg(\tfrac{1}{2}\ell\cos\theta + s\sin\theta).$$

Affinché il moto del punto sia oscillatorio deve essere $k > m\omega_0^2$. Va inoltre escluso anche il valore $k = 2m\omega_0^2$, in corrispondenza del quale si ottiene una risonanza (vedi pagina 270 dell'Appendice). Posto allora $\Omega = \sqrt{(k/m) - \omega_0^2} \neq \omega_0$, e considerati i dati iniziali $s(0) = 0$, $\dot s(0) = 0$, si ricava il moto del punto

$$s(t) = \frac{g(\cos\Omega t - \cos\omega_0 t)}{\Omega^2 - \omega_0^2},$$

e il conseguente valore della coppia durante il moto

$$M(t)=\frac{mg(\cos\Omega t-\cos\omega_0 t)}{2(\Omega^2-\omega_0^2)^2}\Big(\ell\Omega^2(\Omega^2-\omega_0^2)-4g\Omega\omega_0\sin\Omega t+2g(3\omega_0^2-\Omega^2)\sin\omega_0 t\Big).$$

8.4 Il sistema possiede due gradi di libertà. Detti x l'ascissa di A rispetto alla sua posizione iniziale O, e s la distanza da C del punto di contatto disco-lamina, le equazioni del moto si ricavano dalla lagrangiana

$$\mathscr{L}(x,s,\dot{x},\dot{s})=\tfrac{1}{2}(M+m)\dot{x}^2-m\dot{x}\dot{s}\cos\alpha+\tfrac{3}{4}m\dot{s}^2+mgs\sin\alpha-\tfrac{1}{2}ks^2,$$

e sono

$$\ddot{x}=\frac{m\ddot{s}\cos\alpha}{M+m},\qquad \tfrac{3}{2}m\ddot{s}-m\ddot{x}\cos\alpha+ks=mg\sin\alpha.$$

Posti $\lambda=\frac{3}{2}-m\cos^2\alpha/(M+m)$, $\omega=\sqrt{k/(m\lambda)}$, $a=(mg/k)\sin\alpha$, le soluzioni dell'equazioni del moto che soddisfano le condizioni iniziali $x(0)=0$, $\dot{x}(0)=0$, $s(0)=0$, $\dot{s}(0)=0$ sono

$$s(t)=a(1-\cos\omega t),\qquad x(t)=\frac{am\cos\alpha}{M+m}(1-\cos\omega t).$$

L'azione $\mathbf{\Phi}_K$ della lamina sul disco si ricava utilizzando la prima equazione cardinale della dinamica per il disco. Scomponendola nelle componenti associate ai versori $\{\mathbf{t},\mathbf{n}\}$, rispettivamente tangente e normale alla lamina, si ottiene

$$\mathbf{\Phi}_K=\frac{(M+m)mg\sin\alpha\cos\omega t}{3M+(3-2\cos^2\alpha)m}\mathbf{t}+\left(kr+\frac{3M+m\big(1+2\sin^2\alpha(1-\cos\omega t)\big)}{3M+(3-2\cos^2\alpha)m}mg\cos\alpha\right)\mathbf{n}.$$

Affinché il contatto sia garantito deve valere $0\le s(t)\le L$ per ogni t (che implica $kL\ge 2mg\sin\alpha$), e deve inoltre essere positiva la componente normale della reazione, condizione che risulta soddisfatta.

Inoltre, sia il massimo della componente tangente che il minimo di quella normale vengono raggiunti quando il disco è nella posizione più elevata ($\omega t=2n\pi$, con $n\in\mathbb{Z}$), per cui il puro rotolamento è soddisfatto se

$$\mu_s\ge\max\left(\frac{|T_K|}{N_K}\right)=\frac{(M+m)mg\sin\alpha}{kr\big(3M+(3-2\cos^2\alpha)m\big)+(3M+m)mg\cos\alpha}.$$

8.5 L'energia cinetica del sistema vale

$$T=\tfrac{1}{2}(M+m)\dot{s}^2-mr\dot{s}\dot{\theta}\cos\theta+\tfrac{1}{2}mr^2\dot{\theta}^2.$$

Per scrivere le equazioni di Lagrange dobbiamo ricavare le componenti generalizzate delle forze attive. La forza peso è conservativa, di potenziale $U=mgr\cos\theta$, mentre la forza orizzontale $\mathbf{F}$ ha lavoro virtuale $\delta L^{(F)}=F\delta s$, e contribuisce quindi solo alla componente Q_s, avendosi così

$$Q_\theta = -mgr\sin\theta, \qquad Q_s = F.$$

Le equazioni di Lagrange sono

$$r\ddot{\theta} - \ddot{s}\cos\theta = -g\sin\theta, \qquad (M+m)\ddot{s} - mr\ddot{\theta}\cos\theta + mr\dot{\theta}^2\sin\theta = F.$$

Ipotizzando che durante il moto la lamina sia in quiete si ottiene

$$\ddot{\theta} = -\frac{g}{r}\sin\theta \qquad \text{e} \qquad F = mr\dot{\theta}^2\sin\theta + mg\sin\theta\cos\theta.$$

Calcoliamo le reazioni vincolari $\boldsymbol{\Phi}_A = V_A\,\mathbf{j}$, $\boldsymbol{\Phi}_B = V_B\,\mathbf{j}$ utilizzando la componente verticale della prima equazione cardinale, e la seconda equazione cardinale rispetto al polo A, entrambe per il sistema completo. Si ottiene

$$V_A = \tfrac{1}{2}\big(Mg + mg(1+\sin^2\theta) - mr\dot{\theta}^2\cos\theta\big)$$
$$V_B = \tfrac{1}{2}\big(Mg + mg\cos^2\theta + mr\dot{\theta}^2\cos\theta\big).$$

8.6 Sia θ un angolo di rotazione orario del disco posteriore (di centro A). Essendo $\dot{x}_A = \dot{x}_B = R_1\dot{\theta}$, i rispettivi vincoli di puro rotolamento implicano che le velocità angolari dei corpi rigidi sono

$$\boldsymbol{\omega}^{(A)} = -\dot{\theta}\,\mathbf{k}, \qquad \boldsymbol{\omega}^{(AB)} = \mathbf{0}, \qquad \boldsymbol{\omega}^{(B)} = -\frac{R_1}{R_2}\dot{\theta}\,\mathbf{k}.$$

L'energia cinetica del sistema vale

$$T = \tfrac{1}{2}\tfrac{3}{2}M_1R_1^2\dot{\theta}^2 + \tfrac{1}{2}mR_1^2\dot{\theta}^2 + \tfrac{1}{2}\tfrac{3}{2}M_2R_2^2\frac{R_1^2}{R_2^2}\dot{\theta}^2 = \tfrac{1}{2}\big(\tfrac{3}{2}M_1 + m + \tfrac{3}{2}M_2\big)R_1^2\dot{\theta}^2$$

e la componente lagrangiana delle due coppie generate dal motore vale $Q_\theta = C_0$, in quanto la coppia agente sull'asta non esplica alcun lavoro virtuale visto che l'asta trasla senza ruotare. L'equazione pura del moto del sistema è quindi

$$\ddot{\theta} = \alpha_0, \qquad \text{con} \quad \alpha_0 = \frac{C_0}{\big(\tfrac{3}{2}M_1 + m + \tfrac{3}{2}M_2\big)R_1^2}$$

corrispondente al moto uniformemente accelerato $\theta(t) = \theta(0) + \tfrac{1}{2}\alpha_0 t^2$.

Detti H, K i punti di contatto dei dischi di centri A, B, calcoliamo le reazioni vincolari di contatto $\boldsymbol{\Phi}_H = H_H\,\mathbf{i} + V_H\,\mathbf{j}$, $\boldsymbol{\Phi}_K = H_K\,\mathbf{i} + V_K\,\mathbf{j}$ usando (per le componenti orizzontali) la seconda equazione cardinale della dinamica rispetto al centro di ogni disco, e (per le componenti verticali) la componente verticale della prima equazione cardinale della dinamica del sistema, e la seconda per il sistema rispetto al polo H. Si ottiene così

$$
\begin{aligned}
H_H &= \frac{(2M_1+2m+3M_2)C_0}{(3M_1+2m+3M_2)R_1} \qquad H_K = -\frac{M_2 C_0}{(3M_1+2m+3M_2)R_1}\\
V_H &= M_1 g + \tfrac{1}{2} mg + \frac{3M_1R_1 + m(R_1+R_2)+3M_2R_2}{(3M_1+2m+3M_2)R_1}\,\frac{C_0}{\sqrt{\ell^2-(R_1-R_2)^2}}\\
V_K &= M_2 g + \tfrac{1}{2} mg - \frac{3M_1R_1 + m(R_1+R_2)+3M_2R_2}{(3M_1+2m+3M_2)R_1}\,\frac{C_0}{\sqrt{\ell^2-(R_1-R_2)^2}}.
\end{aligned}
$$

Il sistema può staccarsi dal disco anteriore in fase di accelerazione ($C_0 > 0$), e dal disco posteriore in fase di frenata ($C_0 < 0$). L'intervallo di coppie ammesse è

$$
-\big(M_1 g + \tfrac{1}{2} mg\big) \le \frac{3M_1R_1 + m(R_1+R_2)+3M_2R_2}{(3M_1+2m+3M_2)R_1}\,\frac{C_0}{\sqrt{\ell^2-(R_1-R_2)^2}} \le M_2 g + \tfrac{1}{2} mg,
$$

espressione che si semplifica notevolmente nel caso di dischi di pari raggio ($R_1 = R_2 = R$), per diventare $-(M_1 g + \frac{1}{2} mg)\ell \le C_0 \le (M_2 g + \frac{1}{2} mg)\ell$.

I dischi *pattinano*, ovvero violano il vincolo di puro rotolamento, quando non viene più soddisfatta la relazione di Coulomb (5.8) (vedi pagina 125). A parità di intensità di coppia $|C_0|$, il disco posteriore pattinerà prima se la coppia è frenante ($C_0 < 0$), in quanto tale valore diminuisce la componente verticale della reazione vincolare. Detto $C_{0,\mathrm{fr}} < 0$ il valore negativo della coppia a cui il disco H perde contatto con la guida, il vincolo di puro rotolamento si rompe quando $C_0 = -\alpha_H C_{0,\mathrm{fr}}$, con

$$
\alpha_H = \frac{\mu_s}{\mu_s + \frac{(2M_1+2m+3M_2)\sqrt{\ell^2-(R_1-R_2)^2}}{3M_1R_1+m(R_1+R_2)+3M_2R_2}} < 1.
$$

Analogamente, il disco anteriore pattinerà prima se la coppia accelera il sistema ($C_0 > 0$). Detto $C_{0,\mathrm{acc}} > 0$ il valore positivo della coppia a cui il disco K perde contatto con la guida, il vincolo di puro rotolamento si rompe quando $C_0 = \alpha_K C_{0,\mathrm{acc}}$, con

$$
\alpha_K = \frac{\mu_s}{\mu_s + \frac{M_2\sqrt{\ell^2-(R_1-R_2)^2}}{3M_1R_1+m(R_1+R_2)+3M_2R_2}} < 1.
$$

Si osservi che i vincoli di puro rotolamento diventano tanto più facili da infrangere quanto più aumenta la distanza ℓ tra i centri dei dischi, e che comunque essi vengono violati prima che i dischi perdano contatto con la guida.

8.7 Detti x l'ascissa del punto A e θ l'angolo descritto nel testo, la lagrangiana del sistema è $\mathscr{L} = \frac{1}{2} m\dot{x}^2 - \frac{1}{2} m\ell\dot{x}\dot{\theta}\sin\theta + \frac{5}{24} m\ell^2\dot{\theta}^2 - \frac{1}{2} mg\ell\sin\theta$, da cui seguono le equazioni di Lagrange

$$
\ddot{x} - \tfrac{1}{2}\ell\ddot{\theta}\sin\theta - \tfrac{1}{2}\ell\dot{\theta}^2\cos\theta = 0, \qquad \tfrac{5}{6}\ell\ddot{\theta} - \ddot{x}\sin\theta + g\cos\theta = 0.
$$

Un integrale primo è fornito dall'energia meccanica; il secondo si ricava tenendo conto che la coordinata x è ciclica. Si osservi che questo integrale primo coincide con la componente orizzontale della quantità di moto, che si conserva per l'assenza di forze esterne orizzontali sulla lamina. Dai dati iniziali si ottiene $E = \frac{1}{2} mg\ell \sin\theta_0$, $Q_x = 0$, da cui segue

$$\dot{x} = \tfrac{1}{2}\ell\dot{\theta}\sin\theta, \qquad \dot{\theta}^2 = \frac{12(\sin\theta_0 - \sin\theta)}{5 - 3\sin^2\theta}\frac{g}{\ell}.$$

Di conseguenza la velocità angolare della lamina quando AB diventa orizzontale è pari a $\omega_{\text{fin}} = -\sqrt{\frac{12}{5}}\sqrt{\frac{g\sin\theta_0}{\ell}}$.

La reazione vincolare agente su A si ricava utilizzando la componente verticale della prima equazione cardinale della dinamica per la lamina. Si ottiene

$$\mathbf{\Phi}_A = \frac{4 + 6\cos^2\theta - 12\sin\theta(\sin\theta_0 - \sin\theta)}{(5 - 3\sin^2\theta)^2} mg\,\mathbf{j}.$$

8.8 Il sistema possiede due gradi di libertà. Scegliamo come coordinate libere l'ascissa x del punto C e l'angolo (antiorario) θ che l'asta AB determina con il lato verticale del carrello. Sia la forza peso che le coppie costanti sono conservative. Per calcolare il potenziale delle coppie consideriamo che le loro componenti generalizzate sono pari a $Q_x^{(\text{copp})} = 0$, $Q_\theta^{(\text{copp})} = -M_0$, per cui il potenziale totale è $U = -\frac{1}{2} mg\ell\cos\theta - M_0\theta$, e la lagrangiana del sistema vale

$$\mathscr{L} = T + U = \tfrac{3}{2} m\dot{x}^2 + \tfrac{1}{2} m\ell\dot{\theta}\dot{x}\cos\theta + \tfrac{1}{6} m\ell^2\dot{\theta}^2 - \tfrac{1}{2} mg\ell\cos\theta - M_0\theta.$$

La coordinata x è ciclica, per cui il corrispondente momento cinetico (che coincide con la componente orizzontale della quantità di moto del sistema) si conserva

$$p_x = 3m\dot{x} + \tfrac{1}{2} m\ell\dot{\theta}\cos\theta = 0.$$

L'altro integrale primo è l'energia meccanica

$$E = T - U = \tfrac{3}{2} m\dot{x}^2 + \tfrac{1}{2} m\ell\dot{\theta}\dot{x}\cos\theta + \tfrac{1}{6} m\ell^2\dot{\theta}^2 + \tfrac{1}{2} mg\ell\cos\theta + M_0\theta = M_0\tfrac{\pi}{2}.$$

Nell'istante richiesto, con $\theta_\text{f} = 0$, abbiamo

$$\dot{x}_\text{f} = -\tfrac{1}{6}\ell\dot{\theta}_\text{f}, \qquad \text{con} \quad \dot{\theta}_\text{f} = -\sqrt{\frac{4(M_0\pi - mg\ell)}{m\ell^2}}.$$

Si osservi che la configurazione richiesta è raggiungibile solo se $M_0\pi \geq mg\ell$.

8.10 Siano θ e ϕ rispettivamente l'angolo che l'asta OA determina con la verticale e l'angolo di rotazione orario del disco. Il potenziale delle forze attive è dato da $U = \frac{1}{2} mg\ell\cos\theta + C\phi$. I due angoli sono però legati dal vincolo di puro rotolamento. Per esplicitare tale legame basta richiedere l'uguaglianza tra la velocità del punto A come punto dell'asta (con velocità angolare $\boldsymbol{\omega}^{(OA)} = \dot{\theta}\,\mathbf{k}$ e centro di istantanea rotazione O), e la sua velocità come punto del disco (con velocità angolare $\boldsymbol{\omega}^{(\mathrm{d})} = -\dot{\phi}\mathbf{k}$ e centro di istantanea rotazione coincidente con il punto di contatto K tra disco e guida)

$$\boldsymbol{\omega}^{(OA)} \wedge OA = \boldsymbol{\omega}^{(\mathrm{d})} \wedge KA \qquad \Longrightarrow \qquad \ell\dot{\theta} = r\dot{\phi}.$$

Essendo quindi $U(\theta) = \frac{1}{2}mg\ell\cos\theta + C\ell\theta/r$, le configurazioni di equilibrio soddisfano $U'(\theta) = 0$, ovvero

$$\sin\theta_{\mathrm{eq}} = \frac{C}{C_{\mathrm{max}}}, \qquad \text{con} \quad C_{\mathrm{max}} = \tfrac{1}{2}mgr.$$

In particolare, non vi sono configurazioni di equilibrio se $C > C_{\mathrm{max}}$. Studiando il segno di $U''(\theta)$ si ricava infine che è stabile la configurazione con coseno positivo, e instabile quella in cui l'asta punta verso l'alto (vedi Fig. 8.12).

8.11 Sia θ l'angolo che l'asta AB determina con l'asse y. Per tracciare il diagramma di stabilità basta studiare il potenziale delle forze attive

$$U(\theta) = -mg(R + \tfrac{1}{2}\ell\cos\theta) - \tfrac{1}{2}k\ell^2\sin^2\theta.$$

Le posizioni di equilibrio, ovvero le soluzioni dell'equazione $U'(\theta) = 0$, soddisfano

$$\sin\theta(\cos\theta - \alpha) = 0, \qquad \text{con} \quad \alpha = \frac{mg}{2k\ell}.$$

Per stabilirne la stabilità si studia il segno di $U''(\theta) = k\ell^2(1 + \alpha\cos\theta - 2\cos^2\theta)$.

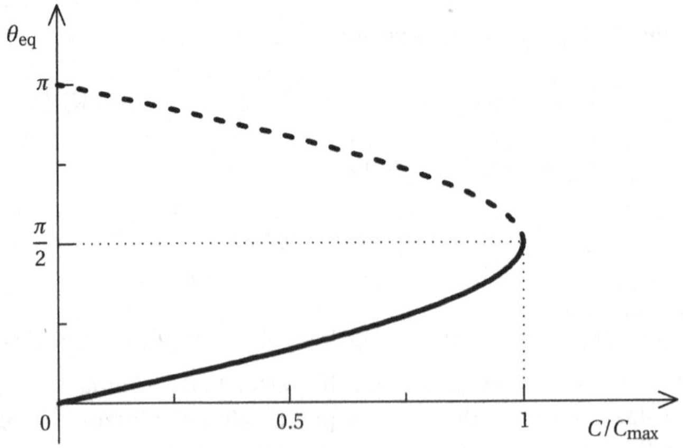

Figura 8.12 Diagramma di stabilità dell'Esercizio 8.10

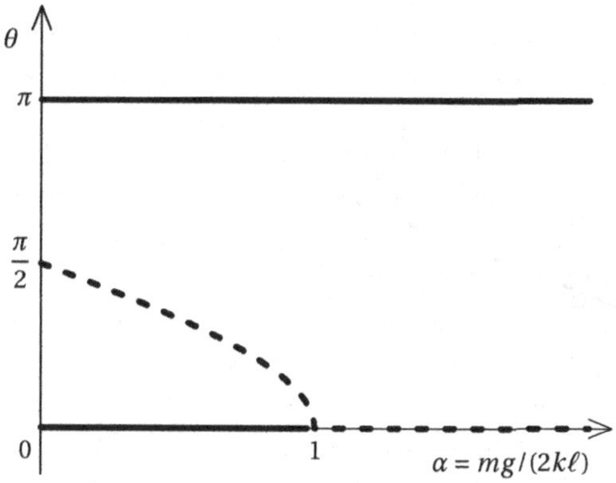

Figura 8.13 Diagramma di stabilità dell'Esercizio 8.11

Si ottiene così il seguente diagramma di stabilità (illustrato in Fig. 8.13)

θ_{eq}	stabile se
0	$\alpha < 1$
$\arccos\alpha$	mai
π	per ogni α.

Per calcolare la frequenza delle piccole oscillazioni dobbiamo calcolare l'energia cinetica del sistema. Osserviamo che, detto ϕ l'angolo di rotazione orario del disco, essendo $x_B = \ell\sin\theta = R\phi$, le velocità angolari di asta e disco valgono $\boldsymbol{\omega}^{(\text{asta})} = \dot\theta\,\mathbf{k}$, $\boldsymbol{\omega}^{(\text{disco})} = -(\ell/R)\,\dot\theta\cos\theta\,\mathbf{k}$. Di conseguenza l'energia cinetica vale

$$T = \tfrac{1}{2}m\tfrac{1}{4}\ell^2\dot\theta^2 + \tfrac{1}{2}\tfrac{1}{12}m\ell^2\dot\theta^2 + \tfrac{3}{2}MR^2\tfrac{\ell^2}{R^2}\dot\theta^2\cos^2\theta = \tfrac{1}{2}\big(\tfrac{1}{3}m\ell^2 + 3M\ell^2\cos^2\theta\big)\dot\theta^2.$$

Posta $a(\theta) = \frac{1}{3}m\ell^2 + 3M\ell^2\cos^2\theta$, la frequenza delle piccole oscillazioni attorno alle configurazioni di equilibrio stabili vale

$$\omega = \sqrt{-\frac{U''(\theta_{\text{stab}})}{a(\theta_{\text{stab}})}} = \begin{cases} \sqrt{\dfrac{3k(1-\alpha)}{m+9M}} & \text{attorno a } \theta = 0 \quad (\text{per } \alpha < 1) \\[2ex] \sqrt{\dfrac{3k(1+\alpha)}{m+9M}} & \text{attorno a } \theta = \pi \quad (\text{per ogni } \alpha). \end{cases}$$

8.12 Il sistema possiede un grado di libertà. Per determinare le relazioni cinematiche introduciamo: le ascisse s_1, s_2 dei punti di contatto dei dischi (contate lungo il relativo cateto, a partire dal vertice superiore); gli angoli di rotazione antiorari ϕ_1, ϕ_2 dei due dischi, l'angolo θ che l'asta determina con l'orizzontale.

I vincoli di puro rotolamento impongono $\dot s_1 = R\dot\phi_1$, $\dot s_2 = -R\dot\phi_2$ (si noti il segno della seconda relazione cinematica, dettato dal fatto che quando il disco ruota in verso antiorario si avvicina al vertice superiore, e quindi diminuisce s_2).

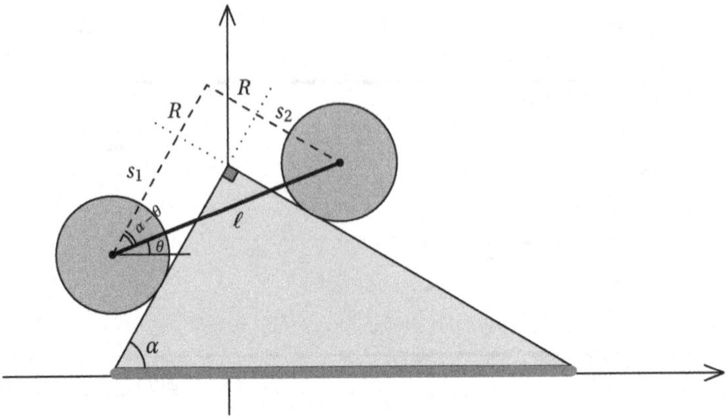

Figura 8.14 Costruzione per la soluzione dell'Esercizio 8.12

Tracciando poi le parallele ai cateti passanti per i centri dei dischi (vedi Fig. 8.14) si ottiene un nuovo triangolo rettangolo di angolo alla base $\alpha - \theta$ che consente di ricavare $R + s_1 = \ell \cos(\alpha - \theta)$, $R + s_2 = \ell \sin(\alpha - \theta)$.

Il sistema è conservativo, con potenziale

$$U = \left(M + \tfrac{1}{2}m\right) g\,(s_1 \sin\alpha + s_2 \cos\alpha) + \text{cost} = \left(M + \tfrac{1}{2}m\right) g\,\ell \sin(2\alpha - \theta) + \text{cost.}$$

La configurazione di equilibrio stabile corrisponde al massimo del potenziale, e si ottiene quindi per $2\alpha - \theta_{\text{stab}} = \frac{\pi}{2}$, ovvero $\theta_{\text{stab}} = 2\alpha - \frac{\pi}{2}$.

Per determinare la frequenza delle piccole oscillazioni calcoliamo l'energia cinetica del sistema

$$T = \tfrac{3}{4}M\dot{s}_1^2 + \tfrac{3}{4}M\dot{s}_2^2 + \tfrac{1}{2}m\,\tfrac{1}{4}\left(\dot{s}_1^2 + \dot{s}_2^2\right) + \tfrac{1}{24}m\ell^2\dot{\theta}^2 = \tfrac{1}{2}\left(\tfrac{3}{2}M + \tfrac{1}{3}m\right)\ell^2\dot{\theta}^2,$$

per cui la frequenza vale

$$\omega = \sqrt{\frac{3(2M+m)}{9M+2m}\,\frac{g}{\ell}}\,.$$

Capitolo 9
Meccanica relativa

Nei capitoli precedenti abbiamo analizzato i metodi che consentono di studiare l'equilibrio e il moto di sistemi di punti e corpi rigidi, supponendo sempre che il sistema di riferimento utilizzato per le nostre osservazioni fosse *inerziale*, ovvero tale per cui risulta valido il secondo Principio della Meccanica nella sua forma (5.1) (vedi pagina 115). Nel Capitolo 3, dedicato alla Cinematica Relativa, abbiamo però osservato che le accelerazioni misurate da due osservatori sono in generale diverse, e ubbidiscono precisamente alla (3.6) (vedi pagina 69). Di conseguenza, se un osservatore inerziale verifica il legame $\mathbf{F} = m\mathbf{a}$ tra la forza agente su un punto e l'accelerazione di quest'ultimo, per un osservatore non inerziale il legame tra forza e accelerazione sarà necessariamente diverso e più complesso.

Per il singolo punto materiale, abbiamo dimostrato nel § 5.1 (vedi pagina 115) che il corretto studio del moto in un sistema non inerziale richiede l'inserimento, tra le forze agenti sul sistema, delle *forze apparenti* (vedi (5.3) a pagina 116), che consistono nella somma di una *forza di trascinamento* $\mathbf{F}_t$ e una *forza di Coriolis* $\mathbf{F}_C$, rispettivamente date da

$$\mathbf{F}_t = -m\mathbf{a}_O - m\dot{\mathbf{\Omega}} \wedge OP - m\mathbf{\Omega} \wedge (\mathbf{\Omega} \wedge OP), \qquad \mathbf{F}_C = -2m\mathbf{\Omega} \wedge \mathbf{v},$$

dove $m, \mathbf{v}$ sono rispettivamente massa e velocità del punto materiale P, $\mathbf{a}_O$ è l'accelerazione (rispetto a un sistema inerziale) dell'origine O del sistema di riferimento non inerziale considerato, e $\mathbf{\Omega}$ e la velocità angolare del sistema non inerziale (sempre rispetto a uno inerziale).

Il presente capitolo è dedicato all'analisi degli effetti delle forze apparenti sull'equilibrio e sul moto dei sistemi materiali.

9.1 Riduzione e componenti conservative delle forze apparenti

Abbiamo già ripetutamente verificato l'importanza della riduzione dei sistemi di forze (vedi § 4.2, pagina 80), in quanto ogni sistema di forze applicato su un sin-

P. Biscari, *Introduzione alla Meccanica Razionale. Elementi di teoria con esercizi*, UNITEXT – La Matematica per il 3+2 94, DOI 10.1007/978-88-470-5779-1_9

golo corpo rigido può essere sostituito con un qualunque sistema di forze equivalenti, senza che lo scambio produca alcun effetto sull'equilibrio o sul moto del corpo rigido stesso. Analogamente, abbiamo constatato l'importanza delle forze attive conservative, in quanto la conoscenza del loro potenziale agevola la ricerca di configurazioni di equilibrio, di integrali primi, e in generale lo studio di tutte le proprietà meccaniche. In virtù di queste considerazioni, questo paragrafo sarà dedicato all'analisi dettagliata del sistema di forze apparenti agenti su un sistema, o su un singolo corpo rigido.

Proposizione 9.1 (Risultante delle forze apparenti). *Il risultante del sistema delle forze apparenti è pari alla forza apparente che agirebbe sul centro di massa se questo avesse la massa totale del sistema:*

$$\begin{aligned}\mathbf{R}_{app} &= \sum_{i\in I}\big(-m_i\,\mathbf{a}_O - m_i\,\dot{\boldsymbol{\Omega}}\wedge OP_i - m_i\,\boldsymbol{\Omega}\wedge(\boldsymbol{\Omega}\wedge OP_i) - 2m_i\,\boldsymbol{\Omega}\wedge\mathbf{v}_i\big)\\ &= -m\,\mathbf{a}_O - m\,\dot{\boldsymbol{\Omega}}\wedge OG - m\,\boldsymbol{\Omega}\wedge(\boldsymbol{\Omega}\wedge OG) - 2m\,\boldsymbol{\Omega}\wedge\mathbf{v}_G.\end{aligned}$$

Dimostrazione. Per ricavare la tesi basta considerare separatamente i diversi termini delle forze apparenti, e raccogliere in ciascuno di essi quanto possibile i termini indipendenti dall'indice i di somma. Si ottiene così

$$\mathbf{R}_{\text{app}} = -\big(\sum_{i\in I} m_i\big)\mathbf{a}_O - \dot{\boldsymbol{\Omega}}\wedge\big(\sum_{i\in I} m_i OP_i\big) - \boldsymbol{\Omega}\wedge\big(\boldsymbol{\Omega}\wedge\big(\sum_{i\in I} m_i OP_i\big)\big) - 2\boldsymbol{\Omega}\wedge\big(\sum_{i\in I} m_i\mathbf{v}_i\big).$$

Per completare la dimostrazione si utilizzano a questo punto le identità

$$\sum_{i\in I} m_i = m, \qquad \sum_{i\in I} m_i\,OP_i = m\,OG, \qquad \sum_{i\in I} m_i\,\mathbf{v}_i = m\mathbf{v}_G,$$

rispettivamente provenienti dalla definizione di massa totale, dalla definizione di posizione del centro di massa (vedi (4.8) a pagina 85), e dall'identità (7.1) per il calcolo della quantità di moto (vedi pagina 158). □

Se l'identificazione del risultante delle forze apparenti si realizza piuttosto semplicemente, non altrettanto si può affermare riguardo al calcolo del momento risultante delle stesse forze, specie per quanto il momento risultante delle forze di Coriolis. Per questo motivo consideriamo separatamente il calcolo del momento risultante delle forze di trascinamento e delle forze di Coriolis.

Proposizione 9.2 (Momento risultante delle forze di trascinamento). *Il momento risultante del sistema delle forze di trascinamento, rispetto all'origine O del sistema non inerziale considerato, vale*

$$\begin{aligned}\mathbf{M}_{O,t} &= \sum_{i\in I} OP_i\wedge\mathbf{F}_{t,i} = \sum_{i\in I} OP_i\wedge\big(-m_i\,\mathbf{a}_O - m_i\,\dot{\boldsymbol{\Omega}}\wedge OP_i - m_i\,\boldsymbol{\Omega}\wedge(\boldsymbol{\Omega}\wedge OP_i)\big)\\ &= -m\,OG\wedge\mathbf{a}_O - \mathbf{I}_O\dot{\boldsymbol{\Omega}} + \mathbf{I}_O\boldsymbol{\Omega}\wedge\boldsymbol{\Omega}, \qquad (9.1)\end{aligned}$$

e quindi in generale non *coincide con il momento che possiederebbe il risultante se fosse applicato nel centro di massa.*

Dimostrazione. Separando i vari termini nel calcolo del momento si ottiene

$$\mathbf{M}_{O,\mathrm{t}} = -\Big(\sum_{i\in I} m_i\, OP_i\Big)\wedge \mathbf{a}_O - \sum_{i\in I} m_i\, OP_i \wedge (\dot{\mathbf{\Omega}}\wedge OP_i) - \sum_{i\in I} m_i\, OP_i \wedge \big(\mathbf{\Omega}\wedge(\mathbf{\Omega}\wedge OP_i)\big).$$

Consideriamo separatamente i tre addenti nell'espressione precedente.

Il primo si semplifica ricordando che, dalla definizione di centro di massa, $m\,OG = \sum_i m_i\, OP_i$.

Il secondo addendo in $\mathbf{M}_{O,\mathrm{t}}$ si esprime più semplicemente se adoperiamo la proprietà (7.8) (vedi pagina 160), che implica $\sum_i m_i\, OP_i \wedge (\dot{\mathbf{\Omega}}\wedge OP_i) = \mathbf{I}_O\dot{\mathbf{\Omega}}$, dove $\mathbf{I}_O$ è la matrice di inerzia del sistema, rispetto al polo O.

L'ultimo addendo in $\mathbf{M}_{O,\mathrm{t}}$ richiede un po' più di lavoro. Se applichiamo l'identità vettoriale (A.11) (vedi pagina 253), ovvero $\mathbf{a}\wedge(\mathbf{b}\wedge\mathbf{c}) = (\mathbf{a}\cdot\mathbf{c})\,\mathbf{b} - (\mathbf{a}\cdot\mathbf{b})\,\mathbf{c}$, ponendo $\mathbf{a} = OP_i$, $\mathbf{b} = \mathbf{\Omega}$, $\mathbf{c} = \mathbf{\Omega}\wedge OP_i$, risulta

$$\mathbf{M}_{O,\mathrm{t}} = -m\,OG\wedge\mathbf{a}_O - \mathbf{I}_O\dot{\mathbf{\Omega}} - \sum_{i\in I} m_i\,\underbrace{OP_i\cdot(\mathbf{\Omega}\wedge OP_i)}_{\mathbf{0}}\,\mathbf{\Omega} - \sum_{i\in I} m_i\,(OP_i\cdot\mathbf{\Omega})\,(\mathbf{\Omega}\wedge OP_i),$$

dove abbiamo utilizzato la proprietà che un prodotto misto con due vettori paralleli si annulla (vedi (A.14) a pagina 253). Raccogliamo ora fuori dalla somma il vettore $\mathbf{\Omega}$ presente nel prodotto vettoriale

$$-\sum_{i\in I} m_i\,(OP_i\cdot\mathbf{\Omega})\,(\mathbf{\Omega}\wedge OP_i) = -\mathbf{\Omega}\wedge\sum_{i\in I} m_i\,(OP_i\cdot\mathbf{\Omega})\,OP_i.$$

Per riconoscere il significato del membro destro così ottenuto si suggerisce di rivedere a riguardo l'Esercizio 4.25 a pagina 95, e in particolare l'espressione (4.24), che riscriviamo di seguito per comodità del lettore

$$\mathbf{I}_O\mathbf{\Omega} = \Big(\sum_{i\in I} m_i(OP_i)^2\Big)\mathbf{\Omega} - \sum_{i\in I} m_i(OP_i\cdot\mathbf{\Omega})\,OP_i.$$

Se ora moltiplichiamo vettorialmente questa equazione per $\mathbf{\Omega}$ il primo termine a destra si cancella (in quanto prodotto vettoriale di $\mathbf{\Omega}$ per un vettore parallelo ad esso), e si ottiene

$$-\mathbf{\Omega}\wedge\sum_{i\in I} m_i(OP_i\cdot\mathbf{\Omega})\,OP_i = \mathbf{\Omega}\wedge\mathbf{I}_O\mathbf{\Omega}.$$

Abbiamo così dimostrato che l'ultimo addendo in $\mathbf{M}_{O,\mathrm{t}}$ è proprio pari a $\mathbf{\Omega}\wedge\mathbf{I}_O\mathbf{\Omega}$.

Rimettendo insieme i vari pezzi della dimostrazione otteniamo precisamente la (9.1). □

Ricordiamo che un sistema di forze ammette retta di applicazione del risultante solo se il suo invariante scalare risulta nullo: $\mathscr{I} = \mathbf{R}\cdot\mathbf{M}_O = 0$. Se analizziamo il risultato (9.1) valgono allora le seguenti osservazioni.

- La componente della forza di trascinamento dovuta all'accelerazione $\mathbf{a}_O$ ha sempre invariante scalare nullo (vale infatti $\mathscr{I}_{\mathbf{a}_O} = -m\,\mathbf{a}_O\cdot OG\wedge\mathbf{a}_O = 0$). Osservando inoltre che il momento risultante $-m\,OG\wedge\mathbf{a}_O$ si annulla se il polo coincide con G, si ricava inoltre che il sistema è equivalente al suo risultante $-m\mathbf{a}_O$ applicato nel centro di massa.

- La componente della forza di trascinamento dovuta all'accelerazione angolare $\dot{\boldsymbol{\Omega}}$ ammette retta di applicazione del risultante ogni volta che $\dot{\boldsymbol{\Omega}}$ sia parallela ad un asse principale in O. In tal caso infatti vale $\mathbf{I}_O\dot{\boldsymbol{\Omega}} = \lambda\dot{\boldsymbol{\Omega}}$, da cui segue $\mathscr{I}_{\dot{\Omega}} = m\dot{\boldsymbol{\Omega}} \wedge OG \cdot \mathbf{I}_O\dot{\boldsymbol{\Omega}} = 0$.
- Anche la componente della forza di trascinamento quadratica nella velocità angolare ammette retta di applicazione del risultante se $\boldsymbol{\Omega}$ è parallela a un asse principale in O. Anzi, in tal caso, il momento risultante rispetto all'origine si annulla, e tali forze diventano equivalenti al risultante applicato in O.

Per quanto riguarda le forze di Coriolis, non risulta semplice fornire un'espressione generale che risulti valida per un qualunque sistema materiale. È comunque possibile calcolare il momento risultante su ogni singolo corpo rigido presente nel sistema.

Proposizione 9.3 (Momento risultante delle forze di Coriolis). *Il momento risultante del sistema delle forze di Coriolis agenti su un singolo corpo rigido, rispetto all'origine O del sistema non inerziale considerato, vale*

$$\mathbf{M}_{O,C} = \sum_{i\in I} OP_i \wedge \left(-2m_i\boldsymbol{\Omega}\wedge\mathbf{v}_i\right) = -2m\,OG\wedge\left(\boldsymbol{\Omega}\wedge\mathbf{v}_G\right) - 2\boldsymbol{\omega}\wedge\left(\mathbf{I}_G\boldsymbol{\Omega} - I_G\boldsymbol{\Omega}\right),$$

dove $\mathbf{I}_G$ *e* I_G *indicano rispettivamente la matrice d'inerzia e il momento polare (vedi Definizione* (4.27) *a pagina 95) rispetto al centro di massa G. Esso quindi* non *coincide in generale con il momento che possiederebbe il risultante se fosse applicato nel centro di massa.*

Dimostrazione. Scomponiamo inizialmente il vettore posizione di ogni punto come $OP_i = OG + GP_i$, dove G è il centro di massa del sistema. Si avrà

$$\mathbf{M}_{O,C} = -2OG\wedge\left[\boldsymbol{\Omega}\wedge\left(\sum_{i\in I} m_i\mathbf{v}_i\right)\right] - 2\sum_{i\in I} m_i\,GP_i\wedge\left(\boldsymbol{\Omega}\wedge\mathbf{v}_i\right).$$

Il primo addendo si semplifica considerando che $\sum_i m_i\mathbf{v}_i = m\mathbf{v}_G$ (vedi (7.1) a pagina 158). Nel secondo utilizziamo l'ipotesi di corpo rigido per esprimere le velocità secondo la (1.18) (vedi pagina 19): $\mathbf{v}_i = \mathbf{v}_G + \boldsymbol{\omega}\wedge GP_i$, dove risulta ora importante non confondere la velocità angolare $\boldsymbol{\omega}$ del corpo rigido considerato con quella $\boldsymbol{\Omega}$ del sistema di riferimento non inerziale. Avremo così

$$\mathbf{M}_{O,C} = -2m\,OG\wedge\left(\boldsymbol{\Omega}\wedge\mathbf{v}_G\right) - 2\sum_{i\in I} m_i\,GP_i\wedge\Big(\boldsymbol{\Omega}\wedge\left(\mathbf{v}_G + \boldsymbol{\omega}\wedge GP_i\right)\Big).$$

Nella somma rimanente, il termine con $\mathbf{v}_G$ è nullo, in quanto $\sum_i m_i\,GP_i = \mathbf{0}$, e risulta

$$\mathbf{M}_{O,C} = -2m\,OG\wedge\left(\boldsymbol{\Omega}\wedge\mathbf{v}_G\right) - 2\sum_{i\in I} m_i\,GP_i\wedge\Big(\boldsymbol{\Omega}\wedge\left(\boldsymbol{\omega}\wedge GP_i\right)\Big).$$

Lo sviluppo del doppio prodotto vettoriale $GP_i \wedge \big(\boldsymbol{\Omega} \wedge (\boldsymbol{\omega} \wedge GP_i)\big)$ contiene un primo termine nullo in quanto proporzionale al prodotto misto $GP_i \cdot \boldsymbol{\omega} \wedge GP_i = 0$. Il termine rimanente fornisce, dopo aver portato la velocità angolare $\boldsymbol{\omega}$ fuori dalla somma,

$$\mathbf{M}_{O,C} = -2m\, OG \wedge \big(\boldsymbol{\Omega} \wedge \mathbf{v}_G\big) + 2\boldsymbol{\omega} \wedge \sum_{i\in I} m_i\, GP_i (GP_i \cdot \boldsymbol{\Omega}).$$

Se utilizziamo ora i risultati ricavati negli esercizi 4.25 e 4.27 (vedi pagina 95) si ottiene infine

$$\mathbf{M}_{O,C} = -2m\, OG \wedge \big(\boldsymbol{\Omega} \wedge \mathbf{v}_G\big) - 2\boldsymbol{\omega} \wedge (\mathbf{I}_G \boldsymbol{\Omega} - I_G \boldsymbol{\Omega}),$$

dove $\mathbf{I}_G$ e I_G indicano rispettivamente la matrice d'inerzia e il momento polare rispetto al centro di massa. □

Le proposizioni precedenti risultano fondamentali per l'utilizzo delle equazioni cardinali in sistemi di riferimento non inerziali. Altrettanto utile risulta il calcolo della potenza delle forze apparenti, sia in vista dell'utilizzo del teorema dell'energia cinetica che al fine di valutare eventuali componenti conservative, la cui potenza si ottenga dalla semplice derivata di un potenziale.

Proposizione 9.4 (Potenza delle forze apparenti). *La potenza del sistema di forze apparenti agenti in un sistema non inerziale vale*

$$\begin{aligned}\Pi_{app} &= \sum_{i\in I} \big(- m_i\, \mathbf{a}_O - m_i\, \dot{\boldsymbol{\Omega}} \wedge OP_i - m_i\, \boldsymbol{\Omega} \wedge (\boldsymbol{\Omega} \wedge OP_i) - 2m_i\, \boldsymbol{\Omega} \wedge \mathbf{v}_i \big) \cdot \mathbf{v}_i \\ &= -m\, \mathbf{a}_O \cdot \mathbf{v}_G - \mathbf{K}_O \cdot \dot{\boldsymbol{\Omega}} - \boldsymbol{\Omega} \cdot \sum_{i\in I} m_i\, (\boldsymbol{\Omega} \wedge OP_i) \wedge \mathbf{v}_i. \end{aligned} \tag{9.2}$$

L'espressione (9.2) *si può semplificare qualora la* direzione *della velocità angolare* $\boldsymbol{\Omega}$ *sia costante, e in tal caso si ha*

$$\Pi_{app} = -m\, \mathbf{a}_O \cdot \mathbf{v}_G - \mathbf{K}_O \cdot \dot{\boldsymbol{\Omega}} + \tfrac{1}{2} \dot{I}_{O\Omega} \Omega^2, \tag{9.3}$$

dove G è il centro di massa, e $I_{O\Omega}$ *indica il momento di inerzia del sistema rispetto all'asse parallelo ad* $\boldsymbol{\Omega}$ *e passante per l'origine O. Inoltre, per un singolo corpo rigido (di velocità angolare* $\boldsymbol{\omega}$*) la potenza delle forze apparenti si può esprimere come*

$$\Pi_{app}^{(rig)} = -m\, \mathbf{a}_O \cdot \mathbf{v}_G - \mathbf{K}_O \cdot \dot{\boldsymbol{\Omega}} - m\, \boldsymbol{\Omega} \wedge (\boldsymbol{\Omega} \wedge OG) \cdot \mathbf{v}_G - \boldsymbol{\omega} \cdot \boldsymbol{\Omega} \wedge (\mathbf{I}_G \boldsymbol{\Omega}).$$

Dimostrazione. Iniziamo osservando che le forze di Coriolis producono potenza nulla su qualunque moto del sistema, in quanto il prodotto misto $\boldsymbol{\Omega} \wedge \mathbf{v}_i \cdot \mathbf{v}_i$ si annulla per ogni punto. Calcoliamo poi la potenza dei termini dipendenti dall'accelerazione dell'origine e dall'accelerazione angolare. Si ottiene

$$\sum_{i\in I} \big(- m_i\, \mathbf{a}_O - m_i\, \dot{\boldsymbol{\Omega}} \wedge OP_i \big) \cdot \mathbf{v}_i = -\mathbf{a}_O \cdot \Big(\sum_{i\in I} m_i \mathbf{v}_i \Big) - \Big(\sum_{i\in I} m_i\, OP_i \wedge \mathbf{v}_i \Big) \cdot \dot{\boldsymbol{\Omega}},$$

dove abbiamo raccolto il fattore $\mathbf{a}_O$ nel primo addendo e il fattore $\dot{\mathbf{\Omega}}$ nel secondo (dopo aver effettuato una permutazione ciclica nel prodotto misto). Si riconoscono così in tali addendi rispettivamente la quantità di moto e il momento delle quantità di moto rispetto ad O, come in (9.2).

Il termine rimanente assume l'espressione (9.2) dopo un semplice scambio tra prodotto scalare e vettoriale (vedi (A.16) a pagina 254)

$$-\sum_{i\in I} m_i\,\mathbf{\Omega}\wedge(\mathbf{\Omega}\wedge OP_i)\cdot\mathbf{v}_i = -\sum_{i\in I} m_i\,\mathbf{\Omega}\cdot(\mathbf{\Omega}\wedge OP_i)\wedge\mathbf{v}_i = -\mathbf{\Omega}\cdot\sum_{i\in I} m_i\,(\mathbf{\Omega}\wedge OP_i)\wedge\mathbf{v}_i.$$

L'espressione ottenuta si semplifica se $\mathbf{\Omega}(t)=\Omega(t)\,\mathbf{u}$, con $\mathbf{u}$ versore fisso, ovvero se la velocità angolare del sistema di riferimento non inerziale ha direzione costante. In tal caso si ha

$$-\mathbf{\Omega}\cdot\sum_{i\in I} m_i\,(\mathbf{\Omega}\wedge OP_i)\wedge\mathbf{v}_i = \tfrac{1}{2}\dot{I}_{O\Omega}\Omega^2,$$

dove $I_{O\Omega}$ indica il momento di inerzia del sistema rispetto all'asse parallelo a $\mathbf{\Omega}$ e passante per O. Infatti, per un qualunque momento di inerzia, e dette $d_i = |QP_i\wedge\mathbf{u}|$ le distanze dai punti dall'asse considerato, vale

$$\begin{aligned}\dot{I}_{Qu} = \frac{dI_{Qu}}{dt} &= \frac{d}{dt}\sum_{i\in I} m_i\,d_i^2 = \frac{d}{dt}\sum_{i\in I} m_i\big(QP_i\cdot QP_i - (QP_i\cdot\mathbf{u})^2\big)\\ &= 2\sum_{i\in I} m_i\,QP_i\cdot\mathbf{v}_i - 2\sum_{i\in I} m_i(QP_i\cdot\mathbf{u})(\mathbf{v}_i\cdot\mathbf{u})\\ &= 2\mathbf{u}\cdot\sum_{i\in I} m_i\big((QP_i\cdot\mathbf{v}_i)\mathbf{u}-(\mathbf{v}_i\cdot\mathbf{u})QP_i\big) = -2\mathbf{u}\cdot\sum_{i\in I} m_i\,(\mathbf{u}\wedge QP_i)\wedge\mathbf{v}_i.\end{aligned}$$

Si osservi come nello sviluppo dei calcoli sia stato utile inserire, nell'addendo che conteneva il prodotto $QP_i\cdot\mathbf{v}_i$, il termine $\mathbf{u}\cdot\mathbf{u}$, che risulta pari a 1 in quanto $\mathbf{u}$ è un versore. Inoltre, nelle derivate temporali si è tenuto conto del carattere costante del versore $\mathbf{u}$. Moltiplicando poi per Ω^2 si ricava l'espressione che compare nella (9.3).

Per concludere la dimostrazione semplifichiamo l'espressione dell'ultimo addendo della (9.2) per ogni singolo corpo rigido presente nel sistema. A tal fine, e detto G il centro di massa, scomponiamo $OP_i = OG + GP_i$ e utilizziamo l'espressione (1.18) (vedi pagina 19) per le velocità nel corpo rigido: $\mathbf{v}_i = \mathbf{v}_G + \boldsymbol{\omega}\wedge GP_i$. Si ottiene

$$-\mathbf{\Omega}\cdot\sum_{i\in I} m_i(\mathbf{\Omega}\wedge OP_i)\wedge\mathbf{v}_i = -m\mathbf{\Omega}\wedge(\mathbf{\Omega}\wedge OG)\cdot\mathbf{v}_G - \mathbf{\Omega}\cdot\sum_{i\in I} m_i(\mathbf{\Omega}\wedge GP_i)\wedge(\boldsymbol{\omega}\wedge GP_i)$$

scrivendo, come già in precedenza, la quantità di moto in termini della velocità del centro di massa, e considerando che $\sum_i m_i GP_i = \mathbf{0}$. Semplifichiamo l'ultimo

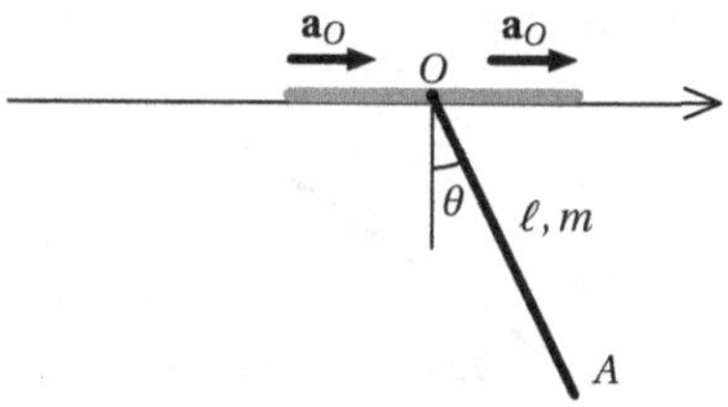

Figura 9.1 Asta in sistema di riferimento traslante, Esercizio 9.2

addendo svolgendo il doppio prodotto vettoriale

$$-\boldsymbol{\Omega}\cdot\sum_{i\in I} m_i\,(\boldsymbol{\Omega}\wedge GP_i)\wedge(\boldsymbol{\omega}\wedge GP_i) = -\boldsymbol{\Omega}\cdot\sum_{i\in I} m_i\,(\boldsymbol{\Omega}\cdot\boldsymbol{\omega}\wedge GP_i)GP_i$$
$$= -\boldsymbol{\Omega}\cdot\sum_{i\in I} m_i\,(GP_i\cdot\boldsymbol{\Omega}\wedge\boldsymbol{\omega})GP_i = \boldsymbol{\Omega}\cdot\mathbf{I}_G(\boldsymbol{\Omega}\wedge\boldsymbol{\omega}) = -\boldsymbol{\omega}\cdot\boldsymbol{\Omega}\wedge\mathbf{I}_G\boldsymbol{\Omega}.$$

Nella seconda riga, abbiamo utilizzato la (4.24) (vedi pagina 95), e poi la proprietà (A.25) (vedi pagina 259) per la matrice di inerzia (che è simmetrica). □

Esercizi

9.1. Dimostrare che il momento, rispetto al centro di massa, del sistema delle forze di trascinamento associate all'accelerazione angolare vale $\mathbf{M}_{G,\dot{\boldsymbol{\Omega}}} = -\mathbf{I}_G\dot{\boldsymbol{\Omega}}$.

9.2. In un piano verticale un'asta OA, omogenea di lunghezza ℓ e massa m è vincolata nel suo estremo ad una cerniera mobile O. La cerniera è montata su un carrello che si muove con accelerazione orizzontale $\mathbf{a}_O = a_O\,\mathbf{i}$ (vedi Fig. 9.1).

Determinare l'inclinazione dell'asta nella sua posizione di equilibrio relativo stabile.

9.3. Una piattaforma orizzontale liscia viene fatta ruotare attorno ad un asse verticale passante per l'origine O, con velocità angolare crescente $\boldsymbol{\Omega}(t) = \alpha t\mathbf{k}$. In tale piano, un'asta OA, omogenea di lunghezza ℓ e massa m, è incernierata ad O. Una molla torsionale di rigidità k_t (vedi Esercizio 6.4 a pagina 135) richiama l'asta verso la direzione dell'asse x del piano ruotante (vedi Fig. 9.2).

Determinare il moto dell'asta sapendo che all'istante iniziale $t = 0$ essa si trova in quiete, allineata con l'asse di richiamo della molla torsionale (asse x). Calcolare la reazione vincolare agente in O durante il moto.

9.2 Sistemi di riferimento uniformemente ruotanti

Un esempio sia semplice che legato a importanti applicazioni è fornito dallo studio della meccanica in sistemi di riferimento non inerziali uniformemente ruotanti. In particolare, lo studio di questo tipo di sistemi di riferimento consente di

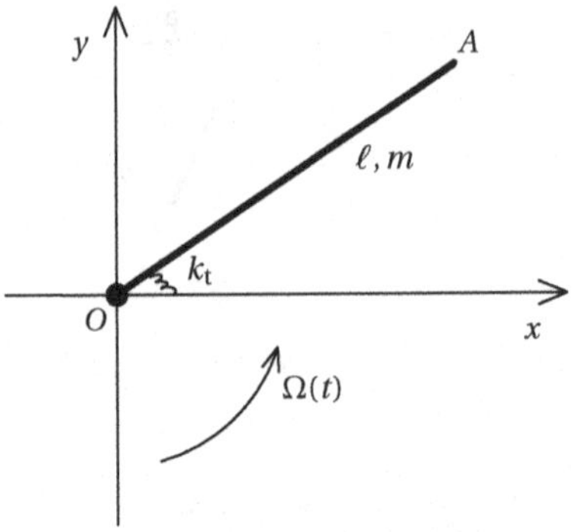

Figura 9.2 Asta e molla torsionale in sistema di riferimento ruotante, Esercizio 9.3

spiegare i principali effetti dovuti alla non-inerzialità dei sistemi di riferimento solidali con la Terra. In prima approssimazione, infatti, può considerarsi uniformemente ruotante un sistema di riferimento avente origine nel centro della Terra e velocità angolare pari alla velocità angolare di rotazione della Terra (pari, in prima approssimazione a $2\pi/24\text{h} = 7.3 \times 10^{-5}\text{sec}^{-1}$). Per valutare la bontà di tale approssimazione si consideri che la velocità angolare di rivoluzione della Terra attorno al Sole, ovvero la principale causa dell'accelerazione dell'origine del sistema così identificato, è di più di due ordini di grandezza inferiore, essendo in prima approssimazione pari a $2\pi/1\text{a} = 2.0 \times 10^{-7}\text{sec}^{-1}$. Ancora più lenti, e quindi più difficilmente rilevabili, risultano i moti millenari come la precessione degli equinozi.

In un sistema di riferimento uniformemente ruotante risultano nulle sia l'accelerazione dell'origine $\mathbf{a}_O$ che la derivata temporale della velocità angolare $\dot{\mathbf{\Omega}}$. Di conseguenza in questo caso le forze apparenti si riducono alla forza di Coriolis e alla *forza centrifuga*

$$\mathbf{F}_{\text{cen}} = -m\mathbf{\Omega} \wedge (\mathbf{\Omega} \wedge OP). \tag{9.4}$$

Enunciamo di seguito alcune proprietà tipiche della forza centrifuga, che caratterizzano la meccanica relativa in sistemi uniformemente ruotanti.

- La forza centrifuga ha direzione radialmente uscente dall'asse di rotazione, ovvero l'asse parallelo a $\mathbf{\Omega}$ passante per O, e intensità proporzionale alla distanza del punto da tale asse.
  Per meglio comprendere questa proprietà, illustrata in Fig. 9.3, si consideri la (9.4) dopo aver scomposto $OP = OH + HP$, con OH e HP rispettivamente parallelo e ortogonale a $\mathbf{\Omega}$. Si ha allora

$$\begin{aligned}\mathbf{F}_{\text{cen}} &= -m\mathbf{\Omega} \wedge \underbrace{(\mathbf{\Omega} \wedge OH)}_{\mathbf{0}} - m\mathbf{\Omega} \wedge (\mathbf{\Omega} \wedge HP) = -m\underbrace{(\mathbf{\Omega} \cdot HP)}_{0}\mathbf{\Omega} + m\Omega^2\, HP \\ &= m\Omega^2\, HP.\end{aligned}$$

Analogamente, in virtù della Proposizione 9.1, il risultante delle forze centrifu-

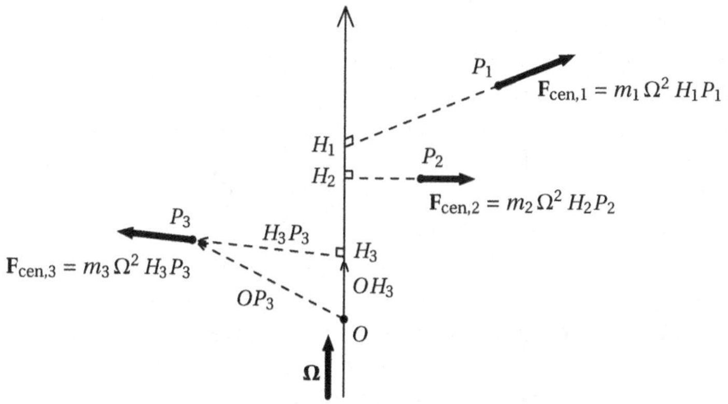

Figura 9.3 Sistema di forze centrifughe agenti in un sistema di riferimento uniformemente ruotante

ghe sarà

$$\mathbf{R}_{\mathrm{cen}} = m\Omega^2\,\bar{H}G, \qquad \text{con} \quad OG = \underbrace{O\bar{H}}_{\parallel\boldsymbol{\Omega}} + \underbrace{\bar{H}G}_{\perp\boldsymbol{\Omega}}.$$

- La forza centrifuga è conservativa, e il suo potenziale vale $U_{\mathrm{cen}} = \frac{1}{2} I_{O\Omega}\,\Omega^2$, dove $I_{O\Omega}$ indica il momento di inerzia del sistema rispetto all'asse di rotazione. Si osservi come questo potenziale dipenda dalla posizione del sistema attraverso $I_{O\Omega}$.
  Questa proprietà segue dall'espressione (9.3) per la potenza delle forze apparenti nel caso che la direzione di $\boldsymbol{\Omega}$ sia costante. Essendo, nel presente caso costante anche il modulo di $\boldsymbol{\Omega}$ (nonché nulle sia $\mathbf{a}_O$ che $\dot{\boldsymbol{\Omega}}$) si ottiene

$$\Pi_{\mathrm{app}} = \frac{1}{2}\dot{I}_{O\Omega}\Omega^2 = \dot{U}_{\mathrm{cen}},$$

  confermando la tesi.
- Diretta conseguenza della proprietà precedente è che in sistemi di riferimento uniformemente ruotanti le forze apparenti conservano l'energia, in quanto la forza centrifuga ha potenziale U_{cen} e la forza di Coriolis esplica potenza nulla. Più precisamente, se le forze attive hanno potenziale $U^{(a)}$, vale

$$T - (U^{(a)} + U_{\mathrm{cen}}) = \text{cost.}$$

Esempio (Potenza del motore in piani uniformemente ruotanti). Consideriamo un sistema vincolato a muoversi in un piano, e supponiamo che un motore mantenga il piano in rotazione a velocità angolare costante $\boldsymbol{\Omega} = \Omega\,\mathbf{j}$, attorno a un asse del piano stesso (vedi Fig. 9.4).

Possiamo studiare il moto del punto nel sistema di riferimento inerziale, con origine O, oppure nel sistema di riferimento uniformemente ruotante con velocità angolare $\boldsymbol{\Omega}$. Oltre al resto delle forze attive agenti sul sistema, la cui potenza

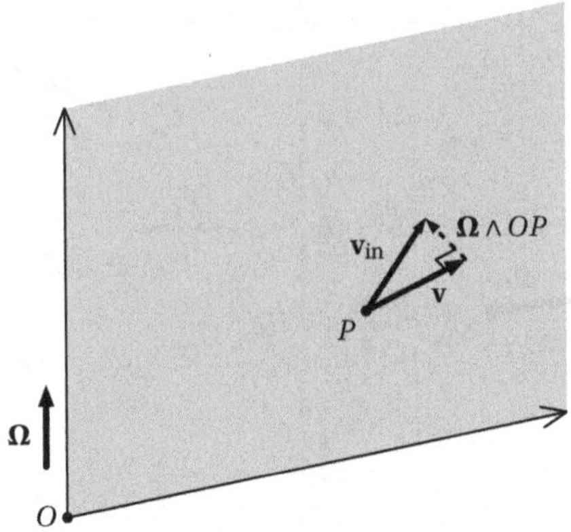

Figura 9.4 Punto in movimento in un piano uniformemente ruotante

indicheremo con $\Pi^{(a)}$, nel sistema di riferimento inerziale si vede agire un motore (che mantiene in rotazione il piano del sistema), che esplica una potenza $\Pi_{\rm mot}$, mentre nel sistema di riferimento ruotante si vedono le forze centrifughe, di potenziale $U_{\rm cen}$.

I due osservatori così considerati misurano velocità diverse, e quindi in generale valuteranno una diversa energia cinetica. Più precisamente (vedi (3.3) a pagina 67) si avrà $\mathbf{v}_{\rm in} = \mathbf{v} + \mathbf{\Omega} \wedge OP$. Per costruzione la velocità di trascinamento $\mathbf{\Omega} \wedge OP$ risulta ortogonale alla velocità $\mathbf{v}$, e di conseguenza avremo

$$v_{\rm in}^2 = v^2 + |\mathbf{\Omega} \wedge OP|^2.$$

D'altra parte, la quantità $|\mathbf{\Omega} \wedge OP|$ (vedi (A.19) a pagina 255) non è altro che d_i, la distanza di P dall'asse di rotazione, moltiplicato per Ω. Vale allora

$$T_{\rm in} = \frac{1}{2}\sum_{i\in I} m_i v_{{\rm in},i}^2 = \frac{1}{2}\sum_{i\in I} m_i v_i^2 + \frac{1}{2}\sum_{i\in I} m_i d_i^2 \Omega^2 = T + \frac{1}{2} I_{O\Omega}\Omega^2,$$

dove $I_{O\Omega}$ identifica il momento di inerzia del sistema attorno all'asse della rotazione uniforme. Riconosciamo così che la differenza tra le energie cinetiche misurate dai due osservatori coincide precisamente con il potenziale delle forze centrifughe. Se ora scriviamo il teorema dell'energia cinetica nei due sistemi di riferimento troviamo

$$\left.\begin{aligned} \dot T + \dot U_{\rm cen} = \dot T_{\rm in} = \Pi^{(a)} + \Pi_{\rm mot} \\ \dot T = \Pi^{(a)} + \dot U_{\rm cen} \end{aligned}\right\} \quad\Longrightarrow\quad \Pi_{\rm mot} = 2\dot U_{\rm cen},$$

ovvero la potenza esplicata dal motore che mantiene in rotazione uniforme il piano del sistema è pari al doppio della potenza esplicata dalle forze centrifughe nel sistema di riferimento non inerziale.

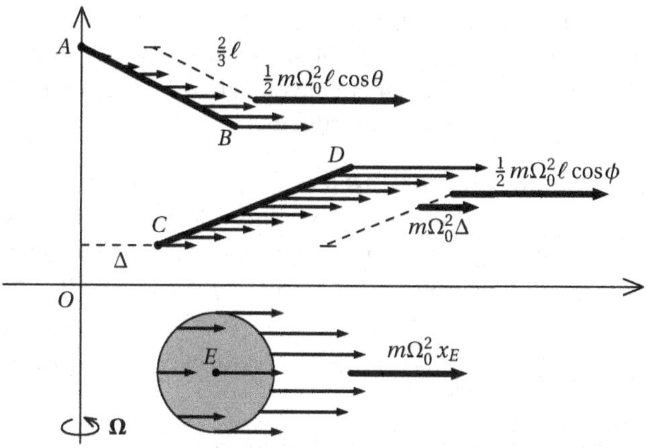

Figura 9.5 Distribuzione di forze centrifughe agenti su due aste e un disco in un piano uniformemente ruotante

Esempio (Retta di applicazione delle forze centrifughe). Un piano ruota con velocità angolare costante $\boldsymbol{\Omega}_0 = \Omega_0 \mathbf{j}$ attorno ad un proprio asse. Determinare (se esiste) la retta di applicazione del risultante delle forze centrifughe agenti sui seguenti corpi rigidi in movimento nel piano (vedi Fig. 9.5):

- un'asta omogenea di lunghezza ℓ e massa m, con un estremo sull'asse di rotazione;
- un'asta omogenea di lunghezza ℓ e massa m, con un estremo posto a distanza Δ dell'asse di rotazione;
- un disco omogeneo di raggio r e massa m.

La riduzione del sistema di forze centrifughe è determinata dai vettori caratteristici, e in particolare dall'invariante scalare. Essendo tutti i punti contenuti nel piano ruotante, il momento risultante è ortogonale al piano stesso, e quindi l'invariante scalare è nullo. Di conseguenza si ricava che *il sistema di forze centrifughe agenti su un sistema piano, contenuto in un piano che contiene l'asse di rotazione, ammette retta di applicazione del risultante sempre che quest'ultimo non sia nullo, ovvero sempre che centro di massa non appartenga all'asse di rotazione.* Ricordiamo infatti che $\mathbf{R}_{\text{cen}} = m\Omega_0^2\, \bar{H}G$.

La retta di applicazione del risultante è parallela al risultante stesso (e quindi diretta lungo $\mathbf{i}$) e la sua quota si può determinare applicando direttamente la formula generale (4.2) di pagina 81. Il calcolo si semplifica però se teniamo conto che le forze centrifughe formano un sistema di vettori paralleli (vedi Esercizio 4.12a pagina 84), motivo per cui per identificare la retta di applicazione del risultante è sufficiente calcolare la quota $\bar{y}$ del centro. In particolare, detta $\mathbf{F}_{\text{cen},i} = m_i\Omega_0^2 x_i\,\mathbf{i}$ la forza centrifuga agente sul punto generico si avrà (vedi (4.7))

$$\bar{y} = \frac{\sum_i m_i\Omega_0^2 x_i\, y_i}{m\Omega_0^2 x_G} = \frac{\sum_i m_i\, x_i\, y_i}{m\, x_G} \qquad \text{se} \quad x_G \neq 0. \tag{9.5}$$

Osserviamo come il numeratore della (9.5) coincida con l'opposto del prodotto di inerzia del sistema rispetto agli assi del piano del sistema (vedi Definizione (4.19) a pagina 93). È questa la ragione per cui talvolta gli opposti dei prodotti di inerzia vengono anche chiamati *momenti centrifughi.*

- Sia θ l'angolo (orario) che l'asta AB forma con l'orizzontale. Nella (9.5), sostituiamo la somma con un integrale introducendo la coordinata $s \in [0, \ell]$ tale che la massa infinitesima si esprima come $\lambda\, ds$ (con $\lambda = m/\ell$ densità uniforme dell'asta), e le coordinate siano $x = s\cos\theta$, $y = y_A - s\sin\theta$. Si avrà così

$$\bar{y} = \frac{1}{\frac{1}{2} m\ell\cos\theta} \int_0^\ell \frac{m}{\ell} s\cos\theta (y_A - s\sin\theta)\, ds = y_A - \tfrac{2}{3}\ell\sin\theta.$$

  Come risultato ricaviamo quindi che il sistema di forze centrifughe applicate su un'asta omogenea avente un estremo sull'asse di rotazione è equivalente al proprio risultante applicato nel punto che si trova a $\frac{2}{3}\ell$ da tale estremo.
- Sia ϕ l'angolo (antiorario) che l'asta AB forma con l'orizzontale, e introduciamo nuovamente una coordinata $s \in [0, L]$, che permette di esprimere la forza agente sul generico punto, posto a distanza s dall'estremo C, come

$$\mathbf{F}_{\text{cen},i} = m_i \Omega_0^2 x_i\, \mathbf{i} = m_i \Omega_0^2 (x_C + s\cos\phi)\, \mathbf{i} = m_i \Omega_0^2 \Delta\, \mathbf{i} + m_i \Omega_0^2 s\cos\phi\, \mathbf{i}.$$

  Osserviamo quindi che il sistema di forze centrifughe si può, in questo caso generale, vedere come somma di due contributi.

  - Il primo dipende solo dalla massa dei punti e si può quindi, come la forza peso, sostituire con il proprio risultante $\mathbf{R}_{\text{cen},1} = m\Omega_0^2 \Delta\, \mathbf{i}$, applicato nel centro di massa.
  - Il secondo ricalca esattamente la dipendenza del punto del primo esempio (asta con estremo sull'asse) e si può quindi sostituire con il proprio risultante $\mathbf{R}_{\text{cen},2} = m\Omega_0^2 (x_G - \Delta)\, \mathbf{i}$, applicato nel punto che si trova a $\frac{2}{3}\ell$ dall'estremo C.

- Il sistema di forze centrifughe agenti su un disco omogeneo è, per simmetria, equivalente al proprio risultante applicato nel centro di massa. Raggruppando le forze a due a due risulta infatti possibile vedere che il sistema possiede momento risultante nullo rispetto al centro di massa, condizione che implica che la retta di applicazione del risultante passa per tale punto.

Esercizi

9.4. Un piano verticale ruota con velocità angolare costante $\boldsymbol{\Omega}_0 = \Omega_0\, \mathbf{j}$ attorno al proprio asse verticale. In tale piano, un'asta OA, omogenea di lunghezza ℓ e massa m, ha l'estremo O vincolato all'asse di rotazione. Identificare, per ogni valore di Ω_0, le posizioni di equilibrio relativo stabile dell'asta.

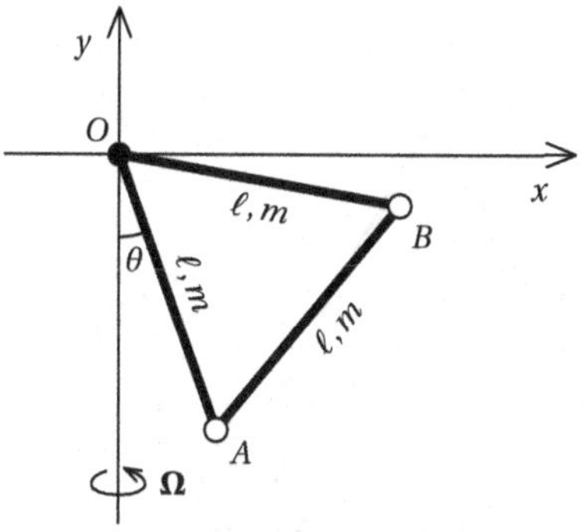

Figura 9.6 Triangolo equilatero articolato in piano ruotante, Esercizio 9.5

9.5. Un piano verticale ruota con velocità angolare costante $\mathbf{\Omega}_0 = \Omega_0 \mathbf{j}$ attorno al proprio asse verticale. In tale piano, tre aste OA, AB e BO, omogenee di lunghezza ℓ e massa m, sono incernierate per formare un triangolo equilatero, con il vertice O incernierato all'asse di rotazione (vedi Fig. 9.6). Determinare Ω_0 sapendo che all'equilibrio l'asta OB è orizzontale. Calcolare in tali condizioni di equilibrio l'azione che l'asta OA esercita su AB.

9.6. Un piano verticale ruota con velocità angolare costante $\mathbf{\Omega}_0 = \Omega_0 \mathbf{j}$ attorno al proprio asse verticale. In tale piano un'asta OA, omogenea di lunghezza ℓ e massa m, è incernierata a terra nel suo estremo O, ed è collegata in A ad una seconda asta AB, identica alla prima. A sua volta, l'estremo B è incernierato al centro di un disco omogeneo di raggio R e massa M, che rotola senza strisciare su una guida orizzontale posta a quota R sotto O (vedi Fig. 9.7).

Sapendo che all'istante iniziale il sistema è in quiete (rispetto al piano ruotante), con l'asta AB inclinata di θ_0 rispetto all'orizzontale, determinare le velocità angolari dei tre corpi rigidi quando le aste diventano orizzontali.

9.7. Un piano verticale ruota con velocità angolare costante $\mathbf{\Omega}_0 = \Omega_0 \mathbf{j}$ attorno al proprio asse verticale. In tale piano una lamina quadrata omogenea, di lato L e massa M, è appesa nei suoi vertici A, B ad un asse liscio orizzontale (asse x), mentre un punto materiale P di massa m è vincolato a scorrere lungo una scanalatura liscia tracciata nella verticale passante per il centro della lamina (vedi Fig. 9.8). Una molla di costante elastica k collega l'origine O al vertice A della lamina, e una seconda molla, identica alla prima, collega P all'estremo superiore della scanalatura su cui scorre.

Determinare il moto del sistema, sapendo che all'istante iniziale il sistema è in quiete con A e P rispettivamente coincidenti con O, con il punto superiore della scanalatura. Identificare le condizioni su k che garantiscono che il moto sia oscillatorio, senza che il punto P fuoriesca dalla scanalatura stessa. Calcolare in tali condizioni la potenza esplicata dal motore che mantiene in rotazione il piano.

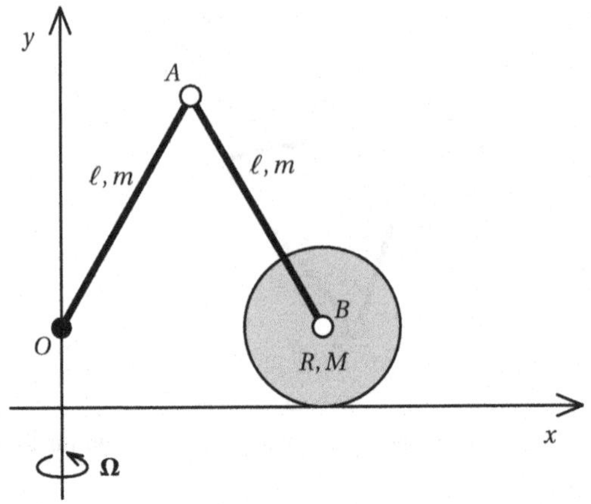

Figura 9.7 Aste e disco in piano ruotante, Esercizio 9.6

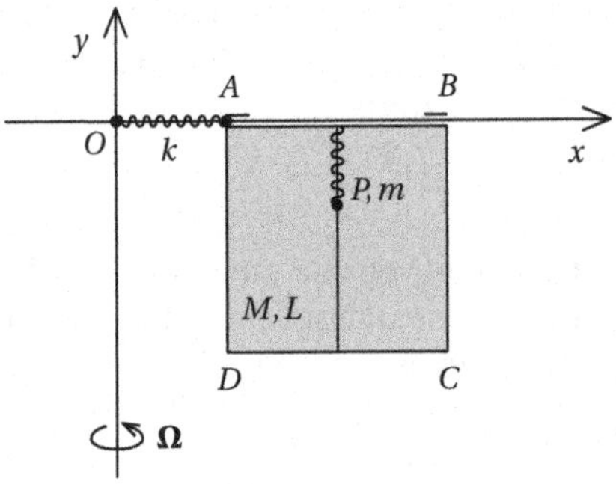

Figura 9.8 Lamina quadrata e punto materiale, appesi in piano ruotante, Esercizio 9.7

9.3 Soluzioni degli esercizi

9.1 L'espressione desiderata si dimostra utilizzando, a partire dalla (9.1), la formula per il trasporto del momento (4.1) insieme al risultato dell'Esercizio 4.26.

9.2 Analizziamo il moto dell'asta nel sistema di riferimento traslante con la cerniera O, ovvero traslante con accelerazione costante $\mathbf{a}_O$. In tale sistema di riferimento le forze di trascinamento si riducono al loro risultante costante $-m\mathbf{a}_O$, applicato nel centro di massa G dell'asta. Tale forza risulta essere conservativa per cui, detto θ l'angolo che l'asta OA determina con la verticale, l'equilibrio relativo e la stabilità dell'asta si possono studiare facendo riferimento al potenziale

$$U = -mgy_G - ma_O x_G = \tfrac{1}{2}mg\ell\cos\theta - \tfrac{1}{2}ma_O\ell\sin\theta.$$

Le posizioni di equilibrio relativo soddisfano la condizione $U'(\theta) = 0$, equivalente a $\tan\theta = -a_O/g$. Per valutare la stabilità delle due configurazioni così identificate calcoliamo $U''(\theta) = -\frac{1}{2}mg\ell\cos\theta + \frac{1}{2}ma_O\ell\sin\theta$, e risulta

$$\left.\begin{aligned} \sin\theta_\pm &= \pm a_O\Big/\sqrt{a_O^2+g^2} \\ \cos\theta_\pm &= \mp g\Big/\sqrt{a_O^2+g^2} \end{aligned}\right\} \qquad \Rightarrow \qquad U''(\theta_\pm) = \pm\tfrac{1}{2}m\ell\sqrt{a_O^2+g^2},$$

da cui segue che la soluzione stabile è identificata da θ_-.

9.3 Per determinare il moto utilizziamo la seconda equazione cardinale della dinamica rispetto al polo O nel sistema di riferimento solidale con il piano ruotante. Indicato con θ l'angolo che l'asta determina con l'asse x si ha

$$\ddot\theta + \frac{3k_t\theta}{m\ell^2} = -\alpha \qquad \Longrightarrow \qquad \theta(t) = a(1-\cos\omega t),$$

con $a = -\alpha m\ell^2/(3k_t)$ e $\omega = \sqrt{3k_t/(m\ell^2)}$. Osserviamo che la forza di Coriolis non possiede momento rispetto a O in quanto la forza agente su ogni punto dell'asta è parallela all'asta stessa.

La reazione vincolare agente sull'asta nella cerniera in O vale

$$\mathbf{\Phi}_O = \tfrac{1}{2}m\ell\alpha\,\mathbf{n} - \left(\tfrac{1}{2}m\ell\alpha^2t^2 + m\ell\alpha ta\omega\sin\omega t\right)\mathbf{t},$$

dove $\mathbf{t} = \cos\theta\,\mathbf{i} + \sin\theta\,\mathbf{j}$ è un versore parallelo a OA e $\mathbf{n} = -\sin\theta\,\mathbf{i} + \cos\theta\,\mathbf{j}$ è un versore ortogonale all'asta.

9.4 Il sistema è conservativo. Detto θ l'angolo che l'asta determina con la verticale, il potenziale è $U = \frac{1}{2}mg\ell\cos\theta + \frac{1}{2}I_{O\Omega}\Omega_0^2$.

Il momento di inerzia rispetto all'asse di rotazione vale (vedi Esercizio 4.29 a pagina 99) $I_{O\Omega} = \frac{1}{3}m\ell^2\sin^2\theta$, per cui si ha

$$U(\theta) = \tfrac{1}{2}mg\ell\cos\theta + \tfrac{1}{6}m\Omega_0^2\ell^2\sin^2\theta.$$

Le configurazioni di equilibrio si ottengono risolvendo l'equazione $U'(\theta) = 0$. Posto $\alpha = 3g/(2\Omega_0^2\ell) > 0$, tali configurazioni soddisfano $\sin\theta(\cos\theta - \alpha) = 0$, e sono quindi

$$\begin{aligned} &\theta_1 = 0 \ \text{ e } \ \theta_2 = \pi && \text{per ogni } \alpha \\ &\theta_3 = \arccos\alpha && \text{se } \alpha \le 1. \end{aligned}$$

Analizzando il valore della derivata seconda si trova che θ_2 è sempre instabile, θ_3 sempre stabile (quando esiste) e θ_1 è stabile se $\alpha \ge 1$ e instabile altrimenti. Il diagramma di stabilità che ne risulta ha lo stesso grafico di quello dell'Esempio di pagina 216 (vedi Fig. 8.8).

9.5 Studiamo l'equilibrio nel sistema di riferimento ruotante con il piano contenente le tre aste, facendo riferimento alle forze attive illustrate in Fig. 9.9. Utilizzando la seconda equazione cardinale della statica per il sistema completo rispet-

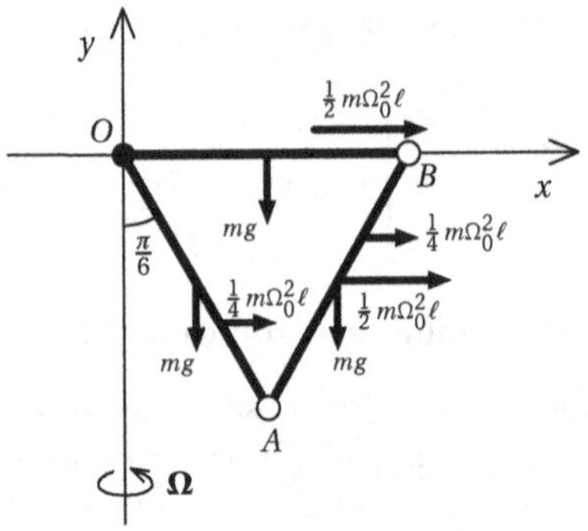

Figura 9.9 Forze attive agenti sul sistema dell'Esercizio 9.5

to al polo O si ottiene

$$M_{Oz} = -\tfrac{3}{2}mg\ell + \tfrac{\sqrt{3}}{4}m\Omega_0^2\ell^2 = 0 \qquad \Longrightarrow \qquad \Omega_0^2 = 2\sqrt{3}\frac{g}{\ell}.$$

Per ricavare l'azione $\boldsymbol{\Phi}_A^{(AB)} = H_A\mathbf{i} + V_A\mathbf{j}$ che l'asta OA esercita sull'asta AB utilizziamo la seconda equazione cardinale della statica per l'asta OA, rispetto al polo O, e per l'asta AB, rispetto al polo B. Si ottiene

$$H_A\sqrt{3} + V_A = \tfrac{1}{2}mg, \qquad H_A\sqrt{3} - V_A = -\tfrac{5}{2}mg,$$

da cui segue $\boldsymbol{\Phi}_A^{(AB)} = -\tfrac{\sqrt{3}}{3}mg\,\mathbf{i} + \tfrac{3}{2}mg\,\mathbf{j}.$

9.6 L'energia meccanica si conserva nel sistema di riferimento ruotante. Detto θ (antiorario) che l'asta OA determina con l'orizzontale abbiamo

$$\boldsymbol{\omega}^{(\mathrm{OA})} = -\boldsymbol{\omega}^{(\mathrm{AB})} = \dot\theta\,\mathbf{k} \qquad \text{e} \qquad x_B = 2\ell\cos\theta \quad \Rightarrow \quad \omega^{(d)} = \frac{2\ell\dot\theta\sin\theta}{R}.$$

Per determinare il potenziale delle forze centrifughe calcoliamo il momento di inerzia del sistema rispetto all'asse di rotazione

$$U_{\mathrm{cen}} = \tfrac{1}{2}I_{O\Omega}\Omega_0^2 = \tfrac{1}{2}\Big[\Big(\tfrac{1}{3}m\ell^2\cos^2\theta\Big) + \Big(\tfrac{1}{12}m\ell^2\cos^2\theta + m\tfrac{9}{4}\ell^2\cos^2\theta\Big)$$
$$+\Big(\tfrac{1}{4}MR^2 + M4\ell^2\cos^2\theta\Big)\Big]\Omega_0^2 = \tfrac{1}{2}\Big(\big(\tfrac{8}{3}m + 4M\big)\ell^2\cos^2\theta + \tfrac{1}{4}MR^2\Big)\Omega_0^2.$$

L'energia meccanica (a meno di costanti) vale quindi

$$E = \big(\tfrac{1}{3}m + (m+3M)\sin^2\theta\big)\ell^2\dot\theta^2 - \big(\tfrac{4}{3}m + 2M\big)\ell^2\Omega_0^2\cos^2\theta + mg\ell\sin\theta$$

Imponendo l'uguaglianza tra energia iniziale (con $\theta_{\mathrm{i}} = \theta_0$ e $\dot\theta_{\mathrm{i}} = 0$) e finale (con

$\theta_f = 0$) si ottiene

$$\dot{\theta}_f = -\sqrt{4\big(1+3M/(2m)\big)\Omega_0^2\sin^2\theta_0 + 3(g/\ell)\sin\theta_0}\,.$$

Le aste ruotano quindi con velocità angolari opposte $\boldsymbol{\omega}^{(OA)} = -\boldsymbol{\omega}^{(AB)} = \dot{\theta}_f\mathbf{k}$, mentre il disco si trova istantaneamente fermo.

9.7 Il sistema possiede due gradi di libertà. Scegliamo come coordinate libere l'ascissa x del punto A, e la coordinata s di P lungo la scanalatura, a partire dall'alto. Studiamo il moto nel sistema di riferimento ruotante, dove le equazioni del moto si possono ricavare dalla lagrangiana conservativa

$$\begin{aligned}\mathscr{L} = T + U &= \tfrac{1}{2}M\dot{x}^2 + \tfrac{1}{2}m(\dot{x}^2+\dot{s}^2) - \tfrac{1}{2}kx^2 - \tfrac{1}{2}ks^2 + mgs \\ &\quad + \tfrac{1}{2}\big[m\big(x+\tfrac{1}{2}L\big)^2 + M\big(\tfrac{1}{12}L^2 + (x+\tfrac{1}{2}L)^2\big)\big]\Omega_0^2.\end{aligned}$$

Le equazioni del moto sono quindi

$$\ddot{x} = -\left(\frac{k}{M+m} - \Omega_0^2\right)x + \frac{1}{2}\Omega_0^2 L, \qquad m\ddot{s} = -ks + mg.$$

Le soluzioni di queste equazioni sono oscillanti a patto che $k > (M+m)\Omega_0^2$. In tal caso, e posti $\omega_1 = \sqrt{k/(M+m) - \Omega_0^2}$, $\omega_2 = \sqrt{k/m}$, le soluzioni che soddisfano le condizioni iniziali $x(0) = s(0) = 0$, $\dot{x}(0) = \dot{s}(0) = 0$, sono

$$x(t) = \frac{L\Omega_0^2}{2\omega_1^2}(1-\cos\omega_1 t), \qquad s(t) = \frac{mg}{k}(1-\cos\omega_2 t).$$

Il punto P non esce dalla scanalatura se $s_{\max} \le \frac{1}{2}L$, ovvero se $k \ge 2mg/L$.

La potenza esplicata dal motore che mantiene in rotazione il piano vale

$$\Pi_{\text{mot}} = 2\dot{U}_{\text{cen}} = \frac{(M+m)\Omega_0^4L^2}{2\omega_1^3}\big(\Omega_0^2(1-\cos\omega_1 t) + \omega_1^2\big)\sin\omega_1 t.$$

Appendice A
Complementi di algebra lineare e analisi

Raccogliamo in questa Appendice un insieme di richiami utili di calcolo vettoriale e differenziale. Quanto segue non intende assolutamente fornire una trattazione completa degli argomenti sviluppati, quanto un semplice compendio che possa aiutare lo studente a identificare l'argomento o gli argomenti che può essere più utile rivedere o ripassare nell'affrontare lo studio della Meccanica Razionale.

A.1 Calcolo vettoriale

Spazio vettoriale

Uno spazio vettoriale V è una struttura composta da: un insieme di elementi, detti *vettori*, un *campo* i cui elementi chiameremo *scalari*. Nelle nostre applicazioni il campo scelto sarà l'insieme dei numeri reali $\mathbb{R}$. La struttura di spazio vettoriale è completata da due operazioni: la somma e la moltiplicazione per scalare.

L'operazione di somma, che compone qualunque coppia di vettori $\mathbf{u}, \mathbf{v} \in V$ per fornire il vettore $\mathbf{u} + \mathbf{v} \in V$, è associativa e commutativa, ed ammette sia elemento neutro (il vettore *nullo* $\mathbf{0}$) che elemento inverso, l'*opposto*: per ogni vettore $\mathbf{u}$ ne esiste un altro $-\mathbf{u}$ tale che $\mathbf{u} + (-\mathbf{u}) = \mathbf{0}$.

La moltiplicazione per scalare associa ad ogni vettore $\mathbf{u} \in V$ e ogni scalare $\lambda \in \mathbb{R}$, il vettore $\lambda\mathbf{u} \in V$. Questa operazione è associativa rispetto agli scalari e distributiva rispetto alla somma sia di scalari che di vettori. La distributività implica quindi che, per qualunque $\mathbf{u}, \mathbf{v} \in V$ e $\lambda, \mu \in \mathbb{R}$,

$$(\lambda + \mu)\,\mathbf{u} = \lambda\,\mathbf{u} + \mu\,\mathbf{u} \qquad \text{e} \qquad \lambda\,(\mathbf{u} + \mathbf{v}) = \lambda\,\mathbf{u} + \lambda\,\mathbf{v}.$$

La moltiplicazione per scalare ammetto elemento neutro, che coincide con l'elemento neutro 1 del prodotto nel campo scelto: $1\,\mathbf{u} = \mathbf{u}$.

P. Biscari, *Introduzione alla Meccanica Razionale. Elementi di teoria con esercizi,*
UNITEXT – La Matematica per il 3+2 94, DOI 10.1007/978-88-470-5779-1_A

Basi, dimensione

Un insieme di vettori si dice *linearmente dipendente* se risulta possibile esprimere almeno uno di essi come combinazione lineare degli altri. Se ciò risulta impossibile, i vettori si dicono *linearmente indipendenti*:

$$\{\mathbf{u}_1, \ldots, \mathbf{u}_n\} \text{ linearmente indipendenti} \quad \Longleftrightarrow \quad \begin{pmatrix} \lambda_1 \mathbf{u}_1 + \cdots + \lambda_n \mathbf{u}_n = \mathbf{0} \quad \Rightarrow \\ \lambda_1 = \cdots = \lambda_n = 0. \end{pmatrix}$$

Una *base* di uno spazio vettoriale è un insieme di vettori linearmente indipendenti le cui combinazioni lineari generano l'intero spazio vettoriale. Di conseguenza l'insieme $\mathbf{e} = \{\mathbf{e}_1, \ldots, \mathbf{e}_n\}$ è una base se i vettori che la compongono sono linearmente indipendenti e per qualunque vettore $\mathbf{u} \in V$ vale

$$\mathbf{u} = u_1 \mathbf{e}_1 + \cdots + u_n \mathbf{e}_n, \quad \text{con } u_1, \ldots, u_n \in \mathbb{R}. \tag{A.1}$$

Si può dimostrare che la decomposizione (A.1) è unica, per cui gli scalari $(u_1, \ldots, u_n)$ si dicono *componenti* del vettore $\mathbf{u}$ nella base $\mathbf{e}$. Si può inoltre dimostrare che tutte le basi di un dato spazio vettoriale hanno la stessa cardinalità, ovvero sono formate dallo stesso numero di vettori. Tale cardinalità è quindi una proprietà dello spazio vettoriale, e non della base scelta, e viene chiamata *dimensione* dello spazio vettoriale.

Prodotto scalare

Il prodotto scalare è un'operazione binaria che a ogni coppia di vettori $\mathbf{u}, \mathbf{v} \in V$ associa uno scalare $\mathbf{u} \cdot \mathbf{v} \in \mathbb{R}$ in modo

commutativo	$\mathbf{u} \cdot \mathbf{v} = \mathbf{v} \cdot \mathbf{u}$
distributivo rispetto alla somma	$(\mathbf{u} + \mathbf{v}) \cdot \mathbf{w} = \mathbf{u} \cdot \mathbf{w} + \mathbf{v} \cdot \mathbf{w}$
lineare rispetto alla moltiplicazione	$(\lambda \mathbf{u}) \cdot \mathbf{v} = \mathbf{u} \cdot (\lambda \mathbf{v}) = \lambda (\mathbf{u} \cdot \mathbf{v})$.

Utilizzando il prodotto scalare è possibile definire la *lunghezza* (o *norma*) di un vettore come

$$|\mathbf{u}| = \sqrt{\mathbf{u} \cdot \mathbf{u}}.$$

Si definisce *versore* qualunque vettore di lunghezza unitaria.

Per linearità, è possibile calcolare qualunque prodotto scalare $\mathbf{u} \cdot \mathbf{v}$ una volta noti i prodotti scalari tra gli elementi di una qualunque base dello spazio vettoriale, ovvero l'insieme di numeri $\{\mathbf{e}_i \cdot \mathbf{e}_j, \text{ con } i, j = 1, \ldots, n\}$. Infatti vale

$$\mathbf{u} = \sum_{i=1}^{n} u_i \mathbf{e}_i, \quad \mathbf{v} = \sum_{i=1}^{n} v_i \mathbf{e}_i \quad \Longrightarrow \quad \mathbf{u} \cdot \mathbf{v} = \sum_{i,j=1}^{n} u_i v_j (\mathbf{e}_i \cdot \mathbf{e}_j). \tag{A.2}$$

Una base $\mathbf{e} = \{\mathbf{e}_1, \dots, \mathbf{e}_n\}$ si dice *ortonormale* (rispetto a un dato prodotto scalare) se vale

$$\mathbf{e}_i \cdot \mathbf{e}_j = \delta_{ij} = \begin{cases} 1 & \text{se } i = j \\ 0 & \text{se } i \neq j, \end{cases} \tag{A.3}$$

dove il simbolo δ_{ij} è noto come *delta di Kronecker.*

Se $\mathbf{e}$ è una base ortonormale, il prodotto scalare si esprime semplicemente come somma dei prodotti delle componenti. Infatti, dalle (A.2),(A.3) segue

$$\mathbf{u} \cdot \mathbf{v} = \sum_{i,j=1}^{n} u_i v_j (\mathbf{e}_i \cdot \mathbf{e}_j) = \sum_{i,j=1}^{n} u_i v_j \delta_{ij} = \sum_{i=1}^{n} u_i v_i = u_1 v_1 + \cdots + u_n v_n. \tag{A.4}$$

Inoltre, le componenti di un vettore in una base ortonormale si ottengono attraverso semplici prodotti scalari:

$$\mathbf{u} = \sum_{i=1}^{n} u_i \mathbf{e}_i \quad \Longrightarrow \quad u_i = \mathbf{u} \cdot \mathbf{e}_i, \tag{A.5}$$

e la lunghezza o norma di un vettore si ottiene come

$$|\mathbf{u}| = \sqrt{\mathbf{u} \cdot \mathbf{u}} = \sqrt{u_1^2 + \cdots + u_n^2},$$

dove le $\{u_i\}$ sono le componenti di $\mathbf{u}$ in una qualunque base ortonormale.

La disuguaglianza triangolare garantisce che il prodotto scalare tra due vettori non supera mai, in valore assoluto, il prodotto delle norme dei vettori che si moltiplicano: $|\mathbf{u} \cdot \mathbf{v}| \leq |\mathbf{u}|\,|\mathbf{v}|$. Inoltre, il rapporto tra prodotto scalare e prodotto delle norme definisce l'angolo formato dai due vettori:

$$\mathbf{u} \cdot \mathbf{v} = |\mathbf{u}|\,|\mathbf{v}| \cos\{\mathbf{u}, \mathbf{v}\}. \tag{A.6}$$

Di conseguenza il segno del prodotto scalare indica se i due vettori che si moltiplicano formano un angolo acuto ($\mathbf{u} \cdot \mathbf{v} > 0$), retto ($\mathbf{u} \cdot \mathbf{v} = 0$, vettori *ortogonali*), oppure ottuso ($\mathbf{u} \cdot \mathbf{v} < 0$).

Prodotto vettoriale

Il prodotto vettoriale è un'operazione binaria, definita solo sugli spazi vettoriali tridimensionali, che a ogni coppia di vettori $\mathbf{u}, \mathbf{v} \in V$ associa un vettore $\mathbf{u} \wedge \mathbf{v} \in V$ in modo che

anticommutativo	$\mathbf{u} \wedge \mathbf{v} = -\mathbf{v} \wedge \mathbf{u}$
distributivo rispetto alla somma	$(\mathbf{u} + \mathbf{v}) \wedge \mathbf{w} = \mathbf{u} \wedge \mathbf{w} + \mathbf{v} \wedge \mathbf{w}$
lineare rispetto alla moltiplicazione	$(\lambda \mathbf{u}) \wedge \mathbf{v} = \mathbf{u} \wedge (\lambda \mathbf{v}) = \lambda (\mathbf{u} \wedge \mathbf{v})$.

Per completare la definizione di prodotto vettoriale si deve osservare che in uno spazio vettoriale tridimensionale esistono due tipi di terne ortonormali, quelle *sinistrorse* e quelle *destrorse*, che si differenziano dall'orientamento. Per capire a quale categoria appartenga una data base ortonormale si considera il piano identificato dai primi due versori, e si osserva il piano dal lato verso cui punta il terzo versore. Se, da questo lato, il primo versore va ruotato di $\frac{\pi}{2}$ verso la sua sinistra (cioè in senso antiorario) per ottenere il secondo, allora la terna è sinistrorsa. Se, al contrario, la rotazione di $\frac{\pi}{2}$ deve avvenire verso la sua destra (in senso orario), la terna si dice destrorsa. La definizione di prodotto vettoriale risulta completa specificando che in una qualunque terna sinistrorsa $\{\mathbf{i}, \mathbf{j}, \mathbf{k}\}$ valgono le relazioni

$$\mathbf{i} \wedge \mathbf{j} = \mathbf{k}, \qquad \mathbf{k} \wedge \mathbf{i} = \mathbf{j}, \qquad \mathbf{j} \wedge \mathbf{k} = \mathbf{i}.$$

Osserviamo come la seconda e la terza delle precedenti relazioni si ottengono dalla prima effettuando una *permutazione ciclica* dei tre versori coinvolti, ovvero portando il primo al posto del secondo, il secondo al posto del terzo, e quest'ultimo al posto del primo. Per antisimmetria, vale anche $\mathbf{j} \wedge \mathbf{i} = -\mathbf{k}$ (con le sue relative permutazioni cicliche).

Conseguenza della precedente definizione sono le seguenti proprietà del prodotto vettoriale.

- Il prodotto vettoriale di due vettori ha le seguenti componenti

$$\left.\begin{aligned} \mathbf{u} &= u_1\,\mathbf{e}_1 + u_2\,\mathbf{e}_2 + u_3\,\mathbf{e}_3 \\ \mathbf{v} &= v_1\,\mathbf{e}_1 + v_2\,\mathbf{e}_2 + v_3\,\mathbf{e}_3 \end{aligned}\right\} \implies \begin{aligned} \mathbf{u} \wedge \mathbf{v} = (u_2 v_3 - u_3 v_2)\,\mathbf{e}_1 + (u_3 v_1 - u_1 v_3)\,\mathbf{e}_2 \\ + (u_1 v_2 - u_2 v_1)\,\mathbf{e}_3. \end{aligned} \tag{A.7}$$

  Si osservi come nuovamente la seconda e la terza componente si possono ottenere dalla prima effettuando una permutazione ciclica nella quale gli indici scalano secondo la regola $1 \to 2 \to 3 \to 1$. Ricordando inoltre la formula per il calcolo del determinante di una matrice 3×3 (vedi più avanti, formula (A.24) a pagina 259), si osserva che vale anche

$$\mathbf{u} \wedge \mathbf{v} = \det \begin{pmatrix} \mathbf{e}_1 & \mathbf{e}_2 & \mathbf{e}_3 \\ u_1 & u_2 & u_3 \\ v_1 & v_2 & v_3 \end{pmatrix}. \tag{A.8}$$

- La direzione di $\mathbf{u} \wedge \mathbf{v}$ è ortogonale sia a $\mathbf{u}$ che a $\mathbf{v}$

$$(\mathbf{u} \wedge \mathbf{v}) \cdot \mathbf{u} = (\mathbf{u} \wedge \mathbf{v}) \cdot \mathbf{v} = 0 \qquad \text{per ogni } \mathbf{u}, \mathbf{v} \in V.$$

- Il verso del prodotto vettoriale segue la *regola della mano destra*: puntando il pollice della mano destra verso il primo fattore e l'indice aperto verso il secondo, il medio aperto indicherà il verso del prodotto vettoriale.
- La norma del prodotto vettoriale è pari al prodotto delle norme dei fattori, moltiplicato il seno dell'angolo compreso tra questi

$$|\mathbf{u} \wedge \mathbf{v}| = |\mathbf{u}|\,|\mathbf{v}| \sin\{\mathbf{u}, \mathbf{v}\}. \tag{A.9}$$

Osserviamo che in virtù della (A.6) e la (A.9) si ha

$$u^2\,v^2 = |\mathbf{u}|^2\,|\mathbf{v}|^2 = (\mathbf{u}\cdot\mathbf{v})^2 + |\mathbf{u}\wedge\mathbf{v}|^2. \tag{A.10}$$

Le formule seguenti, che possono essere dimostrate direttamente usando le (A.4),(A.7), forniscono un'utile semplificazione del calcolo del doppio prodotto vettoriale

$$\mathbf{u}\wedge(\mathbf{v}\wedge\mathbf{w}) = (\mathbf{u}\cdot\mathbf{w})\,\mathbf{v} - (\mathbf{u}\cdot\mathbf{v})\,\mathbf{w}. \tag{A.11}$$

$$(\mathbf{u}\wedge\mathbf{v})\wedge\mathbf{w} = (\mathbf{u}\cdot\mathbf{w})\,\mathbf{v} - (\mathbf{v}\cdot\mathbf{w})\,\mathbf{u}. \tag{A.12}$$

Esempio (Scomposizione di un vettore). Dato un qualunque versore $\mathbf{e}$, si può esprimere (in modo unico) qualunque vettore $\mathbf{w} \in V$ come somma di due componenti rispettivamente parallela e ortogonale a $\mathbf{e}$, ovvero

$$\mathbf{w} = \mathbf{w}_\parallel + \mathbf{w}_\perp, \qquad \text{con} \qquad \mathbf{w}_\parallel \wedge \mathbf{e} = \mathbf{0} \quad \text{e} \quad \mathbf{w}_\perp\cdot\mathbf{e} = 0.$$

Tale scomposizione è realizzata da

$$\mathbf{w} = \underbrace{(\mathbf{w}\cdot\mathbf{e})\,\mathbf{e}}_{\mathbf{w}_\parallel} + \Big(\underbrace{\mathbf{w} - (\mathbf{w}\cdot\mathbf{e})\,\mathbf{e}}_{\mathbf{w}_\perp}\Big) \tag{A.13}$$

e soddisfa

$$\mathbf{w}\cdot\mathbf{e} = \mathbf{w}_\parallel\cdot\mathbf{e}, \qquad \mathbf{w}\wedge\mathbf{e} = \mathbf{w}_\perp\wedge\mathbf{e}.$$

Prodotto misto

Si definisce *prodotto misto* tra tre vettori lo scalare $\mathbf{u}\cdot\mathbf{v}\wedge\mathbf{w}$.

Si osservi come non sia necessario indicare delle parentesi nelle operazioni indicate poiché l'unico ordine consistente si ottiene effettuando prima il prodotto vettoriale $\mathbf{v}\wedge\mathbf{w}$, che produce un vettore che si moltiplica poi scalarmente per $\mathbf{u}$. Se invece si tentasse di effettuare prima il prodotto $\mathbf{u}\cdot\mathbf{v}$ si otterrebbe uno scalare che sarebbe poi impossibile da moltiplicare vettorialmente per $\mathbf{w}$.

Utilizzando la (A.8) risulta possibile ricavare un'espressione utile per il calcolo del prodotto misto

$$\mathbf{u}\cdot\mathbf{v}\wedge\mathbf{w} = \det\begin{pmatrix} u_1 & u_2 & u_3 \\ v_1 & v_2 & v_3 \\ w_1 & w_2 & w_3 \end{pmatrix}.$$

Di conseguenza, il prodotto misto gode delle proprietà caratteristiche del determinante. Così, per esempio, esso si annulla se e solo se le sue righe sono linearmente dipendenti, ovvero

$$\mathbf{u}\cdot\mathbf{v}\wedge\mathbf{w} = 0 \qquad \Longleftrightarrow \qquad \{\mathbf{u},\mathbf{v},\mathbf{w}\}\ \text{complanari}. \tag{A.14}$$

Inoltre, il risultato non varia se viene effettuata una permutazione ciclica dei fattori, mentre cambia segno se vengono semplicemente scambiati due fattori

$$\mathbf{u}\cdot\mathbf{v}\wedge\mathbf{w}=\mathbf{v}\cdot\mathbf{w}\wedge\mathbf{u}=\mathbf{w}\cdot\mathbf{u}\wedge\mathbf{v}=-\mathbf{v}\cdot\mathbf{u}\wedge\mathbf{w}=-\mathbf{w}\cdot\mathbf{v}\wedge\mathbf{u}=-\mathbf{u}\cdot\mathbf{w}\wedge\mathbf{v}, \tag{A.15}$$

per ogni $\mathbf{u},\mathbf{v},\mathbf{w}\in V$. Si osservi infine come, a conseguenza delle (A.15), tra le operazioni che non cambiano il risultato di un prodotto misto rientra lo scambio tra prodotto scalare e vettoriale. Per esempio si ha

$$\mathbf{u}\cdot\mathbf{v}\wedge\mathbf{w}=\mathbf{u}\wedge\mathbf{v}\cdot\mathbf{w} \qquad \text{per ogni } \mathbf{u},\mathbf{v},\mathbf{w}\in V. \tag{A.16}$$

Differenziazione

Consideriamo due vettori dipendenti dal tempo $\mathbf{a}(t)$, $\mathbf{b}(t)$, ovvero, in termini più rigorosamente matematici, due funzioni $\mathbf{a},\mathbf{b}:(t_0,t_1)\to V$ che, ad ogni valore del parametro $t\in(t_0,t_1)$, associano i vettori $\mathbf{a}(t)$, $\mathbf{b}(t)$. Scelta una base ortonormale $\{\mathbf{i},\mathbf{j},\mathbf{k}\}$ diremo che le funzioni vettoriali date sono continue/differenziabili se lo sono le rispettive componenti nella base scelta. La derivata del vettore si otterrà semplicemente derivando le componenti dimodoché, per esempio,

$$\mathbf{a}(t)=a_x(t)\,\mathbf{i}+a_y(t)\,\mathbf{j}+a_z(t)\,\mathbf{k} \qquad\Longrightarrow\qquad \dot{\mathbf{a}}(t)=\dot a_x(t)\,\mathbf{i}+\dot a_y(t)\,\mathbf{j}+\dot a_z(t)\,\mathbf{k}.$$

La differenziazione di funzioni vettoriali eredita così le proprietà caratteristiche della derivazione di funzioni scalari. Ad esempio avremo

$$\frac{d}{dt}(\mathbf{a}\cdot\mathbf{b})=\dot{\mathbf{a}}\cdot\mathbf{b}+\mathbf{a}\cdot\dot{\mathbf{b}} \qquad \text{e} \qquad \frac{d}{dt}(\mathbf{a}\wedge\mathbf{b})=\dot{\mathbf{a}}\wedge\mathbf{b}+\mathbf{a}\wedge\dot{\mathbf{b}}. \tag{A.17}$$

Geometria euclidea (cenni)

Prima di lavorare con punti dello spazio euclideo suggeriamo di rivederne la Definizione 1.2 (vedi pagina 3). Si ricordi in particolare che, dato un punto $Q\in\mathscr{E}$ e un vettore $\mathbf{v}$ dello spazio vettoriale associato, la notazione $P=Q+\mathbf{v}$ equivale a dire $\mathbf{v}=QP$, ovvero che $\mathbf{v}$ è il vettore che porta da Q a P.

Definizione A.1 (Retta, piano). *Una* retta *dello spazio euclideo (passante per il punto $Q\in\mathscr{E}$ e parallela al vettore $\mathbf{u}\neq\mathbf{0}$) è l'insieme dei punti $P\in\mathscr{E}$ tali che*

$$P=Q+\lambda\mathbf{u}, \quad \textit{con } \lambda\in\mathbb{R},$$

ovvero l'insieme dei punti $P\in\mathscr{E}$ tali che $QP\parallel\mathbf{u}$.

Un piano *dello spazio euclideo (passante per il punto $Q\in\mathscr{E}$ e ortogonale al vettore $\mathbf{v}\neq\mathbf{0}$) è il luogo dei punti $P\in\mathscr{E}$ tali che*

$$QP\cdot\mathbf{v}=0.$$

Alternativamente, noti tre punti (non allineati) Q_1, Q_2, Q_3 del piano che si vuole

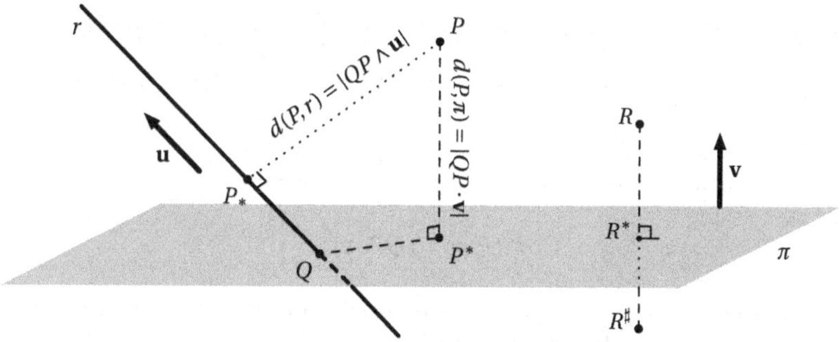

Figura A.1 Proiezioni su rette e piani. Simmetrie rispetto a piani

descrivere, i punti P del piano soddisfano

$$P = Q_1 + \lambda\, Q_1Q_2 + \mu\, Q_1Q_3, \quad con\ \lambda, \mu \in \mathbb{R}.$$

Proiezioni, simmetrie

Chiamiamo *proiezione* del punto $P \in \mathscr{E}$ sulla retta $r \subset \mathscr{E}$ o sul piano $\pi \subset \mathscr{E}$ il punto P_* (rispettivamente appartenente alla retta r o al piano π) che minimizza la distanza da P (vedi Fig. A.1). Tale minimo si indica come *distanza* del punto P dalla retta r (o dal piano π).

La proiezione del punto P sulla retta r passante per Q e parallela al versore $\mathbf{u}$ è fornita dal punto P_* tale che

$$QP_* = (QP \cdot \mathbf{u})\mathbf{u}. \tag{A.18}$$

Osserviamo che, in virtù della (A.13), il punto P_* coincide con la proiezione ortogonale di P su r, nel senso che $P_*P \perp \mathbf{u}$. Il punto P_* minimiza, tra i punti di r, la distanza da P. Infatti, preso un qualunque altro punto $\hat{P} \in r$ si avrà

$$\hat{P}P = \underbrace{\hat{P}P_*}_{\|\mathbf{u}} + \underbrace{P_*P}_{\perp\mathbf{u}} \qquad \Longrightarrow \qquad |\hat{P}P|^2 = |\hat{P}P_*|^2 + |P_*P|^2 \geq |P_*P|^2.$$

Inoltre, in virtù della (A.10) si ha

$$d^2(P, r) = |P_*P|^2 = |QP|^2 - (QP \cdot \mathbf{u})^2 = |QP \wedge \mathbf{u}|^2. \tag{A.19}$$

La proiezione del punto P sul piano π passante per Q e ortogonale al versore $\mathbf{v}$ è fornita dal punto P^* tale che

$$QP^* = QP - (QP \cdot \mathbf{v})\mathbf{v}.$$

Nuovamente in virtù della (A.13), il punto P^* coincide con la proiezione ortogonale di P su π, nel senso che $P^*P \perp \hat{P}P^*$ per ogni $\hat{P} \in \pi$. Il punto P^* minimiza, tra i punti di π, la distanza da P. Infatti, preso un qualunque altro punto $\hat{P} \in \pi$ si avrà

$$\hat{P}P = \underbrace{\hat{P}P^*}_{\perp \mathbf{v}} + \underbrace{P^*P}_{\parallel \mathbf{v}} \qquad \Longrightarrow \qquad |\hat{P}P|^2 = |\hat{P}P^*|^2 + |P^*P|^2 \geq |P^*P|^2.$$

Notiamo in particolare che $\quad P^*P = (QP \cdot \mathbf{v})\mathbf{v}, \quad$ per cui

$$d^2(P,\pi) = (QP \cdot \mathbf{v})^2.$$

Dato un piano π (passante per Q e ortogonale al versore $\mathbf{v}$) e un punto $R \in \mathcal{E}$, il punto $R^\sharp$ simmetrico di R rispetto a π (vedi Fig. A.1) è dato da

$$QR^\sharp = QR - 2(QR \cdot \mathbf{v})\mathbf{v}, \tag{A.20}$$

dimodoché

$$RR^\sharp = -2(QR \cdot \mathbf{v})\mathbf{v}. \tag{A.21}$$

Si osservi come $R^\sharp$ sia l'unico punto (diverso da R) tale che $\quad d(R^\sharp,\pi) = d(R,\pi) \quad$ e $RR^\sharp \perp \pi$.

Inviluppo convesso

Definizione A.2 (Inviluppo convesso). *L'inviluppo convesso $\mathcal{C}_{\mathcal{B}}$ di un insieme $\mathcal{B}$ è definito come l'intersezione di tutti gli insiemi convessi che contengono $\mathcal{B}$.*

L'inviluppo convesso di un insieme contiene ovviamente l'insieme stesso. Inoltre, visto che l'intersezione di insiemi convessi è essa stessa convessa, può anche definirsi come il più piccolo insieme convesso contenente l'insieme di partenza (vedi Fig. A.2). La seguente proprietà risulta utile nel caratterizzare la forma degli inviluppi convessi.

Proposizione A.3. *L'inviluppo convesso di un insieme coincide con l'insieme delle combinazioni lineari convesse dei punti di $\mathcal{B}$, ovvero con l'insieme delle combinazioni lineari di vettori posizione di punti di $\mathcal{B}$, con coefficienti non negativi a somma totale unitaria. Si avrà quindi*

$$\begin{aligned} \mathcal{C}_{\mathcal{B}} &= \bigcap \{C \,:\, C \text{ convesso} \quad e \quad \mathcal{B} \subseteq C\} \\ &= \Big\{P \in \mathcal{E} \,:\, QP = \sum_i \lambda_i \, QP_i, \quad con \quad P_i \in \mathcal{B}, \quad \lambda_i \geq 0, \quad e \quad \sum_i \lambda_i = 1\Big\}. \end{aligned} \tag{A.22}$$

Dimostrazione. L'insieme delle combinazioni lineari convesse di punti di $\mathcal{B}$ è convesso e contiene $\mathcal{B}$, e di conseguenza contiene anche $\mathcal{C}_{\mathcal{B}}$.

D'altro canto, qualunque insieme convesso che contenga $\mathcal{B}$ dovrà contenere, per definizione di convessità, anche le combinazioni lineari convesse dei suoi punti, per cui risulta che l'insieme delle combinazioni lineari convesse di punti di $\mathcal{B}$ è contenuto in $\mathcal{C}_{\mathcal{B}}$.

La doppia inclusione implica la validità dell'uguaglianza in (A.22). □

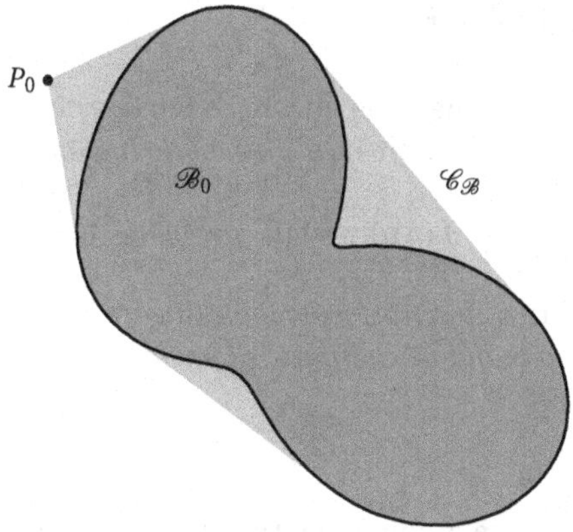

Figura A.2 Inviluppo convesso dell'insieme $\mathscr{B}$, composto dall'unione della regione continua $\mathscr{B}_0$ e del punto P_0

Esercizi

A.1. Dimostrare che il prodotto vettoriale di $\mathbf{a} = a_x\,\mathbf{i} + a_y\,\mathbf{j}$ e $\mathbf{b} = b_x\,\mathbf{i} + b_y\,\mathbf{j}$ è dato dal vettore $\mathbf{a} \wedge \mathbf{b} = (a_x b_y - a_y b_x)\,\mathbf{k}$.

A.2. Dimostrare che il prodotto vettoriale di $\mathbf{w} = w\,\mathbf{k}$ e $\mathbf{a} = a_x\,\mathbf{i} + a_y\,\mathbf{j}$ è dato dal vettore $\mathbf{w} \wedge \mathbf{a} = w(-a_y\,\mathbf{i} + a_x\,\mathbf{j})$.

A.3. Dimostrare che un prodotto misto con due fattori paralleli risulta nullo.

A.4. Dimostrare l'identità $\mathbf{u} \wedge (\mathbf{v} \wedge \mathbf{w}) + \mathbf{v} \wedge (\mathbf{w} \wedge \mathbf{u}) + \mathbf{w} \wedge (\mathbf{u} \wedge \mathbf{v}) = \mathbf{0}$, valida per ogni scelta dei vettori $\mathbf{u}, \mathbf{v}, \mathbf{w} \in V$.

A.5. Sia $O \in \mathscr{E}$ l'origine dello spazio euclideo, e $\{\mathbf{i}, \mathbf{j}, \mathbf{k}\}$ una base ortonormale dello spazio vettoriale associato.

- Determinare l'angolo formato dai vettori $\mathbf{u} = a\mathbf{i} - 2a\mathbf{j}$ e $\mathbf{v} = a\mathbf{i} + a\mathbf{j} - a\mathbf{k}$, con $a \in \mathbb{R}$, $a \neq 0$.
- Determinare l'equazione della retta r passante per il punto $OA = a\mathbf{i}$ e parallela a $\mathbf{v}$, e del piano π passante per $OB = -a\mathbf{j}$ e ortogonale a $\mathbf{u}$.
- Calcolare le distanze $d(A, \pi)$ e $d(B, r)$.
- Identificare il punto simmetrico di A rispetto al piano π.

A.6. Dimostrare che l'inviluppo convesso di un insieme formato da tre punti non allineati è il triangolo avente i punti come vertici.

A.2 Trasformazioni lineari

Definizione A.4. *Una* trasformazione lineare *(o* tensore*) è un'applicazione* **L** *che associa a ogni vettore* $\mathbf{u} \in V$ *il vettore* $\mathbf{Lu} \in V$ *in modo lineare, ovvero in modo che*

$$\mathbf{L}(\mathbf{u}+\mathbf{v}) = \mathbf{Lu}+\mathbf{Lv} \quad e \quad \mathbf{L}(\lambda\mathbf{u}) = \lambda\mathbf{Lu} \quad \textit{per ogni} \quad \mathbf{u},\mathbf{v} \in V \quad e \quad \lambda \in \mathbb{R}.$$

Dal punto di vista algebrico, una trasformazione lineare è quindi un omomorfismo, e anzi un endomorfismo in quanto lo spazio di partenza e di arrivo coincidono.

Matrici

Scelta una base $\mathbf{e} = \{\mathbf{e}_1, \ldots, \mathbf{e}_n\}$, una trasformazione lineare si può rappresentare attraverso i suoi *elementi di matrice*

$$L_{ij} = \mathbf{e}_i \cdot \mathbf{L}\mathbf{e}_j. \tag{A.23}$$

Tali elementi formano poi la *matrice* di **L** nella base **e**, che si ottiene collocando l'elemento L_{ij} nella i-esima riga e j-esima colonna. In questo modo, per ogni $\mathbf{u} = \sum_i u_i \mathbf{e}_i$ si ha

$$\mathbf{Lu} = \sum_i \Big(\sum_j L_{ij} u_j \Big) \mathbf{e}_i.$$

In altri termini, le componenti del vettore trasformato **Lu** si ottengono moltiplicando righe per colonne la matrice degli elementi $\{L_{ij}\}$ per il vettore colonna delle componenti di **u**.

Si osservi in particolare come le colonne della matrice associata a una trasformazione in una data base contengono le componenti delle immagini dei versori della base stessa.

Traccia, determinante

La Definizione (A.23) evidenzia come gli elementi di matrice di una trasformazione lineare dipendano in generale dalla base scelta per il loro calcolo. Si dicono *invarianti* quelle combinazioni di elementi di matrice di una trasformazione lineare che invece non dipendono dalla scelta della base. Vediamo di seguito due di questi invarianti.

- La *traccia* di una trasformazione lineare è la somma degli elementi diagonali di una qualunque delle sue matrici

$$\mathrm{tr}\,\mathbf{A} = \sum_i A_{ii}.$$

- Il *determinante* di una trasformazione lineare si costruisce per induzione.
  Il determinante di una matrice 1×1 è pari al valore del suo unico elemento.

Per qualunque altra dimensione $n \times n$, con $n > 1$, si segue il seguente procedimento: si identifica una qualunque riga o colonna della matrice (per esempio, la i-esima riga formata dagli elementi $\{L_{i1}, \ldots, L_{in}\}$); per ogni elemento L_{ij} si calcola il *cofattore* C_{ij}, ovvero $(-1)^{i+j}$ moltiplicato per il determinante della matrice $(n-1) \times (n-1)$ ottenuto dalla matrice di partenza eliminando l'i-esima riga e la j-esima colonna; infine vale la formula

$$\det \mathbf{L} = \sum_{j=1}^{n} L_{ij} C_{ij}.$$

Nei casi $n = 2$ e $n = 3$ tale formula fornisce

$$\det \begin{pmatrix} L_{11} & L_{12} \\ L_{21} & L_{22} \end{pmatrix} = L_{11} L_{22} - L_{12} L_{21},$$

$$\det \begin{pmatrix} L_{11} & L_{12} & L_{13} \\ L_{21} & L_{22} & L_{23} \\ L_{31} & L_{32} & L_{33} \end{pmatrix} = L_{11}(L_{22}L_{33} - L_{23}L_{32}) - L_{12}(L_{21}L_{33} - L_{23}L_{31}) + L_{13}(L_{21}L_{32} - L_{22}L_{31}). \tag{A.24}$$

Si dimostra che la traccia è un'operazione lineare, mentre il determinante è una funzione moltiplicativa. Per tutte le trasformazioni lineari **L**, **M** vale quindi

$$\operatorname{tr}(\mathbf{L} + \mathbf{M}) = \operatorname{tr} \mathbf{L} + \operatorname{tr} \mathbf{M}, \qquad \det(\mathbf{LM}) = (\det \mathbf{L})(\det \mathbf{M}).$$

Trasposto, inverso

Si dimostra che per ogni trasformazione lineare **L** ne esiste una e una sola, detta *trasposta* di **L** e indicata con $\mathbf{L}^\top$, che soddisfa

$$\mathbf{u} \cdot (\mathbf{L}\mathbf{v}) = (\mathbf{L}^\top \mathbf{u}) \cdot \mathbf{v} \qquad \text{per ogni} \quad \mathbf{u}, \mathbf{v} \in V.$$

Dalla (A.23) segue che gli elementi di matrice della trasformazione trasposta sono semplicemente i trasposti degli elementi di matrice originali: $(L^\top)_{ij} = L_{ji}$.

Per tutte le trasformazioni lineari **L**, **M** valgono le proprietà

$$(\mathbf{L}^\top)^\top = \mathbf{L}, \qquad (\mathbf{L} + \mathbf{M})^\top = \mathbf{L}^\top + \mathbf{M}^\top, \qquad (\mathbf{LM})^\top = \mathbf{M}^\top \mathbf{L}^\top, \qquad \det(\mathbf{L}^\top) = \det \mathbf{L}.$$

Una trasformazione si dice *simmetrica* o *antisimmetrica* se è uguale o opposta al suo trasposto. Di conseguenza, per esempio, una trasformazione simmetrica **S** soddisfa

$$\mathbf{u} \cdot \mathbf{S}\mathbf{v} = (\mathbf{S}\mathbf{u}) \cdot \mathbf{v} \qquad \forall \mathbf{u}, \mathbf{v} \in V. \tag{A.25}$$

Qualunque trasformazione si può scomporre in modo unico come somma di una trasformazione simmetrica e una antisimmetrica

$$\mathbf{L} = \mathbf{S} + \mathbf{W}, \qquad \text{con} \qquad \mathbf{S} = \tfrac{1}{2}(\mathbf{L} + \mathbf{L}^\top), \quad \mathbf{W} = \tfrac{1}{2}(\mathbf{L} - \mathbf{L}^\top).$$

Si dimostra che per ogni trasformazione lineare $\mathbf{L}$ tale che $\det\mathbf{L} \neq 0$ (dette *invertibili*) esiste una e una sola trasformazione, detta *inversa* di $\mathbf{L}$ e indicata con $\mathbf{L}^{-1}$, che soddisfa $\mathbf{L}\mathbf{L}^{-1} = \mathbf{L}^{-1}\mathbf{L} = \mathbf{I}$. Nella definizione di inversa compare la trasformazione lineare identica $\mathbf{I}$, che è definita da $\mathbf{I}\mathbf{u} = \mathbf{u}$ per ogni $\mathbf{u} \in V$.

Per tutte le trasformazioni lineari invertibili $\mathbf{L}$, $\mathbf{M}$ valgono le proprietà

$$(\mathbf{L}^{-1})^{-1} = \mathbf{L}, \qquad (\mathbf{L}\mathbf{M})^{-1} = \mathbf{M}^{-1}\mathbf{L}^{-1}, \qquad (\mathbf{L}^{-1})^{\top} = (\mathbf{L}^{\top})^{-1}, \qquad \det(\mathbf{L}^{-1}) = (\det\mathbf{L})^{-1}.$$

Si dimostra che se $\mathbf{L}$ è invertibile, gli elementi di matrice della trasformazione inversa si ottengono dividendo il cofattore dell'elemento trasposto di $\mathbf{L}$ per il determinante di $\mathbf{L}$: $(L^{-1})_{ij} = C_{ji}/(\det\mathbf{L})$.

Autovettori, autovalori, diagonalizzazione

Un vettore $\mathbf{u} \neq \mathbf{0}$ si dice *autovettore* della trasformazione $\mathbf{L}$ se vale $\mathbf{L}\mathbf{u} = \lambda\mathbf{u}$. In tal caso lo scalare $\lambda \in \mathbb{R}$ si dice *autovalore associato a* $\mathbf{u}$. Si dimostra che gli autovalori di una trasformazione lineare coincidono con le radici del suo *polinomio caratteristico*, ovvero soddisfano $\det(\mathbf{L} - \lambda\mathbf{I}) = 0$, dove $\mathbf{I}$ è la trasformazione identica tale che $\mathbf{I}\mathbf{v} = \mathbf{v}$ per ogni $\mathbf{v} \in V$.

Una trasformazione lineare $\mathbf{L}$ si dice *diagonalizzabile* se esiste una base $\mathbf{e}$ nella quale essa è rappresentata da una matrice diagonale, ovvero $L_{ij} = \lambda_i\delta_{ij}$. Se una trasformazione è diagonalizzabile gli elementi della base dove essa si diagonalizza sono suoi autovalori, e gli elementi diagonali nella corrispondente matrice sono i relativi autovalori.

Teorema A.5 (Teorema spettrale). *Una trasformazione lineare reale è diagonalizzabile in una base ortonormale se e solo se è simmetrica.*

Trasformazioni ortogonali

Una trasformazione lineare $\mathbf{R}$ si dice *ortogonale* se la sua trasposta coincide con la sua inversa: $\mathbf{R}^{\top} = \mathbf{R}^{-1}$.

Le trasformazioni ortogonali godono di numerose proprietà:

- conservano le lunghezze: $|\mathbf{R}\mathbf{u}| = |\mathbf{u}|$ per ogni $\mathbf{u} \in V$;
- conservano gli angoli: $\cos\{\mathbf{R}\mathbf{u}, \mathbf{R}\mathbf{v}\} = \cos\{\mathbf{u}, \mathbf{v}\}$ per ogni $\mathbf{u}, \mathbf{v} \in V$;
- (come conseguenza delle proprietà precedenti) trasformano basi ortonormali in basi ortonormali;
- hanno determinante unitario: $\det\mathbf{R} = \pm 1$.

Nel caso $n = 3$, e restringendosi alle trasformazioni ortogonali *speciali*, ovvero quelle con $\det\mathbf{R} = +1$, valgono ulteriori proprietà, che identificano queste trasformazioni come *rotazioni*:

- ammettono sempre l'autovalore $\lambda = +1$, ovvero esiste sempre un insieme di vettori lasciati invariati dalla trasformazione ($\mathbf{R}\mathbf{u} = \mathbf{u}$);

- tale insieme ha sempre dimensione 1, ovvero identifica un *asse di rotazione*, con l'unica banale eccezione della trasformazione identica $\mathbf{I}$, che lascia invariati tutti i vettori;
- supponendo $\mathbf{R} \neq \mathbf{I}$, possiamo scomporre ogni vettore come $\mathbf{v} = \mathbf{v}_{\parallel} + \mathbf{v}_{\perp}$, con componenti rispettivamente parallela e ortogonale all'asse di rotazione. Così facendo, si trova che la componente $\mathbf{v}_{\parallel}$ rimane invariata, mentre la componente ortogonale ruotata di un angolo fisso θ, detto *angolo di rotazione*

$$\mathbf{R}\mathbf{v} = \mathbf{R}(\mathbf{v}_{\parallel} + \mathbf{v}_{\perp}) = \mathbf{v}_{\parallel} + \mathbf{R}\mathbf{v}_{\perp}, \qquad \text{e} \qquad \cos\{\mathbf{R}\mathbf{v}_{\perp}, \mathbf{v}_{\perp}\} = \cos\theta \quad \text{per ogni } \mathbf{v} \in V;$$

- l'angolo di rotazione si ottiene dalla traccia della trasformazione lineare

$$\operatorname{tr}\mathbf{R} = 1 + 2\cos\theta.$$

Un asse di rotazione può essere identificato da due due versori (uno opposto all'altro). Analogamente, un angolo di rotazione può essere definito in verso orario o antiorario. Diremo che uno specifico angolo di rotazione è definito *positivo* rispetto a un versore se l'angolo è antiorario quando visto dal verso indicato dal versore. In formule, dato un piano ortogonale a un versore $\mathbf{u}$, si può identificare l'angolo di rotazione positivo rispetto a $\mathbf{u}$ con la seguente proprietà: preso un qualunque vettore $\mathbf{v} \neq \mathbf{0}$ nel piano, il vettore $\mathbf{u} \wedge \mathbf{v}$ determina con $\mathbf{v}$ un angolo di $+\frac{\pi}{2}$ nel verso positivo rispetto a $\mathbf{u}$.

Esempio (Prodotto tensoriale). Dati due vettori $\mathbf{a}, \mathbf{b} \in V$, il loro *prodotto tensoriale* è la trasformazione lineare $\mathbf{a} \otimes \mathbf{b}$ che a ogni vettore $\mathbf{v}$ associa il vettore

$$(\mathbf{a} \otimes \mathbf{b})\mathbf{v} = (\mathbf{b} \cdot \mathbf{v})\,\mathbf{a}.$$

- Posto, in una base ortonormale, $\mathbf{a} = \sum_i a_i \mathbf{e}_i$, $\mathbf{b} = \sum_i b_i \mathbf{e}_i$, la matrice che rappresenta $\mathbf{a} \otimes \mathbf{b}$ nella stessa base ha elementi

$$(\mathbf{a} \otimes \mathbf{b})_{ij} = \mathbf{e}_i \cdot (\mathbf{a} \otimes \mathbf{b})\mathbf{e}_j = \mathbf{e}_i \cdot (\mathbf{b} \cdot \mathbf{e}_j)\mathbf{a} = (\mathbf{b} \cdot \mathbf{e}_j)\,\mathbf{e}_i \cdot \mathbf{a} = a_i\, b_j.$$

- Il trasposto del prodotto tensoriale soddisfa $(\mathbf{a} \otimes \mathbf{b})^{\top} = \mathbf{b} \otimes \mathbf{a}$.
  Infatti $(\mathbf{a} \otimes \mathbf{b})^{\top}_{ij} = (\mathbf{b} \otimes \mathbf{a})_{ji}$.
- Il prodotto tensoriale soddisfa $\operatorname{tr}(\mathbf{a} \otimes \mathbf{b}) = \mathbf{a} \cdot \mathbf{b}$ e $\det(\mathbf{a} \otimes \mathbf{b}) = 0$.
  Infatti $\operatorname{tr}(\mathbf{a} \otimes \mathbf{b}) = \sum_i (\mathbf{a} \otimes \mathbf{b})_{ii} = \sum_i a_i b_i = \mathbf{a} \cdot \mathbf{b}$.
  Inoltre, scelta una base con primo elemento parallelo a $\mathbf{b}$, e gli altri ortogonali allo stesso vettore, tutte le colonne meno la prima (che sono le immagini dei vettori della base) saranno nulle, e così sarà di conseguenza il determinante.
- Il prodotto tensoriale ammette i seguenti autovalori e autovettori: tutti i vettori ortogonali a $\mathbf{b}$ sono autovettori con autovalore nullo, e tutti i vettori paralleli a $\mathbf{a}$ sono autovettori, con autovalore $(\mathbf{a} \cdot \mathbf{b})$.
  Infatti $(\mathbf{a} \otimes \mathbf{b})(\mathbf{v}) = \mathbf{0}$ se $\mathbf{v} \perp \mathbf{b}$. Inoltre $(\mathbf{a} \otimes \mathbf{b})(\lambda\mathbf{a}) = (\mathbf{b} \cdot \mathbf{a})\,\lambda\mathbf{a}$.
- Il prodotto tensoriale è diagonalizzabile se e solo se i due fattori sono paralleli.
  Segue dalla proprietà riguardante il trasposto e dal teorema spettrale.

- La composizione di due prodotti tensoriale soddisfa $(\mathbf{a}\otimes\mathbf{b})\,(\mathbf{c}\otimes\mathbf{d}) = (\mathbf{b}\cdot\mathbf{c})\,\mathbf{a}\otimes\mathbf{d}$.
  Infatti, dato un qualunque vettore $\mathbf{v} \in V$,

$$(\mathbf{a}\otimes\mathbf{b})\,(\mathbf{c}\otimes\mathbf{d})\mathbf{v} = (\mathbf{b}\cdot\mathbf{c})(\mathbf{d}\cdot\mathbf{v})\mathbf{a} = (\mathbf{b}\cdot\mathbf{c})\,(\mathbf{a}\otimes\mathbf{d})\mathbf{v}.$$

Esercizi

A.7 (Vettore assiale). Sia $\mathbf{W}$ una trasformazione lineare antisimmetrica, e sia $\mathbf{e} = \{\mathbf{e}_1, \mathbf{e}_2, \mathbf{e}_3\}$ una base ortonormale dello spazio V su cui essa agisce.

- Dimostrare che gli elementi diagonali della matrice associata a $\mathbf{W}$ nella base $\mathbf{e}$ sono nulli.
- Dimostrare, determinandone le componenti nella base $\mathbf{e}$, che esiste un vettore $\mathbf{w}$ (detto *vettore assiale di* $\mathbf{W}$) tale che $\mathbf{W}\mathbf{v} = \mathbf{w}\wedge\mathbf{v}$ per ogni $\mathbf{v} \in V$.
- Dimostrare che $\mathbf{W}^2 = \mathbf{w}\otimes\mathbf{w} - w^2\,\mathbf{I}$, dove $\mathbf{I}$ è la trasformazione identica.

A.8. Sia $\mathbf{e} = \{\mathbf{e}_1, \mathbf{e}_2, \mathbf{e}_3\}$ una base ortonormale dello spazio V su cui agisce il tensore

$$\mathbf{L} = 2\beta\,\mathbf{e}_1\otimes\mathbf{e}_1 + \alpha\,\mathbf{e}_1\otimes\mathbf{e}_2 - \mathbf{e}_2\otimes\mathbf{e}_1 - \beta\,\mathbf{e}_3\otimes\mathbf{e}_3.$$

- Determinare la matrice associata a $\mathbf{L}$ nella base $\mathbf{e}$.
- Determinare α, β affinché $\mathbf{L}$ sia: (i) simmetrica, (ii) antisimmetrica. Nel primo caso, determinare autovalori e autovettori di $\mathbf{L}$. Nel secondo, determinare il vettore assiale associata ad essa.

A.9. Dati un versore $\mathbf{e}$, e uno scalare $\theta \in \mathbb{R}$, sia $\mathbf{W}(\mathbf{e})$ il tensore antisimmetrico di vettore assiale $\mathbf{e}$. Dimostrare che la trasformazione lineare

$$\mathbf{R} = \mathbf{e}\otimes\mathbf{e} + \cos\theta(\mathbf{I} - \mathbf{e}\otimes\mathbf{e}) + \sin\theta\,\mathbf{W}(\mathbf{e})$$

è una rotazione di angolo θ attorno all'asse $\mathbf{e}$.

Ricavare la matrice associata alla rotazione di angolo $\frac{\pi}{6}$ attorno all'asse parallelo al versore $\mathbf{e} = \frac{1}{\sqrt{3}}(\mathbf{e}_1 + \mathbf{e}_2 - \mathbf{e}_3)$, nella base ortonormale $\{\mathbf{e}_1, \mathbf{e}_2, \mathbf{e}_3\}$.

A.3 Curve, superfici

Definizione A.6 (Curve regolari). *Una* curva *è un'applicazione γ che associa a ogni valore di un parametro scalare $t \in [t_0, t_1]$ un punto dello spazio euclideo: $A : [t_0, t_1] \to \mathcal{E}$.*

Facendo riferimento all'origine $O \in \mathcal{E}$, i punti visitati dalla curva A si identificano attraverso la funzione vettoriale $OA(t)$. Una curva si dice regolare *se tale funzione vettoriale risulta differenziabile, e la sua derivata $\dot{A} = \frac{d}{dt}(OA(t))$ non si annulla mai.*

Definizione A.7 (Ascissa curvilinea). *Sia $A : [t_0, t_1] \to \mathcal{E}$ una curva regolare. Il parametro* ascissa curvilinea *o* lunghezza d'arco *misura la lunghezza della curva dal suo punto iniziale $A(t_0)$ alla sua posizione attuale.*

Scelta una base ortonormale e posto $OA(t) = x(t)\,\mathbf{i} + y(t)\,\mathbf{j} + z(t)\,\mathbf{k}$, l'ascissa curvilinea, che non va confusa con la distanza dal punto attuale al punto iniziale, si calcola attraverso l'integrale

$$s(t) = \int_{t_0}^{t} \left|\dot{A}(t')\right| dt' = \int_{t_0}^{t} \sqrt{\dot{x}^2(t') + \dot{y}^2(t') + \dot{z}^2(t')}\, dt'. \tag{A.26}$$

Come conseguenza risulta che l'ascissa curvilinea s è una funzione strettamente crescente, e quindi invertibile, del parametro t. Chiameremo $\hat{t}(s)$ tale funzione inversa che in pratica fornisce, per ogni valore della lunghezza percorsa s, il valore del parametro t dopo il quale la curva ha percorso la distanza s. La (A.26), insieme alla formula di derivazione della funzione inversa, implica

$$\frac{ds}{dt} = |\dot{A}| \qquad \Longleftrightarrow \qquad \frac{d\hat{t}(s)}{ds} = \frac{1}{|\dot{A}|}\bigg|_{t=\hat{t}(s)}. \tag{A.27}$$

Detta $L = s(t_1)$ la lunghezza totale della curva, possiamo associare a ogni curva $A(t)$ la curva $\hat{A} : [0, L] \to \mathscr{E}$ definita in modo che $\hat{A}(s)$ coincida con la posizione occupata da A dopo aver percorso un tratto di lunghezza s. In formule

$$\hat{A}(s) = A\big(\hat{t}(s)\big).$$

Definizione A.8 (Retta e versore tangente). *Sia $A : [t_0, t_1] \to \mathscr{E}$ una curva regolare. Chiamiamo* retta tangente *in $A(t)$, per $t \in [t_0, t_1]$, la retta passante per $A(t)$ e parallela a $\dot{A}(t)$. Di conseguenza si definisce* versore tangente *in $A(t)$*

$$\mathbf{t}(t) = \frac{\dot{A}}{|\dot{A}|}.$$

In virtù della (A.27), il versore tangente si può ottenere anche attraverso la derivazione diretta della curva parametrizzata in termini dell'ascissa curvilinea

$$\mathbf{t}(s) = \frac{d\hat{A}}{ds} = \hat{A}'(s). \tag{A.28}$$

Le rette (vedi Definizione A.1) sono curve caratterizzate dal possedere un versore tangente costante in tutti i loro punti. Esse quindi coincidono con una loro qualunque retta tangente. La curvatura e il versore normale, che introduciamo di seguito, forniscono informazioni riguardo la variazione del versore tangente lungo la curva, e rappresentano quindi una misura della linearità della stessa.

Definizione A.9 (Curvatura, versore normale). *Sia $A : [t_0, t_1] \to \mathscr{E}$ una curva regolare. La curvatura κ è la misura della variazione del versore tangente per unità di lunghezza lungo la curva. Nei punti dove $\kappa \neq 0$ il versore tangente fornisce la direzione di tale variazione. In formule:*

$$\kappa = \left|\frac{d\mathbf{t}}{ds}\right|, \qquad \mathbf{n} = \frac{1}{\kappa}\frac{d\mathbf{t}}{ds} \quad (\text{se}\,\kappa \neq 0). \tag{A.29}$$

L'inverso della curvatura viene chiamato raggio di curvatura $R = \kappa^{-1}$.

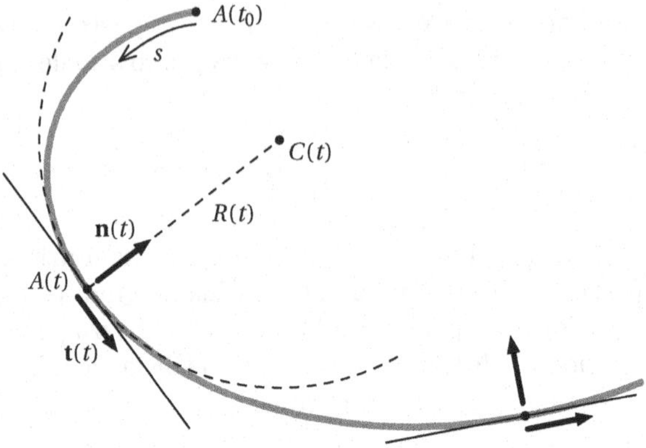

Figura A.3 Retta tangente, cerchio osculatore e triedro intrinseco. Il versore binormale è uscente dal foglio

Abbiamo dimostrato in precedenza (vedi Esercizio 1.2 a pagina 8) che condizione necessaria e sufficiente affinché un vettore abbia modulo costante è che esso sia ortogonale alla sua derivata. Di conseguenza, e siccome il **t** per costruzione è un versore e ha quindi modulo costante (pari a 1), la sua derivata risulta sempre ortogonale a esso. Risulta così che il versore normale, che per definizione è parallelo alla derivata del versore tangente, deve necessariamente essere ortogonale a quest'ultimo (vedi Fig. A.3).

Risulta possibile calcolare la curvatura di una curva regolare in un suo punto generico $A(t)$ attraverso l'espressione

$$\kappa(t) = \frac{|\dot{A} \wedge \ddot{A}|}{|\dot{A}|^3},$$

dove t è il parametro della curva, e non necessariamente l'ascissa curvilinea.

Il raggio di curvatura R ammette un'interessante interpretazione geometrica. Si dimostra infatti che il *cerchio osculatore*, ovvero il cerchio che meglio approssima la curva nell'intorno di un dato punto, giace nel piano identificato dai versori $\{\mathbf{t}, \mathbf{n}\}$, ha raggio pari a R e centro in $C(t) = A(t) + R(t)\,\mathbf{n}(t)$.

Definizione A.10 (Triedro di Frenet-Serret). *Sia $A : [t_0, t_1] \to \mathcal{E}$ una curva regolare, e sia $A(t)$ un suo punto tale che $\kappa(t) \neq 0$. Definiamo* triedro intrinseco *di A nel punto considerato la base ortonormale $\{\mathbf{t}, \mathbf{n}, \mathbf{b}\}$ formata dal versore tangente, dal versore normale e dal* versore binormale $\quad \mathbf{b} = \mathbf{t} \wedge \mathbf{n}$.

Così come le rette si possono caratterizzare dalla costanza del versore tangente, le curve *piane* sono accomunate dalla costanza del versione binormale, come mostra anche la Figura A.3. Analizziamo quindi la derivata del versore binormale, anche alla luce della (A.29)

$$\frac{d\mathbf{b}}{ds} = \frac{d}{ds}(\mathbf{t} \wedge \mathbf{n}) = \underbrace{\frac{d\mathbf{t}}{ds} \wedge \mathbf{n}}_{0} + \mathbf{t} \wedge \frac{d\mathbf{n}}{ds},$$

dove il primo addendo si annulla in quanto la derivata di $\mathbf{t}$ è pari a $\kappa\mathbf{n}$. Di conseguenza la derivata di $\mathbf{b}$, che già risultava ortogonale a $\mathbf{b}$ per la proprietà già vista della derivata di un vettore di modulo costante, risulta ortogonale anche a $\mathbf{t}$, e deve quindi necessariamente essere parallela a $\mathbf{n}$. Questa osservazione motiva la seguente definizione.

Definizione A.11 (Torsione). *Sia $A : [t_0, t_1] \to \mathscr{E}$ una curva regolare, e sia $A(t)$ un suo punto tale che $\kappa(t) \neq 0$. Chiamiamo* torsione *la componente di $\mathbf{b}'(s)$ lungo $\mathbf{n}$:*

$$\frac{d\mathbf{b}}{ds} = \tau\,\mathbf{n}. \tag{A.30}$$

Di conseguenza, una curva con torsione nulla giace necessariamente in un piano, identificato da uno qualunque dei suoi punti e dalla direzione ortogonale a $\mathbf{b}$. Le seguenti formule completano le informazioni riguardo la variazione del triedro intrinseco lungo una curva regolare.

Proposizione A.12 (Formule di Frenet-Serret). *Sia $A : [t_0, t_1] \to \mathscr{E}$ una curva regolare, e sia $A(t)$ un suo punto tale che $\kappa(t) \neq 0$. Valgono allora le* formule di Frenet-Serret

$$\frac{d\mathbf{t}}{ds} = \kappa\mathbf{n}, \qquad \frac{d\mathbf{n}}{ds} = -\kappa\mathbf{t} - \tau\mathbf{b}, \qquad \frac{d\mathbf{b}}{ds} = \tau\mathbf{n}. \tag{A.31}$$

Dimostrazione. La prima e la terza delle (A.31) coincidono con le (A.29), (A.30). Per dimostrare la seconda osserviamo che i versori del triedro intrinseco sono legati anche dalla relazione $\mathbf{n} = \mathbf{b} \wedge \mathbf{t}$. Differenziando questa relazione troviamo

$$\frac{d\mathbf{n}}{ds} = \frac{d\mathbf{b}}{ds} \wedge \mathbf{t} + \mathbf{b} \wedge \frac{d\mathbf{t}}{ds} = \tau\,\mathbf{n} \wedge \mathbf{t} + \kappa\,\mathbf{b} \wedge \mathbf{n} = -\tau\,\mathbf{b} - \kappa\,\mathbf{t}.$$ □

Superfici

Così come le curve possono essere viste come il luogo dei punti dello spazio euclideo che si ottengono al variare di un parametro, le superfici sono luoghi di punti ottenuti al variare di *due* parametri. Uno studio approfondito delle proprietà delle superfici si colloca ben al di là degli obbiettivi di questo testo. Ci limitiamo quindi a presentare una minima rassegna di risultati e definizioni che possono risultare utili per meglio inquadrare alcuni passaggi del presente testo.

Definizione A.13 (Superficie regolare). *Sia $D \subseteq \mathbb{R}^2$ un dominio aperto connesso del piano. Sia $S : D \to \mathscr{E}$ un'applicazione che assegna un punto dello spazio euclideo a ogni valore della coppia di parametri $(u, v) \in D$, tale che, scelti $O \in \mathscr{E}$ e una base ortonormale $\{\mathbf{i}, \mathbf{j}, \mathbf{k}\}$, si abbia* $OS(u, v) = x(u, v)\,\mathbf{i} + y(u, v)\,\mathbf{j} + z(u, v)\,\mathbf{k}$.

L'immagine $S(D)$ dell'applicazione introdotta rappresenta una superficie regolare *se le funzioni $x, y, z : D \to \mathbb{R}$ sono differenziabili con continuità e se, detti*

$$S_u = \frac{\partial OS(u,v)}{du}, \qquad S_v = \frac{\partial OS(u,v)}{dv},$$

vale $S_u \wedge S_v \neq \mathbf{0}$ *per ogni* $(u, v) \in D$.

Definizione A.14 (Versore normale, piano tangente). *Sia $S : D \to \mathcal{E}$ un'applicazione che definisce una superficie regolare. Il versore*

$$\mathbf{N}(u,v) = \frac{S_u \wedge S_v}{|S_u \wedge S_v|}$$

è detto versore normale *a $S(D)$ nel punto $S(u, v)$. Il piano passante per tale punto e ortogonale al versore normale viene detto* piano tangente *a $S(D)$ nel punto $S(u, v)$.*

Il piano tangente a una superficie (calcolato in un dato punto) ha la proprietà di contenere le rette tangenti a tutte le curve contenute nella superficie e passanti per il punto dato. Osserviamo che una curva interamente contenuta nella superficie si ottiene componendo la funzione $S(u, v)$ con un'applicazione $t \mapsto (u(t), v(t))$, per avere la curva $S(u(t), v(t))$.

Speciali curve contenute in una superficie sono le *geodetiche*, caratterizzate dalla proprietà che la loro normale coincide con la normale alla superficie cui appartengono. Si dimostra che questa proprietà caratterizza le curve che, mantenendosi sempre dentro una superficie, uniscono due punti percorrendo la distanza minima.

Esercizi

A.10. Calcolare il triedro intrinseco e il cerchio osculatore della *doppia goccia d'acqua* (o *manubrio*) $OA(t) = \cos t\,\mathbf{i} + \cos^2 t \sin t\,\mathbf{j}$, $(t \in [0, 2\pi])$, in $t = \frac{\pi}{6}$.

A.4 Equazioni differenziali ordinarie (cenni)

La presente sezione è dedicata a una breve rassegna di risultati riguardanti alcuni tipi di equazioni differenziali ordinarie. Richiamiamo comunque prima un risultato di analisi che risulta utile nello studio della stabilità di sistemi con un grado di libertà (vedi Teorema 8.9 a pagina 215).

Teorema A.15 (Weierstrass). *Sia $D \subset \mathbb{R}^n$ un dominio compatto (ovvero limitato e chiuso) n-dimensionale, e sia $f : D \to \mathbb{R}$ una funzione continua. Allora f assume massimo e minimo in D. Esistono cioè $x_m, x_M \in D$ tali che* $f(x_m) \leq f(x) \leq f(x_M)$ *per ogni $x \in D$.*

Definizione A.16 (Problema di Cauchy [7]). *Un'equazione differenziale ordinaria di ordine $n \in \mathbb{N}$ è un equazione che coinvolge una funzione incognita di una* *variabile $y(t)$ e una o più delle sue derivate, fino all'ordine massimo n.*

$$F\left(t, y, y', \ldots, y^{(n)}\right) = 0.$$

L'equazione differenziale si dice esprimibile in forma normale *se è esplicitabile nella derivata di ordine massimo:* $y^{(n)}(t) = G(t, y, y', \ldots, y^{(n-1)})$.

Un problema di Cauchy *è l'insieme di un'equazione differenziale ordinaria di ordine n esprimibile in forma normale, e dei valori della funzione e delle sue derivate fino all'ordine $n-1$ in un punto t_0.*

$$\begin{cases} y^{(n)}(t) = G(t, y, y', \ldots, y^{(n-1)}), \\ y(t_0) = y_0, \quad y'(t_0) = y_0', \quad \ldots, \quad y^{(n-1)}(t_0) = y_0^{(n-1)}. \end{cases} \tag{A.32}$$

Un'equazione differenziale può ammettere nessuna, un numero finito, o spesso infinite soluzioni. Il problema di Cauchy, invece ne ammette una e una sola sotto ipotesi piuttosto generali.

Teorema A.17 (Teorema di esistenza e unicità di Picard). *Consideriamo il problema di Cauchy* (A.32). *Se la funzione G è continua nella variabile indipendente t e lipschitziana nelle variabili $y, y', \ldots, y^{(n-1)}$ allora esiste un $T > 0$ tale che il problema di Cauchy ammette una e una sola soluzione per $t \in [t_0 - T, t_0 + T]$.*

Ricordiamo a tal proposito che una funzione $f : D \subseteq \mathbb{R}^n \to \mathbb{R}$ si dice *lipschitziana* in D se esiste una costante $K > 0$ tale che

$$|f(x_1) - f(x_2)| \leq K\,|x_1 - x_2| \quad \text{per ogni } x_1, x_2 \in D.$$

Chiudiamo la presente sezione passando in rassegna le strategie e le formule risolutive di alcune delle più semplici equazioni differenziali.

Equazioni del primo ordine a variabili separabili

Consideriamo il problema di Cauchy del primo ordine

$$y' = f(t)g(y), \qquad \text{con } y(t_0) = y_0,$$

con f funzione continua e g differenziabile con continuità (per garantirne la lipschitzianità). Nel caso particolare $g(y_0) = 0$ l'equazione ammette la soluzione costante. Altrimenti il problema si risolve separando le variabili e integrando a partire dalle condizioni iniziali. Si ha così in generale

$$\begin{aligned} & y(t) = y_0 && \text{se } g(y_0) = 0 \\ & \int_{y_0}^{y(t)} \frac{dv}{g(v)} = \int_{t_0}^{t} f(\tau)\, d\tau && \text{se } g(y_0) \neq 0. \end{aligned}$$

Equazioni differenziali lineari

Un'equazione differenziale ordinaria si dice *lineare* la funzione G in (A.32) è una combinazione lineare (con eventuale termine noto) delle derivate della funzione incognita

$$y^{(n)}(t)+a_{n-1}(t)\,y^{(n-1)}(t)+\cdots+a_1(t)\,y'(t)+a_0(t)\,y(t)=f(t).$$

L'equazione differenziale si dice *omogenea* se $f(t)\equiv 0$.

La struttura delle soluzioni delle equazioni differenziali lineari è particolarmente semplice, in quanto la soluzione generale si esprime come

$$y(t)=y_{\mathrm{p}}(t)+C_1\,y_1(t)+\cdots+C_n\,y_n(t),\qquad \text{con}\quad C_1,\ldots,C_n\in\mathbb{R},\tag{A.33}$$

dove y_{p} è una soluzione particolare dell'equazione completa e le $\{y_i,\ i=1,\ldots,n\}$ sono soluzioni linearmente indipendenti dell'equazione omogenea associata (ovvero quella ottenuta sostituendo il termine noto $f(t)$ con 0).

Equazioni differenziali lineari del primo ordine

Consideriamo l'equazione $y'(t)+a(t)\,y(t)=f(t)$. Detta $A(t)$ una primitiva di $a(t)$, ovvero una funzione tale che $A'=a$, si può moltiplicare l'equazione per e^{A} e scriverla quindi come

$$\frac{d}{dt}\Big(y(t)\mathrm{e}^{A(t)}\Big)=\mathrm{e}^{A(t)}f(t).$$

Di conseguenza la soluzione dell'equazione che soddisfa $y(t_0)=y_0$ è data da

$$y(t)\mathrm{e}^{A(t)}-y_0\,\mathrm{e}^{A(t_0)}=\int_{t_0}^{t}\mathrm{e}^{A(\tau)}f(\tau)\,d\tau,$$

che si risolve esplicitamente per fornire

$$y(t)=y_0\,\mathrm{e}^{A(t_0)-A(t)}+\int_{t_0}^{t}\mathrm{e}^{A(\tau)-A(t)}f(\tau)\,d\tau.$$

La soluzione si semplifica nel caso che la funzione coefficiente $a(t)$ sia costante, $a(t)\equiv\alpha$. In tal caso possiamo scegliere $A(t)=\alpha t$, e si ha

$$y(t)=y_0\,\mathrm{e}^{\alpha(t_0-t)}+\int_{t_0}^{t}\mathrm{e}^{\alpha(\tau-t)}f(\tau)\,d\tau.$$

Equazioni differenziali lineari del secondo ordine a coefficienti costanti

Le equazioni differenziali di maggior interesse per la Meccanica sono quelle del secondo ordine, visto che le equazioni di moto coinvolgono le accelerazioni, e sono quindi equazioni differenziali del secondo ordine nelle posizioni dei punti. In questa breve rassegna analizzeremo comunque solo le più semplici tra le equazioni differenziali di questo tipo, ovvero quelle lineari a coefficienti costanti, che risolvono problemi di Cauchy del tipo

$$\alpha\,\ddot{y}(t)+\beta\,\dot{y}(t)+\gamma\,y(t)=f(t),\qquad y(t_0)=y_0,\quad \dot{y}(t_0)=\dot{y}_0. \tag{A.34}$$

La natura delle soluzioni del problema (A.34) è del tipo (A.33), trattandosi comunque di un'equazione differenziale lineare. In aggiunta, risulta possibile in questo caso identificare esplicitamente le soluzioni indipendenti del problema omogeneo associato. Il loro carattere dipende dalle radici del *polinomio caratteristico* associato $\mathscr{P}(\lambda)=\alpha\,\lambda^2+\beta\,\lambda+\gamma$.

- Se il polinomio ha radici reali distinte $\lambda_1\neq\lambda_2\in\mathbb{R}$ (caso $\beta^2-4\alpha\gamma>0$) le soluzioni dell'equazione omogenea associata sono esponenziali

$$y_1(t)=e^{\lambda_1 t},\qquad y_2(t)=e^{\lambda_2 t}.$$

- Se il polinomio ha radici reali coincidenti $\lambda_1=\lambda_2\in\mathbb{R}$ (caso $\beta^2-4\alpha\gamma=0$) le soluzioni dell'equazione omogenea associata sono ancora esponenziali, ma compare anche una dipendenza polinomiale dalla variabile indipendente

$$y_1(t)=e^{\lambda_1 t},\qquad y_2(t)=t\,e^{\lambda_1 t}.$$

- Se il polinomio ha radici complesse $\lambda_1,\lambda_2=\lambda\pm i\mu$ (caso $\beta^2-4\alpha\gamma<0$) le soluzioni dell'equazione omogenea associata sono combinazioni di esponenziali e funzioni trigonometriche

$$y_1(t)=e^{\lambda t}\cos\mu t,\qquad y_2(t)=e^{\lambda t}\sin\mu t.$$

Una volta identificate due soluzioni indipendenti dell'equazione omogenea associata, vi sono diversi metodi adatti a determinare la soluzione particolare necessaria per completare la soluzione generale. Una di queste è il metodo della variazione delle costanti arbitrarie, e consiste nel cercare una soluzione del tipo $y_p(t)=C_1(t)\,y_1(t)+C_2(t)\,y_2(t)$. Sostituendo tale espressione nell'equazione differenziale di partenza si trova

$$\alpha\Big[(\dot{C}_1\,\dot{y}_1+\dot{C}_2\,\dot{y}_2)+\underline{(C_1\,\ddot{y}_1+C_2\,\ddot{y}_2)}+\tfrac{d}{dt}\underbrace{(\dot{C}_1\,y_1+\dot{C}_2\,y_2)}\Big]+$$
$$+\beta\Big[\underline{(C_1\,\dot{y}_1+C_2\,\dot{y}_2)}+\underbrace{(\dot{C}_1\,y_1+\dot{C}_2\,y_2)}\Big]+\gamma\Big[\underline{C_1\,y_1+C_2\,y_2}\Big]=f.$$

Il fatto che la soluzione si sia costruita partendo dalle soluzioni dell'equazione omogenea associata implica che la somma dei tre termini sottolineati si annulla. Imponendo inoltre che si annulli anche il termini racchiuso da una parentesi graffa si ottiene il seguente sistema per i coefficienti variabili

$$\begin{cases} \dot{C}_1\, y_1 + \dot{C}_2\, y_2 = 0 \\ \dot{C}_1\, \dot{y}_1 + \dot{C}_2\, \dot{y}_2 = f(t)/\alpha. \end{cases}$$

Indicato con $W(t) = y_1(t)\dot{y}_2(t) - \dot{y}_1(t)y_2(t)$ il *wronskiano* delle soluzioni fondamentali dell'omogenea (che risulta non annullarsi mai), i coefficienti della soluzione particolare soddisfano

$$\dot{C}_1(t) = -W(t)^{-1} f(t)\, y_2(t)/\alpha, \qquad \dot{C}_2(t) = W(t)^{-1} f(t)\, y_1(t)/\alpha,$$

e possono a questo punto essere determinati per integrazione diretta.

Oscillatore armonico, risonanza

Caso particolare di equazione differenziale lineare del secondo ordine a coefficiente costante è l'equazione del moto dell'oscillatore armonico, ovvero di un sistema con un grado di libertà (sia y la coordinata libera), una posizione di equilibrio in $y = 0$ e una forza di richiamo verso tale posizione che aumenta linearmente con la distanza da essa. Si ha quindi

$$m\,\ddot{y}(t) + k\,y(t) = f(t), \qquad \text{con} \quad k, m > 0.$$

Questa equazione rientra ovviamente tra quelle appena studiate. Le radici del polinomio caratteristico sono puramente immaginarie: $\lambda = \pm i\omega$, con $\omega = \sqrt{k/m}$. Di conseguenza le soluzioni fondamentali sono puramente oscillatorie:

$$y_1(t) = \cos\omega t, \qquad y_2(t) = \sin\omega t,$$

e il loro wronskiano è pari a 1. Si ha quindi

$$\dot{C}_1(t) = -f(t)(\sin\omega t)/m, \qquad \dot{C}_2(t) = f(t)(\cos\omega t)/m,$$

le cui soluzioni analizzeremo di seguito in alcuni casi particolari.

- *Oscillatore libero.* Consideriamo il caso omogeneo $f(t) = 0$. In tal caso la soluzione generale è $y(t) = C_1 \cos\omega t + C_2 \sin\omega t$, con $C_1, C_2 \in \mathbb{R}$ da determinare richiedendo che siano soddisfatte le condizioni iniziali del problema di Cauchy. Se, per esempio, le condizioni iniziali sono imposte nel tempo $t_0 = 0$ (caso particolare cui faremo riferimento anche nei punti seguenti) si ottiene semplicemente
$$y(t) = y_0 \cos\omega t + \frac{\dot{y}_0}{\omega} \sin\omega t. \tag{A.35}$$
- *Oscillatore caricato.* Supponiamo ora $f(t) = f_0$. In questo caso la soluzione particolare risulta essere la costante $y_p(t) = f_0/k$, e la soluzione generale risulta

essere

$$y(t) = \frac{f_0}{k} + \left(y_0 - \frac{f_0}{k}\right)\cos\omega t + \frac{\dot{y}_0}{\omega}\sin\omega t.$$

- *Oscillatore forzato.* Supponiamo ora $f(t) = f_0 \cos\Omega t$, con $\Omega \neq \omega$. La soluzione particolare diventa ora una funzione trigonometrica oscillante con frequenza Ω

  $$y_p(t) = \frac{f_0 \cos\Omega t}{m(\omega^2 - \Omega^2)},$$

  ed ha in particolare un'ampiezza che può diventare estremamente grande quando la frequenza della forzante Ω si avvicina alla frequenza naturale ω. La soluzione generale risulta ora

  $$y(t) = \frac{f_0(\cos\Omega t - \cos\omega t)}{m(\omega^2 - \Omega^2)} + y_0\cos\omega t + \frac{\dot{y}_0}{\omega}\sin\omega t.$$

- *Risonanza.* Nel caso particolare $\Omega = \omega$, ovvero quando la forzante possiede la stessa frequenza con cui oscillerebbe liberamente il sistema, la soluzione particolare aumenta fino a divergere per tempi lunghi

  $$y_p(t) = \frac{f_0 t \sin\omega t}{2m\omega}.$$

  Di conseguenza la soluzione generale diventa

  $$y(t) = \frac{f_0 t \sin\omega t}{2m\omega} + y_0\cos\omega t + \frac{\dot{y}_0}{\omega}\sin\omega t.$$

A.5 Soluzioni degli esercizi

A.3 Supponiamo che due dei tre vettori coinvolti nel prodotto misto $\mathbf{a}\cdot\mathbf{b}\wedge\mathbf{c}$ siano paralleli. Se sono quelli che si moltiplicano nel prodotto vettoriale, questo risulta nullo e così il prodotto misto. Se invece sono paralleli il vettore **a** e uno degli altri due (per esempio, **b**), basta effettuare una permutazione ciclica per raggiungere lo stesso risultato

$$\mathbf{a} \parallel \mathbf{b} \qquad \Longrightarrow \qquad \mathbf{a}\cdot\mathbf{b}\wedge\mathbf{c} = \mathbf{c}\cdot\mathbf{a}\wedge\mathbf{b} = \mathbf{0}.$$

A.4 L'identità proposta si dimostra utilizzando tre volte la proprietà (A.11).

A.5 L'angolo formato da **u** e **v** vale

$$\cos\theta = \frac{\mathbf{u}\cdot\mathbf{v}}{|\mathbf{u}|\,|\mathbf{v}|} = -\frac{1}{\sqrt{15}} \qquad (\theta \simeq 105^\circ).$$

Si ha inoltre $r = \{P \in \mathscr{E} : OP = OA + \lambda\mathbf{v}\}$, ovvero $OP = a(1+\lambda)\mathbf{i} + a\lambda\mathbf{j} - a\lambda\mathbf{k}$, con $\lambda \in \mathbb{R}$, e $\pi = \{Q \in \mathscr{E} : BQ\cdot\mathbf{u} = 0\}$. Ponendo $OQ = x\mathbf{i} + y\mathbf{j} + z\mathbf{k}$, l'equazione cartesiana del piano π è quindi $x - 2y + 2a = 0$.

Sia $\hat{\mathbf{v}} = \mathbf{v}/|\mathbf{v}|$ un versore parallelo a $\mathbf{v}$. La proiezione di B su r è data da B_*, con

$$AB_* = (AB\cdot\hat{\mathbf{v}})\hat{\mathbf{v}} = \frac{(AB\cdot\mathbf{v})\mathbf{v}}{|\mathbf{v}|^2} = -\tfrac{2}{3}\mathbf{v}.$$

Inoltre, $d^2(B,r) = |BB_*|^2 = |AB\wedge\hat{\mathbf{v}}|^2 = \tfrac{2}{3}a^2$.

Sia $\hat{\mathbf{u}} = \mathbf{u}/|\mathbf{u}|$ un versore parallelo a $\mathbf{u}$. La proiezione di A su π è data da A^*, con

$$BA^* = BA - (BA\cdot\hat{\mathbf{u}})\hat{\mathbf{u}} = \tfrac{3}{5}a(2\mathbf{i}+\mathbf{j}).$$

Inoltre, $d^2(A,\pi) = (BA\cdot\hat{\mathbf{u}})^2 = \tfrac{1}{5}a^2$.

Il punto $A^\sharp$ simmetrico di A rispetto a π è dato da

$$OA^\sharp = OB + BA^\sharp = OA - 2(BA\cdot\hat{\mathbf{u}})\hat{\mathbf{u}} = \tfrac{7}{5}a\mathbf{i} - \tfrac{4}{5}a\mathbf{j}.$$

A.6 I punti del triangolo ABC possono essere scritti come combinazioni lineari convesse dei vertici, con coordinate

$$\begin{aligned} x &= \lambda x_A + \mu x_B + \eta x_C \\ y &= \lambda y_A + \mu y_B + \eta y_C \qquad 0\le\lambda,\mu,\eta\le 1, \quad \lambda+\mu+\eta = 1. \\ z &= \lambda z_A + \mu z_B + \eta z_C, \end{aligned}$$

Si noti che i punti corrispondenti a $\lambda = 0$ individuano il lato BC (e similmente per gli altri lati).

A.7 Gli elementi diagonali della matrice associata a una trasformazione antisimmetrica devono essere necessariamente nulli in quanto la trasformazione trasposta (che ha gli stessi elementi diagonali) coincide con la sua opposta

$$\left.\begin{aligned} W_{ii} &= -W_{ii}^\top \\ W_{ii}^\top &= W_{ii} \end{aligned}\right\} \quad\Longrightarrow\quad W_{ii} = 0.$$

Cerchiamo $\mathbf{w} = w_1\mathbf{e}_1 + w_2\mathbf{e}_2 + w_3\mathbf{e}_3$ affinché $\mathbf{W}\mathbf{v} = \mathbf{w}\wedge\mathbf{v}$ per ogni $\mathbf{v}\in V$

$$\begin{pmatrix} 0 & W_{12} & W_{13} \\ -W_{12} & 0 & W_{23} \\ -W_{13} & -W_{23} & 0 \end{pmatrix}\begin{pmatrix} v_1 \\ v_2 \\ v_3 \end{pmatrix} = \begin{pmatrix} -w_3v_2 + w_2v_3 \\ w_3v_1 - w_1v_3 \\ -w_2v_1 + w_1v_2 \end{pmatrix} \quad\Longleftrightarrow\quad \begin{cases} w_1 = -W_{23} \\ w_2 = W_{13} \\ w_3 = -W_{12}. \end{cases}$$

L'identità $\mathbf{W}^2 = \mathbf{w}\otimes\mathbf{w} - w^2\mathbf{I}$ si dimostra verificando l'uguaglianza tra le espressioni delle matrici a membro sinistro e destro nella base $\mathbf{e}$.

A.8 La matrice associata a $\mathbf{L}$ nella base $\mathbf{e}$ è $\begin{pmatrix} 2\beta & \alpha & 0 \\ -1 & 0 & 0 \\ 0 & 0 & -\beta \end{pmatrix}$.

La trasformazione $\mathbf{L}$ è simmetrica se $\alpha = -1$ (per ogni $\beta\in\mathbb{R}$); è antisimmetrica se $\beta = 0$ e $\alpha = 1$.

Ricordando che le colonne della matrice associata a $\mathbf{L}$ in una base forniscono le componenti dell'immagine dei vettori della base, si vede subito come valga $\mathbf{L}\mathbf{e}_3 = -\beta\mathbf{e}_3$, per cui un autovettore è sempre $\mathbf{e}_3$, con $-\beta$ come autovalore. Ricaviamo gli altri due autovalori (nel caso simmetrico) dalle radici del polinomio caratteristico

$$\det(\mathbf{L}-\lambda\mathbf{I}) = \det\begin{pmatrix} 2\beta-\lambda & -1 & 0 \\ -1 & -\lambda & 0 \\ 0 & 0 & -\beta-\lambda \end{pmatrix} = (-\beta-\lambda)(\lambda^2-2\beta\lambda-1) = 0,$$

da cui si ottengono gli ulteriori autovalori $\lambda_\pm = \beta \pm \sqrt{\beta^2+1}$. I corrispondenti autovettori sono $\mathbf{v}_\pm = \cos\theta_\pm\,\mathbf{e}_1 + \sin\theta_\pm\,\mathbf{e}_2$, con $\tan\theta_\pm = \beta \mp \sqrt{1+\beta^2}$.

Se $\beta = 0$ e $\alpha = 1$ la trasformazione lineare è antisimmetrica, con vettore assiale $\mathbf{w} = -\mathbf{e}_3$.

A.9 Per verificare che il tensore $\mathbf{R} = \mathbf{e}\otimes\mathbf{e} + \cos\theta(\mathbf{I}-\mathbf{e}\otimes\mathbf{e}) + \sin\theta\,\mathbf{W}(\mathbf{e})$ è una rotazione basta scrivere la sua matrice in una qualunque base ortonormale il cui terzo versore sia $\mathbf{e}$. Tale matrice è

$$\begin{pmatrix} \cos\theta & -\sin\theta & 0 \\ \sin\theta & \cos\theta & 0 \\ 0 & 0 & 1 \end{pmatrix},$$

e soddisfa le richieste $\mathbf{R}\mathbf{R}^\top = \mathbf{I}$, $\det\mathbf{R} = +1$, $\operatorname{tr}\mathbf{R} = 1+2\cos\theta$, $\mathbf{R}\mathbf{e} = \mathbf{e}$.

La matrice associata alla rotazione di angolo $\frac{\pi}{6}$ attorno all'asse parallelo al versore $\mathbf{e} = \frac{1}{\sqrt{3}}(\mathbf{e}_1+\mathbf{e}_2-\mathbf{e}_3)$, nella base ortonormale $\{\mathbf{e}_1, \mathbf{e}_2, \mathbf{e}_3\}$ risulta

$$\frac{1}{3}\begin{pmatrix} 1 & 1 & -1 \\ 1 & 1 & -1 \\ -1 & -1 & 1 \end{pmatrix} + \frac{\sqrt{3}}{6}\begin{pmatrix} 2 & -1 & 1 \\ -1 & 2 & 1 \\ 1 & 1 & 2 \end{pmatrix} + \frac{\sqrt{3}}{6}\begin{pmatrix} 0 & 1 & 1 \\ -1 & 0 & -1 \\ -1 & 1 & 0 \end{pmatrix} = \frac{1}{3}\begin{pmatrix} 1+\sqrt{3} & 1 & -1+\sqrt{3} \\ 1-\sqrt{3} & 1+\sqrt{3} & -1 \\ -1 & -1+\sqrt{3} & 1+\sqrt{3} \end{pmatrix}.$$

Si osservi come i tre vettori colonna ottenuti identifichino una base ortonormale (quella ottenuta ruotando la base originale di $\frac{\pi}{6}$ attorno a $\mathbf{e}$).

A.10 Il triedro intrinseco è formato da

$$\mathbf{t}(\tfrac{\pi}{6}) = \frac{1}{\sqrt{19}}\big(-4\mathbf{i}+\sqrt{3}\mathbf{j}\big), \qquad \mathbf{n}(\tfrac{\pi}{6}) = \frac{1}{\sqrt{19}}\big(\sqrt{3}\mathbf{i}-4\mathbf{j}\big), \qquad \mathbf{b}(\tfrac{\pi}{6}) = \mathbf{k}.$$

Calcolando la curvatura

$$\kappa(\tfrac{\pi}{6}) = \left.\frac{|\dot{A}\wedge\ddot{A}|}{|\dot{A}|^3}\right|_{t=\frac{\pi}{6}} = \frac{704}{19\sqrt{19}} \doteq 8.5$$

si ricava il raggio di curvatura $R(\frac{\pi}{6}) = 1/\kappa(\frac{\pi}{6})$ e di conseguenza il centro del cerchio osculatore (vedi Fig. A.4)

$$OC(\tfrac{\pi}{6}) = OA(\tfrac{\pi}{6}) + R(\tfrac{\pi}{6})\mathbf{n}(\tfrac{\pi}{6}) = \frac{1}{704}(333\sqrt{3}\mathbf{i}+188\mathbf{j}).$$

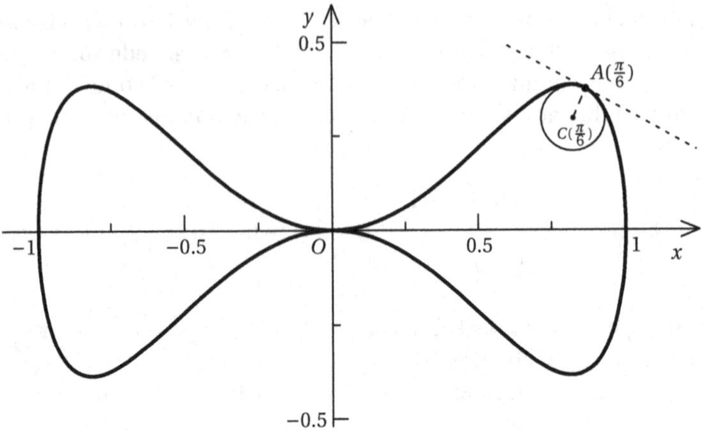

Figura A.4 Retta tangente e cerchio osculatore del manubrio in $OA(\frac{\pi}{6}) = \frac{\sqrt{3}}{2}\mathbf{i} + \frac{3}{8}\mathbf{j}$ (Esercizio A.10)

Riferimenti bibliografici

Diversi sono i testi di Meccanica Razionale che possono guidare lo studente in uno studio più completo e approfondito di quello proposto nel presente testo introduttorio. Tra questi, il più vicino al presente per spirito e linguaggio è indubbiamente

- P. Biscari, T. Ruggeri, G. Saccomandi, M. Vianello: *Meccanica Razionale* (3a edizione). Springer, Milano (2015).

Ottimi testi di Meccanica Razionale, sicuramente in grado di fornire una preparazione completa sono anche

- C. Cercignani: *Spazio, tempo, movimento.* Zanichelli, Bologna (1977).
- G. Grioli: *Lezioni di Meccanica Razionale.* Cortina, Padova (2002).
- T. Levi Civita, U. Amaldi: *Lezioni di Meccanica Razionale.* Zanichelli, Bologna (1923). [Riedizione a cura di E. Cirillo, G. Maschio, T. Ruggeri, G. Saccomandi per le Edizioni Compomat, Rieti (2012).]

Note

1. Max ABRAHAM (1875 – 1922) diede importanti contributi riguardanti l'Elettrodinamica. Insegnò Meccanica Razionale presso il Politecnico di Milano, e Fisica presso la Technische Hochschule di Stuttgart (pagina 117).
2. ARISTOTELE (384 a.C. - 322 a.C.) è uno dei più grandi filosofi e logici della storia. Ha anche fornito importanti contributi alla Fisica, e in particolare alla Cosmologia (pagine 113, 114, 136).
3. Daniel BERNOULLI (1700 – 1782) figlio di Johann (che superò in un concorso all'Università di Parigi), fornì fondamentali risultanti nei campi della Fluidodinamica, della Probabilità e la Statistica (pagina 276).
4. Johann BERNOULLI (1667 – 1748) membro di una delle più prolifiche famiglie di scienziati, fu maestro del grande Eulero e fornì grandi contributi all'Analisi infinitesimale (pagina 276).
5. Jacques Antoine Charles BRESSE (1822 – 1883) insegnò Meccanica Applicata presso l'*École des ponts et chaussées.* Lasciò importanti contributi sulle flessioni delle travi (pagina 73).
6. Giovanni BURIDANO, nome italianizzato di Jean BURIDAN (1300ca – 1361) fu un filosofo e logico allievo di Guglielmo di Ockham. Fu Rettore dell'Università di Parigi (pagina 114).
7. Augustin-Louis CAUCHY (1789 – 1857) matematico e ingegnere, insegnò all'École Polytechnique e alla Sorbona prima di dover espatriare per motivi ideologici. Oltre a essere uno dei padri dell'Analisi moderna, basata sull'utilizzo del concetto di limite, stabilì le basi per lo studio della Meccanica dei Continui (pagina 266).
8. Michel CHASLES (1793 – 1880) allievo di Poisson, fu professore di Geometria alla Sorbona, e lasciò importanti contributi di Geometria Proiettiva (pagina 23).

P. Biscari, *Introduzione alla Meccanica Razionale. Elementi di teoria con esercizi,*
UNITEXT – La Matematica per il 3+2 94, DOI 10.1007/978-88-470-5779-1

9. Gaspard-Gustave de CORIOLIS (1792 – 1843) fu assistente presso l'École Polytechnique di Parigi. Lo studio delle macchine rotanti lo portò a ricavare importanti risultati di Meccanica Relativa (pagina 69).
10. Charles Augustin de COULOMB (1736 – 1806) può considerarsi il fondatore delle teorie matematiche dell'elettricità e del magnetismo. Fu ingegnere nel Genio Militare francese fino a ricoprire il ruolo di Capitano (pagina 125).
11. Jean-Baptiste Le Rond D'ALEMBERT (1717 – 1783) studiò Filosofia, Diritto, Belle Arti, Diritto, Medicina, e infine Matematica, diventando una delle figure centrali dell'Illuminismo. Diresse le sezioni di Matematica e Scienze dell'*Encyclopédie* (pagine 136 e 201).
12. René DESCARTES, *Cartesio* (1596 – 1650) è stato un gran matematico e filosofo, discipline che contribuì a fondare nella loro versione moderna. Il suo *Metodo* diede luogo al Razionalismo (pagina 4).
13. Johann Peter Gustav Lejeune DIRICHLET (1805 – 1859) dimostrò importanti risultati in Teoria dei Numeri diventando a 27 anni l'allora più giovane Matematico dell'Accademia Prussiana delle Science (pagine 216 e 276).
14. Leonhard EULER (1707 – 1783) è uno dei più grandi matematici della storia. Professore a San Pietroburgo e Berlino, lasciò numerosi contributi fondamentali in molteplici aree della Matematica e della Meccanica (pagine 13, 116 e 173).
15. Jean Frédéric FRENET (1816 – 1900) fu professore di Matematica presso l'Università di Lione e diede fondamentali contributi alla Geometria Differenziale (pagine 51 e 277).
16. GALILEO Galilei (1564 – 1642) ha dato contributi alla Fisica, alla Matematica, e all'Astronomia tali da farlo considerare come padre della scienza moderna, specie grazie all'introduzione del Metodo Scientifico (pagine 67, 71, 114, 115 e 218).
17. Christiaan HUYGENS (1629 – 1695) matematico e astronomo olandese, fu Direttore della prestigiosa Académie des sciences di Parigi. Fu il primo a intuire l'esistenza di un anello attorno a Saturno (pagine 92 e 159).
18. Johann Samuel KÖNIG (1712 – 1757) fu allievo di Johann e Daniel Bernoulli [4, 3]. Ricavò diversi risultati sulla dinamica dei sistemi in parallelo alla sua attività di avvocato, fino a ottenere una cattedra di Filosofia e Matematica a Franeker (Paesi Bassi) (pagina 161).
19. Sofia KOVALEVSKAYA (1850 – 1891) studiò privatamente con Weierstrass, aggirando così l'allora vigente divieto per le donne di frequentare corsi universitari. Diventò a sua volta la prima donna ad ottenere (a Stoccolma, nel 1884) una cattedra universitaria (pagina 277).
20. Leopold KRONECKER (1823 – 1891) allievo di Dirichlet, ottenne significativi risultati in Analisi e Algebra. Insegnò presso l'Università di Berlino (pagina 4).
21. Joseph-Louis LAGRANGE, nato Giuseppe Luigi LAGRANGIA (1736 – 1813) è uno dei maggiori matematici di sempre, grazie a fondamentali contributi alla Meccanica e al Calcolo delle Variazioni. Diresse la Classe di Scienze dell'*Akademie der Wissenschaften* di Berlino e la sezione matematica dell'*Académie des sciences* di Parigi (pagine 136, 201 e 216).
22. Ludwig LANGE (1863 – 1936) fu un fisico, allievo di Wundt a Leipzig. Oltre ai lavori nel campo della Meccanica si occupò di Psicologia Sperimentale (pagina 114).
23. Pierre-Simon de LAPLACE (1749 – 1827) membro dell'*Académie des sciences* di Parigi, fu anche Ministro degli Interni con Napoleone (dimettendosi dopo poco più di un mese). Fornì profondi contributi alla Meccanica Celeste, ma anche in Analisi e Probabilità (pagine 207 e 277).
24. LEONARDO da Vinci (1452 – 1519) è stato un uomo di ingegno universale. Fornì mirabili contributi nella pittura, scultura, ingegneria, architettura e scienza. Trascorse il suo periodo lavorativo più prolungato a Milano (pagine 125 e 136).
25. Aleksandr Michajlovič LJAPUNOV (1857 – 1918) insegnò Meccanica Razionale presso l'Università e il Politecnico di Char'kov. Ricavò e pubblicò importantissimi risultati sulla stabilità dinamica già nella sua tesi di Dottorato di Ricerca (pagina 213).
26. Hendrik LORENTZ (1853 – 1928) ricevette il Premio Nobel per la Fisica nel 1902 per gli studi sull'effetto Zeeman. Occupò la cattedra di Fisica Teorica presso l'Università di Leida (pagina 117).

27. Arthur MORIN (1795–1880) fu un Ingegnere che realizzò diverse notevoli scoperte nella Meccanica. Insegnò presso e diresse il *Conservatoire national des arts et métiers* di Parigi (pagina 125).
28. Giulio Giuseppe MOZZI (1730–1813) lasciò importanti contributi in Meccanica da autodidatta. Fu Primo Ministro del Regno d'Etruria, vigente in Toscana dal 1801 al 1807 (pagina 26).
29. Sir Isaac NEWTON (1642–1727) è uno dei più grandi scienziati di tutti i tempi. I suoi contributi alla Meccanica e al Calcolo Differenziale sono stati fondamentali per la crescita della scienza moderna (pagine 114, 115 e 116).
30. Émile PICARD (1856–1941) insegnò calcolo differenziale alla Sorbona. I suoi lavori aprirono molteplici strade per lo studio delle equazioni differenziali ordinarie e alle derivate parziali (pagina 267).
31. Louis POINSOT (1777–1859) matematico e ingegnere, fu assistente di Analisi e Meccanica presso l'École Polytechnique di Parigi. Il suo libro di testo *Éléments de statique* fu il più utilizzato in Francia per più di 60 anni (pagina 177).
32. Siméon Denis POISSON (1781–1840) allievo di Laplace, insegnò Meccanica alla Sorbona. Ottenne importanti risultati in Elettromagnetismo, Ottica, e diede un importante contributo allo sviluppo della Statistica (pagine 17 e 275).
33. Joseph SERRET (1819–1885) fu professore di Algebra presso l'Università di Parigi. Ottenne i suoi migliori risultati in collaborazione con Frenet (pagina 51).
34. Jakob STEINER (1796–1863) matematico svizzero, insegnò Geometria a Berlino. Pubblicò importanti risultati su curve e superfici algebriche (pagina 92).
35. Karl Theodor Wilhelm WEIERSTRASS (1815–1897) arrivò, da autodidatta, ad occupare la cattedra di Matematica a Berlino, contribuendo fortemente a porre le basi rigorose dell'Analisi moderna. Insegnò privatamente Matematica a Sofia Kovalevskaya [19] (pagine 215 e 276).

Indice analitico

P. Biscari, *Introduzione alla Meccanica Razionale. Elementi di teoria con esercizi*,
UNITEXT – La Matematica per il 3+2 94, DOI 10.1007/978-88-470-5779-1

Printed in the United States
By Bookmasters